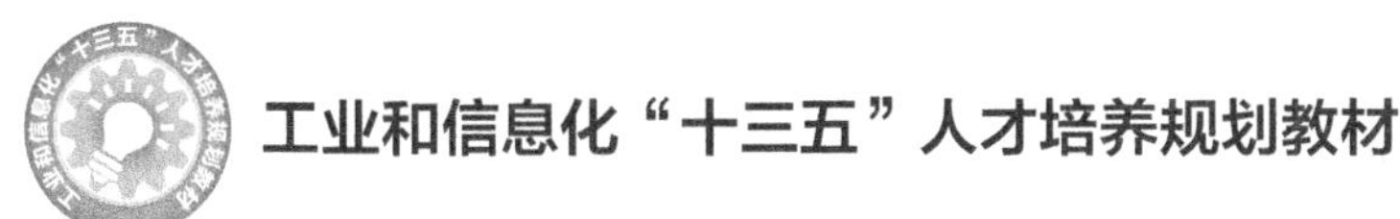

Java Web 程序设计任务教程

黑马程序员 / 编著

人 民 邮 电 出 版 社
北 京

图书在版编目（CIP）数据

Java Web程序设计任务教程 / 黑马程序员编著. -- 北京 : 人民邮电出版社, 2017.1（2022.9重印）
工业和信息化“十三五”人才培养规划教材
ISBN 978-7-115-43936-9

Ⅰ. ①J… Ⅱ. ①黑… Ⅲ. ①JAVA语言－程序设计－高等学校－教材 Ⅳ. ①TP312.8

中国版本图书馆CIP数据核字(2016)第301454号

内 容 提 要

本书从初学者的角度出发，深刻且通俗地揭示了 Java Web 开发内幕。全书共 15 章，详细讲解了网页开发的基础知识和 Java Web 开发的重要知识，其中网页开发基础知识包括 HTML 技术、CSS 技术和 JavaScript 技术，而 Java Web 的进阶知识包括 Servlet 技术、会话技术、JSP 技术，以及 JDBC 和数据库连接池等技术。本书加入了真实的电商项目，揭示了项目开发的真实内幕，可以让学习者切身感受到项目开发带来的乐趣。

本书使用深入浅出、通俗易懂的语言阐述教材中涉及的概念，并通过结合典型翔实的 Web 应用案例、分析案例代码、解决常见问题等方式，帮助读者真正明白 Web 应用程序开发的全过程。

本书附有配套视频、源代码、习题、教学课件等资源；另外，为了帮助初学者更好地学习本书讲解的内容，还提供了在线答疑，希望得到更多读者的关注。

本书适合作为高等院校计算机相关专业程序设计或者 Web 项目开发的教材，是一本适合广大计算机编程爱好者的优秀读物。

◆ 编　　著　黑马程序员
　责任编辑　范博涛
　责任印制　焦志炜

◆ 人民邮电出版社出版发行　　北京市丰台区成寿寺路 11 号
　邮编　100164　　电子邮件　315@ptpress.com.cn
　网址　http://www.ptpress.com.cn
　固安县铭成印刷有限公司印刷

◆ 开本：787×1092　1/16
　印张：27　　　　　　2017 年 1 月第 1 版
　字数：675 千字　　　2022 年 9 月河北第 21 次印刷

定价：56.00 元

读者服务热线：(010)81055256　印装质量热线：(010)81055316
反盗版热线：(010)81055315
广告经营许可证：京东市监广登字20170147号

序言 FOREWORD

本书的创作公司——江苏传智播客教育科技股份有限公司（简称“传智教育”）作为第一个实现 A 股 IPO 上市的教育企业，是一家培养高精尖数字化专业人才的公司，公司主要培养人工智能、大数据、智能制造、软件、互联网、区块链、数据分析、网络营销、新媒体等领域的人才。公司成立以来紧随国家科技发展战略，在讲授内容方面始终保持前沿先进技术，已向社会高科技企业输送数十万名技术人员，为企业数字化转型、升级提供了强有力的人才支撑。

公司的教师团队由一批拥有 10 年以上开发经验，且来自互联网企业或研究机构的 IT 精英组成，他们负责研究、开发教学模式和课程内容。公司具有完善的课程研发体系，一直走在整个行业的前列，在行业内竖立起了良好的口碑。公司在教育领域有 2 个子品牌：黑马程序员和院校邦。

一、黑马程序员——高端 IT 教育品牌

“黑马程序员”的学员多为大学毕业后想从事 IT 行业，但各方面条件还不成熟的年轻人。“黑马程序员”的学员筛选制度非常严格，包括了严格的技术测试、自学能力测试，还包括性格测试、压力测试、品德测试等。百里挑一的残酷筛选制度确保了学员质量，并降低了企业的用人风险。

自“黑马程序员”成立以来，教学研发团队一直致力于打造精品课程资源，不断在产、学、研 3 个层面创新自己的执教理念与教学方针，并集中“黑马程序员”的优势力量，有针对性地出版了计算机系列教材百余种，制作教学视频数百套，发表各类技术文章数千篇。

二、院校邦——院校服务品牌

院校邦以“协万千名校育人、助天下英才圆梦”为核心理念，立足于中国职业教育改革，为高校提供健全的校企合作解决方案，其中包括原创教材、高校教辅平台、师资培训、院校公开课、实习实训、协同育人、专业共建、传智杯大赛等，形成了系统的高校合作模式。院校邦旨在帮助高校深化教学改革，实现高校人才培养与企业发展的合作共赢。

（一）为大学生提供的配套服务

1. 请同学们登录“高校学习平台”，免费获取海量学习资源。平台可以帮助高校学生解决各类学习问题。

高校学习平台

2. 针对高校学生在学习过程中的压力等问题，院校邦面向大学生量身打造了 IT 学习小助手——“邦小苑”，可提供教材配套学习资源。同学们快来关注“邦小苑”微信公众号。

“邦小苑”微信公众号

（二）为教师提供的配套服务

1. 院校邦为所有教材精心设计了“教案+授课资源+考试系统+题库+教学辅助案例”的系列教学资源。高校老师可登录“高校教辅平台”免费使用。

高校教辅平台

2.针对高校教师在教学过程中存在的授课压力等问题，院校邦为教师打造了教学好帮手——“传智教育院校邦”，教师可添加“码大牛”老师微信/QQ：2011168841，或扫描下方二维码，获取最新的教学辅助资源。

“传智教育院校邦”微信公众号

三、意见与反馈

为了让教师和同学们有更好的教材使用体验，您如有任何关于教材的意见或建议请扫码下方二维码进行反馈，感谢对我们工作的支持。

前言 FOREWORD

Java 语言自问世以来，已有 20 多年历史，与之相关的技术和应用发展得非常快。在当下的网络时代，Java Web 已成为市场上主流的 Web 开发技术之一，无论是大型网站开发，还是企业系统的开发，都有 Java Web 的身影。Java Web 是指所有用于 Web 开发的 Java 技术的总称，主要包括 Servlet、JSP、JavaBean、JDBC 等技术。这些技术已经稳定地占据市场 10 多年，目前仍牢牢地占据着企业级开发的市场，因此 Java Web 技术是有志于在计算机领域发展人员的必备利器之一。

为什么要学习本书

要使用 Java Web 进行企业级应用开发，首先就要学会 JSP/Servlet 与 Tomcat、MySQL（或其他数据库）相结合的技术。在学习 JSP 时，还必须掌握一些外延技术，如 HTML 基础知识、CSS 和 JavaScript 的技术，并且还要了解 XML。在学习 JSP/Servlet 的过程中，应该结合 JDBC、数据库开发等知识，进行一些实际的 Java Web 项目的开发。待读者可以掌握这些技术时，就可以不断地扩展知识面，进一步学习 Struts2、Spring、Hibernate 以及各种 Web 框架技术。

本书采用基础知识+阶段任务案例相结合的编写方式，通过基础知识案例的讲解，结合阶段任务案例的巩固，让学生掌握技能点。本书可作为应用型本科和高职高专教学用书，也可以作为读者自学用书。

如何使用本书

本书的读者需要具有 Java 和数据库的基础知识。没有 Java 基础的读者可学习本书的同系列图书《Java 基础案例教程》。

本书基于 JavaWeb 开发中最常用到的 JSP+Servlet+JavaBean 技术，详细讲解了这些技术的基本知识和使用方法，力求将一些非常复杂、难以理解的思想和问题简单化，让读者能够轻松理解并快速掌握。本书对每个知识点都进行了深入的分析，并针对知识点精心设计了示例、案例和综合任务，用以提高读者的实践操作能力。

全书共分为 15 章，接下来分别对每章进行简单的介绍，具体如下。

- 第 1 章主要介绍了开发 Web 应用时使用的网页基础技术，包括 HTML、CSS 和 JavaScript 的基础知识。学习完本章，要求读者对 HTML+CSS+JavaScript 基础知识有个大致的了解，并能够通过这些知识实现页面所需功能。
- 第 2 章讲解了 JavaWeb 开发的一些基础技术，包括 XML、HTTP 和 Tomcat 服务器的使用。学习完本章，要求读者熟悉 XML 的语法、约束、HTTP 请求消息、HTTP 响应消息，掌握 Tomcat 安装和启动，以及在 Eclipse 中配置 Tomcat 的方法。
- 第 3~8 章讲 JavaWeb 的核心开发技术，主要介绍了前台页面与后台服务器交互必备的技术。
- 学习完第 1 ~ 8 章，要求读者学会编写简单的 Servlet 和 JSP，掌握 HttpServletResponse 对象和 HttpServletRequest 对象的使用，学会使用 Cookie 和 Session 保存信息，熟练使用 EL

表达式和 JSTL 获取和输出信息，并能够编写过滤器和监听器实现特定的功能。

- 第 9~10 章主要讲解了 JDBC 的相关知识。学习完本章，要求读者能够熟练使用 JDBC 操作数据库，熟悉 DBCP 和 C3P0 数据源的使用，并熟练使用 DBUtils 工具操作数据库。
- 第 11 章主要讲解了 JSP 的开发模型和 MVC 设计模式的思想。学习完本章，要求读者对 JSP 开发模型的工作原理有所了解，学会使用 JSP Model2 的思想来开发程序，并对 MVC 设计模式的思想有所了解。
- 第 12 章主要介绍了文件上传和下载功能的实现。学习完本章，要求读者熟练使用 Commons- FileUpload 组件。
- 第 13~15 章讲解了“传智书城项目”的实现，其中第 13 章介绍了项目环境的搭建；第 14 章介绍了前台程序的实现，包括用户登录注册模块、购物车模块、图书信息查询等模块；第 15 章介绍后台程序的实现，包括商品管理模块、销售榜单模块、订单管理模块。在学习“传智书城项目”时，要求读者能够根据项目需求，搭建项目环境，并能够独立分析、编写各功能模块的实现代码。

在学习过程中，读者一定要亲自实践教材案例中的代码，如果不能完全理解书中所讲的知识点，可以登录博学谷平台，通过平台中的教学视频进行深入学习。学习完一个知识点后，要及时在博学谷平台上进行测试，以巩固所学内容。另外，如果读者在理解知识点的过程中遇到困难，建议不要纠结于某个地方，可以先往后学习，通常情况下，看到后面对知识点的讲解或者其他小节的内容后，前面看不懂的知识点一般就能理解了。如果读者在动手练习的过程中遇到问题，建议多思考，理清思路，认真分析问题发生的原因，并在问题解决后多总结。

致谢

本书的编写和整理工作由传智播客教育科技股份有限公司完成，主要参与人员有吕春林、黄云、韩永蒙、孙洪乔、潮康、刘梦竹、姜涛、杜宏、梁桐、王友军、王昭珽等，全体人员在这近一年的编写过程中付出了很多辛勤的汗水，在此一并表示衷心的感谢。

意见反馈

尽管我们尽了最大的努力，但教材中难免会有不妥之处，欢迎各界专家和读者朋友们来函给予宝贵意见，我们将不胜感激。您在阅读本书时，如发现任何问题或有不认同之处可以通过电子邮件与我们取得联系。

请发送电子邮件至 itcast_book@vip.sina.com。

黑马程序员
2016 年 9 月 8 日于北京

目 录

CONTENTS

Java Web

1 Chapter

第 1 章 网页开发基础

学习目标

- 熟悉 HTML 的常用标记
- 熟悉 CSS 选择器和常用属性
- 掌握 HTML+CSS+JavaScript 的开发基础

在学习 Java Web 开发之前，读者首先需要了解一些网页开发的基础知识，以便能够在项目的开发过程中看懂页面信息。接下来，本章将对 HTML 技术、CSS 技术以及 JavaScript 技术的基础知识进行讲解。

1.1 HTML 技术

1.1.1 HTML 简介

HTML 是英文 Hyper Text Markup Language 的缩写，中文译为“超文本标记语言”，其主要作用是通过 HTML 标记对网页中的文本、图片、声音等内容进行描述。HTML 网页就是一个后缀名为“.html”或“.htm”的文件，它可以用记事本打开，所以简单的 HTML 代码可以在记事本中编写。编写完成后，将文件后缀名修改为“.html”即可生成一个 HTML 网页。

在实际开发中，项目的静态页面通常由网页制作人员设计和制作，开发人员只需了解页面元素，能够使用和修改页面中的元素，并在项目运行时能够展示出相应的后台数据即可。网页制作人员通常会使用一些专业软件来创建 HTML 页面，由于本教材中 HTML 技术只作为 Java Web 学习的辅助技术，所以这里不会详细介绍如何使用专业工具制作网页，只需要读者了解页面元素的构成，会调试基本的页面效果即可。

了解了什么是 HTML 后，接下来通过一个基本的 HTML 文档来讲解其内部的构成，如文件 1-1 所示。

文件 1-1 htmlDemo01.html

```
<!DOCTYPE html PUBLIC "-//W3C//DTD HTML 4.01 Transitional//EN"
"http://www.w3.org/TR/html4/loose.dtd">
<html>
<head>
<title>Insert title here</title>
</head>
<body>
</body>
</html>
```

在文件 1-1 中，主要包括<!DOCTYPE>文档类型声明、<html>根标记、<head>头部标记和<body>主体标记。在 HTML 页面中，带有“< >”符号的元素被称为 HTML 标记，如上面文件中<html>、<head>、<body>都是 HTML 标记。标记就是放在“< >”标记符中表示某个功能的编码命令，也称为 HTML 标签或 HTML 元素，本书统一称作 HTML 标记。文件 1-1 中各个标记的具体介绍如下。

1. <!DOCTYPE>标记

<!DOCTYPE>标记位于文档的最前面，用于向浏览器说明当前文档使用哪种 HTML 标准规范，如文件 1-1 中使用的是 HTML 4.01 版本。网页必须在开头处使用<!DOCTYPE>标记为所有的 HTML 文档指定 HTML 版本和类型，只有这样浏览器才能将该网页作为有效的 HTML 文档，并按指定的文档类型进行解析。<!DOCTYPE>标记和浏览器的兼容性相关，删除<!DOCTYPE>后，会把如何展示 HTML 页面的权利交给浏览器，这时，有多少种浏览器，页面就有可能有多少

种显示效果，在实际开发中，这是不被允许的。

2. <html>标记

<html>标记位于<!DOCTYPE>标记之后，也称为根标记，用于告知浏览器其自身是一个 HTML 文档，<html>标记标志着 HTML 文档的开始，</html>标记标志着 HTML 文档的结束，在它们之间的是文档的头部和主体内容。

3. <head>标记

<head>标记用于定义 HTML 文档的头部信息，也称为头部标记，紧跟在<html>标记之后，主要用来封装其他位于文档头部的标记，例如<title>、<meta>、<link>及<style>等，其中<title>标记用来描述文档的标题，<meta>标记可提供有关页面的元信息，<link>标记用于定义文档与外部资源的关系，其最常见的用途是链接样式表，<style>标记用于为 HTML 文档定义样式信息。一个 HTML 文档只能含有一对<head>标记，绝大多数文档头部包含的数据都不会真正作为内容显示在页面中。

4. <body>标记

<body>标记用于定义 HTML 文档所要显示的内容，也称为主体标记。浏览器中显示的所有文本、图像、音频和视频等信息都必须位于<body>标记内，<body>标记中的信息才是最终展示给用户看的。一个 HTML 文档只能含有一对<body>标记，且<body>标记必须在<html>标记内，位于<head>头部标记之后，与<head>标记是并列关系。

了解了文件 1-1 中的 HTML 标记后，接下来讲解一下 HTML 文件的创建以及运行，具体如下。

以文件 1-1 htmlDemo01.html 为例。首先，创建一个名称为 chapter01 的文件夹，然后在该文件夹中新建一个.txt 文本文件，将文件 1-1 中的内容编写到该文件中，保存文件后，将文件的名称更改为 htmlDemo01，后缀名改为.html，此时该文件即是一个 HTML 页面，如图 1-1 所示。

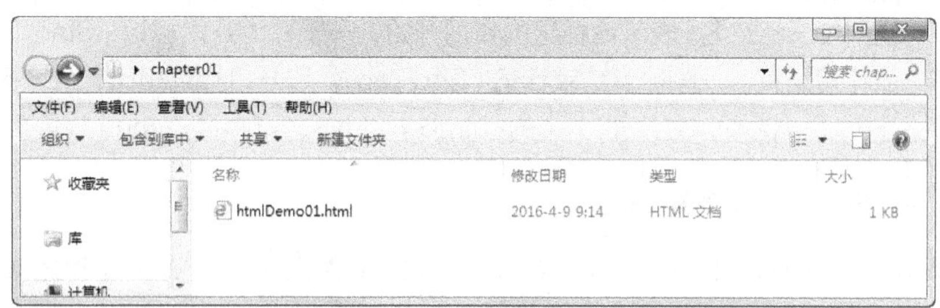

图1-1　HTML页面

双击图 1-1 所示的 htmlDemo01.html 文件，即可通过浏览器打开页面。由于 HTML 页面中没有添加任何内容，此时打开的只是一个空白页面，为了查看页面效果，可以使用记事本打开该文件，在两个<body>标记之间添加一句话，具体如下。

```
<body>
   这是我的第一个 HTML
</body>
```

保存后，使用浏览器再次打开页面，浏览器的显示结果如图 1-2 所示。

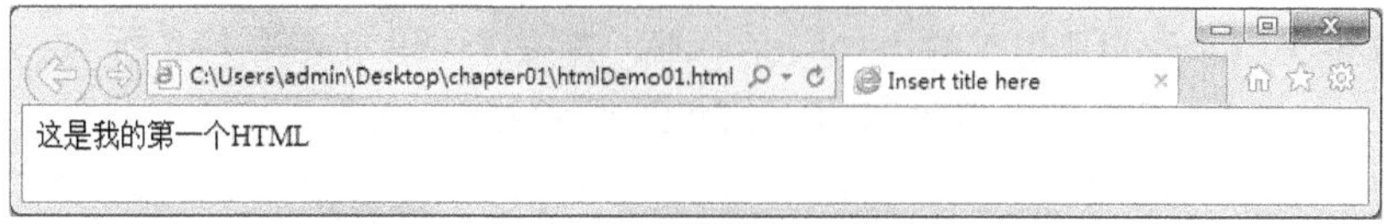

图1-2　第一个HTML页面

从图 1-2 中可以看出，<body></body>标记中的内容在浏览器中已经显示了出来。

需要注意的是，读者在编写 HTML 文件时，可以使用系统自带的记事本编写，也可以使用 EditPlus、UltraEdit 或 Eclipse 等工具编写。当使用工具创建 HTML 文件时，文件中的基本标记会被自动创建，编辑工具还会有代码颜色区分或者代码提示功能，开发者只需根据需求完善功能代码即可。工具的使用有助于提高编码效率，减少出错率。本章中的 HTML 都是在记事本中编写的，读者学习时可自己选择是否使用工具辅助编写。

1.1.2 单标记和双标记

不同标记描述的内容在浏览器中的显示效果是不一样的。页面中的信息必须放在相应的 HTML 标记中，才能被浏览器正确解析。大部分标记都是成对出现的，如头部标记<head>、主体标记<body>，然而也有单个出现的标记，如水平线标记<hr />。通常将 HTML 标记分为两大类，分别是“单标记”与“双标记”，对这两个标记的具体介绍如下。

1. 单标记

单标记也称空标记，是指用一个标记符号即可完整地描述某个功能的标记。其基本语法格式如下。

```
<标记名 />
```

例如，标记<hr />就是单标记，该标记用于定义一条水平线。需要注意的是，在标记名与“/”之间有一个空格，虽然在显示效果上有没有空格都一样，但是按照规范的要求，建议加上空格。

2. 双标记

双标记也称体标记，是指由开始和结束两个标记符组成的标记。其基本语法格式如下：

```
<标记名>内容</标记名>
```

在上述的语法中，<标记名>表示该标记的作用开始，一般称为开始标记（Start Tag），</标记名>表示该标记的作用结束，一般称为结束标记（End Tag）。和开始标记相比，结束标记只是在前面加了一个关闭符“/”。例如，文件 1-1 中的<html></html>、<head></head>等都是双标记。

多学一招：为什么要有单标记？

HTML 标记的作用原理就是选择网页内容，从而进行描述，也就是说需要描述谁，就选择谁，所以才会有双标记的出现，用于定义标记作用的开始与结束。而单标记本身就可以描述一个功能，不需要选择谁，例如水平线标记<hr />，按照双标记的语法，它应该写成“<hr></hr>”，但是水平线标记不需要选择谁，它本身就代表一条水平线，此时写成双标记就显得有点多余，但是又不能没有结束符号。所以，单标记的语法格式就是在标记名称后面加一个关闭符，即为<标记名 />。

1.1.3 文本控制与文本样式标记

**1. 段落标记<p></p>和换行标记
**

为了使网页中的文字有条理地显示出来，HTML 提供了段落标记<p></p>，如果希望某段文本强制换行显示，就需要使用换行标记
。接下来，通过案例来演示这两种标记的使用。在 chapter01 文件夹中新建 HTML 文件 htmlDemo02，其关键代码如文件 1-2 所示。

文件 1-2 htmlDemo02.html

```
<body>
    <p>使用 HTML 制作网页时通过 br 标记<br />可以实现换行效果</p>
```

```
</body>
```

使用浏览器打开文件 1-2，显示结果如图 1-3 所示。

图1-3　换行标记的使用

从图 1-3 中可以看出，使用换行标记
的文本实现了强制换行的效果。

2. 文本样式标记

在 HTML 中，使用<font>标记来控制网页中文本的样式，如字体、字号和颜色。其基本语法格式如下：

```
<font 属性="属性值">文本内容</font>
```

接下来通过一个案例来演示<font>标记的使用。在 chapter01 文件夹中新建 HTML 文件 htmlDemo03，其关键代码如文件 1-3 所示。

文件 1-3　htmlDemo03.html

```
1  <body>
2  我是默认样式的文本<br />
3  <font face="微软雅黑" size="7" color="green"><br />
4  我是 7 号绿色文本，我的字体是微软雅黑哦</font>
5  </body>
```

在文件 1-3 中，第 2 行的文本为 HTML 默认文本样式，第 3 行代码使用<font>标记的 face、size 以及 color 属性分别设置了文本的字体、大小以及颜色。使用浏览器打开文件 1-3，显示结果如图 1-4 所示。

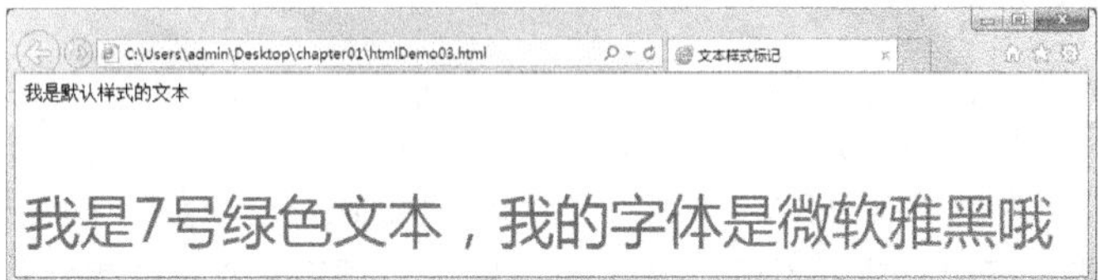

图1-4　使用<font>标记设置文本样式

1.1.4　图像标记

要想在 HTML 网页中显示图像就需要使用图像标记<img />。其基本的语法格式如下：

```
<img src="图像 URL" />
```

在上述的语法中，src 属性用于指定图像文件的路径，其属性的值可以是绝对路径，也可以是相对路径，它是<img/>标记的必需属性。要想在网页中灵活地应用<img />标记，只使用 src 属性是不行的，还需要其他属性的配合。

接下来通过一个案例来演示<img />标记的用法。在 chapter01 文件夹中添加一个名称为 106.jpg 的图片文件，然后创建一个 HTML 文件 htmlDemo04，其关键代码如文件 1-4 所示。

文件 1-4　htmlDemo04.html

```
<body>
```

```
    显示图片：<img src="106.jpg" width="102" height="130" border="0" />
</body>
```

在文件 1-4 中，width 和 height 属性分别用来设置图像的宽度和高度，单位为像素，border 属性用来设置图像的边框，border="0"表示无边框。使用浏览器打开文件 1-4，显示结果如图 1-5 所示。

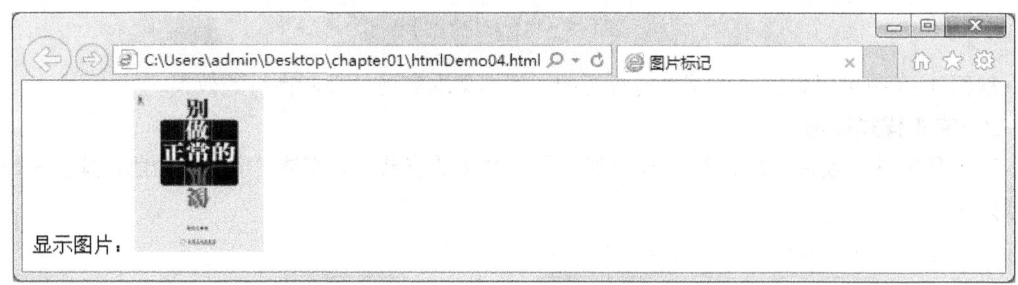

图1-5　使用<img />标记显示图片

从图 1-5 中可以看出，浏览器中已经显示出了相应的图片。

1.1.5　表格标记

在制作网页时，为了使网页中的数据能够有条理地显示，可以使用表格对网页进行规划。在 Word 文档中，可通过插入表格的方式来创建表格，而在 HTML 网页中要想创建表格，需要使用相关的表格标记才能创建表格。

在 HTML 网页中创建表格的基本语法格式如下所示。

```
<table>
    <tr>
        <td>单元格内的文字</td>
    </tr>
</table>
```

在上述的语法中，包含 3 对 HTML 标记，分别为<table></table>、<tr></tr>、<td></td>，它们是创建表格的基本标记，缺一不可。<table></table>用于定义一个表格；<tr></tr>用于定义表格中的行，必须嵌套在<table></table>标记中；<td></td>用于定义表格中的单元格，也可称为表格中的列，必须嵌套在<tr></tr>标记中。接下来，通过一个案例来演示<table>标记的使用。

在 chapter01 文件夹中创建一个 HTML 文件 htmlDemo05，其关键代码如文件 1-5 所示。

文件 1-5　htmlDemo05.html

```
<body>
<table border="1">
    <tr>
        <td>姓名</td>
        <td>语文</td>
        <td>数学</td>
        <td>英语</td>
    </tr>
    <tr>
         <td>itcast</td>
```

```
            <td>95</td>
            <td>80</td>
            <td>90</td>
        </tr>
    </table>
</body>
```

在文件 1-5 中，<table>标记的 border 属性会为每个单元格应用边框，并用边框围绕表格。这里将 border 的属性设置为 1，单位是像素，表示该表格边框的宽度为 1 像素。如果 border 属性的值发生改变，那么只有围绕表格的边框尺寸会发生变化，表格内部的边框还是 1 像素宽。如果将 border 的属性值设置为 0 或者删除 border 属性，将显示没有边框的表格。使用浏览器打开文件 1-5，显示结果如图 1-6 所示。

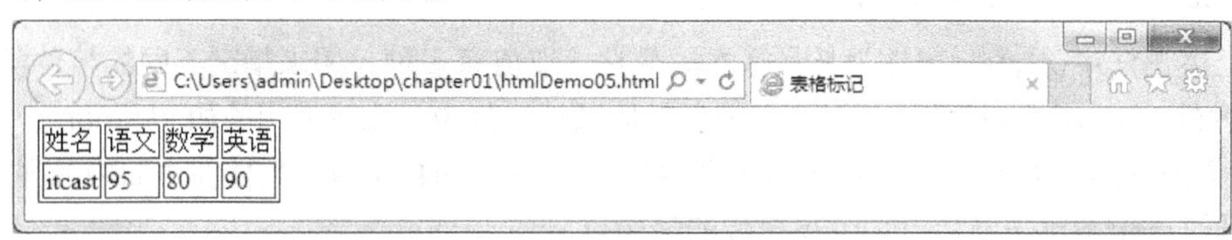

图1-6　有边框表格的显示效果

将 border 属性值设置为 0，保存后刷新页面，浏览器的显示结果如图 1-7 所示。

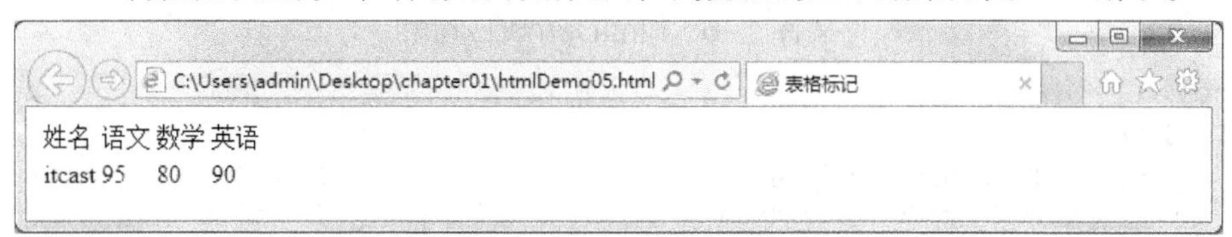

图1-7　无边框表格的显示效果

从图 1-7 的显示效果可以看出，表格中的内容依然整齐有序地排列着，但是这时已看不到边框。在实际开发中，建议使用 CSS 来添加边框样式和颜色。

1.1.6　表单标记

学习表单标记之前，首先需要理解表单的概念。简单地说，表单就是在网页上用于输入信息的区域，它的主要功能是收集数据信息，并将这些信息传递给后台信息处理模块。其实表单在互联网上随处可见，例如，注册页面中的用户名和密码输入、性别选择、提交按钮等都是用表单中的相关标记定义的。

表单主要由 3 部分构成，分别为表单控件、提示信息和表单域，详细介绍如下所示。

- 表单控件：包含了具体的表单功能项，如单行文本输入框、密码输入框、复选框提交按钮等。
- 提示信息：一个表单中通常还需要包含一些说明性的文字，即表单控件前的文字说明，用于提示用户进行填写和操作。
- 表单域：它相当于一个容器，用来容纳所有的表单控件和提示信息。

1. 创建表单

在 HTML 中，<form>标记用于定义表单域，即创建一个表单，其基本语法如下所示。

```
<form action="url 地址" method="提交方式" name="表单名称">
    各种表单控件
```

```
</form>
```

在上述的语法中，action、method、name 为<form>标记的常用属性，action 属性用于指定表单提交的地址，例如 action="login.jsp"表示表单数据会提交到名为 login.jsp 的页面去处理。method 属性用于设置表单数据的提交方式，其取值为 GET 或 POST。其中，GET 为默认值，这种方式提交的数据将显示在浏览器的地址栏中，保密性差且有数据量限制。而使用 POST 提交方式不但保密性好，还可以提交大量的数据，所以开发中通常使用 POST 方式提交表单。

2. 表单控件<input>

浏览网页时，读者经常会看到单行文本输入框、单选按钮、复选框、重置按钮等，使用<input />控件可以在表单中定义这些元素，其基本语法格式如下。

```
<input type="控件类型" />
```

在上述语法中，type 属性为其最基本的属性，取值有多种，用来指定不同的控件类型。除 type 属性外，<input />控件还可以定义很多其他属性，其中，比较常用的如 id、name、value、size，它们分别用来指定 input 控件的 ID 值、名称、控件中的默认值和控件在页面中的显示宽度。接下来通过一个案例来演示<input />控件的使用。

在 chapter01 文件夹下创建一个 HTML 文件 htmlDemo06，在该文件中使用表单控件来显示注册页面，其关键代码如文件 1-6 所示。

文件 1-6　htmlDemo06.html

```
<body>
 <fieldset>
    <legend>注册新用户</legend>
    <!-- 表单数据的提交方式为 POST -->
    <form action="#" method="post">
        <table cellpadding="2" align="center">
            <tr>
                <td align="right">用户名:</td>
                <td>
                    <!-- 1.文本输入框控件 -->
                    <input type="text" name="username" />
                </td>
            </tr>
            <tr>
                <td align="right">密码:</td>
                <!-- 2.密码输入框控件 -->
                <td><input type="password" name="password" /></td>
            </tr>
            <tr>
                <td align="right">性别:</td>
                <td>
                    <!-- 3.单选输入框控件，由于无法输入 value，所以预先定义好 -->
                    <input type="radio" name="gender" value="male" /> 男
                    <input type="radio" name="gender" value="female" /> 女
                </td>
            </tr>
            <tr>
```

```
                <td align="right">兴趣:</td>
               <td>
               <!-- 4.复选框控件 -->
               <input type="checkbox" name="interest" value="film" /> 看电影
               <input type="checkbox" name="interest" value="code" /> 敲代码
               <input type="checkbox" name="interest" value="game" /> 玩游戏
               </td>
            </tr>
            <tr>
                <td align="right">头像:</td>
                <td>
                  <!-- 5.文件上传控件 -->
                   <input type="file" name="photo" />
                </td>
            </tr>
            <tr>
                <td colspan="2"  align="center">
                   <!-- 6.提交按钮控件 -->
                   <input type="submit" value="注册" />
                   <!-- 7.重置按钮控件，单击后会清空当前 form -->
                   <input type="reset" value="重填" />
                </td>
            </tr>
        </table>
    </form>
   </fieldset>
</body>
```

在文件 1-6 中，分别使用<input />标记定义了文本输入框控件、密码输入框控件、单选框和复选框控件、文件上传控件以及提交和重置按钮控件。在上述控件中，name 属性代表控件名称，value 属性表示该控件的值。需要注意的是，单选框控件和复选框控件必须指定相同的 name 值，这是为了方便在处理页面数据时获取表单传递的值（表单所传递的就是该控件的 value 值）。上述代码中，还使用了<fieldset>和<legend>标记。<fieldset>标记的作用是将表单内的元素分组，而<legend>标记则为<fieldset>标记定义标题。

使用浏览器打开文件 1-6，显示结果如图 1-8 所示。

图1-8　表单控件的使用

填写完图 1-8 中所示的表单数据后，页面如图 1-9 所示。

图1-9　表单控件的使用

从图 1-9 可以看出，密码输入框中内容为不可见状态，单选按钮只能选择一个值，而复选框可以选择多个值。

与其他语言类似，HTML 中也提供了代码注释，它以“<!--”开头，以 “-->”结束，其语法如下所示。

```
<!--注释内容-->
```

在文件 1-6 中，就大量地使用了 HTML 注释，被注释的内容不会显示到浏览器页面上，但是通过查看浏览器中的源代码可以看到 HTML 中的注释信息。

多学一招：HTML 的多行文本标记

通过前面的学习可知，使用<input />标记可以定义单行文本输入框。但是，如果需要输入大量的文本信息，单行文本框将无法显示全部的输入信息，为此 HTML 语言提供了<textarea></textarea>标记。通过此标记可以创建多行文本框，其基本语法格式如下。

```
<textarea cols="每行中的字符数" rows="显示的行数">
    文本内容
</textarea>
```

接下来通过一个案例来演示<textarea></textarea>标记的使用。

在 chapter01 文件夹中创建一个名称为 htmlDemo07 的 HTML 文件，其关键代码如文件 1-7 所示。

文件 1-7　htmlDemo07.html

```
<body>
    <form action="#" method="post">
        评论： <br />
        <textarea cols="60" rows="5">
        评论时，请注意文明用语。
        </textarea>
        <br /> <br />
        <input type="submit" value="提交" />
    </form>
</body>
```

在文件 1-7 中，cols 属性用于设置文本框每行的字符数为 60，rows 属性用于设置文本框的行数为 5 行，<textarea>标记之间的文字为默认显示文本，该文字可以被用户修改或删除，这里起提示作用。使用浏览器打开文件 htmlDemo07，显示结果如图 1-10 所示。

图1-10　多行文本框的使用

1.1.7　列表标记和超链接标记

1. 无序列表<ul>

列表标记分为有序列表和无序列表，由于在 HTML 中无序列表较为常用，所以下面针对无序列表进行详细的讲解。为了使网页更易读，经常将网页信息以列表的形式呈现，例如淘宝商城首页的商品分类就是以列表的形式呈现的。无序列表的各个列表项之间没有顺序级别之分，通常是并列的。定义无序列表的基本语法格式如下所示。

```
<ul>
    <li>列表项 1</li>
    <li>列表项 2</li>
    <li>列表项 3</li>
     ...
</ul>
```

在上述语法中，<ul></ul>标记用于定义无序列表，<li></li>标记嵌套在<ul></ul>标记中，用于描述具体的列表项，每对<ul></ul>中至少应包含一对<li></li>。接下来通过一个案例来演示<ul></ul>标记的使用。

在 chapter01 文件夹中创建一个 HTML 文件 htmlDemo08，其关键代码如文件 1-8 所示。

文件 1-8　htmlDemo08.html

```
1  <body>
2      <font size="5">传智播客学科</font><br />
3      <ul>
4          <li>web 前端</li>
5          <!-- 指定 type 属性值 ,disc 为默认值-->
6          <li type="disc">JAVA</li>
7          <li type="square">PHP</li>
8          <li type="circle">.NET</li>
9      </ul>
10 </body>
```

在文件 1-8 中，<li></li>标记的 type 属性用来指定列表项目符号。type 常用的属性值有 3 种：disc、square 和 circle，它们的显示效果分别是●、■和○，type 属性的默认值是 disc，在代码的第 4 行使用了默认值，代码的第 6 行显示设置的 type 属性值为"disc"。使用浏览器打开文件 1-8，显示结果如图 1-11 所示。

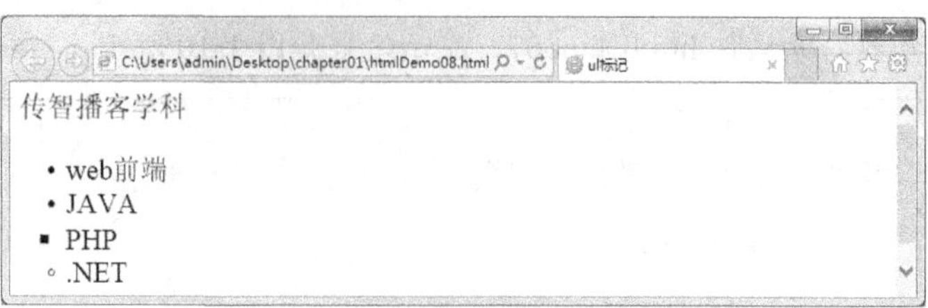

图1-11　无序列表的显示效果

2. 超链接标记

一个网站通常由多个页面构成，进入网站时首先看到的是其首页面，如果想从首页面跳转到子页面，就需要在首页面的相应位置添加超链接。在 HTML 中创建超链接非常简单，只需用<a></a>标记环绕需要被链接的对象即可。其基本语法格式如下所示。

```
<a href="跳转目标" target="目标窗口的弹出方式">文本或图像</a>
```

在上述语法中，<a></a>标记是一个行内标记，用于定义超链接，href 属性用于指定链接指向的页面的 URL，当在<a></a>标记中使用 href 属性时，该标记就具有了超链接的功能；target 属性用于指定页面的打开方式，其取值有_self、_blank、_parent 和_top（_self 和_blank 较为常用），其中_self 为默认值，意为在原窗口打开，_blank 为在新窗口打开，_parent 是在父框架集中打开被链接文档，_top 是在整个窗口中打开被链接文档。接下来通过一个案例来演示<a></a>标记的使用。

在 chapter01 文件夹中创建一个 HTML 文件 htmlDemo09，其关键代码如文件 1-9 所示。

文件 1-9　htmlDemo09.html

```
<body>
 在新窗口打开：
  <a href="http://www.itcast.cn/" target="_blank">传智播客</a><br />
 在原窗口打开：
  <a href="http://www.baidu.com/" target="_self">百度</a>
</body>
```

在文件 1-9 中，使用<a></a>标记定义了两个超链接，其中传智播客首页链接的打开方式设置为在新窗口打开，百度首页面的打开方式设置为在原窗口打开，使用浏览器打开文件 1-9，显示效果如图 1-12 所示。

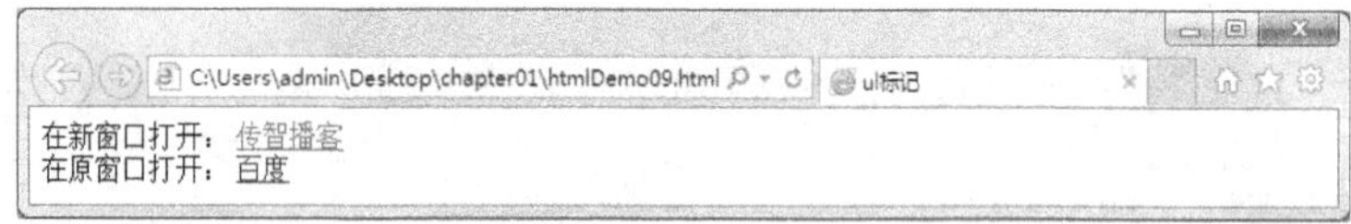

图1-12　带有超链接的页面

从图 1-12 中可以看到两个超链接，单击“传智播客”链接后，页面跳转效果如图 1-13 所示。

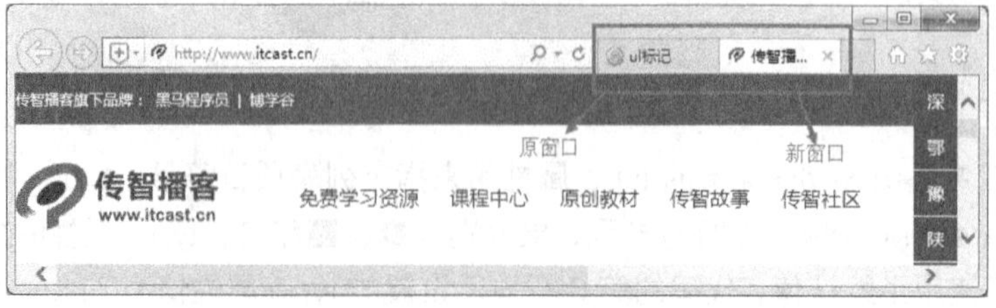

图1-13　链接页面在新窗口打开

从图 1-13 中可以看出，当单击“传智播客”链接时，“传智播客”首页面在新窗口打开了。关闭新窗口，回到原窗口再单击“百度”链接时，页面跳转效果如图 1-14 所示。

图1-14　链接页面在原窗口打开

从图 1-14 中可以看出，当单击“百度”链接后，“百度”首页面会在原窗口打开。

1.1.8　<div>标记

div 是英文 Division 的缩写，意为“分割、区域”。<div>标记简单而言就是一个区块容器标记，可以将网页分割为独立的、不同的部分，以实现网页的规划和布局。在 HTML 页面中，它以<div>开头，并以</div>结尾，在<div>与</div>之间可以容纳段落、标题、图像等各种网页元素，也就是说大多数 HTML 标记都可以嵌套在<div>标记中，并且<div>还可以嵌套多层<div>。在实际开发中<div>标记常常与 CSS 技术搭配使用，在下一小节讲解 CSS 技术的过程中会对<div>标记的使用进行举例，这里不多赘述。

1.2　CSS 技术

1.2.1　简介

CSS 是 Cascading Style Sheet 的缩写，译作“层叠样式表单”，是用于（增强）控制网页样式并允许将样式信息与网页内容分离的一种标记性语言。在实际开发中，主要用于设置 HTML 页面中的文本内容（字体、大小、对齐方式等）、图片的外形（宽高、边框样式、边距等）以及版面的布局等外观显示样式。

CSS 定义的规则具体如下：

```
选择器{属性 1:属性值 1; 属性 2:属性值 2; 属性 3:属性值 3;}
```

在上述的样式规则中，选择器用于指定 CSS 样式作用的 HTML 对象，花括号内的属性是对该对象设置的具体样式。其中，属性和属性值以“键值对”的形式出现，例如字体大小、文本颜色等。属性和属性值之间用“:”（英文冒号）连接，多个“键值对”之间用 “;”（英文分号）进行分隔。

接下来通过 CSS 样式对<div>标记进行设置，具体示例如下：

```
div{ border: 1px solid red; width: 600px;  height: 400px;}
```

上面的代码就是一个完整的 CSS 样式。其中，div 为选择器，表示 CSS 样式作用的 HTML 对象；border、width 和 height 为 CSS 属性，分别表示边框、宽度和高度，其中，border 属性有 3 个值“1px solid red;”分别表示该边框为 1 像素、实心边框线、红色。

在 CSS 中，通常使用像素单位 px 作为计量文本、边框等元素的标准量，px 是相对于显示器屏幕分辨率而言的。而百分比(%)是相对于父对象而言的，例如一个元素呈现的宽度是 400px，子元素设置为 50%，那么子元素所呈现的宽度为 200px。

在 CSS 中颜色的取值方式有 3 种。

- 预定义的颜色值：如 red、green、blue 等。
- 十六进制：如#FF0000、#FF6600、#29D794 等。实际工作中，十六进制是最常用的定义颜色的方式。
- RGB 代码：如红色可以用 rgb(255,0,0)或 rgb(100%,0%,0%)来表示。如果使用 RGB 代码百分比方式取颜色值，即使其值为 0，也不能省略百分号，必须写为 0%。

1.2.2 CSS 样式的引用方式

要想使用 CSS 修饰网页，就需要在 HTML 文档中引入 CSS。引入 CSS 的方式有 4 种，分别为链入式、行内式（也称为内联样式）、内嵌式和导入式。下面对开发中常用的内嵌式和链入式这 2 种引入方式进行讲解，具体如下。

1. 内嵌式

内嵌式是将 CSS 代码集中写在 HTML 文档的<head>头部标记中，并用<style>标记定义，其基本语法格式如下。

```
<head>
  <style type="text/css">
     选择器 {属性 1:属性值 1; 属性 2:属性值 2; 属性 3:属性值 3;}
  </style>
</head>
```

在上述语法中，<style>标记一般位于<head>标记中的<title>标记之后，因为浏览器是从上到下解析代码的，把 CSS 代码放在头部便于提前被加载和解析，以避免网页内容加载后没有样式修饰带来的问题。同时，必须设置 type 的属性值为“text/css”，这样浏览器才知道<style>标记包含的是 CSS 代码。接下来通过一个案例来学习如何在 HTML 文件中使用内嵌式加入 CSS。

在 chapter01 文件夹中创建一个 HTML 文件 cssDemo01，其关键代码如文件 1–10 所示。

文件 1–10　cssDemo01.html

```
<head>
<title>使用 CSS 内嵌式</title>
<style type="text/css">
    /*定义标题标记居中对齐*/
    h2{ text-align:center;}
    /*定义 div 标记样式*/
    div{ border: 1px solid red; width: 300px;  height: 80px; color:blue;}
</style>
</head>
<body>
     <h2>内嵌式 CSS 样式</h2>
    <div>
    使用 style 标记可定义内嵌式 CSS 样式表，style 标记一般位于 head 头部标记中，
    title 标记之后。
```

```
15      </div>
16   </body>
```

在文件 1-10 中，HTML 文档的头部使用 style 标记定义内嵌式 CSS 样式，第 5 行使用了标题标记<h2>来设置标题，第 7 行定义了<div>标记的样式。使用浏览器打开文件 1-10，显示效果如图 1-15 所示。

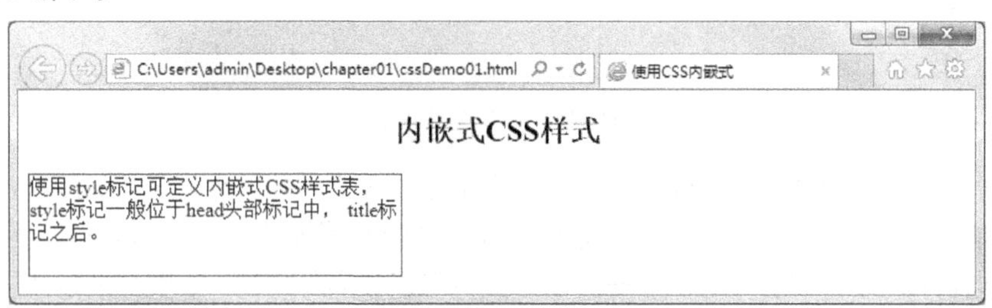

图1-15　内嵌式效果展示

内嵌式引入 CSS 只对其所在的 HTML 页面有效。因此，仅设计一个页面时，使用内嵌式是个不错的选择。但如果是一个网站，不建议使用这种方式，因为它不能充分发挥 CSS 代码的重用优势。

2. 链入式

链入式是将所有的样式放在一个或多个以.css 为扩展名的外部样式表文件中，通过<link />标记将外部样式表文件链接到 HTML 文件中，其基本语法格式如下：

```
<head>
    <link href="CSS 文件的路径" type="text/css" rel="stylesheet" />
</head>
```

在上面语法中，<link />标记需要放在<head>头部标记中，并且必须指定<link />标记的 3 个属性，具体如下：

- href：定义所链接外部样式表文件的地址，可以是相对路径，也可以是绝对路径。
- type：定义所链接文档的类型，这里需要指定为“text/css”，表示链接的外部文件为 CSS。
- rel：定义当前文档与被链接文档之间的关系，这里需要指定为“stylesheet”，表示被链接的文档是一个样式表文件。

接下来通过修改文件 1-10 来演示链入式 CSS 的引用方式。具体步骤如下。

（1）创建样式表，书写 CSS 样式

在 chapter01 文件夹中创建一个名称为 style.css 的文件，使用记事本打开后，将文件 1-10 中<style></style>标记之间的内容复制到 style.css 中并保存。

（2）创建 HTML 文档

在 chapter01 文件夹中创建一个名为 cssDemo02 的 HTML 文件，将文件 1-10 中的代码复制到 cssDemo02 中，并将<style>标记更改为链入式的形式，更改后的代码如下所示。

```
<head>
  <title>使用链入式 CSS 样式表</title>
  <link href="style.css" type="text/css" rel="stylesheet" />
</head>
```

在上述代码中，使用<link />标记链入了 style.css 文件，代替了内嵌式的<style>标记。使用浏览器打开文件 cssDemo02，显示结果如图 1-16 所示。

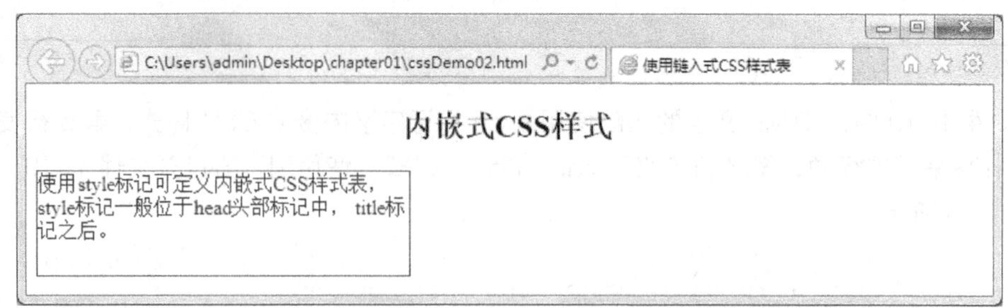

图1-16　链入式效果展示

从图 1-16 中可以看到，使用链入式与内嵌式引入 CSS 文件的显示效果是一样的。在实际开发中，链入式是使用频率最高、最实用的引入方式，它将 HTML 代码与 CSS 代码分离为两个或多个文件，实现了结构和表现的完全分离，同一个 CSS 文件可以被不同的 HTML 页面链接使用，同时一个 HTML 页面也可以通过多个<link />标记链接多个 CSS 样式表，大大提高了网页开发的工作效率。

1.2.3　CSS 选择器和常用属性

要想将 CSS 样式应用于特定的 HTML 元素，首先需要找到该目标元素。在 CSS 中，执行这一样式任务的部分被称为选择器，本小节将对 CSS 基础选择器进行介绍，具体如下。

1. 标记选择器

标记选择器是指用 HTML 标记名称作为选择器，按标记名称分类，为页面中某一类标记指定统一的样式。其基本语法格式如下：

```
标记名{属性1:属性值1; 属性2:属性值2; 属性3:属性值3; }
```

上述语法中，所有的 HTML 标记都可以作为标记选择器的标记名，例如<body>标记、<h1>标记、<p>标记等。用标记选择器定义的样式对页面中该类型的所有标记都有效，这是它的优点，但同时这也是其缺点，因为这样不能设计差异化样式。

2. 类选择器

类选择器使用“.”（英文点号）进行标识，后面紧跟类名，其基本语法格式如下：

```
.类名{属性1:属性值1; 属性2:属性值2; 属性3:属性值3; }
```

上述语法中，类名即为 HTML 页面中元素的 class 属性值，大多数 HTML 元素都可以定义 class 属性。类选择器最大的优势是可以为元素对象定义单独或相同的样式。

3. id 选择器

id 选择器使用“#”进行标识，后面紧跟 id 名，其基本语法格式如下：

```
#id名{属性1:属性值1;属性2:属性值2;属性3:属性值3;}
```

上述语法中，id 名即为 HTML 页面中元素的 id 属性值，大多数 HTML 元素都可以定义 id 属性，元素的 id 值是唯一的，只能对应于文档中某一个具体的元素。

4. 通配符选择器

通配符选择器用“*”号表示，它是所有选择器中作用范围最广的，能匹配页面中所有的元素。其基本语法格式如下：

```
*{属性1:属性值1; 属性2:属性值2; 属性3:属性值3; }
```

例如，下面使用通配符选择器定义的样式，该样式能够清除所有 HTML 标记的默认边距，如下所示：

```
* {
    margin: 0;   /* 定义外边距*/
    padding: 0;  /* 定义内边距*/
}
```

在实际网页开发中，不建议使用通配符选择器，因为它设置的样式对所有的 HTML 标记都生效，这是其优点也是其缺点，因为这样不能设计差异化样式。

了解了几种选择器的语法结构后，接下来通过一个案例来学习这几种选择器的使用。在 chapter01 文件夹中创建一个名称为 cssDemo03 的 HTML 文件，其主要代码如文件 1-11 所示。

文件 1-11　cssDemo03.html

```
<html>
<head>
<title>选择器</title>
<style type="text/css">
/* 1.类选择器的定义*/
.red {
    color: red;
}
.green {
    color: green;
}
.font18 {
    font-size: 18px;
}
/* 2.id 选择器的定义*/
#bold {
    font-weight: bold;
}
#font24 {
    font-size: 24px;
}
</style>
</head>
<body>
    <!--类选择器的使用-->
    <h1 class="red">标题一：class="red"，设置文字为红色。</h1>
    <p class="green font18">
       段落一：class="green font18",设置文字为绿色，字号为 18px。
    </p>
    <p class="red font18">
       段落二：class="red font18",设置文字为红色，字号为 18px。
    </p>
    <!--id 选择器的使用-->
    <p id="bold">段落 1：id="bold"，设置粗体文字。</p>
    <p id="font24">段落 2：id="font24"，设置字号为 24px。</p>
    <p id="font24">段落 3：id="font24"，设置字号为 24px。</p>
```

```
    <p id="bold font24">段落 4：id="bold font24"，同时设置粗体和字号 24px。</p>
</body>
</html>
```

文件 1-11 中，在<style>标记内分别定义了类选择器和 id 选择器。类选择器中，“.red”选择器用于将页面中 class 属性值为 red 的文字颜色设置为红色，“.green”选择器用于将页面中 class 属性值为 green 的文字颜色设置为绿色，“.font18”选择器用于将页面中 class 属性值为 font18 的文字字号设置为 18 像素。在 id 选择器中，“#bold”选择器用于将页面中 id 属性值为 bold 的文本字体变为粗体文字，“#font24” 用于将页面中 id 属性值为 font24 的文本字号设置为 24 像素。

使用浏览器打开文件 1-11，显示结果如图 1-17 所示。

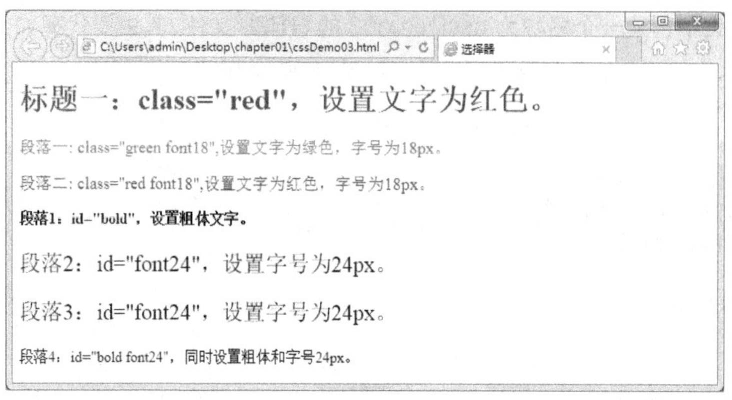

图1-17 选择器的使用

在图 1-17 中，“标题一...”和“段落二...”的文本内容均显示为红色，可见同一个类选择器可以被多个标记引用，而且一个 HTML 标记可以同时引用多个类选择器，例如：class="green font18"。在显示结果中，“段落 2...”和“段落 3...”的字号均为 24 像素，这是由于它们引用了相同的 id 选择器，虽然浏览器并没有报错，但是这种做法是不被允许的，因为在 JavaScript 等脚本语言中 id 值是唯一的。“段落 4”没有显示任何 CSS 样式，这意味着同一个标记对象不能同时引用多个 id 选择器，例如“id="bold font24"”的引用方式是完全错误的，如果一个标记想要使用多个样式可以使用类选择器。

为了使读者更方便地了解网页中各种标记的样式，下面介绍一些常用的 CSS 属性，如表 1-1 所示。

表 1-1 CSS 常用属性

属性名称	功能描述
margin	用于指定对象的外边距，也就是对象与对象之间的距离。该属性可指定 1~4 个属性值，各属性值以空格分隔
padding	用于指定对象的内边距，也就是对象的内容与对象边框之间的距离。该属性可指定 1~4 个属性值，各属性值以空格分隔
background	用于设置背景颜色、背景图片、背景图片的排列方式、是否固定背景图片和背景图片的位置。该属性可指定多个属性值，各属性值以空格分隔，没有先后顺序
font-family	规定元素的字体系列
border	用于设置边框的宽度、边框的样式和边框的颜色。该属性可以指定多个属性值，各属性值以空格分隔，没有先后顺序
font	用于设置字体样式、小型的大写字体、字体粗细、文字的大小、行高和文字的字体

续表

属性名称	功能描述
height	用于指定对象的高度
line-height	用于设置行间距，所谓行间距就是行与行之间的距离，即字符的垂直间距，一般称为行高
color	用于指定文本的颜色
text-align	用于指定文本的对齐方式
text-decoration	用于指定文本的显示样式，其属性值包括 line-through（删除线）、overline（上划线）、underline（下划线）、blink（闪烁效果，Firefox 和 Opera 可以看到效果）和 none（无效果）等
vertical-align	用于设置元素的垂直对齐方式
display	用于指定对象的显示形式

1.3 JavaScript 基础

1.3.1 DOM 相关知识

DOM 是 Document Object Model（文档对象模型）的简称，是 W3C 组织推荐的处理可扩展标志语言的标准编程接口，它可以以一种独立于平台和语言的方式访问和修改一个文档的内容和结构。

W3C 中将 DOM 标准分为 3 个不同的部分：核心 DOM、XML DOM 和 HTML DOM，其中，核心 DOM 是针对任何结构化文档的标准模型，XML DOM 是针对 XML 文档的标准模型，而 HTML DOM 是针对 HTML 文档的标准模型。由于本章中主要讲解的是网页开发的基础知识，而主要涉及的 DOM 内容就是 HTML DOM，所以本节将主要介绍 HTML DOM 的知识。

HTML DOM 模型被构造为对象的树，该树的根节点是文档（Document）对象，该对象有一个 documentElement 的属性引用，表示文档根元素的 Element 对象。HTML 文档中表示文档根元素的 Element 对象是<html>元素，<head>和<body>元素可以看作树的枝干。

HTML DOM 树的结构如图 1-18 所示。

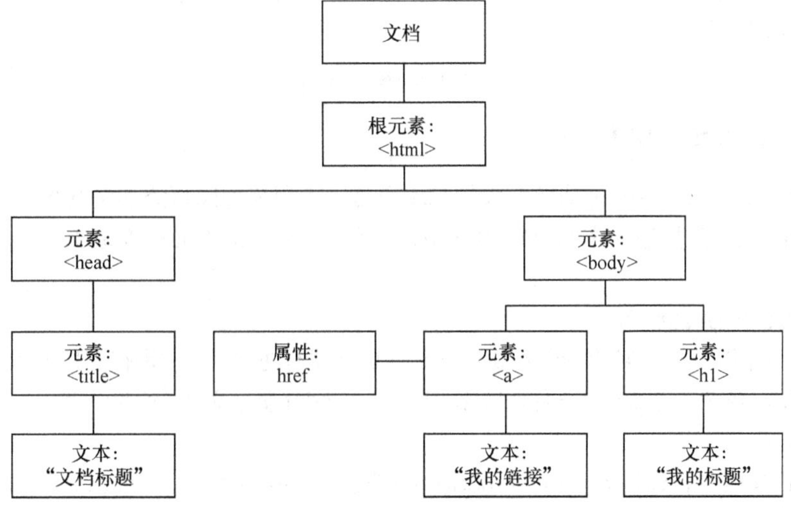

图1-18　DOM对象的文档层次结构图

在图 1-18 中，每个元素被称为一个节点，直接位于一个节点之下的节点被称为该节点的子节点（childNode），直接位于一个节点之上的节点被称为该节点的父节点（parentNode），具有相同父节点的两个节点称为兄弟节点（siblingNode）。

1. 节点的访问

在 DOM 中，HTML 文档的各个节点被视为各种类型的 Node 对象。如果想要通过某个节点的子节点找到该元素，其语法如下所示：

```
父节点对象 = 子节点对象.parentNode;
```

Node 对象的常用属性如表 1-2 所示。

表 1-2 Node 对象的常用属性

属性	类型	描述
parentNode	Node	返回节点的父节点，没有父节点时为 null
childNodes	NodeList	返回节点到子节点的节点列表
firstChild	Node	返回节点的首个子节点，没有则为 null
lastChild	Node	返回节点的最后一个子节点，没有则为 null

2. 获取文档中的指定元素

通过遍历节点的访问可以找到文档中指定的元素，但是这种方法有些麻烦，document 对象中提供了直接搜索文档中指定元素的方法，具体如下。

（1）通过元素的 id 属性获取元素

Document 的 getElementById()方法可以通过元素的 id 属性获取元素。例如，获取 id 属性值为 userId 节点的代码如下所示：

```
document.getElementById("userId");
```

（2）通过元素的 name 属性获取元素

Document 的 getElementsByName()方法可以通过元素的 name 属性获取元素。由于多个元素可能有相同的 name 值，所以该方法返回值为一个数组，而不是一个元素。如果想获得唯一的元素，可以通过获取返回数组中下标值为 0 的元素进行获取。例如，获取 name 值为 userName 节点的代码如下所示：

```
document.getElementsByName("userName")[0];
```

1.3.2 JavaScript 概述

JavaScript 是 Web 中一种功能强大的脚本语言，常用来为网页添加各式各样的动态功能，它不需要进行编译，直接嵌入在 HTML 页面中，就可以把静态的页面转变成支持用户交互并响应事件的动态页面。

1. JavaScript 的引入

在 HTML 文档中，较为常用的引入 JavaScript 的方式有两种，一种是在 HTML 文档中直接嵌入 JavaScript 脚本，称为内嵌式；另一种是链接外部 JavaScript 脚本文件，称为外链式。具体介绍如下。

（1）内嵌式

在 HTML 文档中，通过<script></script>标签及其相关属性可以引入 JavaScript 代码。当浏览器读取到<script>标签时，就会解释执行其中的脚本。JavaScript 的内嵌式的使用方式如下：

```
    <script type="text/javascript">
        // 此处为 JavaScript 代码
    </script>
```

在上述代码中，type 属性用来指定 HTML 文档引用的脚本语言类型，当 type 属性的值为 text/javascript 时，表示<script></script>元素中包含的是 JavaScript 脚本。

需要注意的是，在老旧的浏览器中，引入 javascript 脚本时 type="text/javascript"是必须编写的，但现在已经可以不使用了，因为 JavaScript 是所有现代浏览器以及 HTML 5 中的默认脚本语言。

JavaScript 中有 3 种弹出对话框的方式，分别是使用 alert()、confirm()以及 prompt()。由于篇幅有限，这里将不单独介绍这 3 种方法的具体使用方式，在方法具体使用时再做介绍。如果不想使用弹出对话框，也可使用 document.write()方法直接将信息显示在页面上。

了解了一些简单的 JavaScript 知识后，接下来，通过一个具体的案例来演示如何在 HTML 文档中使用内嵌式 JavaScript。

在 chapter01 文件夹中创建一个名为 jsDemo01 的 HTML 文件，其代码如文件 1-12 所示。

文件 1-12　jsDemo01.html

```
<!DOCTYPE html PUBLIC "-//W3C//DTD HTML 4.01 Transitional//EN"
"http://www.w3.org/TR/html4/loose.dtd">
<html>
<head>
<title>内嵌式</title>
<script type="text/javascript">
    document.write("欢迎来到传智播客");
</script>
</head>
<body>
    <br />
    学习 JavaScript
</body>
</html>
```

在文件 1-12 中，使用 document.write()方法输出了“欢迎来到传智播客”这段文本。运行文件 1-12，结果如图 1-19 所示。

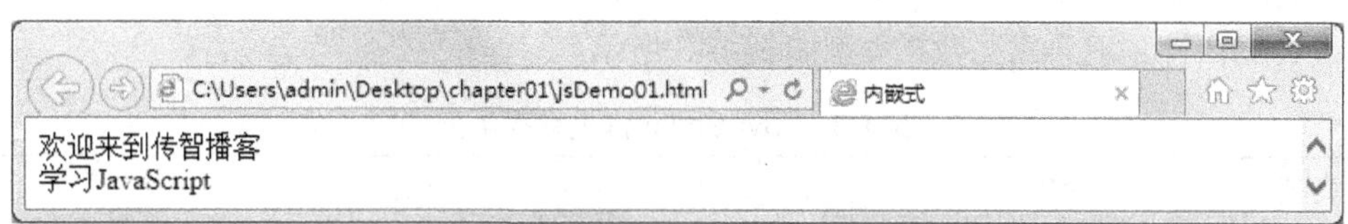

图1-19　内嵌式

在图 1-19 中显示了两段文本，其中第一段文本“欢迎来到传智播客”就是由 JavaScript 代码定义的。

（2）外链式

当脚本代码比较复杂或者同一段代码需要被多个网页文件使用时，可以将这些脚本代码放置在一个扩展名为.js 的文件中，然后通过外链式引入该 js 文件。在 Web 页面中使用外链式引入

JavaScript 文件的方式如下：

```
<script type="text/javascript" src="JS 文件的路径"></script>
```

接下来，通过修改文件 1-12，来演示如何在 HTML 文件中通过外链式引入 JavaScript。

首先在 chapter01 文件夹中创建一个名为 demo01.js 的文件，使用记事本将该文件打开，并将文件 1-12 中第 7 行代码“document.write("欢迎来到传智播客");”复制到该文件中保存。

然后创建一个名称为 jsDemo02 的 HTML 文件，将 jsDemo01 中的代码复制到 jsDemo02 中，并更改为外链式，如文件 1-13 所示。

文件 1-13 jsDemo02.html

```
<!DOCTYPE html PUBLIC "-//W3C//DTD HTML 4.01 Transitional//EN"
"http://www.w3.org/TR/html4/loose.dtd">
<html>
<head>
<title>外链式</title>
<script type="text/javascript" src="demo01.js"></script>
</head>
<body>
    <br />
    学习 JavaScript
</body>
</html>
```

上述代码中，使用外链式引入了 demo01.js 文件，运行文件 1-13，结果如图 1-20 所示。

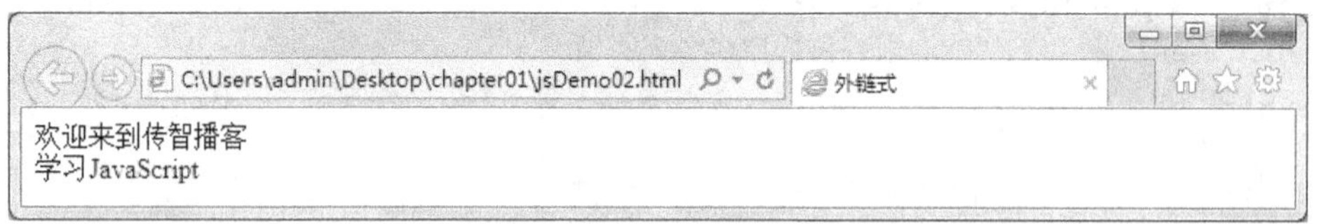

图1-20 外链式

在图 1-20 中可以看出，外链式与内链式的显示效果相同。在实际开发中，如果页面中需要编写的 js 代码很少，可以使用内嵌式，但是如果 js 代码很多时，通常都会使用外链式，使用外链式可以使 HTML 代码更加整洁。

2. 数据类型

JavaScript 中的几种常见数据类型如表 1-3 所示。

表 1-3 JavaScript 常见数据类型

类型	含义	说明
Number	数值型	数值型数据不区分整型和浮点型，数值型数据不要用引号括起来
String	字符串类型	字符串是用单引号或双引号括起来的一个或多个字符
Boolean	布尔类型	只有 true 或 false 两个值
Object	对象类型	一组数据和功能的键值对集合
Null	空类型	没有任何值
Undefined	未定义类型	指变量被创建，但未赋值时所具有的值

3. 变量

在 JavaScript 中，使用 var 命令声明变量，由于 JavaScript 是一种弱类型语言，所以在声明变量时，不需要指定变量的类型，变量的类型将根据变量的赋值来确定，其语法格式如下所示。

```
var number=27;
var  str="传智播客";
```

变量的命名必须遵循命名规则，变量名可以由字母、下划线（_）、美元符号（$），甚至中文组成，但中文命名的方式不建议使用，中间可以是数字、字母或下划线，但是不能有空格、加号、减号等符号，不能使用 JavaScript 的关键字。JavaScript 中的关键字如下所示。

```
abstract    continue    finally     instanceof    private         this
boolean     default     float       int           public          throw
break       do          for         interface     return          typeof
byte        double      function    long          short           true
case        else        goto        native        static          var
catch       extends     implements  new           super           void
char        false       import      null          switch          while
class       final       in          package       synchronized    with
```

需要注意的是，以上关键字同样不可以用作函数名、对象名及自定义的方法名等。

4. 运算符

运算符是程序执行特定算术或操作的符号，用于执行程序代码运算。JavaScript 中的运算符主要包括算术运算符、比较运算符、赋值运算符、逻辑运算符和条件运算符 5 种，具体介绍如下。

（1）算术运算符

算术运算符用于连接运算表达式，主要包括加（+）、减（–）、乘（*）、除（/）、取模（%）、自增（++）、自减（--）等运算符，如表 1-4 所示。

表 1-4　算术运算符

算术运算符	描述
+	加运算符
–	减运算符
*	乘运算符
/	除运算符
++	自增运算符。该运算符有 i++(在使用 i 之后，使 i 的值加 1)和++i（在使用 i 之前，先使 i 的值加 1）两种
--	自减运算符。该运算符有 i--(在使用 i 之后，使 i 的值减 1)和--i（在使用 i 之前，先使 i 的值减 1）两种

（2）比较运算符

比较运算符在逻辑语句中使用，用于判断变量或值是否相等，返回布尔类型值 true 或 false，常用的比较运算符如表 1–5 所示。

表 1-5　比较运算符

比较运算符	描述
<	小于
>	大于
<=	小于等于

续表

比较运算符	描述
>=	大于等于
= =	等于。只根据表面值进行判断，不涉及数据类型。例如，“27”==27 的值为 true
!=	不等于。只根据表面值进行判断，不涉及数据类型。例如，“27”!=27 的值为 false

（3）逻辑运算符

逻辑运算符是根据表达式的值来返回真值或假值，常用的逻辑运算符如表 1–6 所示。

表 1-6 逻辑运算符

逻辑运算符	描述
&&	逻辑与，只有当两个操作数 a、b 的值都为 true 时，a&&b 的值才为 true；否则为 false
||	逻辑或，只有当两个操作数 a、b 的值都为 false 时，a||b 的值才为 false；否则为 true
!	逻辑非，!true 的值为 false，而!false 的值为 true

（4）赋值运算符

最基本的赋值运算符是等于号“=”，用于对变量进行赋值。其他运算符可以和赋值运算符联合使用，构成组合赋值运算符，如表 1–7 所示。

表 1-7 赋值运算符

赋值运算符	用法
=	例如，username=“name”
+ =	例如，a+=b，相当于 a=a+b
– =	例如，a–=b，相当于 a=a–b
*=	例如，a*=b，相当于 a=a*b
/ =	例如，a/=b，相当于 a=a/b
% =	例如，a%=b，相当于 a=a%b

（5）条件运算符

条件运算符是 JavaScript 中的一种特殊的三目运算符，它与 Java 中的三目运算符的使用类似，其语法格式如下。

```
操作数？结果 1：结果 2
```

如果操作数的值为 true，则整个表达式的结果为“结果 1”，否则为“结果 2”。其示例代码如下所示。

```
<script type="text/javascript">
  var a=5;
  var b=5;
  alert((a==b)?true:false);
</script>
```

在上述 js 代码中，由于声明的变量 a 和 b 的值相同，所以通过使用比较运算符“==”的比较结果为 true，此时整个 alert()语句的结果就为 true；如果变量 a 与 b 的值不相等时，则整个语句的执行结果为 false。

5. 条件语句 if

所谓条件语句就是对语句中不同条件的值进行判断，进而根据不同的条件执行不同的语句。

条件语句中最常用的是 if 判断语句，它的使用与 Java 语言中的 if 判断语句相似，是通过判断条件表达式的值为 true 或者 false，来确定是否执行某一条语句。可将 if 语句分为单向判断语句、双向判断语句和多向判断语句，具体讲解如下。

（1）单向判断语句

单向判断语句是结构最简单的条件语句，如果程序中存在绝对不执行某些指令的情况，就可以使用单向判断语句，其语法格式如下：

```
if（执行条件）{
  执行语句
}
```

在上面的语法结构中，if 可以理解为“如果”，小括号“()”内用于指定 if 语句中的执行条件，大括号“{}”内用于指定满足执行条件后需要执行的语句，当执行语句只有一行时，也可以不写{}。

（2）双向判断语句

双向判断语句是 if 条件语句的基础形式，其基本语法格式如下：

```
if（执行条件）{
  语句 1
}else{
  语句 2
}
```

双向判断语句的语法格式和单向判断语句类似，只是在其基础上增加了一个 else 从句。表示如果条件成立，则执行“语句 1”，否则执行“语句 2”。

（3）多向判断语句

多向判断语句是根据表达式的结果判断一个条件，然后根据返回值做进一步的判断，其基本语法格式如下：

```
if（执行条件 1）{
执行语句 1
}
else if（执行条件 2）{
执行语句 2
}
else if（执行条件 3）{
执行语句 3
}
……
```

在多向判断语句的语法中，通过 else if 语句可以对多个条件进行判断，并且根据判断的结果执行相关的语句。

1.3.3　JavaScript 的使用

1. 函数的定义及调用

在 JavaScript 中，定义函数是通过 function 语句实现的。其语法格式如下：

```
function functionName([parameter1,parameter2,…]){
      statements;
      [return expression;]
}
```

在上述语法中，functionName 是必选项，用于指定函数名，在同一个页面中，函数名必须是唯一的，并且区分大小写；parameter1,parameter2,...是可选项，代表参数列表，当使用多个参数时，参数间使用逗号进行分隔，一个函数最多可以有 255 个参数；statements 是必选项，代表用于实现函数功能的语句；return expression 是可选项，用于返回函数值，expression 为任意表达式、变量或常量。

在 JavaScript 中，由于函数区分大小写，所以在调用函数时需要注意函数名称大小写。不带参数的函数使用函数名加上括号即可调用，带参数的函数需要根据参数的个数和类型在括号中传递相应的参数进行调用。如果函数有返回值，可以使用赋值语句将函数值赋给一个变量进行返回。

2. 事件处理

采用事件驱动是 JavaScript 语言的一个最基本的特征，所谓的事件是指用户在访问页面时执行的操作。当浏览器探测到一个事件时，比如，单击鼠标或按键，它可以触发与这个事件相关联的事件处理程序。事件处理的过程通常分为 3 步：发生事件、启动事件处理程序和事件处理程序做出反应。

值得一提的是，在上面的事件处理过程中，要想事件处理程序能够启动，就需要调用事件处理程序，事件处理程序可以是任意的 JavaScript 语句，但通常使用特定的自定义函数(Function)来对事件进行处理。接下来通过一个案例来演示如何在 HTML 中调用事件处理程序。

在 chapter01 文件夹中创建一个名称为 jsDemo03 的 HTML 文件，编辑后的关键代码如文件 1-14 所示。

文件 1-14 jsDemo03.html

```
<body>
  <input type="button" name="btn" value="点我" onclick="alert('Hello');"/>
</body>
```

在文件 1-14 中，onclick 代表当前事件类型为鼠标单击事件；alert()函数主要用于弹出警示对话框，起到对用户进行提示的作用。使用浏览器打开文件 1-14，显示结果如图 1-21 所示。

图1-21 调用事件处理程序

单击图中的按钮后，将弹出图 1-22 所示的警示框。

图1-22 弹出警示框

除 onclick 事件外，JavaScript 中还有很多常用的事件类型，如表 1-8 所示。

表 1-8　JavaScript 的常用事件

类别	事件	事件说明
表单事件	onblur	当前元素失去焦点时触发此事件
	onchange	当前元素失去焦点并且元素内容发生改变时触发此事件
	onfocus	当某个元素获得焦点时触发此事件
	onreset	当表单被重置时触发此事件
	onsubmit	当表单被提交时触发此事件
页面事件	onload	当页面加载完成时触发此事件

3. 常用对象

（1）Window 对象

Window 对象表示整个浏览器窗口，它处于对象层次的顶端，可用于获取浏览器窗口的大小、位置，或设置定时器等。在使用时，JavaScript 允许省略 Window 对象的名称。

Window 对象常用的属性和方法如表 1–9 所示。

表 1-9　Window 对象的常用属性和方法

属性/方法	说明
document、history、location、navigator、screen	返回相应对象的引用。例如 document 属性返回 document 对象的引用
parent、self、top	分别返回父窗口、当前窗口和最顶层窗口的对象引用
innerWidth、innerHeight	分别返回窗口文档显示区域的宽度和高度
outerWidth、outerHeight	分别返回窗口的外部宽度和高度
open()、close()	打开或关闭浏览器窗口
alert()、confirm()、prompt()	分别表示弹出警告框、确认框、用户输入框
setTimeout()、clearTimeout()	设置或清除普通定时器

（2）Date 对象

Date 对象是一个有关日期和时间的对象。它具有动态性，必须使用 new 关键字创建一个实例，语法如下所示。

```
var Mydate=new Date();
```

Date 对象没有提供直接访问的属性，只有获取和设置日期的方法，如表 1–10 所示。

表 1-10　Date 对象的常用方法

获取方法	说明	设置方法	说明
getFullYear()	返回 4 位数年份	setFullYear()	设置年用 4 位数的年份
getMonth()	返回月份值（0~11）	setMonth()	设置月份值（0~11）
getDate()	返回日期值（1~31）	setDate()	设置日期值（1~31）
getDay()	返回值星期（0~6）	setDay()	设置星期值（0~6）
getHours()	返回小时值（0~23）	setHours()	设置小时值（0~23）
getMinutes()	返回分钟值（0~59）	setMinutes()	设置分钟值（0~59）
getSeconds()	返回秒数值（0~59）	setSeconds()	设置秒数值（0~59）
getTime()	返回从 1970 年 1 月 1 日至今的毫秒数	setTime()	使用毫秒形式设置 Date 对象

（3）String 对象

String 对象是 JavaScript 提供的字符串处理对象，创建对象实例后才能引用，它提供了对字符串进行处理的属性和方法，具体如表 1-11 所示。

表 1-11　String 对象常用属性和方法

类型	名称	说明
属性	length	返回字符串中字符的个数。注：一个汉字也是一个字符
方法	indexOf(str[,startIndex])	从前向后检索字符串
	lastIndexOf(search[,startIndex])	从后向前搜索字符串
	substr(startIndex[, length])	返回从起始索引号提取字符串中指定数目的字符
	substring(startIndex [,endIndex])	返回字符串中两个指定的索引号之间的字符
	split(separator [,limitInteger])	把字符串分割为字符串数组
	search(substr)	检索字符串中指定子字符串或与正则表达式相匹配的值
	replace(substr,replacement)	替换与正则表达式匹配的子串
	toLowerCase()	把字符串转换为小写
	toUpperCase()	把字符串转换为大写
	localeCompare()	用本地特定的顺序来比较两个字符串

1.4 阶段案例：传智书城页面设计

【任务 1-1】传智书城首页设计

【任务目标】

根据本章中所学的网页知识，实现传智书城首页的展示。传智书城首页面展示如图 1-23 所示。

表1-23　传智书城首页面

传智书城首页主要展示图书的类别信息、广告页轮播图、公告板、本周热卖等内容。

【实现步骤】

1. 创建资源文件夹

在 chapter01 文件夹下创建一个名称为 client 的文件夹，该文件夹用于存放传智书城项目的实现页面、页面的图片、样式以及 js 文件。在 client 文件夹中创建存放相应资源的文件夹，创建后的 client 文件目录如图 1–24 所示。

图1–24 client文件夹目录结构

其中，ad 文件夹用于存放首页轮播的广告图片，bookcover 文件夹用于存放本周热卖中的图书图片，css 文件夹用于存放样式表文件，images 文件夹用于存放页面图片，js 文件夹用于存放 js 文件。

2. 创建 index.html 首页面

在 client 文件夹中创建 index.html 页面，该页面作为传智书城的首页面，编辑后的代码如文件 1–15 所示。

文件 1–15 index.html

```
<!DOCTYPE html PUBLIC "-//W3C//DTD HTML 4.01
 Transitional//EN" "http://www.w3.org/TR/html4/loose.dtd">
<html>
<head>
<meta http-equiv="Content-Type" content="text/html; charset=UTF-8">
<title>首页</title>
    <!-- 导入 main.css、首页轮播图 css 和 js 脚本 -->
    <link rel="stylesheet" href="css/main.css" type="text/css" />
    <link type="text/css" href="css/autoplay.css" rel="stylesheet" />
    <script type="text/javascript" src="js/autoplay.js"></script>
</head>
<body class="main">
<!-- 1.传智书城顶部 start -->
<div id="divhead">
    <table cellspacing="0" class="headtable">
        <tr>
            <td>
                <a href="#">
        <img src="images/logo.png" width="200" height="60" border="0" />
                </a>
            </td>
            <td style="text-align:right">
                <img src="images/cart.gif" width="26" height="23"
                style="margin-bottom:-4px" /> <a href="#">购物车</a>
                | <a href="#">帮助中心</a>
                | <a href="#">我的帐户</a>
                | <a href="register.html">新用户注册</a>
             </td>
        </tr>
```

```
    </table>
</div>
<!-- 传智书城顶部  end -->
<!--2. 传智书城菜单列表  start -->
<div id="divmenu">
        <a href="#">文学</a>
        <a href="#">生活</a>
        <a href="#">计算机</a>
        <a href="#">外语</a>
        <a href="#">经管</a>
        <a href="#">励志</a>
        <a href="#">社科</a>
        <a href="#">学术</a>
        <a href="#">少儿</a>
        <a href="#">艺术</a>
        <a href="#">原版</a>
        <a href="#">科技</a>
        <a href="#">考试</a>
        <a href="#">生活百科</a>
        <a href="#" style="color:#FFFF00">全部商品目录</a>
</div>
<div id="divsearch">
<form action="#" id="searchform">
    <table width="100%" border="0" cellspacing="0">
        <tr>
            <td style="text-align:right; padding-right:220px">
                Search
                <input type="text" name="textfield" class="inputtable"
                       id="textfield" value="请输入书名"
                onmouseover="this.focus();"
                onclick="my_click(this, 'textfield');"
                onBlur="my_blur(this, 'textfield');"/>
                <a href="#">
                    <img src="images/serchbutton.gif"
              border="0" style="margin-bottom:-4px" onclick="search()"/>
                </a>
            </td>
        </tr>
    </table>
</form>
</div>
<!-- 传智书城菜单列表  end -->
<!-- 3.传智书城首页轮播图  start -->
    <div id="box_autoplay">
    <div class="list">
        <ul>
        <li><img src="ad/index_ad1.jpg" width="900" height="335" /></li>
        <li><img src="ad/index_ad2.jpg" width="900" height="335" /></li>
        <li><img src="ad/index_ad3.jpg" width="900" height="335" /></li>
        <li><img src="ad/index_ad4.jpg" width="900" height="335" /></li>
```

```
        <li><img src="ad/index_ad5.jpg" width="900" height="335" /></li>
        </ul>
    </div>
    </div>
    <!-- 传智书城首页轮播图  end -->
    <!--4. 公告板和本周热卖  start -->
   <div id="divcontent" >
        <table width="900px" border="0" cellspacing="0">
            <tr>
                <td width="497">
                <img src="images/billboard.gif" width="497" height="38" />
                    <table cellspacing="0" class="ctl">
                        <tr>
                    <td width="485" height="29">
     尊敬的传智书城用户，<br />
           为了让大家有更好的购物体验，3 月 25 日起，当日达业务关小黑屋回炉升级！
      <br />
       具体开放时间请留意公告，感谢大家的支持与理解，祝大家购物愉快！<br />
                                                           3 月 23 日<br />
                                          传智播客 传智书城系统管理部<br />
                    </td>
                        </tr>
                    </table>
                </td>
                <td style="padding:5px 15px 10px 40px">
                    <table width="100%" border="0" cellspacing="0">
                        <tr>
                            <td>
                <img src="images/hottitle.gif" width="126" height="29" />
                            </td>
                        </tr>
                    </table>
                    <table width="100%" border="0" cellspacing="0">
                        <tr>
                            <td style="width:80; text-align:center">
                                <a href="#">
    <img src="bookcover/105.jpg" width="102" height="130" border="0" />
                                </a>
                                <br />
                            </td>
                            <td style="width:80; text-align:center">
                                <a href="#">
    <img src="bookcover/106.jpg" width="102" height="130" border="0" />
                                </a>
                                <br />
                            </td>
                        </tr>
                    </table>
                </td>
            </tr>
```

```
        </table>
    </div>
<!-- 公告板和本周热卖  end -->
<!--5. 传智书城底部 start -->
<div id="divfoot">
        <table width="100%" border="0" cellspacing="0" >
            <tr>
                <td rowspan="2" style="width:10%">
                    <img src="images/logo.png" width="195" height="50"
                         style="margin-left:175px" />
                </td>
                <td style="padding-top:5px; padding-left:50px">
                    <a href="#">
                        <font color="#747556"><b>CONTACT US</b></font>
                    </a>
                </td>
            </tr>
            <tr>
                <td style="padding-left:50px">
                    <font color="#CCCCCC">
                <b>COPYRIGHT 2015 &copy; BookStore All Rights RESERVED.</b>
                    </font>
                </td>
            </tr>
        </table>
    </div>
    <!-- 传智书城底部  end -->
</body>
</html>
```

在文件 1-15 中，首先在<head>标记之间分别导入了 main.css、autoplay.css 和 autoplay.js 分别用作控制主页的 CSS 样式、控制轮播图中的样式和动作。主体 body 部分由 5 个大的<div>标签将页面分为了 5 个部分。第 1 部分用于描述传智书城顶部内容，当用户单击 “新用户注册”时，页面将跳转至新用户注册页面；第 2 部分用于描述传智书城菜单列表，其内部由两个<div>组成，第一个<div>通过<a>标签展示各个菜单列表，第 2 个<div>完成的是菜单列表下的搜索框功能；第 3 部分代码通过无序列表<ul>展示传智书城首页轮播图内容；第 4 部分代码用于展示公告板和本周热卖内容；第 5 部分代码用于显示传智书城下方显示栏内容。

3. 创建 CSS 文件

在 CSS 文件夹中创建 main.css 文件，该文件主要用于控制页面中的样式。其部分代码如文件 1-16 所示。

文件 1-16 main.css

```
/* CSS Document */
/*页面的主要样式展示*/
.main {
    margin: 0px 0px 30px 0px;
    padding: 0px 0px 0px 0px;
    background: #FFFFFF;
    font-family: Arial, Helvetica, sans-serif;
```

```
    font-size: 12px;
    line-height: 150%;
    color: #000000; /*#666666*/
    text-align: center;
    vertical-align: top;
}
…
.headtable {
    width: 100%;
}
…
#divmenu {
    width: 100%;
    border-top-width: 4px;
    border-top-style: solid;
    border-top-color: #82B211;
    background-color: #1C3F09;
    text-align: center;
    padding: 10px 0px 10px 0px;
    font-size: 14px;
}
#divmenu a {
    font-size: 14px;
    color: #FFFFFF; /*#1E33F7*/
    font-weight: bold;
    padding: 10px 10px 10px 10px;
}
#divmenu a:link {
    text-decoration: none;
    font-weight: bold;
}
…
a {
    font-size: 12px;
    color: #0066FF; /*#1E33F7*/
}
a:link {
    text-decoration: none;
}
…
```

在文件 1-16 中，展示了页面的部分 CSS 样式，此文件中的内容读者能够依照所学知识看懂即可，不要求读者自己写出。

至此，传智书城首页展示的功能已经实现。需要注意的是，在实际项目开发过程中，网页中大部分的 CSS 文件和 JS 文件都是由网页设计人员依照需求已经创建好的，文件 1-15 中 autoplay.css 和 autoplay.js 实际开发时就是网页人员编写好的，通常这些定义好的样式和 JS 不需要软件开发人员再去改动，开发者只需将后台的相应数据展示在页面中即可。只有定义好的样式，不能满足需求时，才会做相应变动，但是页面中某些 JS 代码还是需要开发人员来编写的（如单击按钮触发事件、表单校验等）。由于篇幅有限，这里就不过多描述，望读者见谅。有兴趣的读者可以深入学习 CSS 和 JavaScript 的相关知识。

【任务 1-2】传智书城注册页面设计

【任务目标】

通过本章中所学的网页知识，实现传智书城注册页面。注册页面预览如图 1-25 所示。

图1-25 传智书城注册页面

从图 1-25 中可以看出，新用户注册需要填写用户邮箱、会员名、密码、性别、联系电话、个人介绍等信息。其中，输入的邮箱地址应该是合法的，且需要是本人拥有的邮箱。密码和重复密码表单输入的内容必须一致。

【实现步骤】

1. 创建 register.html 注册页面

在 client 文件夹中创建注册页面 register.html，由于注册页面的页面顶部、菜单列表以及下方显示栏与首页面相同，这里就不再重复展示。其中，注册页面引用的 CSS 样式文件和 JS 脚本文件代码如下所示。

```
<link rel="stylesheet" href="css/main.css" type="text/css" />
<script type="text/javascript" src="js/form.js"></script>
```

实现注册功能的主要代码，如文件 1-17 所示。

文件 1-17 register.html

```
<!-- 3.传智书城用户注册  start -->
<div id="divcontent" align="center">
<!-- 提交页面 -->
 <form action="registersuccess.html" method="post"
                                    onsubmit="return checkForm();">
     <table width="850px" border="0" cellspacing="0">
```

```
    <tr>
        <td style="padding: 30px"><h1>新会员注册</h1>
        <table width="70%" border="0" cellspacing="2" class="upline">
      <tr>
          <td style="text-align: right; width: 20%">会员邮箱：</td>
              <td style="width: 40%">
         <input type="text" class="textinput"
                  id="email" name="email" onkeyup="checkEmail();"/>
              </td>
              <td colspan="2"><span id="emailMsg"></span>
                 <font color="#999999">请输入有效的邮箱地址</font>
              </td>
        </tr>
        <tr>
              <td style="text-align: right">会员名：</td>
              <td>
       <input type="text" class="textinput"
             id="username" name="username" onkeyup="checkUsername();"/>
              </td>
              <td colspan="2"><span id="usernameMsg"></span>
           <font color="#999999">字母数字下划线 1 到 10 位，不能是数字开头</font>
              </td>
        </tr>
        <tr>
              <td style="text-align: right">密码：</td>
              <td>
           <input type="password" class="textinput"
               id="password" name="password" onkeyup="checkPassword();"/>
             </td>
           <td><span id="passwordMsg"></span>
             <font color="#999999">密码请设置 6-16 位字符</font>
           </td>
           </tr>
           <tr>
             <td style="text-align: right">重复密码：</td>
             <td>
             <input type="password" class="textinput"  id="repassword"
                        name="repassword" onkeyup="checkConfirm();"/>
             </td>
             <td><span id="confirmMsg"></span> </td>
          </tr>
          <tr>
                <td style="text-align: right">性别：</td>
                <td colspan="2">  
                 <input type="radio" name="gender" value="男"
                                      checked="checked" /> 男
                           
                 <input type="radio" name="gender" value="女" /> 女
                </td>
                <td> </td>
```

```
                </tr>
                <tr>
                    <td style="text-align: right">联系电话：</td>
                        <td colspan="2">
                        <input type="text" class="textinput"
                            style="width: 350px" name="telephone" />
                        </td>
                        <td> </td>
                </tr>
                <tr>
                    <td style="text-align: right">个人介绍：</td>
                    <td colspan="2">
                <textarea class="textarea" name="introduce"></textarea>
                    </td>
                    <td> </td>
                </tr>
                </table>
                <table width="70%" border="0" cellspacing="0">
                    <tr>
                    <td style="padding-top: 20px; text-align: center">
                        <input type="image" src="images/signup.gif"
                                                 name="submit" border="0"/>
                    </td>
                </tr>
              </table>
            </td>
          </tr>
        </table>
    </form>
</div>
```

从文件 1-17 中可以看出，注册页面的核心代码是一个 form 表单，当单击“同意并提交”按钮时，会触发 form 元素中 onsubmit 属性中定义的 checkForm()方法，对整个表单中的数据进行校验。除了提交表单时的校验外，代码中还对单个输入项进行了校验。以会员邮箱输入框为例，由于在<input>标记中定义了 onkeyup="checkEmail()"，所以用户会在会员邮箱输入框输入数据后键盘按键被松开时触发 checkEmail()事件，事件的返回结果会在代码<span id="emailMsg">标签中进行展示。页面中的会员名、密码以及重复密码的验证方式均是这种方式，这里不再过多解释。事件具体的实现过程会在 form.js 文件中进行介绍。

当页面信息全部填写完成并通过校验后，单击“同意并提交”按钮后，会提交到<form>标签中 action 属性指定的 registersuccess.html 页面，该页面用于表示用户注册成功。其页面主要代码如下所示。

```
<body>
<center>
    <font color="green" size="7">注册成功</font>
</center>
</body>
```

2. 创建 form.js 文件，实现表单校验功能

在 js 文件夹中创建一个名称为 form.js 的文件，使用该文件来对注册页面中的表单进行校验，其代码如文件 1–18 所示。

文件 1–18　form.js

```
//1.声明变量
var emailObj;
var usernameObj;
var passwordObj;
var confirmObj;
var emailMsg;
var usernameMsg;
var passwordMsg;
var confirmMsg;
//2.页面加载之后，获取页面中的对象
 window.onload = function() {
        emailObj = document.getElementById("email");
        usernameObj = document.getElementById("username");
        passwordObj = document.getElementById("password");
        confirmObj = document.getElementById("repassword");
        emailMsg = document.getElementById("emailMsg");
        usernameMsg = document.getElementById("usernameMsg");
        passwordMsg = document.getElementById("passwordMsg");
        confirmMsg = document.getElementById("confirmMsg");
    };
//3.校验整个表单
 function checkForm() {
    var bEmail = checkEmail();
    var bUsername = checkUsername();
    var bPassword = checkPassword();
    var bConfirm = checkConfirm();
   // return false 后，事件将被取消
  return bUsername && bPassword && bConfirm && bEmail ;
}
//4.验证邮箱
 function checkEmail() {
    var regex = /^[\w-]+@([\w-]+\.)+[a-zA-Z]{2,4}$/;
    var value =emailObj.value;
    var msg = "";
    if (!value)
        msg = "邮箱必须填写：";
    else if (!regex.test(value))
        msg = "邮箱格式不合法：";
    emailMsg.innerHTML = msg;
emailObj.parentNode.parentNode.style.color = msg == "" ? "black" : "red";
    return msg == "";
}
//5. 验证用户名
function checkUsername() {
```

```
    var regex = /^[a-zA-Z_]\w{0,9}$/;  // 字母数字下划线1到10位，不能是数字开头
    var value = usernameObj.value;     // 获取 usernameObj 中的文本
    var msg = "";                      // 最后的提示消息，默认为空
    // 如果用户名是 null 或者""，!value 的值为 false，如果不为空!value 值为 true
      if (!value)
          msg = "用户名必须填写：";
      else if (!regex.test(value))     // 如果用户名不能匹配正则表达式规则
          msg = "用户名不合法：";
      usernameMsg.innerHTML = msg;     // 将提示消息放入 SPAN
     // 根据消息结果改变 tr 的颜色
usernameObj.parentNode.parentNode.style.color = msg == "" ? "black" : "red";
        return msg == "";              // 如果提示消息为空则代表没出错，返回 true
}
//6. 验证密码
function checkPassword() {
      var regex = /^.{6,16}$/;         // 任意字符，6到16位
      var value = passwordObj.value;
      var msg = "";
      if (!value)
          msg = "密码必须填写：";
      else if (!regex.test(value))
          msg = "密码不合法：";
      passwordMsg.innerHTML = msg;
passwordObj.parentNode.parentNode.style.color = msg == "" ? "black" : "red";
      return msg == "";
}
//7. 验证确认密码
function checkConfirm() {
      var passwordValue = passwordObj.value;
      var confirmValue = confirmObj.value;
      var msg = "";
     if(!confirmValue){
         msg = "确认密码必须填写";
      }
      else   if (passwordValue != confirmValue){
          msg = "密码必须保持一致";
     }
      confirmMsg.innerHTML = msg;
confirmObj.parentNode.parentNode.style.color = msg == "" ? "black" : "red";
      return msg == "";
}
```

在文件 1-18 中，首先声明了变量，然后通过 window.onload 方法在注册页面加载时会获取页面中的对象，接下来定义了验证整个表单的 checkForm()方法，最后，分别定义了用于验证邮箱、用户名、密码和确认密码的方法。

至此，传智书城的注册页面功能已经完成。需要注意的是，本章中的内容是结合本书中传智书城的项目内容进行讲解的，读者在练习时如果没有相应的图片或者静态页面时，可以在不使用图片页面的情况下学习，如本节中的表单校验功能，可以自己编写表单来进行练习。在校验时使用了正则表达式，此内容这里没有做详细讲解，有兴趣的读者可以查找资料深入学习正则表达式。

1.5 本章小结

本章主要介绍了 HTML 技术、CSS 技术和 JavaScript 技术的基础知识，然后使用这些技术完成阶段案例——传智书城首页和注册页面的实现。通过本章的学习，读者可以对 HTML+CSS+JavaScript 的基础有个大致的了解，并且能够学会这些技术在开发时如何使用。

【测一测】

学习完前面的内容，下面来动手测一测吧，请思考以下问题。

1. 请描述 HTML、CSS、DOM、JavaScript 分别表示的含义。
2. 请列举出 HTML 常用的标记（至少 10 个）。
3. 请编写出一个 HTML 页面，令其输出“hello world!¯¯”，使用 CSS 将其字体设置为宋体红色。
4. 编写一个 HTML 页面，页面包含数字和按钮两部分，每次单击按钮可以使数字加一。

2 Chapter 第 2 章 Java Web 概述

学习目标

- 了解 XML 的概念，可以区分 XML 与 HTML 的不同
- 掌握 XML 语法，学会定义 XML
- 熟悉 DTD 约束，会使用 DTD 对 XML 文档进行约束
- 掌握 Schema 约束，熟练使用 Schema 对 XML 进行约束
- 了解 HTTP 消息，明确 HTTP 1.0 和 HTTP 1.1 的区别
- 熟悉 HTTP 请求行和常用请求头字段的含义
- 熟悉 HTTP 响应状态行和常用响应消息头字段的含义
- 掌握在 Eclipse 中配置 Tomcat 服务器的方法

2.1 XML 基础

在实际开发中，由于不同语言项目之间数据传递的格式有可能不兼容，导致这些项目在数据传输时变得很困难。为解决此问题，W3C 组织推出了一种新的数据交换标准——XML，它是一种通用的数据交换格式，可以使数据在各种应用程序之间轻松地实现数据的交换。接下来，本节将对 XML 进行详细的讲解。

2.1.1 XML 概述

1. 什么是 XML

在现实生活中，很多事物之间都存在着一定的关联关系，例如中国有很多省份，每个省份下又有很多城市，这些省市之间的关联关系可以通过一张树状结构图来描述，具体如图 2-1 所示。

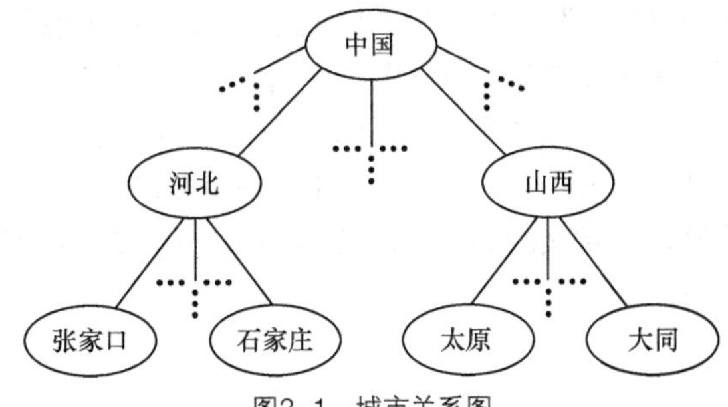

图2-1　城市关系图

图 2-1 直观地描述了中国与所辖省、市之间的层次关系。但是对于程序而言，解析图片内容非常困难，这时，采用 XML 文件保存这种具有树状结构的数据是最好的选择。

XML 是 Extensible Markup Language 的缩写，它是一种类似于 HTML 的标记语言，称为可扩展标记语言。所谓可扩展，指的是用户可以按照 XML 规则自定义标记。

下面通过一个 XML 文档来描述图 2-1 所示的关系，如文件 2-1 所示。

文件 2-1　city.xml

```
1  <?xml version="1.0" encoding="UTF-8"?>
2  <中国>
3      <河北>
4          <城市>张家口</城市>
5          <城市>石家庄</城市>
6      </河北>
7      <山西>
8          <城市>太原</城市>
9          <城市>大同</城市>
10     </山西>
11 </中国>
```

在文件 2-1 中，第 1 行代码是 XML 的文档声明，下面的<中国>、<河北>、<城市>都是用户自己创建的标记，它们都可称为元素，这些元素必须成对出现，即包括开始标记和结束标记。例如，在<中国>元素中的开始标记为<中国>，结束标记为</中国>。<中国>被视为整个 XML 文档的根元素，在它下面有两个子元素，分别是<河北>和<山西>，在这两个子元素中又分别包含两个<城市>元素。在 XML 文档中，通过元素的嵌套关系可以很准确地描述具有树状层次结构的复杂信息。因此，越来越多的应用程序都采用 XML 格式来存放相关的配置信息，以便于读取和修改。

2. XML 与 HTML 的比较

XML 和 HTML 都是标记文本，它们在结构上大致相同，都是以标记的形式来描述信息。但实际上它们有着本质的区别，为了让读者不产生混淆，接下来对 HTML 和 XML 进行比较，具体如下。

（1）HTML 被设计出是用来显示数据的，XML 被设计出是为了传输和存储数据的。

（2）HTML 是不区分大小写的，而 XML 是严格区分大小写的。

（3）HTML 可以有多个根元素，而格式良好的 XML 有且只能有一个根元素。

（4）HTML 中，空格是自动过滤的，而 XML 中空格则不会自动删除。

（5）HTML 中的标记是预定义的，而 XML 中的标记可以根据需要自己定义，并且可扩展。

总之，XML 不是 HTML 的升级，也不是 HTML 的替代产品，虽然两者有些相似，但它们的应用领域和范围完全不同。在大多数 Web 应用程序中，XML 用于传输数据，而 HTML 用于格式化并显示数据。HTML 规范的最新版本是 HTML5，但其常见版本是 HTML 4.01。此外，HTML 还有一个常见版本——XHTML（EXtensible HyperText Markup Language，即可扩展超文本标签语言），它是 XML 应用被重新定义的 HTML，是更严格更纯净的 HTML 版本。

2.1.2 XML 语法

1. 文档声明

在一个完整的 XML 文档中，必须包含一个 XML 文档的声明，并且该声明必须位于文档的第 1 行。这个声明表示该文档是一个 XML 文档，以及遵循哪个 XML 版本的规范。XML 文档声明的语法格式如下所示。

```
<?xml 版本信息 [编码信息] [文档独立性信息] ?>
```

从上面的语法格式中可以看出，文档声明以符号“<?”开头，以符号“?>”结束，中间可以声明版本信息、编码信息以及文档独立性信息。需要注意的是，在“<”和“?”之间、“?”和“>”之间以及第一个“?”和 xml 之间不能有空格；另外，中括号([])括起来的部分是可选的。接下来，针对语法格式中的版本信息、编码信息、文档独立性信息编写一段示例代码，具体如下所示。

```
<?xml version="1.0" encoding="UTF-8" standalone="yes"?>
```

在上述示例代码中，version 属性表示 XML 的版本。目前，最常用的 XML 版本是 1.0。encoding 属性用来说明 XML 文档所使用的编码方式，默认情况下，XML 文档使用的是 UTF-8 编码方式。standalone 属性用来声明这个文档是否是独立的文档，默认情况下，standalone 属性的值为 no，表示文档依赖于外部文档。

2. 元素定义

在 XML 文档中，主体内容都是由元素（Element）组成的。元素一般是由开始标记、属性、元素内容和结束标记构成，具体示例如下。

```
<城市>北京</城市>
```

上面的示例中，“<城市>”和“</城市>”就是XML文档中的标记，标记的名称也就是元素的名称。在一个元素中可以嵌套若干子元素。如果一个元素没有嵌套在其他元素内，则这个元素称为根元素。根元素是XML文档定义的第一个元素。如果一个元素中没有嵌套子元素，也没有包含文本内容，则这样的元素称为空元素，空元素可以不使用结束标记，但必须在起始标记的“>”前增加一个正斜杠“/”来说明该元素是个空元素，例如：<img></img>可以简写成<img/>。

3. 属性定义

在XML文档中，可以为元素定义属性。属性是对元素的进一步描述和说明。在一个元素中，可以有多个属性，并且每个属性都有自己的名称和取值，具体示例如下：

```
<售价 单位="元">68</售价>
```

在上面的示例中，<售价>元素中定义了一个属性“单位”。需要注意的是，在XML文档中，属性的命名规范同元素相同，属性值必须要用双引号（""）或者单引号（''）引起来，否则被视为错误。

4. 注释

如果想在XML文档中插入一些附加信息，比如作者姓名、地址或电话等信息，或者想暂时屏蔽某些XML语句，这时，可以通过注释的方式来实现，被注释的内容会被程序忽略而不被解析和处理。XML注释和HTML注释写法基本一致，具体语法格式如下所示。

```
<!--注释信息-->
```

2.1.3 DTD约束

1. 什么是约束

在现实生活中，如果一篇文章的语法正确，但内容包含违法言论或逻辑错误，这样的文章是不允许发表的。同样，在书写XML文档时，其内容必须满足某些条件的限制，先来看一个例子，具体如下：

```
<?xml version="1.0" encoding="UTF-8"?>
<书架>
  <书>
     <书名>Java 就业培训教程</书名>
     <作者 姓名="张孝祥"/>
     <售价 单位="元">38</售价>
     <售价 单位="元">28</售价>
  </书>
</书架>
```

在上面的示例中，尽管这个XML文档结构是正确的，用IE浏览器打开它也不会出现任何问题，但是，由于XML文档中的标记是可以随意定义的，同一本书出现了两种售价，如果仅根据标记名称区分哪个是原价，哪个是会员价，这是很难实现的。为此，在XML文档中，定义了一套规则来对文档中的内容进行约束，这套约束称为XML约束。

对XML文档进行约束时，同样需要遵守一定的语法规则，这种语法规则就形成了XML约束语言。目前，最常用的两种约束语言是DTD约束和Schema约束，接下来，将针对这两种约束进行详细的讲解。

2. DTD约束

DTD约束是早期出现的一种XML约束模式语言，根据它的语法创建的文件称为DTD文件。

在一个 DTD 文件中，可以包含元素的定义、元素之间关系的定义、元素属性的定义以及实体和符号的定义。接下来通过一个案例来简单认识一下 DTD 约束，如文件 2-2 和文件 2-3 所示。

文件 2-2 book.xml

```
<?xml version="1.0" encoding="UTF-8"?>
 <书架>
     <书>
         <书名>Java 就业培训教程</书名>
         <作者>张孝祥</作者>
         <售价>58.00 元</售价>
     </书>
     <书>
         <书名>EJB3.0 入门经典</书名>
         <作者>黎活明</作者>
         <售价>39.00 元</售价>
     </书>
 </书架>
```

文件 2-3 book.dtd

```
1 <!ELEMENT 书架 (书+)>
2 <!ELEMENT 书 (书名,作者,售价)>
3 <!ELEMENT 书名 (#PCDATA)>
4 <!ELEMENT 作者 (#PCDATA)>
5 <!ELEMENT 售价 (#PCDATA)>
```

文件 2-3 所示的 book.dtd 是一个简单的 DTD 约束文档。在文件 2-2 中，book.xml 中定义的每个元素都是按照 book.dtd 文档所规定的约束进行编写的。接下来针对文件 2-3 所示的约束文档进行详细的讲解，具体如下。

（1）在第 1 行中，使用<!ELEMENT ...>语句定义了一个元素，其中“书架”是元素的名称，“(书+)”表示书架元素中有一个或者多个书元素，字符“+”用来表示它所修饰的成分必须出现一次或者多次。

（2）在第 2 行中，“书”是元素名称，“(书名，作者，售价)”表示元素书包含书名、作者、售价这 3 个子元素，并且这些子元素要按照顺序依次出现。

（3）在第 3~5 行中，“书名”“作者”和“售价”都是元素名称，“(#PCDATA)”表示元素中嵌套的内容是普通的文本字符串。

3. DTD 的引入

对 DTD 文件有了大致了解后，如果想使用 DTD 文件约束 XML 文档，必须在 XML 文档中引入 DTD 文件。在 XML 文档中引入外部 DTD 文件有两种方式，具体如下：

```
<!DOCTYPE 根元素名称 SYSTEM  "外部 DTD 文件的 URI">
<!DOCTYPE 根元素名称 PUBLIC "DTD 名称" "外部 DTD 文件的 URI">
```

在上述两种引入 DTD 文件的方式中，第 1 种方式用来引用本地的 DTD 文件，第 2 种方式用来引用公共的 DTD 文件，其中“外部 DTD 文件的 URI”指的是 DTD 文件的存放位置，对于第 1 种方式，它可以是相对于 XML 文档的相对路径，也可以是一个绝对路径；而对于第 2 种方式，它是 Internet 上的一个绝对 URL 地址。

接下来对文件 2-2 进行修改，在 XML 文档中引入本地的 DTD 文件 book.dtd，如文件 2-4 所示。

文件 2-4 book.xml

```
<?xml version="1.0" encoding="UTF-8"?>
<!DOCTYPE 书架 SYSTEM "book.dtd">
<书架>
    <书>
        <书名>Java 就业培训教程</书名>
        <作者>张孝祥</作者>
        <售价>58.00 元</售价>
    </书>
    <书>
        <书名>EJB3.0 入门经典</书名>
        <作者>黎活明</作者>
        <售价>39.00 元</售价>
    </书>
</书架>
```

在文件 2-4 中，由于引入的是本地的 DTD 文件，因此，使用的是 SYSTEM 属性的 DOCTYPE 声明语句。另外，在 XML 文档的声明语句中，standalone 属性不能设置为“yes”。

如果希望引入一个公共的 DTD 文件，则需要在 DOCTYPE 声明语句中使用 PUBLIC 属性，具体示例如下。

```
<!DOCTYPE web-app PUBLIC
 "-//Sun Microsystems, Inc.//DTD Web Application 2.3//EN"
  "http://java.sun.com/dtd/web-app_2_3.dtd">
```

其中，"-//Sun Microsystems, Inc.//DTD Web Application 2.3//EN"是 DTD 名称，它用于对 DTD 符合的标准、所有者的名称以及 DTD 描述的文件进行说明，虽然 DTD 名称看上去比较复杂，但这完全是由 DTD 文件发布者去考虑的事情，XML 文件的编写者只要把 DTD 文件发布者事先定义好的 DTD 标识名称进行复制就可以了。

DTD 对 XML 文档的约束，除了外部引入方式实现外，还可以采用内嵌的方式。在 XML 中直接嵌入 DTD 定义语句的完整语法格式如下所示。

```
<?xml version="1.0"  encoding="UTF-8"  standalone="yes"?>
<!DOCTYPE 根元素名 [
   DTD 定义语句
   ……
]>
```

接下来对文件 2-4 进行修改，在 book.xml 文档中直接嵌入 book.dtd 文件，修改后的代码如文件 2-5 所示。

文件 2-5 book.xml

```
<?xml version="1.0" encoding="UTF-8" standalone="yes"?>
<!DOCTYPE 书架 [
    <!ELEMENT 书架 (书+)>
    <!ELEMENT 书 (书名,作者,售价)>
    <!ELEMENT 书名 (#PCDATA)>
    <!ELEMENT 作者 (#PCDATA)>
    <!ELEMENT 售价 (#PCDATA)>
]>
<书架>
    <书>
```

```
        <书名>Java 就业培训教程</书名>
        <作者>张孝祥</作者>
        <售价>58.00 元</售价>
    </书>
    <书>
        <书名>EJB3.0 入门经典</书名>
        <作者>黎活明</作者>
        <售价>39.00 元</售价>
    </书>
</书架>
```

文件 2–5 实现了在 XML 文档内部直接嵌入 DTD 语句。需要注意的是，由于一个 DTD 文件可能会被多个 XML 文件引用，因此，为了避免在每个 XML 文档中都添加一段相同的 DTD 定义语句，通常都将其放在一个单独的 DTD 文档中定义，采用外部引用的方式对 XML 文档进行约束。这样，不仅便于管理和维护 DTD 定义，还可以使多个 XML 文档共享一个 DTD 文件。

4. DTD 语法

在编写 XML 文档时，需要掌握 XML 语法。同理，在编写 DTD 文档时，也需要遵循一定的语法。DTD 的结构一般由元素类型定义、属性定义、实体定义、记号（Notation）定义等构成，一个典型的文档类型定义会把将来要创建的 XML 文档的元素结构、属性类型、实体引用等预先进行定义。接下来，针对 DTD 结构中所涉及的语法进行详细讲解。

（1）元素定义

元素是 XML 文档的基本组成部分，在 DTD 定义中，每一条<!ELEMENT…>语句用于定义一个元素，其基本的语法格式如下所示。

```
<!ELEMENT 元素名称 元素内容>
```

在上面元素的定义格式中，包含了“元素名称”和“元素内容”。其中，“元素名称”是自定义的名称，它用于定义被约束 XML 文档中的元素；“元素内容”是对元素包含内容的声明，包括数据类型和符号两部分，它共有 5 种内容形式，具体如下。

1）#PCDATA：表示元素中嵌套的内容是普通文本字符串，其中，关键字 PCDATA 是 Parsed Character Data 的简写。例如，<!ELEMENT 书名（#PCDATA）>表示书名所嵌套的内容是字符串类型。

2）子元素：说明元素包含的元素。通常用一对圆括号()将元素中要嵌套的一组子元素括起来，例如，<!ELEMENT 书（书名，作者，售价）>表示元素书中要嵌套书名、作者、售价等子元素。

3）混合内容：表示元素既可以包含字符数据，也可以包含子元素。混合内容必须被定义零个或多个，例如，<!ELEMENT 书（#PCDATA|书名）*>表示书中嵌套的子元素书名包含零个或多个，并且书名是字符串文本格式。

4）EMPTY：表示该元素既不包含字符数据，也不包含子元素，是一个空元素。如果在文档中元素本身已经表明了明确的含义，就可以在 DTD 中用关键字 EMPTY 表明空元素。例如，<!ELEMENT br EMPTY>，其中，br 是一个没有内容的空元素。

5）ANY：表示该元素可以包含任何的字符数据和子元素。例如，<!ELEMENT 联系人 ANY>表示联系人可以包含任何形式的内容。但在实际开发中，应该尽量避免使用 ANY，因为除了根元素外，其他使用 ANY 的元素都将失去 DTD 对 XML 文档的约束效果。

需要注意的是，在定义元素时，元素内容中可以包含一些符号，不同的符号具有不同的作用。

接下来，针对一些常见的符号进行讲解，具体如下。

1）问号[?]：表示该对象可以出现 0 次或 1 次。

2）星号[*]：表示该对象可以出现 0 次或多次。

3）加号[+]：表示该对象可以出现 1 次或多次。

4）竖线[|]：表示在列出的对象中选择 1 个。

5）逗号[,]：表示对象必须按照指定的顺序出现。

6）括号[()]：用于给元素进行分组。

（2）属性定义

在 DTD 文档中，定义元素的同时，还可以为元素定义属性。DTD 属性定义的基本语法格式如下所示。

```
<!ATTLIST 元素名
        属性名 1 属性类型 设置说明
        属性名 2 属性类型 设置说明
        ……
>
```

在上面属性定义的语法格式中，“元素名”是属性所属元素的名字，“属性名”是属性的名称，“属性类型”则用来指定该属性是属于哪种类型，“设置说明”用来说明该属性是否必须出现。关于“属性类型”和“设置说明”的相关讲解，具体如下。

1）设置说明

定义元素的属性时，有 4 种设置说明可以选择，具体如表 2-1 所示。

表 2-1 设置说明

设置说明	含义
#REQUIRED	表示元素的该属性是必须的，例如，当定义联系人信息的 DTD 时，我们希望每一个联系人都有一个联系电话属性，这时，可以在属性声明时使用 REQUIRED
#IMPLIED	表示元素可以包含该属性，也可以不包含该属性。例如，当定义一本书的信息时，发现书的页数属性对读者无关紧要，这时，在属性声明时可以使用 IMPLIED
#FIXED	表示一个固定的属性默认值，在 XML 文档中不能将该属性设置为其他值。使用#FIXED 关键字时，还需要为该属性提供一个默认值。当 XML 文档中没有定义该属性时，其值将被自动设置为 DTD 中定义的默认值
默认值	和 FIXED 一样，如果元素不包含该属性，该属性将被自动设置为 DTD 中定义的默认值。不同的是，该属性的值是可以改变的，如果 XML 文件中设置了该属性，新的属性值会覆盖 DTD 中定义的默认值

2）属性类型

在 DTD 中定义元素的属性时，有 10 种属性类型可以选择，常见的几种属性类型介绍如下。

① CDATA

这是最常用的一种属性类型，表明属性类型是字符数据，与元素内容说明中的#PCDATA 相同。当然，在属性设置值中出现的特殊字符，也需要使用其转义字符序列来表示，例如，用“&”表示字符“&”，用“<”表示字符“<”等。

② Enumerated(枚举类型)

在声明属性时，可以限制属性的取值只能从一个列表中选择，这类属性属于 Enumerated(枚举类型)。需要注意的是，在 DTD 定义中并不会出现关键字 Enumerated。接下来通过一个案例来学习如何定义 Enumerated 类型的属性，如文件 2-6 所示。

文件 2-6 enum.xml

```
<?xml version="1.0" encoding="UTF-8" standalone="yes"?>
<!DOCTYPE 购物篮 [
    <!ELEMENT 购物篮 ANY>
    <!ELEMENT 肉 EMPTY>
    <!ATTLIST 肉 品种 (鸡肉|牛肉|猪肉|鱼肉) "鸡肉">
]>
<购物篮>
    <肉 品种="鱼肉"/>
    <肉 品种="牛肉"/>
    <肉/>
</购物篮>
```

在文件 2-6 中，“品种”属性的类型是 Enumerated，其值只能为 “鸡肉”“牛肉”“猪肉”和“鱼肉”，而不能使用其他值。“品种”属性的默认值是“鸡肉”，所以，即使<购物篮>元素中的第 3 个子元素没有显示定义“品种”这个属性，但它实际上也具有“品种”这个属性，且属性的取值为“鸡肉”。

③ ID

一个 ID 类型的属性用于唯一标识 XML 文档中的一个元素。其属性值必须遵守 XML 名称定义的规则。一个元素只能有一个 ID 类型的属性，而且 ID 类型的属性必须设置为#IMPLIED 或#REQUIRED。因为 ID 类型属性的每一个取值都是用来标识一个特定的元素，所以，为 ID 类型的属性提供默认值，特别是固定的默认值是毫无意义的。接下来通过一个案例来学习如何定义一个 ID 类型的属性，如文件 2-7 所示。

文件 2-7 id.xml

```
<?xml version="1.0" encoding="UTF-8" standalone="yes" ?>
<!DOCTYPE 联系人列表[
    <!ELEMENT 联系人列表 ANY>
    <!ELEMENT 联系人 (姓名,EMAIL)>
    <!ELEMENT 姓名 (#PCDATA)>
    <!ELEMENT EMAIL (#PCDATA)>
    <!ATTLIST 联系人 编号 ID #REQUIRED>
]>
<联系人列表>
    <联系人 编号="id1">
        <姓名>张三</姓名>
        <EMAIL>zhang@itcast.cn</EMAIL>
    </联系人>
    <联系人 编号="id2">
        <姓名>李四</姓名>
        <EMAIL>li@itcast.cn</EMAIL>
    </联系人>
</联系人列表>
```

在文件 2-7 中，将元素为<联系人>的编号属性设置为#REQUIRED，说明每个联系人都有一个编号，同时，属性编号的类型为 ID，说明编号是唯一的。如此一来，通过编号就可以找到唯一对应的联系人了。

④ IDREF 和 IDREFS

文件 2-7 中，虽然张三和李四两个联系人的 ID 编号是唯一的，但是这两个 ID 类型的属性没有发挥作用，这时可以使用 IDREF 类型，使这两个联系人之间建立一种一对一的关系。接下来通过一个案例来学习 IDREF 类型的使用，如文件 2-8 所示。

文件 2-8 Idref.xml

```
<?xml version="1.0" encoding="UTF-8" standalone="yes"?>
<!DOCTYPE 联系人列表[
    <!ELEMENT 联系人列表 ANY>
    <!ELEMENT 联系人 (姓名,EMAIL)>
    <!ELEMENT 姓名 (#PCDATA)>
    <!ELEMENT EMAIL (#PCDATA)>
    <!ATTLIST 联系人
              编号 ID #REQUIRED
              上司 IDREF #IMPLIED>
]>
<联系人列表>
    <联系人编号="id1">
        <姓名>张三</姓名>
        <EMAIL>zhang@itcast.org</EMAIL>
    </联系人>
    <联系人编号="id2"上司="id1">
        <姓名>李四</姓名>
        <EMAIL>li@itcast.org</EMAIL>
    </联系人>
</联系人列表>
```

在文件 2-8 中，为元素<联系人列表>的子元素<联系人>增加了一个名称为上司的属性，并且将该属性的类型设置为 IDREF,IDREF 类型属性的值必须为一个已经存在的 ID 类型的属性值。在第 2 个<联系人>元素中，将“上司”属性设置为第 1 个联系人的编号属性值，如此一来，就形成了两个联系人元素之间的对应关系，即李四的上司为张三。

IDREF 类型可以使两个元素之间建立一对一的关系，但是，如果两个元素之间的关系是一对多，例如，一个学生去图书馆可以借多本书，这时，需要使用 IDREFS 类型来指定某个人借阅了哪些书。需要注意的是，IDREFS 类型的属性可以引用多个 ID 类型的属性值，这些 ID 的属性值需要用空格分隔。接下来通过一个案例来学习 IDREFS 的使用，如文件 2-9 所示。

文件 2-9 Library.xml

```
<?xml version="1.0" encoding="UTF-8"?>
<!DOCTYPE library[
    <!ELEMENT library (books,records)>
    <!ELEMENT books (book+)>
    <!ELEMENT book (title)>
    <!ELEMENT title (#PCDATA)>
    <!ELEMENT records (item+)>
    <!ELEMENT item (data,person)>
    <!ELEMENT data (#PCDATA)>
    <!ELEMENT person EMPTY>
```

```
    <!ATTLIST book bookid ID #REQUIRED>
    <!ATTLIST person name CDATA #REQUIRED>
    <!ATTLIST person borrowed IDREFS #REQUIRED>
]>
<library>
  <books>
      <book bookid="b0101">
          <title>Java 就业培训教材</title>
      </book>
      <book bookid="b0102">
          <title>Java Web 开发内幕 </title>
      </book>
      <book bookid="b0103">
          <title>Java 开发宝典</title>
      </book>
  </books>
  <records>
      <item>
          <data>2013-03-13</data>
          <person name="张三" borrowed="b0101 b0103"/>
      </item>
      <item>
          <data>2013-05-23</data>
          <person name="李四" borrowed="b0101 b0102 b0103"/>
      </item>
  </records>
</library>
```

文件 2-9 中，将元素<book>中属性名为 bookid 的属性设置为 ID 类型，元素<person>中名为 borrowed 的属性设置为 IDREFS 类型。从 Library.xml 文档中可以看出，张三借阅了《Java 就业培训教材》和《Java 开发宝典》这两本书，而李四则借阅了《Java 就业培训教材》《Java Web 开发内幕》和《Java 开发宝典》这 3 本书。

除了上面内容中讲述的几种属性类型外，DTD 约束中还有 NMTOKEN、NMTOKENS、NOTATION、ENTITY 和 ENTITYS 几种属性类型，由于篇幅有限，此处就不一一列举。

2.1.4 Schema 约束

1. 什么是 Schema 约束

同 DTD 一样，XML Schema 也是一种用于定义和描述 XML 文档结构与内容的模式语言，它的出现克服了 DTD 的局限性。接下来，通过 XML Schema 与 DTD 的比较，将 XML Schema 所具有的一些显著优点进行列举，具体如下。

（1）DTD 采用的是非 XML 语法格式，缺乏对文档结构、元素、数据类型等全面的描述。而 XML Schema 采用的是 XML 语法格式，而且它本身也是一种 XML 文档，因此，XML Schema 语法格式比 DTD 更好理解。

（2）XML 有非常高的合法性要求，虽然 DTD 和 XML Schema 都用于对 XML 文档进行描述，都被用作验证 XML 合法性的基础。但是，DTD 本身合法性的验证必须采用另外一套机制，而 XML Schema 则采用与 XML 文档相同的合法性验证机制。

（3）XML Schema 对名称空间支持得非常好，而 DTD 几乎不支持名称空间。

（4）DTD 支持的数据类型非常有限。例如，DTD 可以指定元素中必须包含字符文本（PCDATA），但无法指定元素中必须包含非负整数（nonNegativeInteger），而 XML Schema 比 XML DTD 支持更多的数据类型，包括用户自定义的数据类型。

（5）DTD 定义约束的能力非常有限，无法对 XML 实例文档作出更细致的语义限制，例如，无法很好地指定一个元素中的某个子元素必须出现 7~12 次；而 XML Schema 定义约束的能力非常强大，可以对 XML 实例文档作出细致的语义限制。

通过上面的比较可以发现，XML Schema 的功能比 DTD 强大很多，但相应的语法也比 DTD 复杂很多，接下来看一个简单的 Schema 文档，如文件 2-10 所示。

文件 2-10 Simple.xsd

```
1  <?xml version="1.0"?>
2  <xs:schema xmlns:xs="http://www.w3.org/2001/XMLSchema">
3    <xs:element name="root"  type="xs:string"/>
4  </xs:schema>
```

在文件 2-10 中，第 1 行是文档声明，第 2 行中以 xs:schema 作为根元素，表示模式定义的开始。由于根元素 xs:schema 的属性都在 http://www.w3.org/2001/XMLSchema 名称空间中，因此，在根元素上必须声明该名称空间。

2. 名称空间

一个 XML 文档可以引入多个约束文档，但是，由于约束文档中的元素或属性都是自定义的，因此，在 XML 文档中，极有可能出现代表不同含义的同名元素或属性，导致名称发生冲突。为此，在 XML 文档中，提供了名称空间，它可以唯一标识一个元素或者属性。这就好比打车去小营，由于北京有两个地方叫小营，为了避免司机走错，我们就会说“去亚运村的小营”或者“去清河的小营”。这时的亚运村或者清河就相当于一个名称空间。

在使用名称空间时，首先必须声明名称空间。名称空间的声明就是在 XML 实例文档中为某个模式文档的名称空间指定一个临时的简写名称，它通过一系列的保留属性来声明，这种属性的名字必须是以“xmlns”或者以“xmlns:”作为前缀。它与其他任何 XML 属性一样，都可以通过直接或者使用默认的方式给出。名称空间声明的语法格式如下所示。

```
<元素名 xmlns:prefixname="URI">
```

在上述语法格式中，元素名指的是在哪一个元素上声明名称空间，在这个元素上声明的名称空间适用于声明它的元素和属性，以及该元素中嵌套的所有元素及其属性。xmlns:prefixname 指的是该元素的属性名，它所对应的值是一个 URI 引用，用来标识该名称空间的名称。需要注意的是，如果有两个 URI 并且其组成的字符完全相同，就可以认为它们标识的是同一个名称空间。

了解了名称空间的声明方式，接下来通过一个案例来学习，如文件 2-11 所示。

文件 2-11 book.xml

```
<?xml version="1.0" encoding="UTF-8"?>
<it315:书架 xmlns:it315="http://www.it315.org/xmlbook/schema">
    <it315:书>
        <it315:书名>JavaScript 网页开发</it315:书名>
        <it315:作者>张孝祥</it315:作者>
        <it315:售价>28.00 元</it315:售价>
    </it315:书>
```

```
</it315:书架>
```

在文件 2-11 中，it315 被作为多个元素名称的前缀部分，必须通过名称空间声明将它关联到唯一标识某个名称空间的 URI 上，xmlns:it315="http://www.it315.org/xmlbook/schema"语句就是将前缀名 it315 关联到名称空间"http://www.it315.org/xmlbook/schema"上。由此可见，名称空间的应用就是将一个前缀（如 it315）绑定到代表某个名称空间的 URI（如 http://www.it315.org/xmlbook/schema）上，然后将前缀添加到元素名称的前面（例如，it315:书）来说明该元素属于哪个模式文档。

需要注意的是，在声明名称空间时，有两个前缀是不允许使用的，它们是 xml 和 xmlns。xml 前缀被定义为与名称空间名字 http://www.w3.org/XML/1998/namespace 绑定，只能用于 XML1.0 规范中定义的 xml:space 和 xml:lang 属性。前缀 xmlns 仅用于声明名称空间的绑定，它被定义为与名称空间名字 http://www.w3.org/2000/xmlns 绑定。

3. 引入 Schema 文档

若想通过 XML Schema 文件对某个 XML 文档进行约束，必须将 XML 文档与 Schema 文件进行关联。在 XML 文档中引入 Schema 文件有两种方式，具体如下。

（1）使用名称空间引入 XML Schema 文档

在使用名称空间引入 XML Schema 文档时，需要通过属性 xsi:schemaLocation 来声明名称空间的文档，xsi:schemaLocation 属性是在标准名称空间“http://www.w3.org/2001/XMLSchema-instance”中定义的，在该属性中，包含了两个 URI，这两个 URI 之间用空白符分隔。其中，第 1 个 URI 是名称空间的名称，第 2 个 URI 是文档的位置，接下来，通过一个案例来演示如何使用名称空间引入 XML Schema 文档，如文件 2-12 所示。

文件 2-12 book.xml

```
<?xml version="1.0" encoding="UTF-8"?>
<书架 xmlns="http://www.it315.org/xmlbook/schema"
      xmlns:xsi="http://www.w3.org/2001/XMLSchema-instance"
      xsi:schemaLocation="http://www.it315.org/xmlbook/schema
                          http://www.it315.org/xmlbook.xsd">
    <书>
        <书名>JavaScript 网页开发</书名>
        <作者>张孝祥</作者>
        <售价>28.00 元</售价>
    </书>
</书架>
```

在文件 2-12 中，schemaLocation 属性用于指定名称空间所对应的 XML Schema 文档的位置，由于 schemaLocation 属性是在另外一个公认的标准名称空间中定义的，因此，在使用 schemaLocation 属性时，必须要声明该属性所属的命名空间。

需要注意的是，一个 XML 实例文档可能引用多个名称空间，这时，可以在 schemaLocation 属性值中包含多对名称空间与它们所对应的 XML Schema 文档的存储位置，每一对名称空间的设置信息之间采用空格分隔。接下来通过一个案例来演示在一个 XML 文档中引入多个名称空间名称的情况，如文件 2-13 所示。

文件 2-13 Xmlbook.xml

```
<?xml version="1.0" encoding="UTF-8"?>
```

```
<书架 xmlns="http://www.it315.org/xmlbook/schema"
     xmlns:demo="http://www.it315.org/demo/schema"
     xmlns:xsi="http://www.w3.org/2001/XMLSchema-instance"
     xsi:schemaLocation="http://www.it315.org/xmlbook/schema
                         http://www.it315.org/xmlbook.xsd
                         http://www.it315.org/demo/schema
                         http://www.it315.org/demo.xsd">
    <书>
        <书名>JavaScript 网页开发</书名>
        <作者>张孝祥</作者>
        <售价 demo:币种="人民币">28.00 元</售价>
    </书>
</书架>
```

（2）不使用名称空间引入 XML Schema 文档

在 XML 文档中引入 XML Schema 文档，不仅可以通过 xsi:schemaLocation 属性引入名称空间的文档，还可以通过 xsi:noNamespaceSchemaLocation 属性直接指定，noNamespaceSchemaLocation 属性也是在标准名称空间“http://www.w3.org/2001/XMLSchema-instance”中定义的，它用于定义指定文档的位置。接下来，通过一个案例来演示 noNamespaceSchemaLocation 属性在 XML 文档中的使用，如文件 2-14 所示。

文件 2-14　Xmlbook.xml

```
<?xml version="1.0" encoding="UTF-8"?>
<书架 xmlns:xsi="http://www.w3.org/2001/XMLSchema-instance"
    xsi:noNamespaceSchemaLocation="xmlbook.xsd">
    <书>
        <书名>JavaScript 网页开发</书名>
        <作者>张孝祥</作者>
        <售价>28.00 元</售价>
    </书>
</书架>
```

在文件 2-14 中，文档 xmlbook.xsd 与引用它的实例文档位于同一目录中。

4. Schema 语法

任何语言都有一定的语法，Schema 也不例外。了解了 Schema 的基本用法，接下来，本节将针对 Schema 语法进行详细的讲解。

（1）元素定义

Schema 和 DTD 一样，都可以定义 XML 文档中的元素。在 Schema 文档中，元素定义的语法格式如下所示。

```
<xs:element name="xxx" type="yyy"/>
```

在上面的语法格式中，element 用于声明一个元素，xxx 指的是元素的名称，yyy 指元素的数据类型。在 XML Schema 中有很多内建的数据类型，其中最常用的有以下几种。

- xs:string：表示字符串类型
- xs:decimal：表示小数类型
- xs:integer：表示整数类型
- xs:boolean：表示布尔类型

- xs:date：表示日期类型
- xs:time：表示时间类型

了解了元素的定义方式，接下来看一个 XML 的示例代码，具体示例如下。

```
<lastname>Smith</lastname>
<age>28</age>
<dateborn>1980-03-27</dateborn>
```

在上面的 XML 示例代码中，定义了 3 个元素，这 3 个元素对应的 Schema 定义如下所示。

```
<xs:element name="lastname" type="xs:string"/>
<xs:element name="age" type="xs:integer"/>
<xs:element name="dateborn" type="xs:date"/>
```

（2）属性的定义

在 Schema 文档中，属性定义的语法格式如下所示。

```
<xs:attribute name="xxx" type="yyy"/>
```

在上面的语法格式中，xxx 指的是属性名称，yyy 指的是属性的数据类型。其中，属性的常用数据类型与元素相同，都使用的是 XML Schema 中内建的数据类型。

了解了属性的定义方式，接下来，看一个 XML 的简单例子，具体示例如下所示。

```
<lastname lang="EN">Smith</lastname>
```

在上面的这段简易 XML 例子中，属性的名称是 lang，属性值的类型是字符串类型，因此，对应的 Schema 定义方式如下所示。

```
<xs:attribute name="lang" type="xs:string"/>
```

（3）简单类型

在 XML Schema 文档中，只包含字符数据的元素都是简单类型的。简单类型使用 xs:simpleType 元素来定义。如果想对现有元素内容的类型进行限制，则需要使用 xs:restriction 元素。接下来，通过以下几种情况详细介绍如何对简单类型元素的内容进行限定，具体如下。

1）xs:minInclusive 和 xs:maxInclusive 元素对值的限定

例如，当我们定义一个雇员的年龄时，雇员的年龄要求是 18~58 周岁之间，这时，需要对年龄“age”这个元素进行限定，具体示例代码如下所示。

```
<xs:element name="age">
<xs:simpleType>
  <xs:restriction base="xs:integer">
    <xs:minInclusive value="18"/>
    <xs:maxInclusive value="58"/>
  </xs:restriction>
</xs:simpleType>
</xs:element>
```

在上面的示例代码中，元素 age 的属性是 integer，通过 xs:minInclusive 和 xs:maxInclusive 元素限制了年龄值的范围。

2）xs:enumeration 元素对一组值的限定

如果希望将 XML 元素的内容限制为一组可接受的值，可以使用枚举约束（Enumeration Constraint），例如，要限定一个元素名为 Car 的元素，可接受的值只有 Audi、Golf、BMW，具体示例如下。

```
<xs:element name="car">
<xs:simpleType>
  <xs:restriction base="xs:string">
    <xs:enumeration value="Audi"/>
    <xs:enumeration value="Golf"/>
    <xs:enumeration value="BMW"/>
  </xs:restriction>
</xs:simpleType>
</xs:element>
```

3）xs:pattern 元素对一系列值的限定

如果希望把 XML 元素的内容限制定义为一系列可使用的数字或字母，可以使用模式约束（Pattern Constraint）。例如，要定义一个带有限定的元素“letter”，要求可接受的值只能是字母 a～z 其中一个，具体示例如下。

```
<xs:element name="letter">
<xs:simpleType>
  <xs:restriction base="xs:string">
    <xs:pattern value="[a-z]"/>
  </xs:restriction>
</xs:simpleType>
</xs:element>
```

4）xs:restriction 元素对空白字符的限定

在 XML 文档中，空白字符比较特殊，如果需要对空白字符（Whitespace Characters）进行处理，可以使用 whiteSpace 元素。whiteSpace 元素有 3 个属性值可以设定，分别是 preserve、replace 和 collapse。其中，preserve 表示不对元素中的任何空白字符进行处理，replace 表示移除所有的空白字符，collapse 表示将所有的空白字符缩减为一个单一字符。接下来，以 preserve 为例，学习如何对空白字符进行限定，具体示例如下。

```
<xs:element name="address">
<xs:simpleType>
  <xs:restriction base="xs:string">
    <xs:whiteSpace value="preserve"/>
  </xs:restriction>
</xs:simpleType>
</xs:element>
```

上面的示例代码对 address 元素内容的空白字符进行了限定。在使用 whiteSpace 限定时，将值设置为“preserve”，表示这个 XML 处理器将不会处理该元素内容中的所有空白字符。

需要注意的是，在 Schema 文档中，还有很多限定的情况，比如对长度的限定，对数据类型的限定等，如果想更多的了解这些限定的使用，可以参看 W3C 文档。

（4）复杂类型

除简单类型之外的其他类型都是复杂类型，在定义复杂类型时，需要使用 xs:complex- Content 元素来定义。复杂类型的元素可以包含子元素和属性，这样的元素称为复合元素。在定义复合元素时，如果元素的开始标记和结束标记之间只包含字符数据内容，那么这样的内容是简易内容，需要使用 xs:simpleContent 元素来定义。反之，元素的内容都是复杂内容，需要使用 xs:complexContent

元素来定义。复合元素有 4 种基本类型，接下来，针对这 4 种基本类型分别进行讲解。具体如下。

1）空元素

这里的空元素指不包含内容，只包含属性的元素，具体示例如下。

```
<product prodid="1345" />
```

在上面的元素定义中，没有定义元素 product 的内容，这时，空元素在 XML Schema 文档中对应的定义方式如下所示。

```
<xs:element name="product">
  <xs:complexType>
    <xs:attribute name="prodid" type="xs:positiveInteger"/>
  </xs:complexType>
</xs:element>
```

2）包含其他元素的元素

在 XML 文档中存在包含其他元素的元素，例如下面的示例代码。

```
<person>
<firstname>John</firstname>
<lastname>Smith</lastname>
</person>
```

在上面的示例代码中，元素 person 嵌套了两个元素，分别是 firstname 和 lastname。这时，在 Schema 文档中对应的定义方式如下所示。

```
<xs:element name="person">
  <xs:complexType>
    <xs:sequence>
      <xs:element name="firstname" type="xs:string"/>
      <xs:element name="lastname" type="xs:string"/>
    </xs:sequence>
  </xs:complexType>
</xs:element>
```

3）仅包含文本的元素

对于仅含文本的复合元素，需要使用 simpleContent 元素来添加内容。在使用简易内容时，必须在 simpleContent 元素内定义扩展或限定，这时，需要使用 extension 或 restriction 元素来扩展或限制元素的基本简易类型。请看一个 XML 的简易例子，其中，“shoesize” 仅包含文本，具体示例如下。

```
<shoesize country="france">35</shoesize>
```

在上面的例子中，元素 shoesize 包含了属性以及元素内容，针对这种仅包含文本的元素，需要使用 extension 来对元素的类型进行扩展，在 Schema 文档中对应的定义方式如下所示。

```
<xs:element name="shoesize">
  <xs:complexType>
    <xs:simpleContent>
      <xs:extension base="xs:integer">
        <xs:attribute name="country" type="xs:string" />
      </xs:extension>
    </xs:simpleContent>
  </xs:complexType>
```

```
</xs:element>
```

4）包含元素和文本的元素

在 XML 文档中，某些元素经常需要包含文本以及其他元素，例如，下面的这段 XML 文档。

```
<letter>
Dear Mr.<name>John Smith</name>.
Your order <orderid>1032</orderid>
will be shipped on <shipdate>2001-07-13</shipdate>.
</letter>
```

上面的这段 XML 文档，在 Schema 文档中对应的定义方式如下所示。

```
<xs:element name="letter">
  <xs:complexType mixed="true">
    <xs:sequence>
      <xs:element name="name" type="xs:string"/>
      <xs:element name="orderid" type="xs:positiveInteger"/>
      <xs:element name="shipdate" type="xs:date"/>
    </xs:sequence>
  </xs:complexType>
</xs:element>
```

需要注意的是，为了使字符数据可以出现在 letter 元素的子元素之间，使用了 mixed 属性，该属性是用来规定是否允许字符数据出现在复杂类型的子元素之间，默认情况下 mixed 的值为 false。

2.2 HTTP 协议

如同两个国家元首的会晤过程需要遵守一定的外交礼节一样，在浏览器与服务器的交互过程中，也要遵循一定的规则，这个规则就是 HTTP。HTTP 专门用于定义浏览器与服务器之间交换数据的过程以及数据本身的格式。对于从事 Web 开发的人员来说，只有深入理解 HTTP，才能更好地开发、维护、管理 Web 应用。接下来，本节将围绕 HTTP 展开详细的讲解。

2.2.1 HTTP 概述

1. HTTP 介绍

HTTP 是 HyperText Transfer Protocol 的缩写，即超文本传输协议。它是一种请求/响应式的协议，客户端在与服务器端建立连接后，就可以向服务器端发送请求，这种请求被称作 HTTP 请求，服务器端接收到请求后会做出响应，称为 HTTP 响应，客户端与服务器端在 HTTP 下的交互过程如图 2-2 所示。

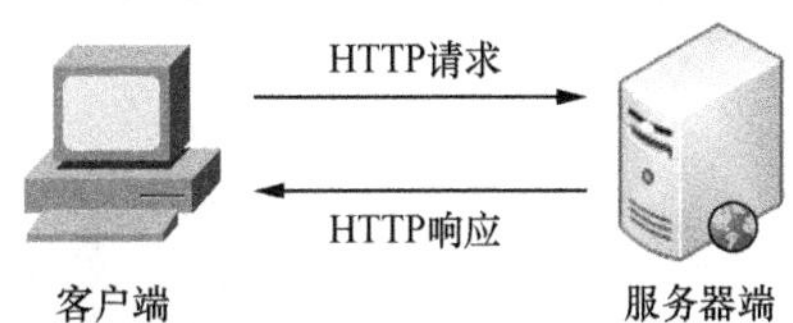

图2-2 客户端与服务器的交互过程

从图 2-2 中可以清楚地看到客户端与服务器端使用 HTTP 通信的过程，接下来总结一下 HTTP 协议的特点，具体如下。

（1）支持客户端(浏览器就是一种 Web 客户端)/服务器模式。

（2）简单快速：客户端向服务器请求服务时，只需传送请求方式和路径。常用的请求方式有 GET、POST 等，每种方式规定了客户端与服务器联系的类型不同。由于 HTTP 简单，使得 HTTP 服务器的程序规模小，因而通信速度很快。

（3）灵活：HTTP 允许传输任意类型的数据，正在传输的数据类型由 Content-Type 加以标记。

（4）无状态：HTTP 是无状态协议。无状态是指协议对于事务处理没有记忆能力，如果后续处理需要前面的信息，则它必须重传，这样可能导致每次连接传送的数据量增大。

2. HTTP 1.0 和 HTTP 1.1

HTTP 自诞生以来，先后经历了很多版本，其中，最早的版本是 HTTP 0.9，它于 1990 年被提出。后来，为了进一步完善 HTTP，先后在 1996 年提出了版本 1.0，在 1997 年提出了版本 1.1。由于 HTTP 0.9 版本已经过时，这里不作过多讲解。接下来，只针对 HTTP 1.0 和 HTTP 1.1 进行详细的讲解。

（1）HTTP 1.0

基于 HTTP 1.0 协议的客户端与服务器在交互过程中需要经过建立连接、发送请求信息、回送响应信息、关闭连接 4 个步骤，具体交互过程如图 2-3 所示。

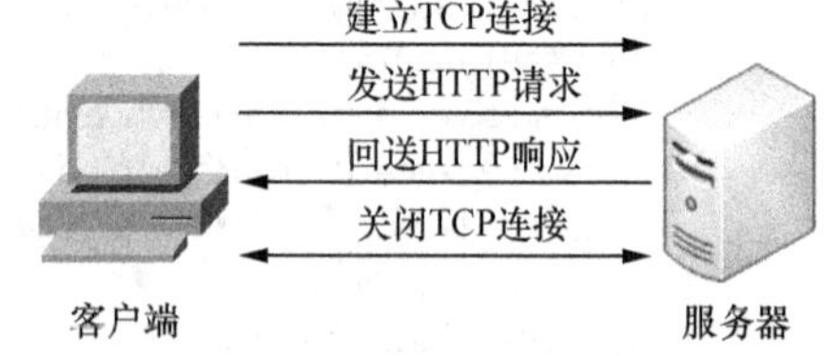

图2-3 HTTP 1.0的交互过程

从图 2-3 中可以看出，客户端与服务器建立连接后，每次只能处理一个 HTTP 请求。对于内容丰富的网页来说，这样的通信方式明显有缺陷。例如，下面的一段 HTML 代码。

```
<html>
 <body>
    <img src="/image01.jpg">
    <img src="/image02.jpg ">
    <img src="/image03.jpg ">
 </body>
</html>
```

上面的 HTML 文档中包含 3 个<img>标记，由于<img>标记的 src 属性指明的是图片的 URL 地址，因此，当客户端访问这些图片时，需要发送 3 次请求，并且每次请求都需要与服务器重新建立连接。如此一来，必然导致客户端与服务器端交互耗时，影响网页的访问速度。

（2）HTTP 1.1

为了克服上述 HTTP 1.0 的缺陷，HTTP 1.1 版本应运而生，它支持持久连接，也就是说在一个 TCP 连接上可以传送多个 HTTP 请求和响应，从而减少了建立和关闭连接的消耗和延时。基于 HTTP 1.1 的客户端和服务器端的交互过程，如图 2-4 所示。

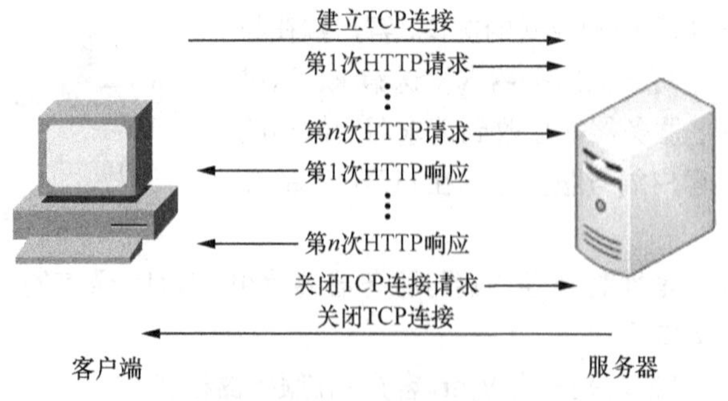

图2-4 HTTP1.1协议通信原理

从图 2-4 中可以看出，当客户端与服务器端建立连接后，客户端可以向服务器端发送多个请求，并且在发送下个请求时，无需等待上次请求的返回结果。但服务器必须按照接受客户端请求的先后顺序依次返回响应结果，以保证客户端能够区分出每次请求的响应内容。由此可见，HTTP 1.1 不仅继承了 HTTP 1.0 的优点，而且有效解决了 HTTP 1.0 的性能问题，显著地减少浏览器与服务器交互所需要的时间。

3. HTTP 消息

当用户在浏览器中访问某个 URL 地址、单击网页的某个超链接或者提交网页上的 form 表单时，浏览器都会向服务器发送请求数据，即 HTTP 请求消息。服务器接收到请求数据后，会将处理后的数据回送给客户端，即 HTTP 响应消息。HTTP 请求消息和 HTTP 响应消息统称为 HTTP 消息。

在 HTTP 消息中，除了服务器端的响应实体内容（HTML 网页、图片等）以外，其他信息对用户都是不可见的，要想观察这些“隐藏”的信息，需要借助一些网络查看工具。这里使用版本为 24.0 的 Firefox 浏览器的 Firebug 插件，它是浏览器 Firefox 的一个扩展，是一个免费、开源网页开发工具，用户可以利用它编辑、删改任何网站的 CSS、HTML、DOM 与 JavaScript 代码。Firebug 插件可以从“https://getfirebug.com”网站下载，安装到 Firefox 浏览器中的 Firebug 效果如图 2-5 所示。

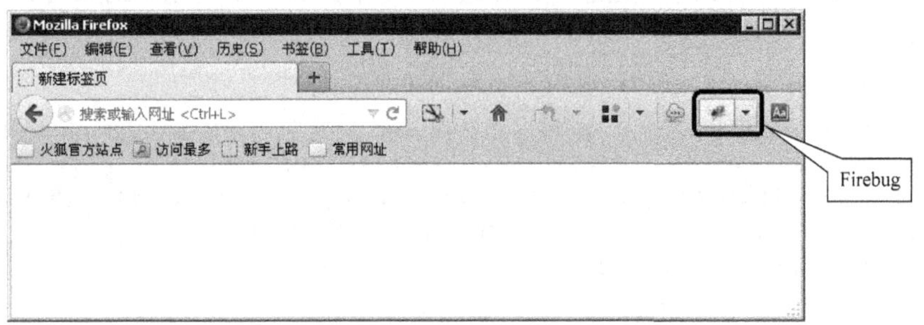

图2-5　FireBug

单击图 2-5 所示的图标打开 Firebug 插件，在浏览器的下部会出现一个工具栏，提供了 Firebug 插件的所有功能，如图 2-6 所示。

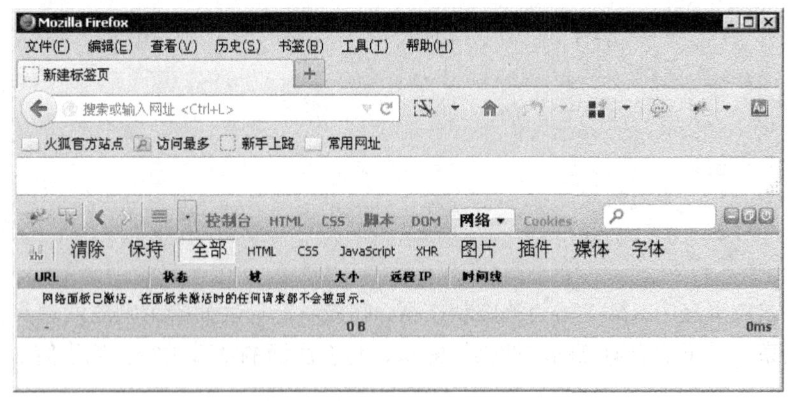

图2-6　Firebug

从图 2-6 中可以看到，Firebug 包含丰富的功能。其中，浏览器和服务器通信的 HTTP 消息可以通过单击“网络”按钮进行查看。为了帮助读者更好地理解 HTTP 消息，接下来分步骤讲解如何利用 Firebug 插件查看 HTTP 消息，具体如下。

（1）在浏览器的地址栏中输入 www.baidu.com 访问百度首页，在 Firebug 的工具栏中可以看到请求的 URL 地址，如图 2-7 所示。

图2-7　FireBug中请求的URL地址

（2）单击 URL 地址左边的“+”号，在展开的默认头信息选项卡中可以看到格式化后的响应头信息和请求头信息。单击请求头信息一栏左边的“原始头信息”，可以看到原始的请求头信息，具体如下所示。

```
GET / HTTP/1.1
Host: www.baidu.com
User-Agent: Mozilla/5.0 (Windows NT 5.1; rv:25.0) Gecko/20100101 Firefox/25.0
Accept: text/html,application/xhtml+xml,application/xml;q=0.9,*/*;q=0.8
Accept-Language: zh-cn,zh;q=0.8,en-us;q=0.5,en;q=0.3
Accept-Encoding: gzip, deflate
Connection: keep-alive
```

在上述请求消息中，第 1 行为请求行，请求行后面的为请求头消息，空行代表请求头的结束。关于请求消息的其他相关知识，将在后面的章节进行详细讲解。

（3）单击响应头信息一栏左边的“原始头信息”，可以看到原始的响应头信息，如下所示。

```
HTTP/1.1 200 OK
Date: Fri, 11 Oct 2013 06:48:44 GMT
Content-Type: text/html;charset=utf-8
Transfer-Encoding: chunked
Connection: Keep-Alive
Vary: Accept-Encoding
Expires: Fri, 11 Oct 2013 06:47:47 GMT
Cache-Control: private
Server: BWS/1.0
```

在上面的响应消息中，第 1 行为响应状态行，响应状态行后面的为响应消息头，空行代表响应消息头的结束。关于响应消息的其他相关知识，将在后面的章节进行详细讲解。

2.2.2 HTTP 请求消息

在 HTTP 中，一个完整的请求消息是由请求行、请求头和实体内容三部分组成，其中，每部分都有各自不同的作用。下面将围绕 HTTP 请求消息的每个组成部分进行详细的讲解。

1. HTTP 请求行

HTTP 请求行位于请求消息的第 1 行，它包括 3 个部分，分别是请求方式、资源路径以及所使用的 HTTP 版本，具体示例如下。

```
GET /index.html HTTP/1.1
```

上面的示例就是一个 HTTP 请求行，其中，GET 是请求方式，index.html 是请求资源路径，HTTP/1.1 是通信使用的协议版本。需要注意的是，请求行中的每个部分需要用空格分隔，最后要以回车换行结束。

关于请求资源和协议版本，读者都比较容易理解，而 HTTP 请求方式对读者来说比较陌生，接下来就针对 HTTP 的请求方式进行介绍。

在 HTTP 的请求消息中，请求方式有 GET、POST、HEAD、OPTIONS、DELETE、TRACE、PUT 和 CONNECT 8 种，每种方式都指明了操作服务器中指定 URI 资源的方式，它们表示的含义如表 2-2 所示。

表 2-2 HTTP 的 8 种请求方式

请求方式	含义
GET	请求获取请求行的 URI 所标识的资源
POST	向指定资源提交数据，请求服务器进行处理（例如提交表单或者上传文件）
HEAD	请求获取由 URI 所标识资源的响应消息头
PUT	将网页放置到指定 URL 位置(上传/移动)
DELETE	请求服务器删除 URI 所标识的资源
TRACE	请求服务器回送收到的请求信息，主要用于测试或诊断
CONNECT	保留将来使用
OPTIONS	请求查询服务器的性能，或者查询与资源相关的选项和需求

表 2-2 中列举了 HTTP 的 8 种请求方式，其中，最常用的就是 GET 和 POST 方式。接下来，针对这两种请求方式进行详细讲解，具体如下所示。

（1）GET 方式

当用户在浏览器地址栏中直接输入某个 URL 地址或者单击网页上的一个超链接时，浏览器将使用 GET 方式发送请求。如果将网页上的 form 表单的 method 属性设置为“GET”或者不设置 method 属性（默认值是 GET），当用户提交表单时，浏览器也将使用 GET 方式发送请求。

如果浏览器请求的 URL 中有参数部分，在浏览器生成的请求消息中，参数部分将附加在请求行中的资源路径后面。先来看一个 URL 地址，具体如下。

```
http://www.itcast.cn/javaForum?name=lee&psd=hnxy
```

在上述 URL 中，“?”后面的内容为参数信息。参数是由参数名和参数值组成的，并且中间使用等号（=）进行连接。需要注意的是，如果 URL 地址中有多个参数，参数之间需要用“&”分隔。

当浏览器向服务器发送请求消息时，上述 URL 中的参数部分会附加在要访问的 URI 资源后面，具体如下所示。

```
GET /javaForum?name=lee&psd=hnxy HTTP/1.1
```

需要注意的是，使用 GET 方式传送的数据量有限，最多不能超过 2KB。

（2）POST 方式

如果网页上 form 表单的 method 属性设置为“POST”，当用户提交表单时，浏览器将使用 POST 方式提交表单内容，并把各个表单元素及数据作为 HTTP 消息的实体内容发送给服务器，而不是作为 URI 地址的参数传递。另外，在使用 POST 方式向服务器传递数据时，Content-Type

消息头会自动设置为“application/x-www-form-urlencoded”，Content-Length 消息头会自动设置为实体内容的长度，具体示例如下。

```
POST /javaForum HTTP/1.1
Host: www.itcast.cn
Content-Type: application/x-www-form-urlencoded
Content-Length: 17
name=lee&psd=hnxy
```

对于使用 POST 方式传递的请求信息，服务器端程序会采用与获取 URI 后面参数相同的方式来获取表单各个字段的数据。

需要注意的是，在实际开发中，通常都会使用 POST 方式发送请求，其原因主要有两个，具体如下。

1）POST 传输数据大小无限制

由于 GET 请求方式是通过请求参数传递数据的，因此最多可传递 2KB 的数据。而 POST 请求方式是通过实体内容传递数据的，因此可以传递数据的大小没有限制。

2）POST 比 GET 请求方式更安全

由于 GET 请求方式的参数信息都会在 URL 地址栏明文显示，而 POST 请求方式传递的参数隐藏在实体内容中，用户是看不到的，因此，POST 比 GET 请求方式更安全。

2. HTTP 请求消息头

在 HTTP 请求消息中，请求行之后便是若干请求消息头。请求消息头主要用于向服务器端传递附加消息，例如，客户端可以接收的数据类型、压缩方法、语言以及发送请求的超链接所属页面的 URL 地址等信息，具体示例如下所示。

```
Host: localhost:8080
Accept: image/gif, image/x-xbitmap, *
Referer: http://localhost:8080/itcast/
Accept-Language: zh-cn,zh;q=0.8,en-us;q=0.5,en;q=0.3
Accept-Encoding: gzip, deflate
Content-Type: application/x-www-form-urlencoded
User-Agent: Mozilla/4.0 (compatible; MSIE 7.0; Windows NT 5.1; GTB6.5; CIBA)
Connection: Keep-Alive
Cache-Control: no-cache
```

从上面的请求消息头中可以看出，每个请求消息头都是由一个头字段名称和一个值构成，头字段名称和值之间用冒号（:）和空格（ ）分隔，每个请求消息头之后使用一个回车换行符标志结束。需要注意的是，头字段名称不区分大小写，但习惯上将单词的第 1 个字母大写。

当浏览器发送请求给服务器时，根据功能需求的不同，发送的请求消息头也不相同，接下来，通过一张表来列举常用的请求头字段，如表 2-3 所示。

表 2-3 常用请求头字段

头字段	说明
Accept	Accept 头字段用于指出客户端程序（通常是浏览器）能够处理的 MIME(Multipurpose Internet Mail Extension，多用途 Internet 邮件扩展)类型
Accept-Charset	Accept-Charset 头字段用于告知服务器端客户端所使用的字符集
Accept-Encoding	Accept-Encoding 头字段用于指定客户端能够进行解码的数据编码方式，这里的编码方式通常指的是某种压缩方式

续表

头字段	说明
Accept-Language	Accept-Language 头字段用于指定客户端期望服务器返回哪个国家语言的文档
Authorization	当客户端访问受口令保护的网页时，Web 服务器会发送 401 响应状态码和 WWW-Authenticate 响应头，要求客户端使用 Authorization 请求头来应答
Proxy-Authorization	Proxy-Authorization 头字段的作用与用法与 Authorization 头字段基本相同，只不过 Proxy-Authorization 请求头是服务器端向代理服务器发送的验证信息
Host	Host 头字段用于指定资源所在的主机名和端口号
If-Match	当客户机再次向服务器请求这个网页文件时，可以使用 If-Match 头字段附带以前缓存的实体标签内容，这个请求被视为一个条件请求
If-Modified-Since	If-Modified-Since 请求头的作用和 If-Mach 类似，只不过它的值为 GMT 格式的时间
Range	用于指定服务器只需返回文档中的部分内容及内容范围，这对较大文档的断点续传非常有用
If-Range	If-Range 头字段只能伴随着 Range 头字段一起使用，其设置值可以是实体标签或 GMT 格式的时间
Max-Forward	指定当前请求可以途经的代理服务器数量，每经过一个代理服务器，此数值就减 1
Referer	Referer 头字段非常有用，常被网站管理人员用来追踪网站的访问者是如何导航进入网站的。同时，Referer 头字段还可以用于网站的防盗链
User-Agent	User-Agent 中文名为用户代理，简称 UA，它用于指定浏览器或者其他客户端程序使用的操作系统及版本、浏览器及版本、浏览器渲染引擎、浏览器语言等，以便服务器针对不同类型的浏览器而返回不同的内容

表 2-3 中列举了很多请求头字段，接下来针对一部分进行详细讲解，具体如下。

（1）Accept

Accept 头字段用于指出客户端程序（通常是浏览器）能够处理的 MIME（Multipurpose Internet Mail Extensions，多用途互联网邮件扩展）类型。例如，如果浏览器和服务器同时支持 png 类型的图片，则浏览器可以发送包含 image/png 的 Accept 头字段，服务器检查到 Accept 头中包含 image/png 这种 MIME 类型，可能在网页中的 img 元素中使用 png 类型的文件。MIME 类型有很多种，例如，下面的这些 MIME 类型都可以作为 Accept 头字段的值。

```
Accept: text/html,表明客户端希望接受 HTML 文本。
Accept: image/gif,表明客户端希望接受 GIF 图像格式的资源。
Accept: image/*,表明客户端可以接受所有 image 格式的子类型。
Accept: */*,表明客户端可以接受所有格式的内容。
```

（2）Accept-Encoding

Accept-Encoding 头字段用于指定客户端能够进行解码的数据编码方式，这里的编码方式通常指的是某种压缩方式。在 Accept-Encoding 头字段中，可以指定多个数据编码方式，它们之间以逗号分隔，具体示例如下。

```
Accept-Encoding: gzip,compress
```

在上面的头字段中，gzip 和 compress 这两种格式是最常见的数据编码方式。在传输较大的实体内容之前，对其进行压缩编码，可以节省网络带宽和传输时间。服务器接收到这个请求头，它使用其中指定的一种格式对原始文档内容进行压缩编码，然后再将其作为响应消息的实体内容发送给客户端，并且在 Content-Encoding 响应头中指出实体内容所使用的压缩编码格式。浏览器在接收到这样的实体内容之后，需要对其进行反向解压缩。

需要注意的是，Accept-Encoding 和 Accept 消息头不同，Accept 请求头指定的 MIME 类型是指解压后的实体内容类型，Accept-Encoding 消息头指定的是实体内容压缩的方式。

（3）Host

Host 头字段用于指定资源所在的主机名和端口号，格式与资源的完整 URL 中的主机名和端口号部分相同，具体示例如下所示。

```
Host: www.itcast.cn: 80
```

在上述示例中，由于浏览器连接服务器时默认使用的端口号为 80，所以 “www.itcast.cn” 后面的端口号信息 “:80” 可以省略。

需要注意的是，在 HTTP 1.1 中，浏览器和其他客户端发送的每个请求消息中必须包含 Host 请求头字段，以便 Web 服务器能够根据 Host 头字段中的主机名来区分客户端所要访问的虚拟 Web 站点。当浏览器访问 Web 站点时，会根据地址栏中的 URL 地址自动生成相应的 Host 请求头。

（4）If-Modified-Since

If-Modified-Since 请求头的作用和 If-Match 类似，只不过它的值为 GMT 格式的时间。If-Modified-Since 请求头被视作一个请求条件，只有服务器中文档的修改时间比 If-Modified-Since 请求头指定的时间新，服务器才会返回文档内容。否则，服务器将返回一个 304（Not Modified）状态码来表示浏览器缓存的文档是最新的，而不向浏览器返回文档内容，这时，浏览器仍然使用以前缓存的文档。通过这种方式，可以在一定程度上减少浏览器与服务器之间的通信数据量，从而提高了通信效率。

（5）Referer

浏览器向服务器发出的请求，可能是直接在浏览器中输入 URL 地址而发出的，也可能是单击一个网页上的超链接而发出的。对于第 1 种直接在浏览器地址栏中输入 URL 地址的情况，浏览器不会发送 Referer 请求头；而对于第 2 种情况，浏览器会使用 Referer 头字段标识发出请求的超链接所在网页的 URL。例如，本地 Tomcat 服务器的 chapter02 项目中有一个 HTML 文件 GET.html，GET.html 中包含一个指向远程服务器的超链接，当单击这个超链接向服务器发送 GET 请求时，浏览器会在发送的请求消息中包含 Referer 头字段，如下所示。

```
Referer: http://localhost:8080/chapter02/GET.html
```

Referer 头字段非常有用，常被网站管理人员用来追踪网站的访问者是如何导航进入网站的。同时 Referer 头字段还可以用于网站的防盗链。

什么是盗链呢？假设一个网站的首页中想显示一些图片信息，而在该网站的服务器中并没有这些图片资源，它通过在 HTML 文件中使用 img 标记链接到其他网站的图片资源，将其展示给浏览者，这就是盗链。盗链的网站提高了自己网站的访问量，却加重了被链接网站服务器的负担，损害了其合法利益。所以，一个网站为了保护自己的资源，可以通过 Referer 头检测出从哪里链接到当前的网页或资源，一旦检测到不是通过本站的链接进行的访问，可以进行阻止访问或者跳转到指定的页面。

（6）User-Agent

User-Agent 中文名为用户代理，简称 UA，它用于指定浏览器或者其他客户端程序使用的操作系统及版本、浏览器及版本、浏览器渲染引擎、浏览器语言等，以便服务器针对不同类型的浏览器而返回不同的内容。例如，服务器可以通过检查 User-Agent 头，如果发现客户端是一个无线手持终端，就返回一个 WML 文档；如果客户端是一个普通的浏览器，则通常返回 HTML 文档。例如，IE 浏览器生成的 User-Agent 请求信息如下。

```
User-Agent: Mozilla/4.0 (compatible; MSIE 8.0; Windows NT 5.1; Trident/4.0)
```

在上面的请求头中，User-Agent 头字段首先列出了 Mozilla 版本，然后列出了浏览器的版本（MSIE 8.0 表示 Microsoft IE 8.0）、操作系统的版本（Windows NT 5.1 表示 Windows XP）以及浏览器的引擎名称（Trident/4.0）。

2.2.3 HTTP 响应消息

当服务器收到浏览器的请求后，会回送响应消息给客户端。一个完整的响应消息主要包括响应状态行、响应消息头和实体内容，其中，每个组成部分都代表了不同的含义，下面将围绕 HTTP 响应消息的每个组成部分进行详细的讲解。

1. HTTP 响应状态行

HTTP 响应状态行位于响应消息的第 1 行，它包括 3 个部分，分别是 HTTP 版本、一个表示成功或错误的整数代码（状态码）和对状态码进行描述的文本信息，具体示例如下。

```
HTTP/1.1 200 OK
```

上面的示例就是一个 HTTP 响应消息的状态行，其中，HTTP 1.1 是通信使用的协议版本(200 是状态码)，OK 是状态描述，说明客户端请求成功。需要注意的是，请求行中的每个部分需要用空格分隔，最后要以回车换行结束。

关于协议版本和文本信息，读者都比较容易理解，而 HTTP 的状态码对读者来说则比较陌生，接下来就针对 HTTP 的状态码进行具体分析。

状态代码由 3 位数字组成，表示请求是否被理解或被满足。HTTP 响应状态码的第 1 个数字定义了响应的类别，后面两位没有具体的分类，第 1 个数字有 5 种可能的取值，具体介绍如下所示。

1xx：表示请求已接收，需要继续处理。

2xx：表示请求已成功被服务器接收、理解并接受。

3xx：为完成请求，客户端需进一步细化请求。

4xx：客户端的请求有错误。

5xx：服务器端出现错误。

HTTP 的状态码数量众多，其中大部分无需记忆。接下来仅列举几个 Web 开发中比较常见的状态码，具体如表 2-4 所示。

表 2-4 常见状态码

状态码	说明
200	表示服务器成功处理了客户端的请求。客户端的请求成功，响应消息返回正常的请求结果
302	表示请求的资源临时从不同的 URI 响应请求，但请求者应继续使用原有位置来进行以后的请求。例如，在请求重定向中，临时 URI 应该是响应的 Location 头字段所指向的资源
304	如果客户端有缓存的文档，它会在发送的请求消息中附加一个 If-Modified-Since 请求头，表示只有请求的文档在 If-Modified-Since 指定的时间之后发生过更改，服务器才需要返回新文档。状态码 304 表示客户端缓存的版本是最新的，客户端应该继续使用它。否则，服务器将使用状态码 200 返回所请求的文档

续表

状态码	说明
404	表示服务器找不到请求的资源。例如，访问服务器不存在的网页经常返回此状态码
500	表示服务器发生错误，无法处理客户端的请求。大部分情况下，是服务器端的 CGI、ASP、JSP 等程序发生了错误，一般服务器会在相应消息中提供具体的错误信息

2. HTTP 响应消息头

在 HTTP 响应消息中，第 1 行为响应状态行，紧接着的是若干响应消息头，服务器端通过响应消息头向客户端传递附加信息，包括服务程序名、被请求资源需要的认证方式、客户端请求资源的最后修改时间、重定向地址等信息。HTTP 响应消息头的具体示例如下所示。

```
Server: Apache-Coyote/1.1
Content-Encoding: gzip
Content-Length: 80
Content-Language: zh-cn
Content-Type: text/html; charset=GB2312
Last-Modified: Mon,18 Nov 2013 18:23:51 GMT
Expires: -1
Cache-Control: no-cache
Pragma: no-cache
```

从上面的响应消息头可以看出，它们的格式和 HTTP 请求消息头的格式相同。当服务器向客户端回送响应消息时，根据情况的不同，发送的响应消息头也不相同。接下来，通过一张表来列举常用的响应消息头字段，如表 2-5 所示。

表 2-5　常用的响应消息头字段

头字段	说明
Accept-Range	用于说明服务器是否接收客户端使用 Range 请求头字段请求资源
Age	用于指出当前网页文档可以在客户端或代理服务器中缓存的有效时间，设置值为一个以秒为单位的时间数
Etag	用于向客户端传送代表实体内容特征的标记信息，这些标记信息称为实体标签，每个版本的资源的实体标签是不同的，通过实体标签可以判断在不同时间获得的同一资源路径下的实体内容是否相同
Location	用于通知客户端获取请求文档的新地址，其值为一个使用绝对路径的 URL 地址
Retry-After	可以与 503 状态码配合使用，告诉客户端在什么时间可以重新发送请求。也可以与任何一个 3xx 状态码配合使用，告诉客户端处理重定向的最小延时时间。Retry-After 头字段的值可以是 GMT 格式的时间，也可是一个以秒为单位的时间数
Server	用于指定服务器软件产品的名称
Vary	用于指定影响了服务器所生成的响应内容的那些请求头字段名
WWW-Authenticate	当客户端访问受口令保护的网页文件时，服务器会在响应消息中回送 401（Unauthrized）响应状态码和 WWW-Authoricate 响应头，指示客户端应该在 Authorization 请求头中使用 WWW-Authoricate 响应头指定的认证方式提供用户名和密码信息
Proxy-Authenticate	Proxy-Authenticate 头字段是针对代理服务器的用户信息验证，其他的作用与用法与 WWW-Authenticate 头字段类似

续表

头字段	说明
Refresh	用于告诉浏览器自动刷新页面的时间，它的值是一个以秒为单位的时间数
Content-Disposition	如果服务器希望浏览器不是直接处理响应的实体内容，而是让用户选择将响应的实体内容保存到一个文件中，这需要使用 Content-Disposition 头字段

表 2-5 中列举了很多响应消息头字段，接下来针对一部分进行详细讲解，具体如下。

(1) Location

Location 头字段用于通知客户端获取请求文档的新地址，其值为一个使用绝对路径的 URL 地址，如下所示。

```
Location: http://www.itcast.org
```

Location 头字段和大多数 3xx 状态码配合使用，以便通知客户端自动重新连接到新的地址请求文档。由于当前响应并没有直接返回内容给客户端，所以使用 Location 头的 HTTP 消息不应该有实体内容。由此可见，在 HTTP 消息头中不能同时出现 Location 和 Content-Type 这两个头字段。

(2) Server

Server 头字段用于指定服务器软件产品的名称，具体示例如下。

```
Server: Apache-Coyote/1.1
```

(3) Refresh

Refresh 头字段用于告诉浏览器自动刷新页面的时间，它的值是一个以秒为单位的时间数，具体示例如下所示。

```
Refresh: 3
```

上面所示的 Refresh 头字段用于告诉浏览器在 3 秒后自动刷新此页面。

需要注意的是，在 Refresh 头字段的时间值后面还可以增加一个 URL 参数，时间值与 URL 之间用分号(;)分隔，用于告诉浏览器在指定的时间值后跳转到其他网页，例如告诉浏览器经过 3 秒跳转到 www.itcast.cn 网站，具体示例如下。

```
Refresh: 3;url=http://www.itcast.cn
```

(4) Content-Disposition

如果服务器希望浏览器不是直接处理响应的实体内容，而是让用户选择将响应的实体内容保存到一个文件中，这需要使用 Content-Disposition 头字段。Content-Disposition 头字段没有在 HTTP 的标准规范中定义，它是从 RFC2183 中借鉴过来的。在 RFC2183 中，Content-Disposition 指定了接收程序处理数据内容的方式，有 inline 和 attachment 两种标准方式。inline 表示直接处理，而 attachment 则要求用户干预并控制接收程序处理数据内容的方式。而在 HTTP 应用中，只有 attachment 是 Content-Disposition 的标准方式。attachment 后面还可以指定 filename 参数。filename 参数值是服务器建议浏览器保存实体内容的文件名称，浏览器应该忽略 filename 参数值中的目录部分，只取参数中的最后部分作为文件名。在设置 Content-Disposition 之前，一定要设置 Content-Type 头字段，具体示例如下。

```
Content-Type: application/octet-stream
Content-Disposition: attachment; filename=lee.zip
```

2.3 Tomcat

本教材中大部分的内容都是在讲解如何开发动态 Web 资源，一个动态 Web 资源开发完毕后需要发布在 Web 服务器上才能被外界访问。因此，在学习 Web 开发之前需要安装一台 Web 服务器。本节将针对 Tomcat 服务器的安装和使用进行详细的讲解。

2.3.1 Tomcat 简介

Tomcat 是 Apache 组织的 Jakarta 项目中的一个重要子项目，它是 Sun 公司（已被 Oracle 收购）推荐的运行 Servlet 和 JSP 的容器（引擎），其源代码是完全公开的。Tomcat 不仅具有 Web 服务器的基本功能，还提供了数据库连接池等许多通用组件功能。

Tomcat 运行稳定、可靠、效率高，不仅可以和目前大部分主流的 Web 服务器（如 Apache、IIS 服务器）一起工作，还可以作为独立的 Web 服务器软件。因此，越来越多的软件公司和开发人员都使用它作为运行 Servlet 和 JSP 的平台。

Tomcat 的版本在不断地升级，功能也不断地完善与增强。目前最新版本为 Tomcat 9.0，初学者可以下载相应的版本进行学习。

2.3.2 Tomcat 的安装和启动

本教材要介绍的 Tomcat 的版本是 Tomcat 7.0，读者可以进入 Tomcat 官网网站 http://tomcat.apache.org/进行下载。为了帮助初学者学习 Tomcat 的启动和加载过程，因此，建议初学者下载 zip 压缩包，通过解压的方式来安装 Tomcat。需要注意的是，安装 Tomcat 之前需要安装 JDK，运行 Tomcat 7.0 建议使用 JDK 7.0 版本。由于篇幅所限，关于 JDK 的安装以及 Tomcat 7.0 的下载此处不再详细介绍，请自行查阅相关资料或书籍。

将下载好的 Tomcat 压缩文件直接解压到指定的目录便可完成 Tomcat 的安装。这里将 Tomcat 的解压文件直接解压到了 D 盘的 Tomcat 文件夹下，解压后会产生一个 apache-tomcat-7.0.55 文件夹，打开这个文件夹可以看到 Tomcat 的目录结构，如图 2–8 所示。

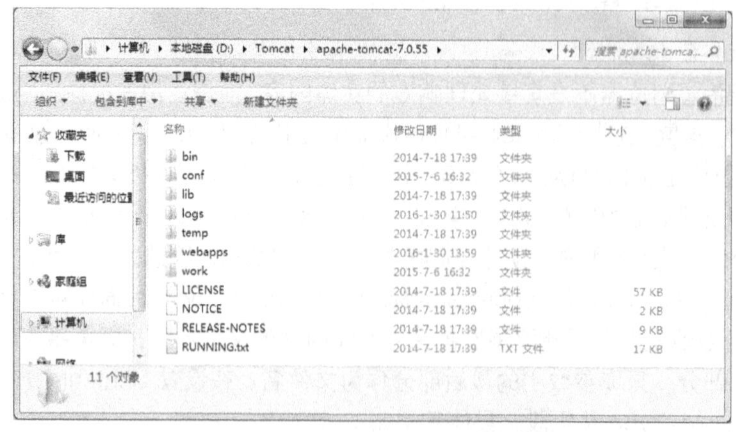

图2–8 apache-tomcat-7.0.55目录结构

从图 2–8 可以看出，Tomcat 安装目录中包含一系列的子目录，这些子目录分别用于存放不同功能的文件，接下来针对这些子目录进行简单介绍，具体如下。

（1）bin：用于存放 Tomcat 的可执行文件和脚本文件（扩展名为 bat 的文件），如 tomcat7.exe、startup.bat。

（2）conf：用于存放 Tomcat 的各种配置文件，如 web.xml、server.xml。

（3）lib：用于存放 Tomcat 服务器和所有 Web 应用程序需要访问的 JAR 文件。

（4）logs：用于存放 Tomcat 的日志文件。

（5）temp：用于存放 Tomcat 运行时产生的临时文件。

（6）webapps：Web 应用程序的主要发布目录，通常将要发布的应用程序放到这个目录下。

（7）work：Tomcat 的工作目录，JSP 编译生成的 Servlet 源文件和字节码文件放到这个目录下。

在 Tomcat 安装目录的 bin 子目录下，存放了许多脚本文件，其中，startup.bat 就是启动 Tomcat 的脚本文件，如图 2-9 所示。

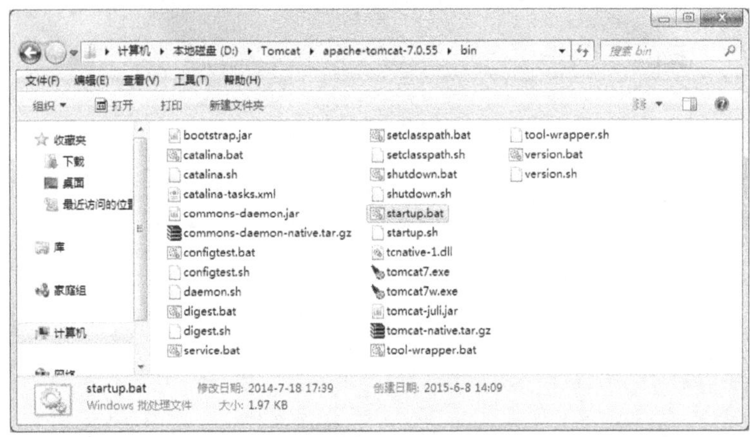

图2-9 bin目录

用鼠标双击 startup.bat 文件，便会启动 Tomcat 服务器，此时，可以在命令行看到一些启动信息，如图 2-10 所示。

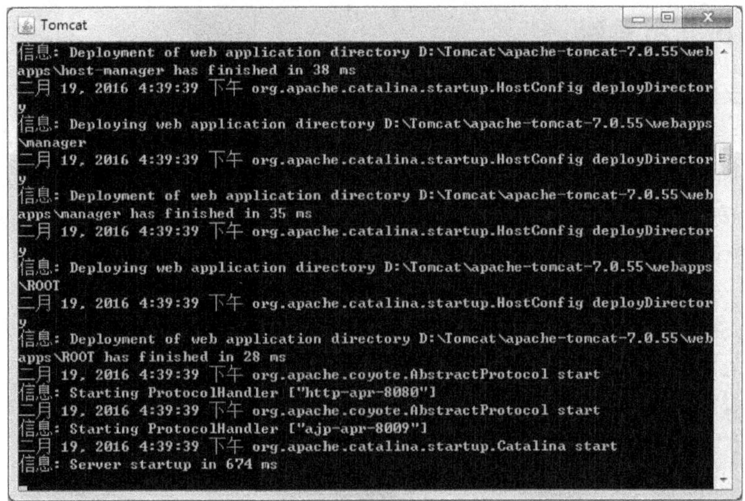

图2-10 Tomcat启动信息

Tomcat 服务器启动后，在浏览器的地址栏中输入 http://localhost:8080 或者 http://127.0.0.1:8080（localhost 和 127.0.0.1 都表示本地计算机）访问 Tomcat 服务器，如果浏览器中出现图 2-11 所示的显示界面，则说明 Tomcat 服务器安装成功了。

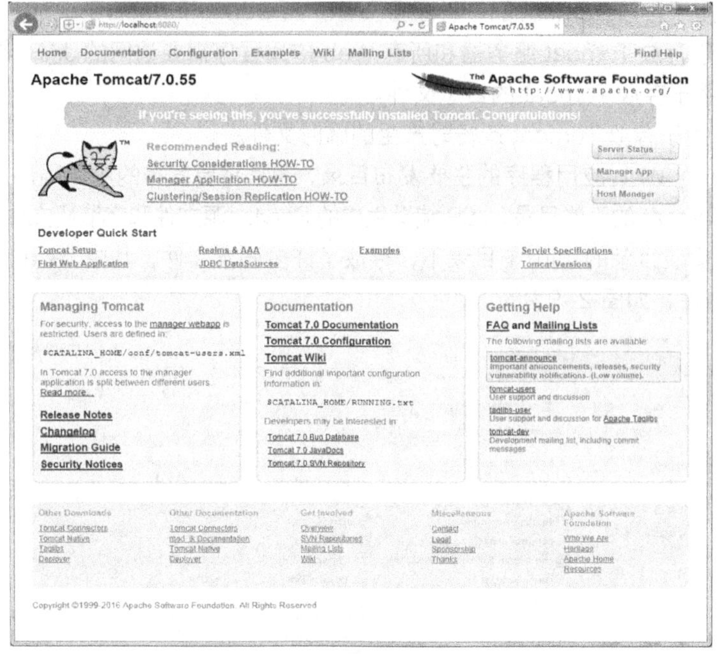

图2-11　Tomcat首页

注意

如果双击 startup.bat 文件时，Tomcat 没有正常启动，而是一闪而过，则说明 Tomcat 的启动发生意外，具体的解决办法将在 2.3.3 小节进行详细的讲解。

2.3.3　Tomcat 诊断

在 2.3.2 节安装启动 Tomcat 的学习中，可能会遇到一种情况，即双击 bin 目录中的 startup.bat 脚本文件时，命令行窗口一闪而过。在这种情况下，由于无法查看到错误信息，因此，无法对 Tomcat 进行诊断，分析其出错的原因。这时，可以先启动一个命令行窗口，在这个命令行窗口中进入 Tomcat 安装目录中的 bin 目录，然后在该窗口中执行 startup.bat 命令，就会看到错误信息显示在该窗口中，如图 2-12 所示。

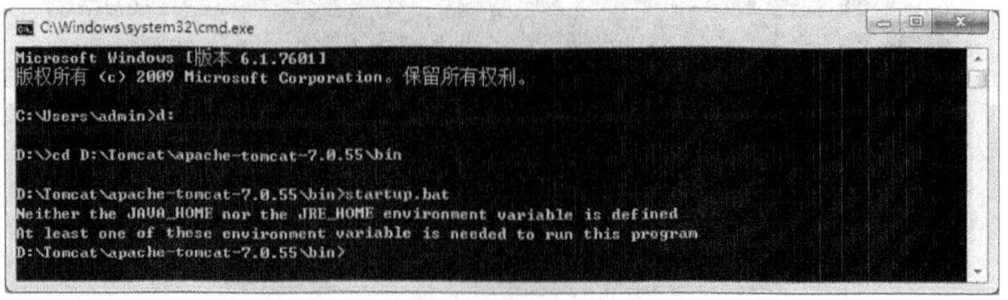

图2-12　运行Tomcat提示错误信息

从图 2-12 中可以看出，错误提示“JRE_HOME 环境变量配置不正确，运行该程序需要此环境变量”。这是因为 Tomcat 服务器是由 Java 语言开发的，它在运行时需要根据 JAVA_HOME 或 JRE_HOME 环境变量来获得 JRE 的安装位置，从而利用 Java 虚拟机来运行 Tomcat。要解决这个问题，只需要将 JAVA_HOME 环境变量配置成 JDK 的安装目录。以 Windows 7 系统为例，配置 JAVA_HOME 环境变量的具体步骤如下所示。

（1）右键单击桌面图标【计算机】→选择【属性】→进入【系统】→单击窗口左侧的【高级系统设置】链接→在打开的窗口中单击【环境变量】按钮，此时会显示一个【环境变量】窗口，如图 2-13 所示。

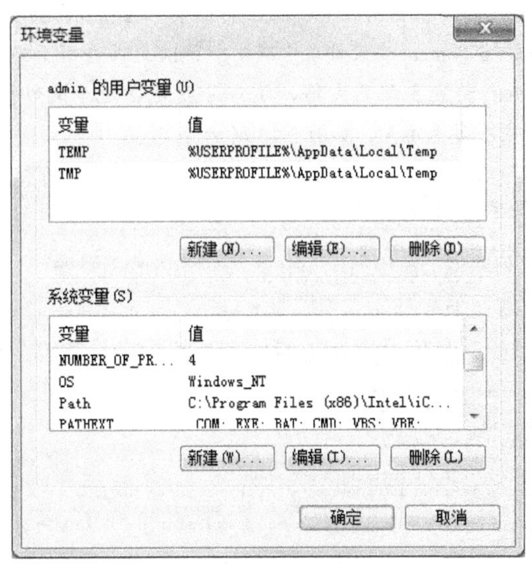

图2-13 【环境变量】窗口

（2）单击【系统变量】区域中的【新建】按钮，会弹出【新建系统变量】窗口，将【变量名】的文本区域值设置为“JAVA_HOME”，【变量值】的文本区域值设置为 JDK 的安装目录“C:\Program Files\Java\jdk1.7.0_60”，如图 2-14 所示。

图2-14 【新建系统变量】窗口

添加完成后，单击窗口中的【确定】按钮，完成 JAVA_HOME 的配置。再次双击 startup.bat 文件，启动 Tomcat 服务器，可以发现 Tomcat 服务器正常启动了。

需要注意的是，配置完 JAVA_HOME 后，就可将原来配置在 Path 环境变量中的 JDK 安装路径替换为“%JAVA_HOME%\bin;”。其中，%JAVA_HOME%代表环境变量 JAVA_HOME 的当前值，末尾用英文半角分号（;）结束，与其他 Path 变量值路径隔开。这样做的好处是，当 JDK 的版本或安装路径发生变化时，只需修改 JAVA_HOME 的值，而 Path 环境变量和其他引用

“JAVA_HOME”的位置不需要改变。

脚下留心：

Tomcat 在启动时会出现启动失败的情况，这种情况还可能是因为 Tomcat 服务器所使用的网络监听端口被其他服务程序占用所导致。现在很多安全工具都提供查看网络监听端口的功能，如 360 安全卫士、QQ 管家等；同时，也可以通过在命令行窗口中输入“netstat -na”命令，查看本机运行的程序都占用了哪些端口，如果有程序占用了 8080 端口，则可以在任务管理器的“进程”选项卡中结束它的进程，之后重新启动 Tomcat 服务器，在浏览器中输入 http://localhost:8080 就能看到 Tomcat 的首页。

如果在“进程”选项卡中无法结束占用 8080 端口的程序，这时就需要在 Tomcat 的配置文件中修改 Tomcat 监听的端口号。前面讲过 Tomcat 安装目录中有一个 conf 文件夹用于存放 Tomcat 的各种配置文件，其中，server.xml 就是 Tomcat 的主要配置文件，端口号就是在这个文件中配置的。使用记事本打开 server.xml 文件，在这个文件中有多个元素，如图 2-15 所示。

```
server.xml - 记事本
文件(F) 编辑(E) 格式(O) 查看(V) 帮助(H)
    <!-- A "Connector" represents an endpoint by which requests are received
         and responses are returned. Documentation at :
         Java HTTP Connector: /docs/config/http.html (blocking & non-blocking)
         Java AJP  Connector: /docs/config/ajp.html
         APR (HTTP/AJP) Connector: /docs/apr.html
         Define a non-SSL HTTP/1.1 Connector on port 8080
    -->
    <Connector connectionTimeout="20000" port="8080" protocol="HTTP/1.1" redirectPort="8443"/>
    <!-- A "Connector" using the shared thread pool-->
    <!--
    <Connector executor="tomcatThreadPool"
               port="8080" protocol="HTTP/1.1"
               connectionTimeout="20000"
               redirectPort="8443" />
    -->
    <!-- Define a SSL HTTP/1.1 Connector on port 8443
         This connector uses the BIO implementation that requires the JSSE
         style configuration. When using the APR/native implementation, the
         OpenSSL style configuration is required as described in the APR/native
         documentation -->
```

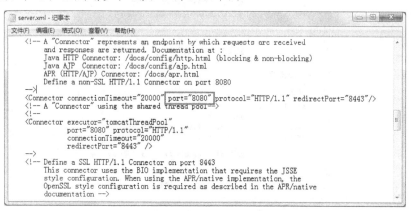

图2-15 server.xml中配置端口的位置

在图 2-15 中可以看到 server.xml 文件中有一个<Connector>元素，该元素中有一个 port 属性，这个属性就是用于配置 Tomcat 服务器监听的端口号。当前 port 属性的值为 8080，表示 Tomcat 服务器使用的端口号是 8080。Tomcat 监听的端口号可以是 0 ~ 65 535 的任意一个整数，如果出现端口号被占用的情况，就可以修改这个 port 属性的值来修改端口号。

需要注意的是，如果将 Tomcat 服务器的端口号修改为 80，那么在浏览器地址栏中输入 http://localhost:80 访问 Tomcat 服务器，此时会发现 80 端口号自动消失了，这是因为 HTTP 规定 Web 服务器使用的默认端口为 80，访问监听 80 端口的 Web 应用时，端口号可以省略不写，即输入 http://localhost 就可访问 Tomcat 服务器。

2.3.4 Web 应用

1. 什么是 Web 应用

在 Web 服务器上运行的 Web 资源都是以 Web 应用形式呈现的，所谓 Web 应用就是多个 Web 资源的集合，Web 应用通常也称为 Web 应用程序或 Web 工程。一个 Web 应用由多个 Web 资源或其他文件组成，其中包括 HTML 文件、CSS 文件、JS 文件、动态 Web 页面、Java 程序、支持 JAR 包、配置文件等。开发人员在开发 Web 应用时，应按照一定的目录结构来存放这些文件，否则，在把 Web 应用交给 Web 服务器管理时，不仅可能会使 Web 应用无法访问，还会导致 Web 服务器启动报错。接下来通过一个图例来描述 Web 应用的目录结构，如图 2–16 所示。

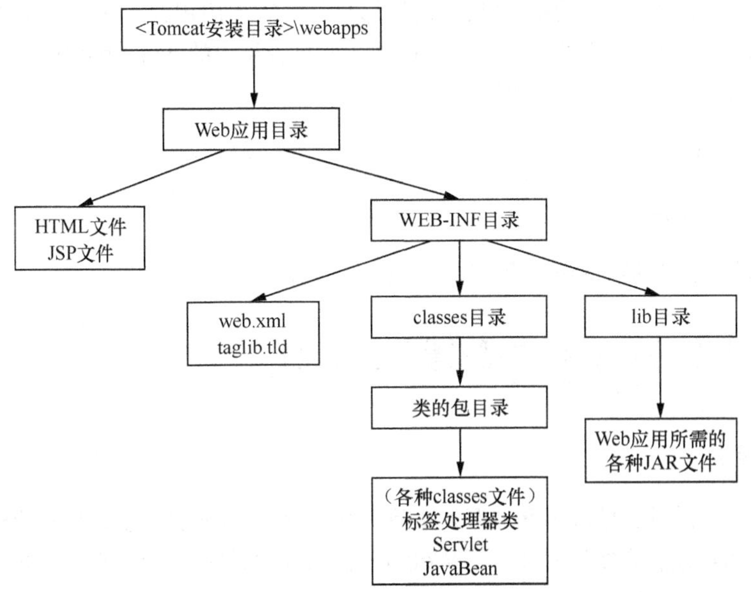

图2–16 Web应用目录

从图 2–16 可以看出，一个 Web 应用需要包含多个目录，这些目录用来存储不同类型的文件。其中，所有的 Web 资源都可以直接存放在 Web 应用的根目录下，在 Web 应用的根目录中还有一个特殊的目录 WEB–INF，所有的配置文件都直接存放在这个目录中。WEB–INF 还有两个子目录分别是 classes 目录和 lib 目录，classes 目录用于存放各种.class 文件，lib 目录用于存放 Web 应用所需要的各种 JAR 文件。

2. 配置 Web 应用默认页面

当访问一个 Web 应用程序时，通常需要指定访问的资源名称，如果没有指定资源名称，则会访问默认的页面。例如，在访问 W3school 网站首页面时需要输入 http://www.w3school.com.cn/index.html，有的时候也希望只输入 http://www.w3school.com.cn 就能访问 W3school 首页面。要想实现这样的需求，只需要修改 WEB–INF 目录下的 web.xml 文件的配置即可。

为了帮助初学者更好地理解默认页面的配置方式，首先查看一下 Tomcat 服务器安装目录下的 web.xml 文件是如何配置的，打开<Tomcat 根目录>\conf 目录下的 web.xml 文件，可以看到如下所示的一段代码。

```
<welcome-file-list>
    <welcome-file>index.html</welcome-file>
    <welcome-file>index.htm</welcome-file>
    <welcome-file>index.jsp</welcome-file>
</welcome-file-list>
```

在上述代码中，<welcome-file-list>元素用于配置默认页面列表，它包含多个<welcome–file>子元素，每个<welcome–file>子元素都可以指定一个页面文件。当用户访问 Web 应用时，如果没有指定具体要访问的页面资源，Tomcat 会按照<welcome–file–list>元素指定默认页面的顺序，依次查找这些默认页面。如果找到，将其返回给用户，并停止查找后面的默认页面；若没有找到，则返回访问资源不存在的错误提示页面。

在实际项目应用中，如果要配置默认页面，只需在 Web 应用的 web.xml 文件内，按照上面的配置方式，将默认页面信息添加上即可。例如，想将应用中的 welcome.html 页面配置成默认页面，只需在 web.xml 中进行如下配置。

```
<welcome-file-list>
     <welcome-file>welcome.html</welcome-file>
</welcome-file-list>
```

配置完成后，项目的默认访问页面就是 welcome.html。

【任务 2-1】在 Eclipse 中配置 Tomcat

【任务目标】

Eclipse 作为一款强大的软件集成开发工具，对 Web 服务器提供了非常好的支持，它可以去集成各种 Web 服务器，方便程序员进行 Web 开发。通过本任务，读者将学会如何在 Eclipse 工具中配置 Tomcat 服务器。

【实现步骤】

（1）启动 Eclipse 开发工具，单击工具栏中的【Window】→【Preferences】选项，此时会弹出一个【Preferences】窗口，在该窗口中单击左边菜单中的【Server】选项，在展开的菜单中选择最后一项【Runtime Environments】，这时窗口右侧会出现【Server Runtime Environments】选项卡，如图 2-17 所示。

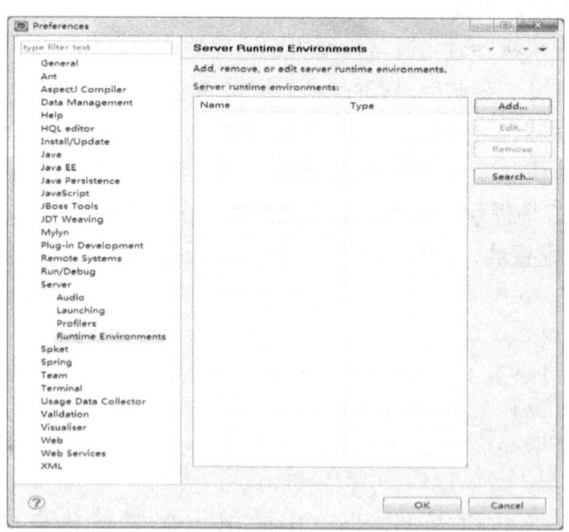

图2-17 Preferences窗口

（2）在图 2-17 所示的【Preferences】窗口中单击【Add】按钮，弹出一个【New Server Runtime Environment】窗口，该窗口显示出了可在 Eclipse 中配置的各种服务器及其版本。由于需要配置的服务器版本是 apache-tomcat-7.0.55，所以选择【Apache】，在展开的版本中选择【Apache Tomcat v7.0】选项，如图 2-18 所示。

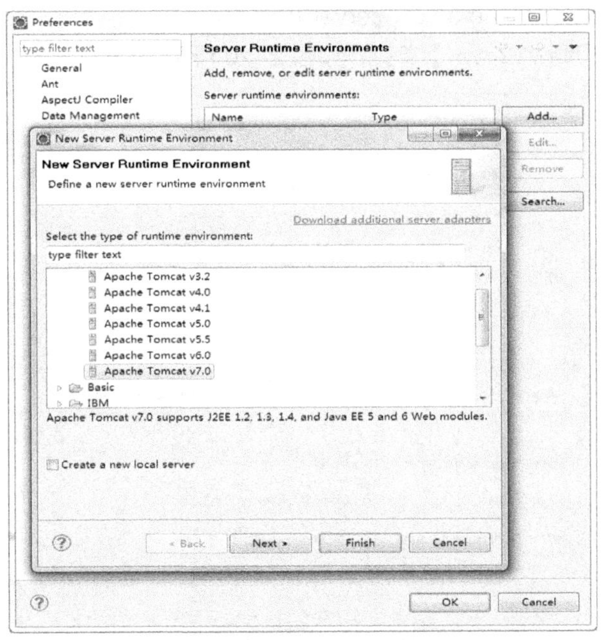

图2-18 New Server Runtime Environment窗口

（3）在图 2-18 所示的【New Server Runtime Environment】窗口中单击【Next】按钮执行下一步，在弹出的窗口中单击【Browser】按钮，选择安装 Tomcat 服务器的目录（Tomcat 服务器安装在 D:\Tomcat\apache-tomcat-7.0.55 目录下），最后依次单击【Finish】→【OK】按钮关闭窗口，并完成 Eclipse 和 Tomcat 服务器的关联，如图 2-19 所示。

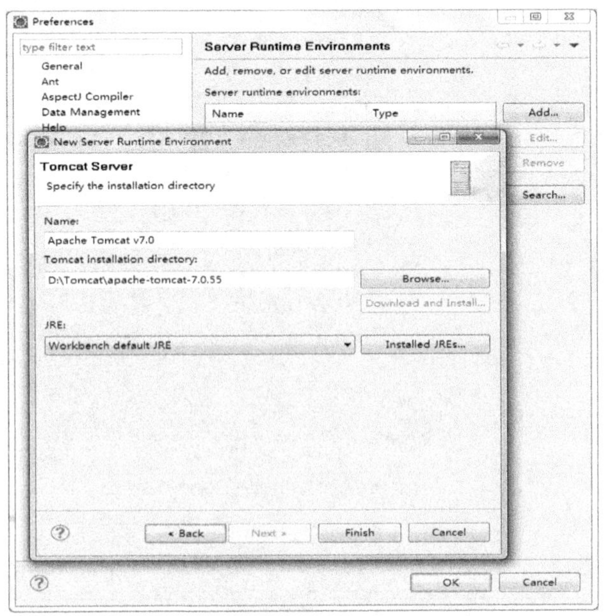

图2-19 选择Tomcat服务器的安装目录

（4）在 Eclipse 中创建 Tomcat 服务器。单击 Eclipse 下侧窗口的【Servers】选项卡标签（如果没有这个选项卡，则可以通过【Window】→【Show View】打开），在该选项卡中可以看到一个“No servers available.Define a new server from the new server wizard...”的链接，单击这个链接，会弹出一个【New Server】窗口，如图 2-20 所示。

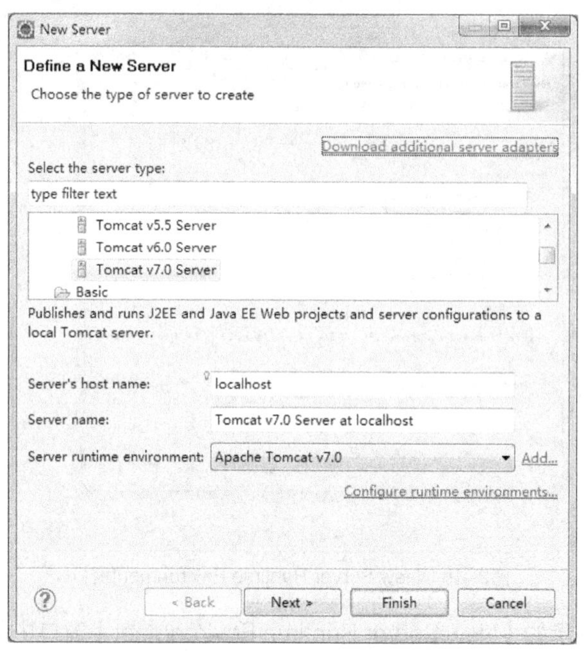

图2-20　New Server窗口

选中图 2-20 所示的【Tomcat v7.0 Server】选项，单击【Finish】按钮完成 Tomcat 服务器的创建。这时，在【Servers】选项卡中会出现一个“Tomcat v7.0 Server at localhost”选项。具体如图 2-21 所示。

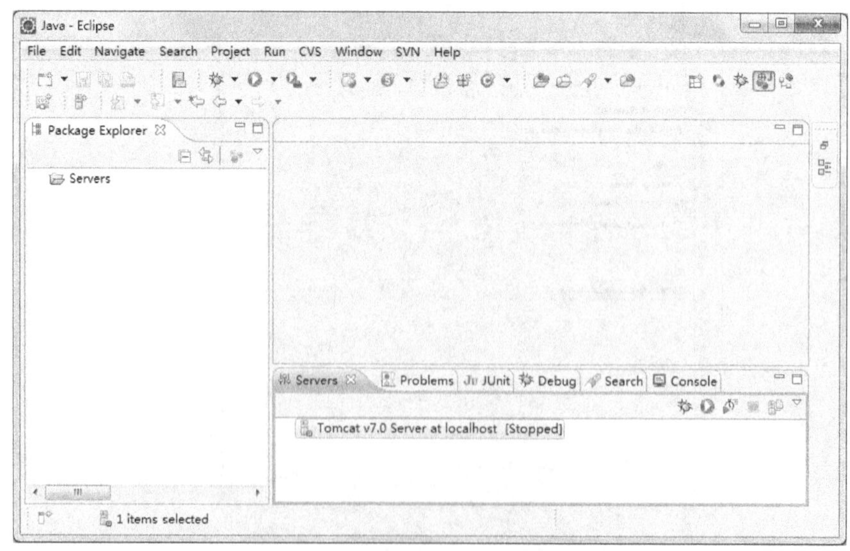

图2-21　Eclipse中创建Tomcat服务器

（5）Tomcat 服务器创建完毕后，就可以使用了。此时如果创建项目，并使用 Eclipse 发布后，项目会发布到 Eclipse 的.metadata 文件夹中。为了方便查找发布后的项目目录，读者可以将项目直接发布到 Tomcat 中，这时就需要对 Server 进行配置。具体配置方法如下。

双击图 2-21 中 Servers 窗口内创建好的 Tomcat 服务器，在打开的【Overview】页面中，选择【Server Locations】选项中的"Use Tomcat installation"，并将【Deploy path】文本框内容修改为"webapps"，如图 2-22 所示。

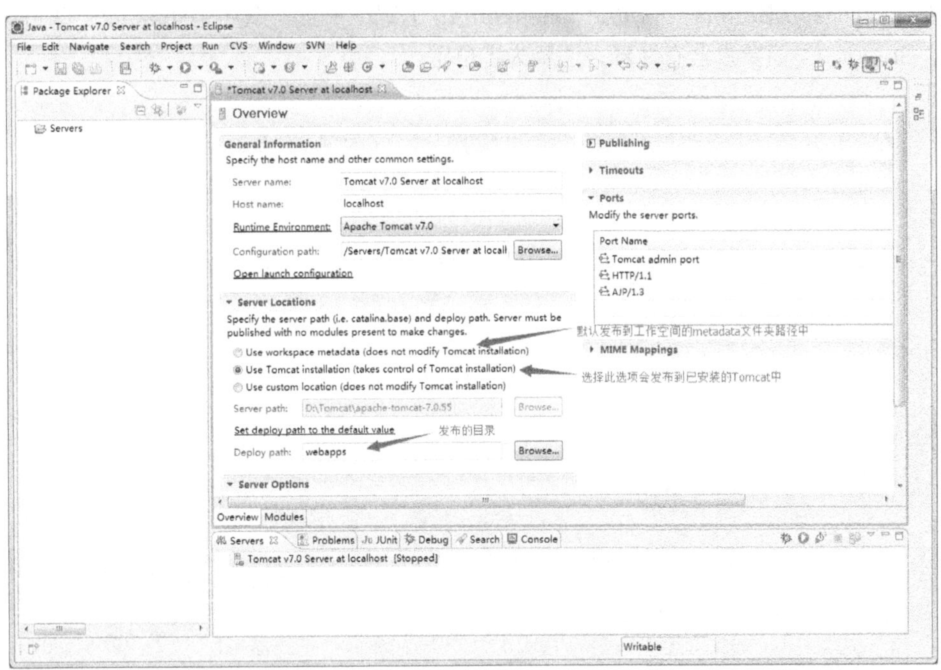

图2-22 Overview页面

至此，就完成了 Tomcat 服务器的所有配置。单击图 2-22 所示的工具栏(或 Servers 窗口)中的 按钮，即可启动 Tomcat 服务器。为了检测 Tomcat 服务器是否正常启动，在浏览器地址栏中输入"http://localhost:8080"访问 Tomcat 首页，如果在浏览器中可以正常显示 Tomcat 首页页面，则说明 Tomcat 在 Eclipse 中配置成功了。

需要注意的是，如果采用默认配置启动 Tomcat 服务器，访问"http://localhost:8080"时，浏览器页面会出现 404 错误，这是 Eclipse 自身的原因所导致的，此错误对访问具体项目不会有任何影响，读者可不必理会。

2.4 本章小结

本章主要讲解了 Java Web 相关的概念及基础技术，首先讲解了有关 XML 的相关知识，包括 XML 语法、DTD 约束、Schema 约束等，然后对 HTTP 的概念、HTTP 1.0 和 HTTP 1.1 协议的区别、HTTP 请求消息和响应消息进行了详细介绍，最后介绍了 Web 应用开发的相关知识。通过这一章的学习，初学者可以对 Java Web 相关的概念及基础技术有一个整体的认识，为以后学习 Web 开发奠定坚实的基础。

【测一测】

学习完前面的内容，下面来动手测一测吧，请思考以下问题。

1. 简述 HTTP1.1 协议的通信过程。
2. 简述 POST 请求和 GET 请求有什么不同。(至少 2 点)
3. 请列举出 Tomcat 安装目录下的子目录，并对其进行简要说明。(至少列出 5 个)
4. 请编写一个格式良好的 XML 文档，要求包含足球队一支，队名为 Madrid，球员 5 人：Ronaldo、Casillas、Ramos、Modric、Benzema；篮球队一支，队名为 Lakers，队员 2 人：Oneal、Bryant。里面要求含有注释，注释内容自定。

3 Chapter

第 3 章 Servlet 基础

Java Web

学习目标

- 掌握 Servlet 接口及其实现类的使用
- 了解 Servlet 的生命周期
- 熟练使用 Eclipse 工具开发 Servlet
- 掌握 Servlet 虚拟路径映射的配置

随着 Web 应用业务需求的增多，动态 Web 资源的开发变得越来越重要。目前，很多公司都提供了开发动态 Web 资源的相关技术，其中，比较常见的有 ASP、PHP、JSP 和 Servlet 等。基于 Java 的动态 Web 资源开发，Sun 公司提供了 Servlet 和 JSP 两种技术。接下来，本章将针对 Servlet 技术的相关知识进行详细的讲解。

3.1 Servlet 概述

Servlet 是使用 Java 语言编写的运行在服务器端的程序。狭义的 Servlet 是指 Java 语言实现的一个接口，广义的 Servlet 是指任何实现了这个 Servlet 接口的类，一般情况下，人们将 Servlet 理解为后者。Servlet 主要用于处理客户端传来的 HTTP 请求，并返回一个响应，它能够处理的请求有 doGet()和 doPost()等方法。

Servlet 由 Servlet 容器提供，所谓的 Servlet 容器是指提供了 Servlet 功能的服务器（本书中指 Tomcat），Servlet 容器将 Servlet 动态地加载到服务器上。与 HTTP 协议相关的 Servlet 使用 HTTP 请求和 HTTP 响应与客户端进行交互。因此，Servlet 容器支持所有 HTTP 协议的请求和响应。Servlet 应用程序的体系结构如图 3-1 所示。

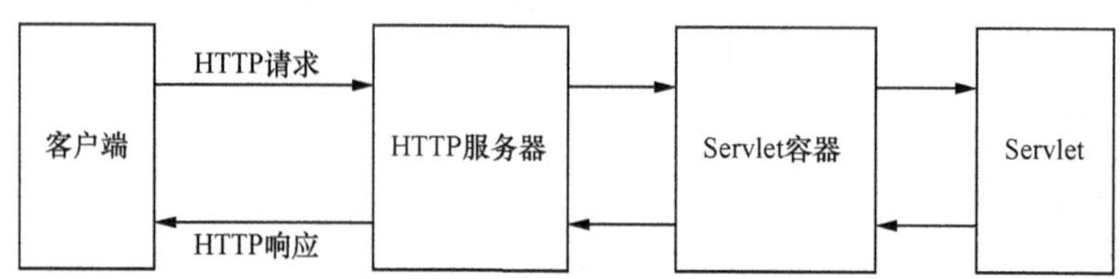

图3-1 Servlet应用程序的体系结构

在图 3-1 中，Servlet 的请求首先会被 HTTP 服务器（如 Apache）接收，HTTP 服务器只负责静态 HTML 页面的解析，对于 Servlet 的请求转交给 Servlet 容器，Servlet 容器会根据 web.xml 文件中的映射关系，调用相应的 Servlet，Servlet 将处理的结果返回给 Servlet 容器，并通过 HTTP 服务器将响应传输给客户端。

Servlet 技术具有如下特点。

- 方便：Servlet 提供了大量的实用工具例程，如处理很难完成的 HTML 表单数据、读取和设置 HTTP 头，以及处理 Cookie 和跟踪会话等。
- 跨平台：Servlet 用 Java 类编写，可以在不同操作系统平台和不同应用服务器平台下运行。
- 灵活性和可扩展性：采用 Servlet 开发的 Web 应用程序，由于 Java 类的继承性及构造函数等特点，使得应用灵活，可随意扩展。

除了上述几点外，Servlet 还具有功能强大、能够在各个程序之间共享数据、安全性强等特点，此处就不再详细说明，读者作为了解即可。

3.2 Servlet 开发入门

3.2.1 Servlet 接口及其实现类

针对 Servlet 技术的开发，SUN 公司提供了一系列接口和类，其中，最重要的接口是 javax.

servlet.Servlet。在 Servlet 接口中定义了 5 个抽象方法，具体如表 3-1 所示。

表 3-1 Servlet 接口的抽象方法

方法声明	功能描述
void init(ServletConfig config)	容器在创建好 Servlet 对象后，就会调用此方法。该方法接收一个 ServletConfig 类型的参数，Servlet 容器通过这个参数向 Servlet 传递初始化配置信息
ServletConfig getServletConfig()	用于获取 Servlet 对象的配置信息，返回 Servlet 的 ServletConfig 对象
String getServletInfo()	返回一个字符串，其中包含关于 Servlet 的信息，例如，作者、版本和版权等信息
void service(ServletRequest request, ServletResponse response)	负责响应用户的请求，当容器接收到客户端访问 Servlet 对象的请求时，就会调用此方法。容器会构造一个表示客户端请求信息的 ServletRequest 对象和一个用于响应客户端的 ServletResponse 对象作为参数传递给 service()方法。在 service()方法中，可以通过 ServletRequest 对象得到客户端的相关信息和请求信息，在对请求进行处理后，调用 ServletResponse 对象的方法设置响应信息
void destroy()	负责释放 Servlet 对象占用的资源。当服务器关闭或者 Servlet 对象被移除时，Servlet 对象会被销毁，容器会调用此方法

在表 3-1 中，列举了 Servlet 接口中的 5 个方法，其中 init()、service()和 destroy()这 3 个方法可以表现 Servlet 的生命周期，它们会在某个特定的时刻被调用。另外，getServletInfo()方法用于返回 Servlet 的相关信息。getServletConfig()方法用于返回 ServletConfig 对象，该对象包含 Servlet 的初始化信息。需要注意的是，表中提及的 Servlet 容器指的是 Web 服务器。

针对 Servlet 的接口，SUN 公司提供了两个默认的接口实现类：GenericServlet 和 HttpServlet。GenericServlet 是一个抽象类，该类为 Servlet 接口提供了部分实现，它并没有实现 HTTP 请求处理。HttpServlet 是 GenericServlet 的子类，它继承了 GenericServlet 的所有方法，并且为 HTTP 请求中的 POST、GET 等类型提供了具体的操作方法。

通常情况下，编写的 Servlet 类都继承自 HttpServlet，在开发中使用的具体的 Servlet 对象就是 HttpServlet 对象。HttpServlet 的常用方法及其说明如表 3-2 所示。

表 3-2 HttpServlet 类的常用方法

方法声明	功能描述
protected void doGet(HttpServletRequest req, HttpServletResponse resp)	用于处理 GET 类型的 HTTP 请求的方法
protected void doPost(HttpServletRequest req, HttpServletResponse resp)	用于处理 POST 类型的 HTTP 请求的方法
protected void doPut(HttpServletRequest req, HttpServletResponse resp)	用于处理 PUT 类型的 HTTP 请求的方法

3.2.2 实现第一个 Servlet 程序

为了帮助读者快速学习 Servlet 开发，接下来，分步骤地实现一个 Servlet 程序，来演示其使用，具体如下。

（1）创建 Servlet 文件

在目录“D:\cn\itcast\firstapp\servlet”下编写一个 Servlet。由于直接实现 Servlet 接口来编

写 Servlet 很不方便，需要实现很多方法。因此，可以通过继承 Servlet 接口的实现类 javax.servlet.GenericServlet 来实现。具体代码如文件 3-1 所示。

文件 3-1　HelloWorldServlet.java

```
package cn.itcast.firstapp.servlet;
import java.io.*;
import javax.servlet.*;
public class HelloWorldServlet extends GenericServlet {
    public void service(ServletRequest request, ServletResponse response)
            throws ServletException, IOException {
        // 得到输出流 PrinterWriter 对象,Servlet 使用输出流来产生响应
        PrintWriter out = response.getWriter();
        // 使用输出流对象向客户端发送字符数据
        out.println("Hello World");
    }
}
```

从文件 3-1 中可以看出，HelloWorldServlet 类继承 GenericServlet 后，只实现了 service() 方法。这是因为 GenericServlet 类除了 Servlet 接口的 service()方法外，其他方法都已经实现。由此可见，继承 GenericServlet 类比实现 Servlet 接口更加简便。

（2）编译 Servlet 文件

打开电脑上的命令行窗口，进入 HelloWorldServlet.java 文件所在目录，编译 Hello WorldServlet.java 文件，程序报错，如图 3-2 所示。

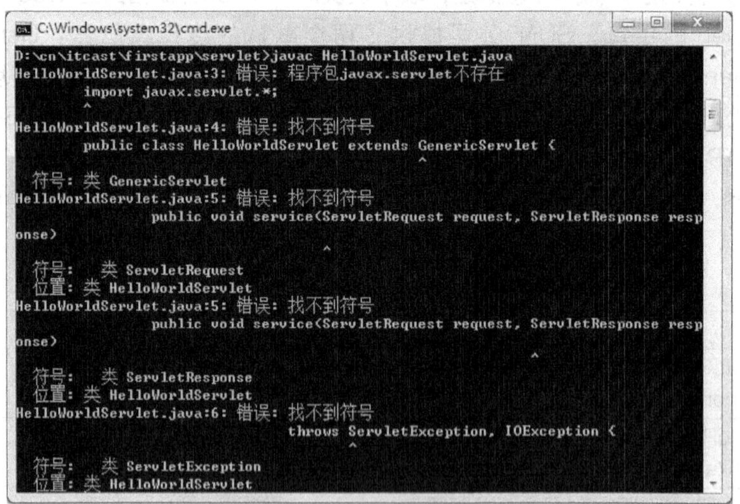

图3-2　编译HelloWorldServlet.java的出错信息

从图 3-2 中可以看出，编译错误提示“程序包 javax.servlet.*不存在”。这是因为 Java 编译器在 CLASSPATH 环境变量中没有找到 javax.servlet.*包。因此，如果想编译 Servlet，需要将 Servlet 相关 JAR 包所在的目录添加到 CLASSPATH 环境变量中。

（3）查找 Servlet 的 JAR 包

由于 Servlet 程序是一个 JavaEE 程序而不是 JavaSE 程序，因此，所有的 JAR 文件都需要自己手动加到 CLASSPATH 环境变量中。进入 Tomcat 安装目录下的 lib 目录，里面包含了许多与 Tomcat

服务器相关的 JAR 文件，其中，servlet-api.jar 文件就是与 Servlet 相关的 JAR 文件，如图 3-3 所示。

图3-3 Servlet-api.jar

（4）引入 Servlet 的 JAR 包

打开命令行窗口，通过“set classpath”命令将图 3-3 所示的 servlet-api.jar 文件所在的目录添加到 CLASSPATH 环境变量中，如图 3-4 所示。

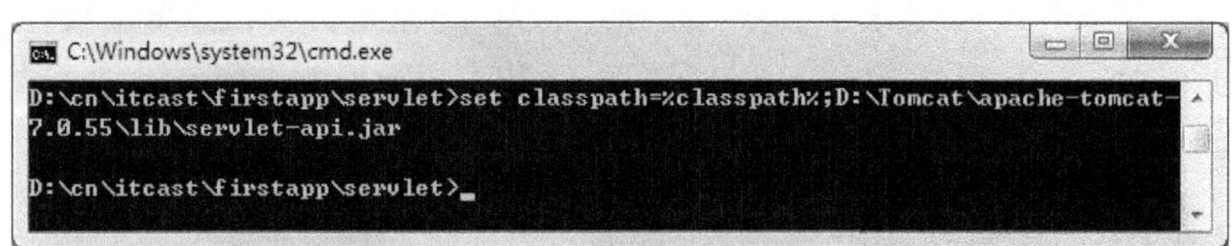

图3-4 设置CLASSPATH环境变量

（5）重新编译 Servlet

在命令提示窗口中重新编译 HelloWorldServlet.java 文件，如果程序编译通过，则会生成一个 HelloWorldServlet.class 文件，如图 3-5 所示。

图3-5 HelloWorldServlet.class文件

（6）将编译后的.class 文件添加到服务器

在 Tomcat 的 webapps 下创建目录 chapter03，chapter03 为 Web 应用的名称，然后在

chapter03 目录下创建\WEB-INF\classes 目录，将图 3-5 所示的 HelloWorldServlet.class 文件拷贝到 classes 目录下，需要注意的是，在拷贝时要将该文件所在的包目录（cn/itcast/firstapp/servlet）一起拷贝过去，如图 3-6 所示。

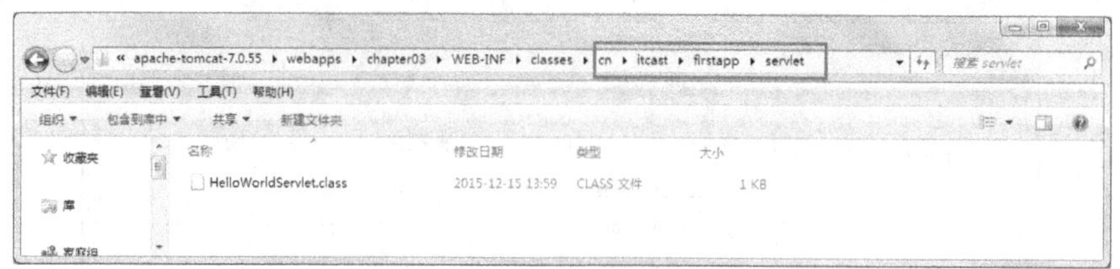

图3-6 classes目录下的HelloWorldServlet.class文件

（7）创建 web.xml 文件

进入目录 WEB-INF，编写一个 web.xml 文件，关于 web.xml 文件的编写方式可以参考 Tomcat 安装目录下的 web.xml 文件，该文件位于 examples/WEB-INF 子目录下。下面是 chapter03/WEB-INF 目录下 web.xml 中的配置代码。

```
<?xml version="1.0" encoding="ISO-8859-1"?>
<web-app xmlns="http://java.sun.com/xml/ns/javaee"
  xmlns:xsi="http://www.w3.org/2001/XMLSchema-instance"
  xsi:schemaLocation="http://java.sun.com/xml/ns/javaee
  http://java.sun.com/xml/ns/javaee/web-app_3_0.xsd" version="3.0">
    <servlet>
        <servlet-name>HelloWorldServlet</servlet-name>
        <servlet-class>
         cn.itcast.firstapp.servlet.HelloWorldServlet
        </servlet-class>
    </servlet>
    <servlet-mapping>
        <servlet-name>HelloWorldServlet</servlet-name>
        <url-pattern>/HelloWorldServlet</url-pattern>
    </servlet-mapping>
</web-app>
```

在上面的配置信息中，元素<servlet>用于注册 Servlet，它的两个子元素<servlet-name>和<servlet-class>分别用来指定 Servlet 名称及其完整类名。元素<servlet-mapping>用于映射 Servlet 对外访问的虚拟路径，它的子元素<servlet-name>的值必须和<servlet>元素中<servlet-name>相同，子元素<url-pattern>则是用于指定访问该 Servlet 的虚拟路径，该路径以正斜线(/)开头，代表当前 Web 应用程序的根目录。

（8）运行服务器，查看结果

启动 Tomcat 服务器，在浏览器的地址栏中输入地址“http://localhost:8080/chapter03/HelloWorldServlet”访问 HelloWorldServlet，浏览器显示的结果如图 3-7 所示。

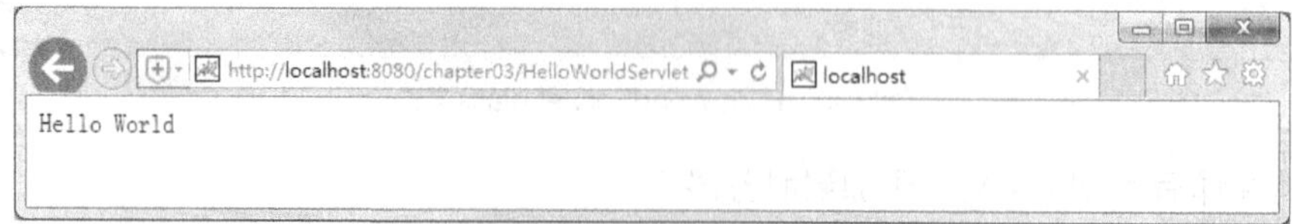

图3-7 运行结果

从图 3-7 中可以看出，客户端可以正常访问 Tomcat 服务器的 Servlet 程序。至此，第一个 Servlet 程序已经实现。

3.2.3 Servlet 的生命周期

在 Java 中，任何对象都有生命周期，Servlet 也不例外，接下来，通过一张图来描述 Servlet 的生命周期，如图 3-8 所示。

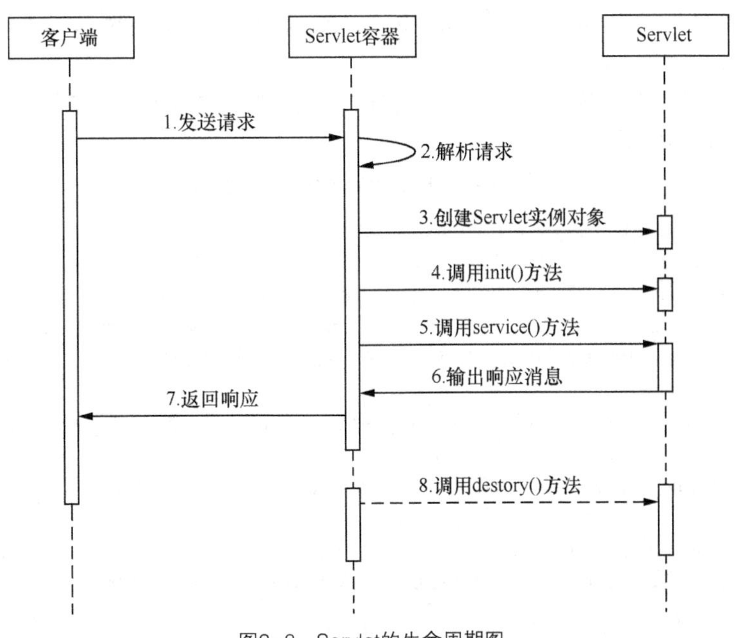

图3-8 Servlet的生命周期图

图 3-8 描述了 Servlet 的生命周期。按照功能的不同，大致可以将 Servlet 的生命周期分为 3 个阶段，分别是初始化阶段、运行阶段和销毁阶段。接下来，针对 Servlet 生命周期的这 3 个阶段进行详细的讲解，具体如下。

1. 初始化阶段

当客户端向 Servlet 容器发出 HTTP 请求要求访问 Servlet 时，Servlet 容器首先会解析请求，检查内存中是否已经有了该 Servlet 对象，如果有直接使用该 Servlet 对象，如果没有就创建 Servlet 实例对象，然后通过调用 init()方法实现 Servlet 的初始化工作。需要注意的是，在 Servlet 的整个生命周期内，它的 init()方法只被调用一次。

2. 运行阶段

这是 Servlet 生命周期中最重要的阶段，在这个阶段，Servlet 容器会为这个请求创建代表 HTTP 请求的 ServletRequest 对象和代表 HTTP 响应的 ServletResponse 对象，然后将它们作为参数传递给 Servlet 的 service()方法。service()方法从 ServletRequest 对象中获得客户请求信息并处理该请求，通过 ServletResponse 对象生成响应结果。在 Servlet 的整个生命周期内，对于 Servlet 的每一次访问请求，Servlet 容器都会调用一次 Servlet 的 service()方法，并且创建新的 ServletRequest 和 ServletResponse 对象，也就是说，service()方法在 Servlet 的整个生命周期中会被调用多次。

3. 销毁阶段

当服务器关闭或 Web 应用被移除出容器时，Servlet 随着 Web 应用的销毁而销毁。在销毁 Servlet 之前，Servlet 容器会调用 Servlet 的 destroy()方法，以便让 Servlet 对象释放它所占用的资源。在 Servlet 的整个生命周期中，destroy()方法也只被调用一次。需要注意的是，Servlet 对象一旦创建就会驻留在内存中等待客户端的访问，直到服务器关闭，或 Web 应用被移除出容器时，Servlet 对象才会销毁。

了解了 Servlet 生命周期的 3 个阶段后，接下来通过一个具体的案例来演示 Servlet 生命周期方法的执行效果。

对文件 3-1 HelloWorldServlet.java 进行修改，在文件中重写 init()方法和 destroy()方法，修改后的代码如文件 3-2 所示。

文件 3-2 HelloWorldServlet.java

```
package cn.itcast.firstapp.servlet;
import javax.servlet.*;
public class HelloWorldServlet extends GenericServlet {
    public void init(ServletConfig config) throws ServletException {
        System.out.println("init methed is called");
    }
    public void service(ServletRequest request, ServletResponse response)
            throws ServletException {
        System.out.println("Hello World");
    }
    public void destroy() {
        System.out.println("destroy method is called");
    }
}
```

重新编译 HelloWorldServlet.java 文件，将编译后生成的 class 文件拷贝到 Tomcat 服务器中 webapps\chapter03\WEB-INF\classes 目录下。启动 Tomcat 服务器，在浏览器的地址栏输入地址“http://localhost:8080/chapter03/HelloWorldServlet”访问 HelloWorldServlet，Tomcat 控制台的打印结果如图 3-9 所示。

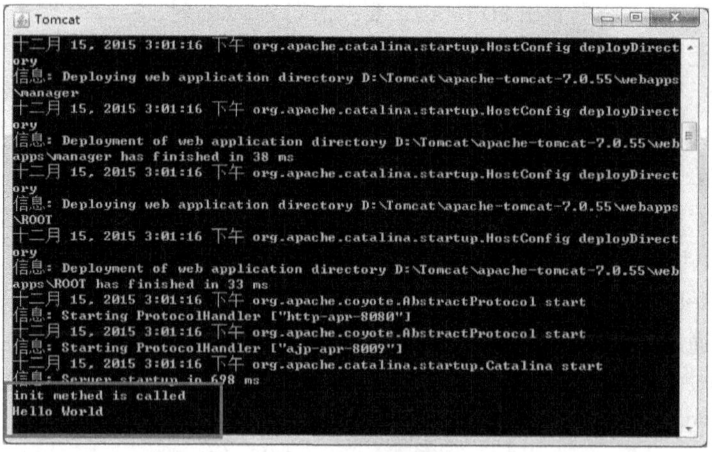

图3-9 运行结果

从图 3-9 可以看出，Tomcat 的控制台输出了“init methed is called”和“Hello World”语句。说明用户第 1 次访问 HelloWorldServlet 时，Tomcat 就创建了 HelloWorldServlet 对象，并在调用 service()方法处理用户请求之前，通过 init()方法实现了 Servlet 的初始化。

刷新浏览器，多次访问 HelloWorldServlet 后，Tomcat 控制台的打印结果如图 3-10 所示。

```
Tomcat
信息: Deploying web application directory D:\Tomcat\apache-tomcat-7.0.55\webapps
\manager
十二月 15, 2015 3:01:16 下午 org.apache.catalina.startup.HostConfig deployDirect
ory
信息: Deployment of web application directory D:\Tomcat\apache-tomcat-7.0.55\web
apps\manager has finished in 38 ms
十二月 15, 2015 3:01:16 下午 org.apache.catalina.startup.HostConfig deployDirect
ory
信息: Deploying web application directory D:\Tomcat\apache-tomcat-7.0.55\webapps
\ROOT
十二月 15, 2015 3:01:16 下午 org.apache.catalina.startup.HostConfig deployDirect
ory
信息: Deployment of web application directory D:\Tomcat\apache-tomcat-7.0.55\web
apps\ROOT has finished in 33 ms
十二月 15, 2015 3:01:16 下午 org.apache.coyote.AbstractProtocol start
信息: Starting ProtocolHandler ["http-apr-8080"]
十二月 15, 2015 3:01:16 下午 org.apache.coyote.AbstractProtocol start
信息: Starting ProtocolHandler ["ajp-apr-8009"]
十二月 15, 2015 3:01:16 下午 org.apache.catalina.startup.Catalina start
信息: Server startup in 698 ms
init methed is called
Hello World
Hello World
Hello World
```

图3-10 运行结果

从图 3-10 中可以看出，Tomcat 控制台只输出了“Hello World”语句。由此可见，init()方法只在第 1 次访问时执行，service()方法则在每次访问时都被执行。

如果想将 HelloWorldServlet 移除，可以通过 Tomcat 的管理平台终止 Web 应用 chapter03，此时，Servlet 容器会调用 HelloWorldServlet 的 destroy()方法，在 Tomcat 控制台打印出“destroy method is called”语句，如图 3-11 所示。

```
Tomcat
\manager
十二月 15, 2015 3:12:36 下午 org.apache.catalina.startup.HostConfig deployDirect
ory
信息: Deployment of web application directory D:\Tomcat\apache-tomcat-7.0.55\web
apps\manager has finished in 40 ms
十二月 15, 2015 3:12:36 下午 org.apache.catalina.startup.HostConfig deployDirect
ory
信息: Deploying web application directory D:\Tomcat\apache-tomcat-7.0.55\webapps
\ROOT
十二月 15, 2015 3:12:36 下午 org.apache.catalina.startup.HostConfig deployDirect
ory
信息: Deployment of web application directory D:\Tomcat\apache-tomcat-7.0.55\web
apps\ROOT has finished in 34 ms
十二月 15, 2015 3:12:36 下午 org.apache.coyote.AbstractProtocol start
信息: Starting ProtocolHandler ["http-apr-8080"]
十二月 15, 2015 3:12:36 下午 org.apache.coyote.AbstractProtocol start
信息: Starting ProtocolHandler ["ajp-apr-8009"]
十二月 15, 2015 3:12:36 下午 org.apache.catalina.startup.Catalina start
信息: Server startup in 690 ms
init methed is called
Hello World
Hello World
Hello World
destroy method is called
```

图3-11 运行结果

多学一招：自动加载 Servlet 程序

在实际开发时，有时候会希望某些 Servlet 程序可以在 Tomcat 启动时随即启动。例如，当启动一个 Web 项目时，首先需要对数据库信息进行初始化。这时，只需要使用 web.xml 文件中 <load-on-startup>元素，将初始化数据库的 Servlet 配置为随着 Web 应用启动而启动的 Servlet 即可。

<load-on-startup>元素是<servlet>元素的一个子元素，它用于指定 Servlet 被加载的时机和顺序。在<load-on-startup>元素中，设置的值必须是一个整数。如果这个值是一个负数，或者没有设定这个元素，Servlet 容器将在客户端首次请求这个 Servlet 时加载它；如果这个值是正整数或 0，Servlet 容器将在 Web 应用启动时加载并初始化 Servlet，并且<load-on-startup>的值越小，它对应的 Servlet 就越先被加载。

接下来，将文件 3-1 HelloWorldServlet.java 配置为 Tomcat 启动时自动加载的 Servlet，具体配置方式如下所示。

```
<servlet>
    <servlet-name>HelloWorldServlet</servlet-name>
    <servlet-class>
        cn.itcast.firstapp.servlet.HelloWorldServlet
    </servlet-class>
    <!--设置 Servlet 在 Web 应用启动时初始化-->
    <load-on-startup>1</load-on-startup>
</servlet>
<servlet-mapping>
    <servlet-name>HelloWorldServlet</servlet-name>
    <url-pattern>/helloWorldServlet</url-pattern>
</servlet-mapping>
```

启动 Tomcat 服务器，在 Tomcat 控制台输出的信息中会发现图 3-12 所示的内容。

```
Tomcat
十二月 15, 2015 3:26:50 下午 org.apache.catalina.startup.HostConfig deployDirect
ory
信息: Deploying web application directory D:\Tomcat\apache-tomcat-7.0.55\webapps
\chapter03
init methed is called
十二月 15, 2015 3:26:50 下午 org.apache.catalina.startup.HostConfig deployDirect
ory
信息: Deployment of web application directory D:\Tomcat\apache-tomcat-7.0.55\web
apps\chapter03 has finished in 253 ms
十二月 15, 2015 3:26:50 下午 org.apache.catalina.startup.HostConfig deployDirect
ory
信息: Deploying web application directory D:\Tomcat\apache-tomcat-7.0.55\webapps
```

图3-12 运行结果

从图 3-12 中可以看出，HelloWorldServlet 的初始化信息被打印了出来，由此说明，HelloWorld Servlet 在 Tomcat 启动时就被自动加载并且初始化了。

3.3 Servlet 应用——HttpServlet 类

由于大多数 Web 应用都是通过 HTTP 协议和客户端进行交互，因此，在 Servlet 接口中，提供了一个抽象类 javax.servlet.http.HttpServlet，它是 GenericServlet 的子类，专门用于创建应用于 HTTP 协议的 Servlet。为了使读者可以更好地了解 HttpServlet，接下来，看一下 HttpServlet 类的源代码片段，具体如下。

```
public abstract class HttpServlet extends GenericServlet {
protected void doGet(HttpServletRequest req, HttpServletResponse resp)
        throws ServletException, IOException
    {
        ......
    }
protected void doPost(HttpServletRequest req, HttpServletResponse resp)
        throws ServletException, IOException {
        ......
    }
protected void service(HttpServletRequest req, HttpServletResponse resp)
        throws ServletException, IOException {
       String method = req.getMethod();
        if (method.equals(METHOD_GET)) {
            long lastModified = getLastModified(req);
            if (lastModified == -1) {
                // servlet doesn't support if-modified-since, no reason
                // to go through further expensive logic
                doGet(req, resp);
            } else {
                long ifModifiedSince = req.getDateHeader(HEADER_IFMODSINCE);
                if (ifModifiedSince < (lastModified / 1000 * 1000)) {
                    // If the servlet mod time is later, call doGet()
                    // Round down to the nearest second for a proper compare
                    // A ifModifiedSince of -1 will always be less
                    maybeSetLastModified(resp, lastModified);
                    doGet(req, resp);
                } else {
                    resp.setStatus(HttpServletResponse.SC_NOT_MODIFIED);
                }
            }
        } else if (method.equals(METHOD_HEAD)) {
            long lastModified = getLastModified(req);
            maybeSetLastModified(resp, lastModified);
            doHead(req, resp);
        } else if (method.equals(METHOD_POST)) {
            doPost(req, resp);
        } else if (method.equals(METHOD_PUT)) {
```

```
            doPut(req, resp);
        } else if (method.equals(METHOD_DELETE)) {
            doDelete(req, resp);
        } else if (method.equals(METHOD_OPTIONS)) {
            doOptions(req,resp);
        } else if (method.equals(METHOD_TRACE)) {
            doTrace(req,resp);
        } else {
        String errMsg = lStrings.getString("http.method_not_implemented");
            Object[] errArgs = new Object[1];
            errArgs[0] = method;
            errMsg = MessageFormat.format(errMsg, errArgs);
            resp.sendError(HttpServletResponse.SC_NOT_IMPLEMENTED, errMsg);
        }
    }
    public void service(ServletRequest req, ServletResponse res)
            throws ServletException, IOException {
        HttpServletRequest request;
        HttpServletResponse response;
        try {
            request = (HttpServletRequest) req;
            response = (HttpServletResponse) res;
        } catch (ClassCastException e) {
            throw new ServletException("non-HTTP request or response");
        }
        service(request, response);
    }
}
```

通过分析 HttpServlet 的源代码片段，发现 HttpServlet 主要有两大功能。第一是根据用户请求方式的不同，定义相应的 doXxx()方法处理用户请求。例如，与 GET 请求方式对应的 doGet()方法，与 POST 方式对应的 doPost()方法。第二是通过 service()方法将 HTTP 请求和响应分别强转为 HttpServletRequest 和 HttpServletResponse 类型的对象。

需要注意的是，由于 HttpServlet 类在重写的 service()方法中，为每一种 HTTP 请求方式都定义了对应的 doXxx()方法，因此，当定义的类继承 HttpServlet 后，只需根据请求方式，重写对应的 doXxx()方法即可，而不需要重写 service()方法。

动手体验： HttpServlet 中的 doGet()和 doPost()方法

由于大多数客户端的请求方式都是 GET 和 POST，因此，学习如何使用 HttpServlet 中 doGet()和 doPost()方法变得相当重要。接下来，通过一个具体的案例，分步骤讲解 HttpServlet 中 doGet()和 doPost()方法的使用，具体如下。

（1）在目录“D:\cn\itcast\firstapp\servlet”下编写 RequestMethodServlet 类，并且通过继承 HttpServlet 类，实现 doGet()和 doPost()方法的重写，如文件 3-3 所示。

文件 3-3 RequestMethodServlet.java

```
package cn.itcast.firstapp.servlet;
import java.io.*;
```

```
import javax.servlet.*;
import javax.servlet.http.*;
public class RequestMethodServlet extends HttpServlet {
    public void doGet(HttpServletRequest request,
     HttpServletResponse response)throws ServletException, IOException {
        PrintWriter out = response.getWriter();
        out.write("this is doGet method");
    }
    public void doPost(HttpServletRequest request,
       HttpServletResponse response)throws ServletException, IOException {
        PrintWriter out = response.getWriter();
        out.write("this is doPost method");
    }
}
```

（2）在 Tomcat 中 chapter03 目录的 web.xml 中配置 RequestMethodServlet 的映射路径，配置信息如下所示。

```
<servlet>
   <servlet-name>RequestMethodServlet</servlet-name>
   <servlet-class>
      cn.itcast.firstapp.servlet.RequestMethodServlet
   </servlet-class>
</servlet>
<servlet-mapping>
   <servlet-name>RequestMethodServlet</servlet-name>
   <url-pattern>/RequestMethodServlet</url-pattern>
</servlet-mapping>
```

（3）编译 RequestMethodServlet.java 文件，并将编译后生成的 RequestMethodServlet.class 文件拷贝到 Tomcat 安装目录下的 webapps\chapter03\WEB-INF\classes 文件中。

（4）采用 GET 方式访问 RequestMethodServlet。启动 Tomcat 服务器，在浏览器的地址栏中输入地址“http://localhost:8080/chapter03/RequestMethodServlet”，浏览器显示的结果如图 3-13 所示。

图3-13　运行结果

从图 3-13 中可以看出，浏览器显示出了“this is doGet method”语句。由此可见，采用 GET 方式请求 Servlet 时，会自动调用 doGet()方法。

（5）采用 POST 方式访问 RequestMethodServlet。在目录 webapps\chapter03 下编写一个名为 form.html 的文件，并将其中表单的提交方式设置为 POST，如文件 3-4 所示。

文件 3-4　form.html

```
<form action="/chapter03/RequestMethodServlet" method="post">
      姓名<input type="text" name="name" /><br />
```

```
        密码<input type="text" name="psw" /><br />
        <input type="submit" value="提交"/>
</form>
```

（6）启动 Tomcat 服务器，在浏览器的地址栏中输入地址“http://localhost:8080/chapter03/form.html”访问 form.html 文件，浏览器显示的结果如图 3-14 所示。

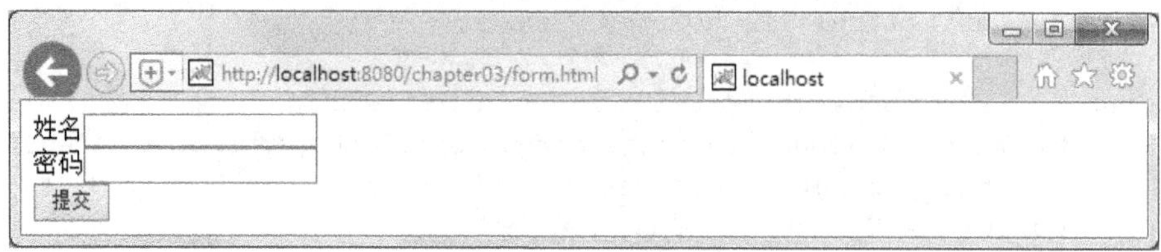

图3-14 运行结果

单击【提交】按钮，浏览器界面跳转到 RequestMethodServlet，显示的结果如图 3-15 所示。

图3-15 运行结果

从图 3-15 中可以看出，浏览器显示出了“this is doPost method”语句。由此可见，采用 POST 方式请求 Servlet 时，会自动调用 doPost()方法。

需要注意的是，如果 GET 和 POST 请求的处理方式一致，则可以在 doPost()方法中直接调用 doGet()方法，具体示例如下。

```
public void doGet(HttpServletRequest request,HttpServletResponse response)
            throws ServletException, IOException {
        PrintWriter out = response.getWriter();
        out.write("the same way of the doGet and doPost method");
}
public void doPost(HttpServletRequest request,
    HttpServletResponse response)throws ServletException, IOException {
        this.doGet(request, response);
}
```

【任务 3-1】使用 Eclipse 工具开发 Servlet

【任务目标】

为了帮助读者了解 Servlet 的开发过程，在本节之前实现的 Servlet 都没有借助开发工具，开发步骤相当繁琐。但是，在实际开发中，通常都会使用 Eclipse（或 MyEclipse 等）工具完成 Servlet 的开发。Eclipse 不仅会自动编译 Servlet，还会自动创建 web.xml 文件信息，完成 Servlet 虚拟路径的映射。通过本任务的学习，读者要学会如何使用 Eclipse 工具开发 Servlet。

【实现步骤】

1. 新建 Web 项目

选择 Eclipse 上方工具栏的【File】→【New】→【Other】选项，进入新建工程的界面，如图 3-16 所示。

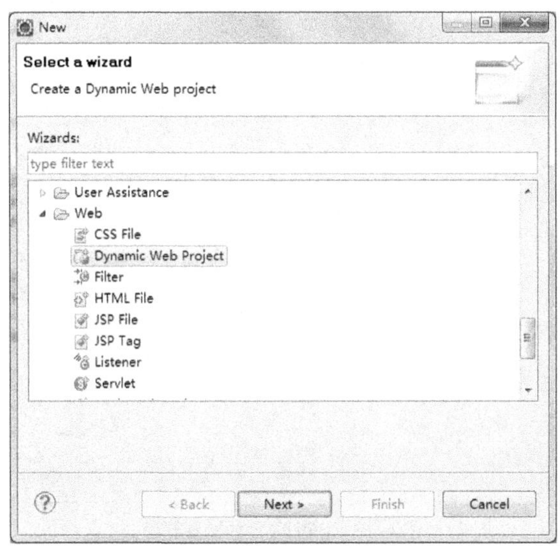

图3-16 新建项目的界面

选择图 3-16 所示的【Dynamic Web Project】选项，单击【Next】按钮，进入填写项目信息的界面，如图 3-17 所示。

图3-17 填写项目信息的界面

在图 3-17 中，填写的项目名为 chapter03，选择的运行环境是 Apache Tomcat v7.0，单击【Next】按钮，进入 Web 项目的配置界面，如图 3-18 所示。

图3-18　Web项目的配置界面

在图 3-18 中,Eclipse 会自动将 src 目录下的文件编译成 class 文件存放到 classes 目录下。需要注意的是，src 目录和 classes 目录都是可以修改的，在此，这里不作任何修改，采用默认设置的目录。单击【Next】按钮，进入下一个配置页面，如图 3-19 所示。

图3-19　【New Dynamic Web Project】选项

在图 3-19 中，【Context root】选项用于指定 Web 项目的根目录，【Content directory】选项用于指定存放 Web 资源的目录。这里采用默认设置的目录，将 chapter03 作为 Web 资源的根目录，将 WebContent 作为存放 Web 资源的目录。单击【Finish】按钮，完成 Web 项目的配置。需要注意的是，如果 Eclipse 中使用的是 Java 视图，单击【Finish】后，会弹出“Open Associated Perspective”确认提示框（如图 3-20），出现此窗口的原因是所创建的 Web 项目关联了 Java EE 视图，由于两种视图在开发使用时区别不大，而且在 Eclipse 中可做相应设置，所以此处依照个人习惯选择相应视图即可。单击【No】后，Web 应用目录如图 3-21 所示。

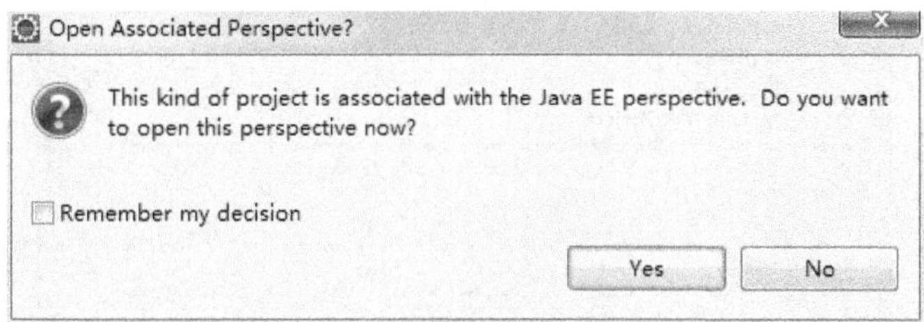

图3-20　开启关联视图确认框

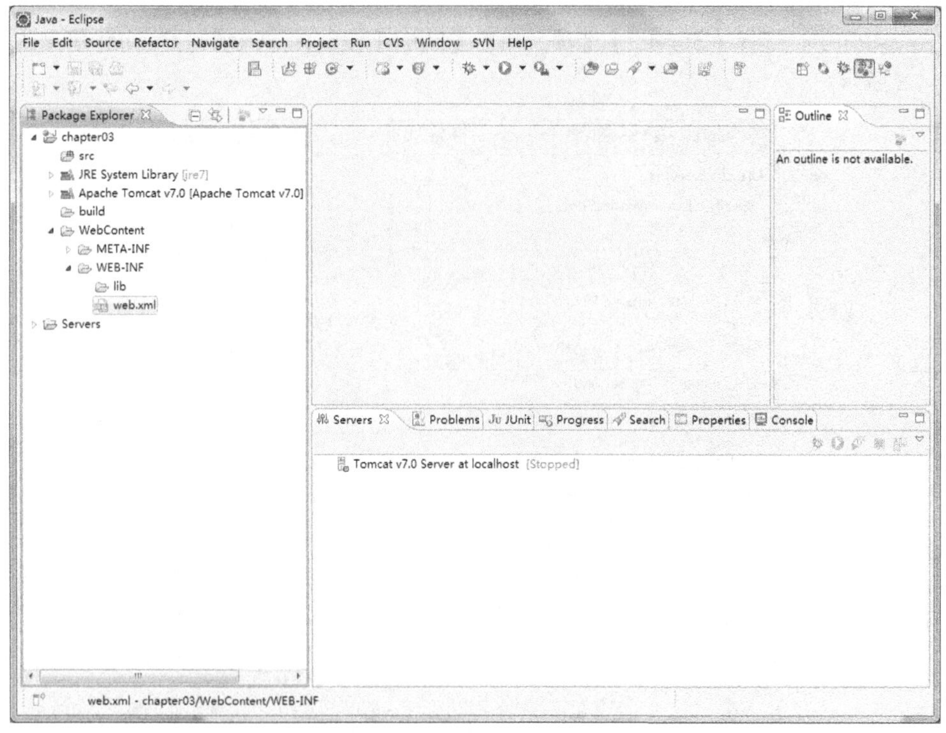

图3-21　创建好的Web应用目录

2. 创建 Servlet 程序

创建好 Web 项目后，接下来，就可以开始新建 Servlet 了。右键单击图 3-21 所示的 chapter03 项目的 src 文件，选择【New】→【Other】选项，进入创建 Servlet 的界面，如图 3-22 所示。

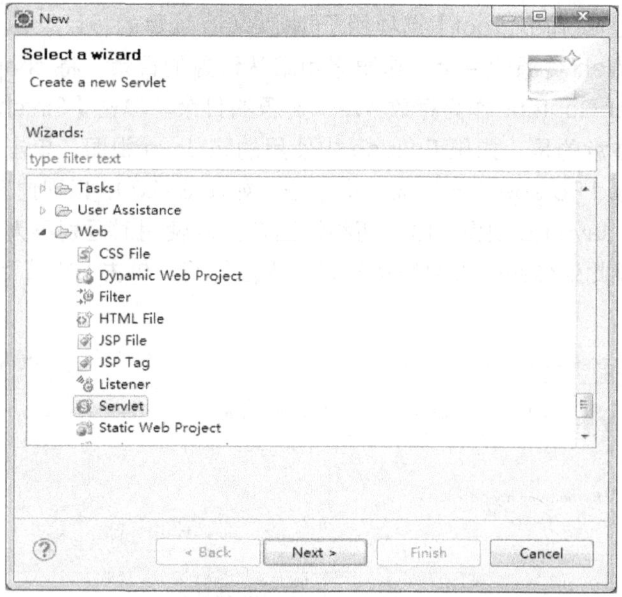

图3-22 创建Servlet的界面

在图 3-22 中，选择【Servlet】选项，单击【Next】按钮，进入填写 Servlet 信息的界面，如图 3-23 所示。

图3-23 填写Servlet的界面

在图 3-23 中，【Java package】用于指定 Servlet 所在包的名称，【Class name】用于指定 Servlet 的名称。这里创建的 Servlet 的名称为“TestServlet01”，它所在的包的名称为“cn.itcast.servlet”。单击【Next】按钮，进入配置 Servlet 的界面，如图 3-24 所示。

图3-24　Servlet的配置界面

在图 3-24 中，【Name】选项用来指定 web.xml 文件中<servlet-name>元素的内容，【URL mappings】文本框用来指定 web.xml 文件中<url-pattern>元素的内容，这两个选项的内容都是可以修改的，此处不作任何修改，采用默认设置的内容，单击【Next】按钮，进入下一个配置界面，如图 3-25 所示。

图3-25　配置界面

在图 3-25 中，可以勾选需要创建的方法。这里只选择“Inherited abstract methods”、“doGet”和“doPost”方法，单击【Finish】按钮，完成 Servlet 的创建。TestServlet01 创建后的内容如图 3-26 所示。

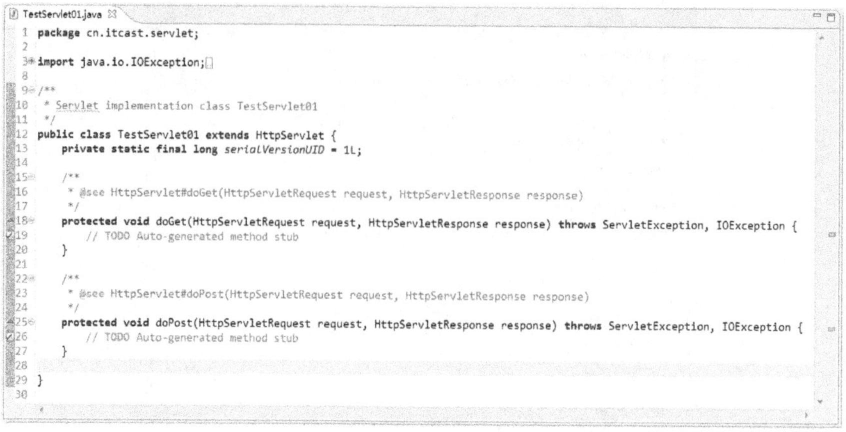

```
package cn.itcast.servlet;

import java.io.IOException;

/**
 * Servlet implementation class TestServlet01
 */
public class TestServlet01 extends HttpServlet {
    private static final long serialVersionUID = 1L;

    /**
     * @see HttpServlet#doGet(HttpServletRequest request, HttpServletResponse response)
     */
    protected void doGet(HttpServletRequest request, HttpServletResponse response) throws ServletException, IOException {
        // TODO Auto-generated method stub
    }

    /**
     * @see HttpServlet#doPost(HttpServletRequest request, HttpServletResponse response)
     */
    protected void doPost(HttpServletRequest request, HttpServletResponse response) throws ServletException, IOException {
        // TODO Auto-generated method stub
    }

}
```

图3-26 创建后的TestServlet01类

由于 Eclipse 工具在创建 Servlet 时会自动将 Servlet 的相关配置文件添加到 web.xml 中，因此，打开 web.xml 文件，可以看到 TestServlet01 的虚拟映射路径已自动进行了配置，如图 3-27 所示。

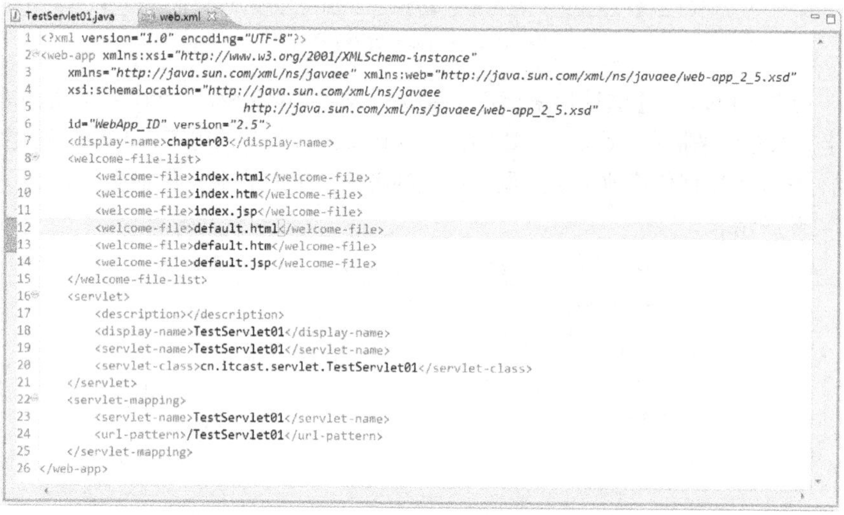

```
<?xml version="1.0" encoding="UTF-8"?>
<web-app xmlns:xsi="http://www.w3.org/2001/XMLSchema-instance"
    xmlns="http://java.sun.com/xml/ns/javaee" xmlns:web="http://java.sun.com/xml/ns/javaee/web-app_2_5.xsd"
    xsi:schemaLocation="http://java.sun.com/xml/ns/javaee
                        http://java.sun.com/xml/ns/javaee/web-app_2_5.xsd"
    id="WebApp_ID" version="2.5">
    <display-name>chapter03</display-name>
    <welcome-file-list>
        <welcome-file>index.html</welcome-file>
        <welcome-file>index.htm</welcome-file>
        <welcome-file>index.jsp</welcome-file>
        <welcome-file>default.html</welcome-file>
        <welcome-file>default.htm</welcome-file>
        <welcome-file>default.jsp</welcome-file>
    </welcome-file-list>
    <servlet>
        <description></description>
        <display-name>TestServlet01</display-name>
        <servlet-name>TestServlet01</servlet-name>
        <servlet-class>cn.itcast.servlet.TestServlet01</servlet-class>
    </servlet>
    <servlet-mapping>
        <servlet-name>TestServlet01</servlet-name>
        <url-pattern>/TestServlet01</url-pattern>
    </servlet-mapping>
</web-app>
```

图3-27 web.xml文件

从图 3-27 中可以看到，TestServlet01 的配置信息已在 web.xml 中被创建，至此，Servlet 创建成功。

为了更好地演示 Servlet 的运行效果，接下来在该 Servlet 的 doGet()和 doPost()方法中添加一些代码，具体如下。

```
protected void doGet(HttpServletRequest request,
    HttpServletResponse response) throws ServletException, IOException {
        this.doPost(request, response);
}
protected void doPost(HttpServletRequest request,
    HttpServletResponse response) throws ServletException, IOException {
        PrintWriter out = response.getWriter();
        out.print("this servlet is created by eclipse");
}
```

3. 部署和访问 Servlet

打开【Servers】选项卡(Java 视图中如果没显示此项，可选择 Eclipse 工具栏的【Window】→【Show View】→【Other】→【Server】→【Servers】显示出此项)，选中部署 Web 应用的 Tomcat 服务器(关于 Tomcat 服务器的配置方式参考第 2 章)，右键单击并选择【Add and Remove】选项，如图 3-28 所示。

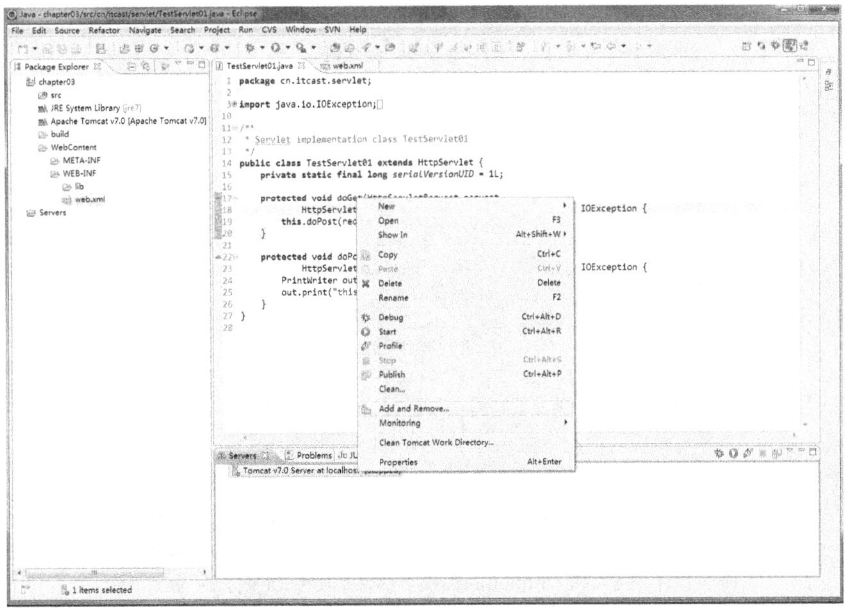

图3-28　【Add and Remove】选项

单击图 3-28 所示的【Add and Remove】选项后，进入部署 Web 应用的界面，如图 3-29 所示。

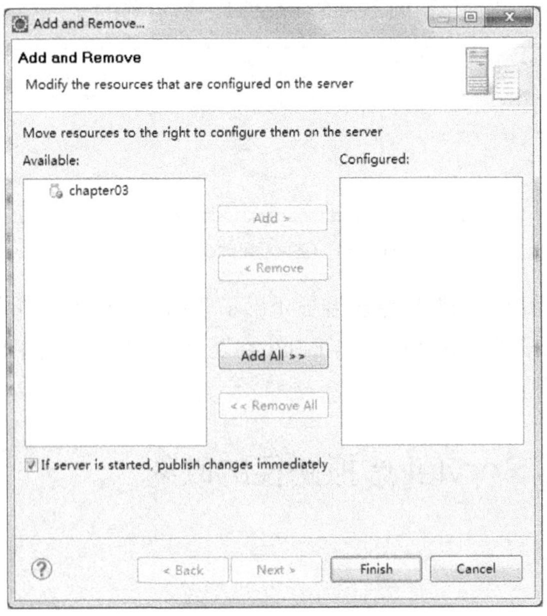

图3-29　部署Web应用的界面

在图 3-29 中，【Available】选项中的内容是还没有部署到 Tomcat 服务器的 Web 项目，【Configured】选项中的内容是已经部署到 Tomcat 服务器的 Web 项目，选中“chapter03”，单击【Add】按钮，将 chapter03 项目添加到 Tomcat 服务器中，如图 3-30 所示。

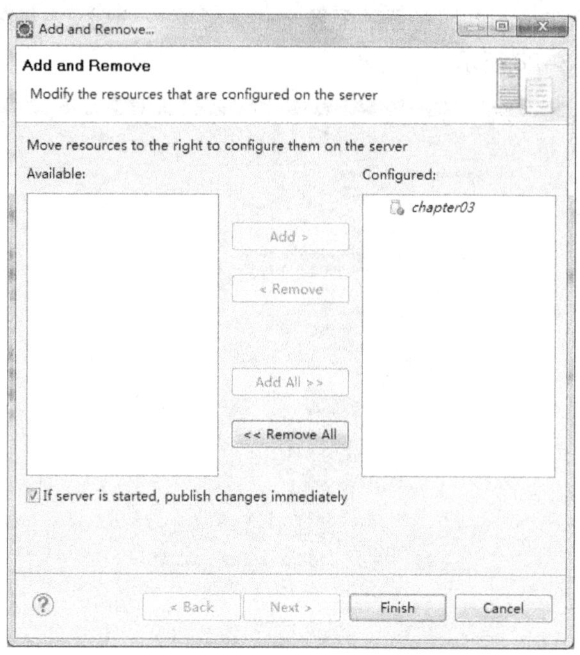

图3-30 将chapter03项目部署到Tomcat服务器

单击图 3-30 所示的【Finish】按钮，完成 Web 应用的部署。

接下来，启动 Eclipse 中的 Tomcat 服务器，在浏览器的地址栏中输入地址“http://localhost:8080/chapter03/TestServlet01”访问 TestServlet01，浏览器的显示结果如图 3-31 所示。

图3-31 访问EclipseServlet

从图 3-31 中可以看出，浏览器中已经显示出了 TestServlet01 中需要输出的内容，至此，已经完成了使用 Eclipse 工具开发 Servlet。Eclipse 工具在 Web 开发中相当重要，读者应该熟练掌握 Eclipse 工具的使用。

【任务 3-2】实现 Servlet 虚拟路径的映射

【任务目标】

在 web.xml 文件中，一个<servlert-mapping>元素用于映射一个 Servlet 的对外访问路径，该路径也称为虚拟路径。例如，在 3.2.2 小节中，HelloWorldServlet 所映射的虚拟路径为“/HelloWorldServlet”。创建好的 Servlet 只有映射成虚拟路径，客户端才能对其进行访问。但是，在映射 Servlet 时，还有一些细节问题需要学习，比如 Servlet 的多重映射、在映射路径中使用通配符、配置缺省的 Servlet 等。通过本任务的学习，读者可以解决这些 Servlet 映射时的问题。

【实现步骤】

1. Servlet 的多重映射

Servlet 的多重映射指的是同一个 Servlet 可以被映射成多个虚拟路径。也就是说，客户端可以通过多个路径实现对同一个 Servlet 的访问。Servlet 多重映射的实现方式有两种，具体如下。

（1）配置多个<servlet-mapping>元素

以任务 3-1 中的 TestServlet01 为例，在 web.xml 文件中对 TestServlet01 虚拟路径的映射进行修改，修改后的代码如下所示。

```
<servlet>
    <servlet-name>TestServlet01</servlet-name>
    <servlet-class>
         cn.itcast.chapter03.servlet.TestServlet01
    </servlet-class>
</servlet>
<servlet-mapping>
    <!--映射为 TestServlet01-->
    <servlet-name> TestServlet01</servlet-name>
    <url-pattern>/TestServlet01</url-pattern>
</servlet-mapping>
<servlet-mapping>
    <!--映射为 Test01-->
    <servlet-name>TestServlet01</servlet-name>
    <url-pattern>/Test01</url-pattern>
</servlet-mapping>
```

重启 Tomcat 服务器，在浏览器的地址栏中输入地址“http://localhost:8080/chapter03/TestServlet01”访问 TestServlet01，浏览器的显示结果如图 3-32 所示。

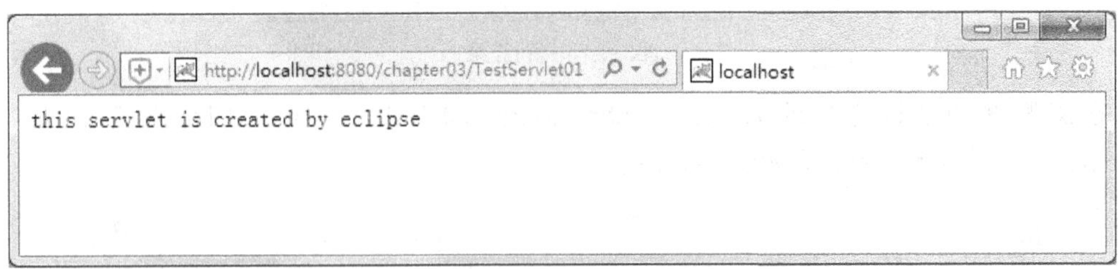

图3-32　运行结果

在浏览器的地址栏中输入地址“http://localhost:8080/chapter03/Test01”访问 TestServlet01，浏览器显示的结果如图 3-33 所示。

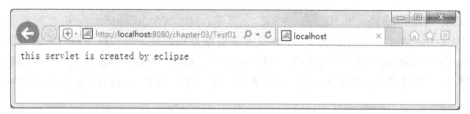

图3-33　运行结果

通过图 3-32 和图 3-33 的比较，发现使用两个 URL 地址都可以正常访问 TestServlet01。由此可见，通过配置多个<servlet-mapping>元素可以实现 Servlet 的多重映射。

（2）在一个<servlet-mapping>元素下配置多个<url-pattern>子元素

同样以 TestServlet01 为例，在 web.xml 文件中对 TestServlet01 虚拟路径的映射进行修改，修改后的代码如下所示。

```
<servlet>
    <servlet-name>TestServlet01</servlet-name>
    <servlet-class>
        cn.itcast.chapter03.servlet.TestServlet01
    </servlet-class>
</servlet>
<servlet-mapping>
    <!--映射为 TestServlet01 和 Test02-->
    <servlet-name>TestServlet01</servlet-name>
    <url-pattern>/TestServlet01</url-pattern>
    <url-pattern>/Test02</url-pattern>
</servlet-mapping>
```

重启 Tomcat 服务器，在浏览器的地址栏中输入地址“http://localhost:8080/chapter03/ TestServlet01”访问 TestServlet01，浏览器的显示结果如图 3-34 所示。

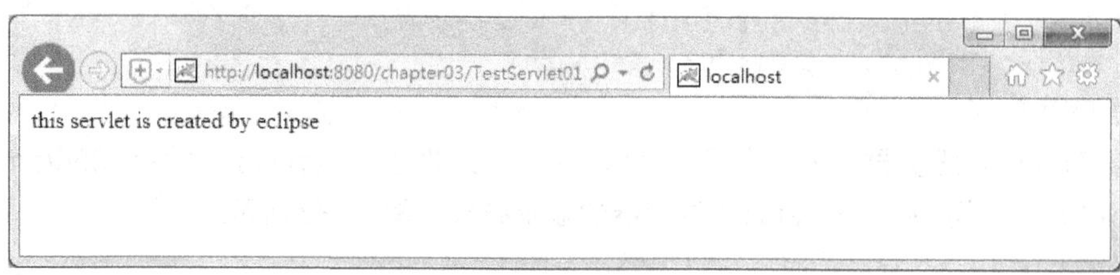

图3-34　运行结果

在浏览器的地址栏中输入地址“http://localhost:8080/chapter03/Test02”访问 TestServlet01，浏览器的显示结果如图 3-35 所示。

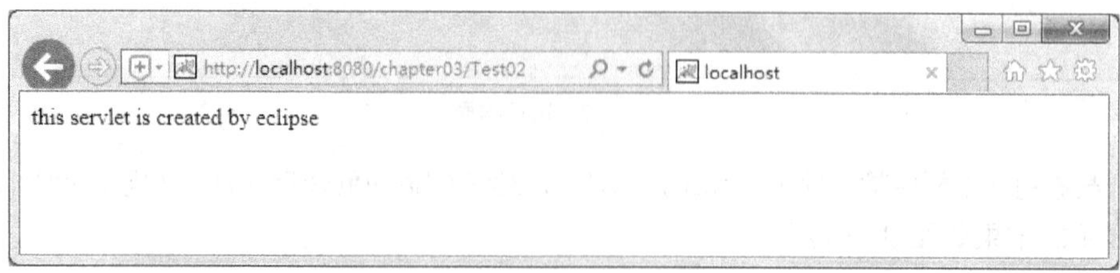

图3-35　运行结果

通过图 3-34 和图 3-35 的比较，发现使用两个 URL 地址都可以正常访问 TestServlet01。由此可见，在一个<servlet-mapping>元素下配置多个<url-pattern>子元素同样可以实现 Servlet 的多重映射。

2. Servlet 映射路径中使用通配符

在实际开发过程中，开发者有时候会希望某个目录下的所有路径都可以访问同一个 Servlet，这时，可以在 Servlet 映射的路径中使用通配符"*"。通配符的格式有两种，具体如下。

（1）格式为"*.扩展名"，例如"*.do"匹配以".do"结尾的所有 URL 地址。

（2）格式为"/*"，例如"/abc/*"匹配以"/abc"开始的所有 URL 地址。

需要注意的是，这两种通配符的格式不能混合使用，例如，/abc/*.do 就是不合法的映射路径。另外，当客户端访问一个 Servlet 时，如果请求的 URL 地址能够匹配多个虚拟路径，那么 Tomcat 将采取最具体匹配原则查找与请求 URL 最接近的虚拟映射路径。例如，对于如下所示的一些映射关系：

- /abc/* 映射到 Servlet1
- /* 映射到 Servlet2
- /abc 映射到 Servlet3
- *.do 映射到 Servlet4

将发生如下一些行为：

- 当请求 URL 为"/abc/a.html""/abc/*"和"/*"都可以匹配这个 URL，Tomcat 会调用 Servlet1
- 当请求 URL 为"/abc""/abc/*"和"/abc"都可以匹配这个 URL，Tomcat 会调用 Servlet3
- 当请求 URL 为"/abc/a.do""*.do"和"/abc/*"都可以匹配这个 URL，Tomcat 会调用 Servlet1
- 当请求 URL 为"/a.do""/*"和"*.do"都可以匹配这个 URL，Tomcat 会调用 Servlet2
- 当请求 URL 为"/xxx/yyy/a.do""*.do"和"/*"都可以匹配这个 URL，Tomcat 会调用 Servlet2

3. 缺省 Servlet

如果某个 Servlet 的映射路径仅仅是一个正斜线（/），那么这个 Servlet 就是当前 Web 应用的缺省 Servlet。Servlet 服务器在接收到访问请求时，如果在 web.xml 文件中找不到匹配的<servlet-mapping>元素的 URL，就会将访问请求交给缺省 Servlet 处理，也就是说，缺省 Servlet 用于处理其他 Servlet 都不处理的访问请求。接下来对本任务中的 web.xml 文件进行修改，将其设置为缺省的 Servlet，具体如下。

```
<servlet>
    <servlet-name>TestServlet01</servlet-name>
    <servlet-class>
        cn.itcast.chapter03.servlet.TestServlet01
    </servlet-class>
</servlet>
<servlet-mapping>
    <servlet-name>TestServlet01</servlet-name>
    <url-pattern>/</url-pattern>
```

```
</servlet-mapping>
```

启动 Tomcat 服务器，在浏览器的地址栏中输入任意的地址，如 “http://localhost:8080/chapter03/abcde”，浏览器的显示结果如图 3-36 所示。

图3-36　运行结果

从图 3-36 中可以看出，当 URL 地址和 TestServlet01 的虚拟路径不匹配时，浏览器仍然可以正常访问 TestServlet01。

需要注意的是，在 Tomcat 安装目录下的 web.xml 文件中也配置了一个缺省的 Servlet，配置信息如下所示。

```
<servlet>
    <servlet-name>default</servlet-name>
    <servlet-class>
      org.apache.catalina.servlets.DefaultServlet
    </servlet-class>
    <load-on-startup>1</load-on-startup>
</servlet>
<servlet-mapping>
    <servlet-name>default</servlet-name>
    <url-pattern>/</url-pattern>
</servlet-mapping>
```

在上面的配置信息中，org.apache.catalina.servlets.DefaultServlet 被设置为缺省的 Servlet，它对 Tomcat 服务器上所有 Web 应用都起作用。当 Tomcat 服务器中的某个 Web 应用没有缺省 Servlet 时，都会将 DefaultServlet 作为默认缺省的 Servlet。当客户端访问 Tomcat 服务器中的某个静态 HTML 文件时，DefaultServlet 会判断 HTML 是否存在，如果存在，就会将数据以流的形式回送给客户端，否则会报告 404 错误。

3.4 ServletConfig 和 ServletContext

3.4.1 ServletConfig 接口

在 Servlet 运行期间，经常需要一些辅助信息，例如，文件使用的编码、使用 Servlet 程序的共享等，这些信息可以在 web.xml 文件中使用一个或多个<init-param>元素进行配置。当 Tomcat 初始化一个 Servlet 时，会将该 Servlet 的配置信息封装到一个 ServletConfig 对象中，通过调用 init(ServletConfig config)方法将 ServletConfig 对象传递给 Servlet。ServletConfig 定义了一系列获取配置信息的方法，接下来通过一张表来描述 ServletConfig 接口的常用方法，如表 3-3 所示。

表 3-3　ServletConfig 接口的常用方法

方法说明	功能描述
String getInitParameter(String name)	根据初始化参数名返回对应的初始化参数值
Enumeration getInitParameterNames()	返回一个 Enumeration 对象，其中包含了所有的初始化参数名
ServletContext getServletContext()	返回一个代表当前 Web 应用的 ServletContext 对象
String getServletName()	返回 Servlet 的名字，即 web.xml 中<servlet-name>元素的值

了解了表 3-3 中的 ServletConfig 接口的常用方法后，接下来以 getInitParameter()方法为例，分步骤讲解该方法的使用，具体如下。

（1）在 chapter03 项目的 web.xml 文件中为 Servlet 配置一些参数信息，具体的配置代码如下所示。

```
<servlet>
   <servlet-name>TestServlet02</servlet-name>
   <servlet-class>
      cn.itcast.servlet.TestServlet02
   </servlet-class>
   <init-param>
      <param-name>encoding</param-name>
      <param-value>UTF-8</param-value>
   </init-param>
 </servlet>
<servlet-mapping>
   <servlet-name>TestServlet02</servlet-name>
   <url-pattern>/TestServlet02</url-pattern>
</servlet-mapping>
```

上面的参数信息中<init-param>节点表示要设置的参数，该节点中的<param-name>表示参数的名称，<param-value>表示参数的值，在<init-param>节点中为 TestServlet02 配置了一个名为“encoding”的参数，并设置其参数的值为 UTF-8。

（2）在 cn.itcast.servlet 包中编写 TestServlet02 类，用于读取 web.xml 文件中的参数信息，代码如文件 3-5 所示。

文件 3-5　TestServlet02.java

```
package cn.itcast.servlet;
import java.io.*;
import javax.servlet.*;
import javax.servlet.http.*;
public class TestServlet02 extends HttpServlet {
 protected void doGet(HttpServletRequest request,
    HttpServletResponse response) throws ServletException, IOException {
        PrintWriter out = response.getWriter();
        // 获得 ServletConfig 对象
        ServletConfig config = this.getServletConfig();
        // 获得参数名为 encoding 对应的参数值
        String param = config.getInitParameter("encoding");
        out.println("encoding="+param);
    }
```

```
    protected void doPost(HttpServletRequest request,
      HttpServletResponse response) throws ServletException, IOException {
          this.doGet(request, response);
      }
}
```

（3）启动 Tomcat 服务器，在浏览器的地址栏中输入地址“http://localhost:8080/chapter03/TestServlet02”访问 TestServlet02，显示的结果如图 3-37 所示。

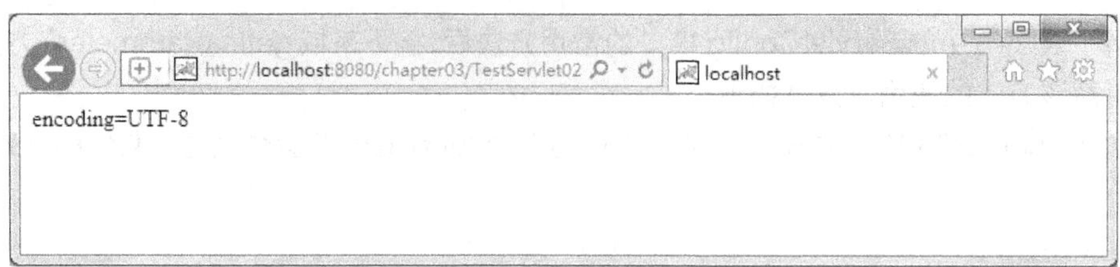

图3-37　运行结果

从图 3-37 中可以看出，在 web.xml 文件中为 TestServlet02 配置的编码信息被读取了出来。由此可见，通过 ServletConfig 对象可以获得 web.xml 文件中的参数信息。

3.4.2　ServletContext 接口

当 Servlet 容器启动时，会为每个 Web 应用创建一个唯一的 ServletContext 对象代表当前 Web 应用，该对象不仅封装了当前 Web 应用的所有信息，而且实现了多个 Servlet 之间数据的共享。接下来，针对 ServletContext 接口的不同作用分别进行讲解，具体如下。

1. 获取 Web 应用程序的初始化参数

在 web.xml 文件中，不仅可以配置 Servlet 的初始化信息，还可以配置整个 Web 应用的初始化信息。Web 应用初始化参数的配置方式具体如下所示。

```
<context-param>
   <param-name>XXX</param-name>
   <param-value>xxx</param-value>
</context-param>
<context-param>
   <param-name>AAA</param-name>
   <param-value>aaa</param-value>
 </context-param>
```

在上面的示例中，<context-param>元素位于根元素<web-app>中，它的子元素<param-name>和<param-value>分别用来指定参数的名字和参数值。要想获取这些参数信息，可以使用 ServletContext 接口，该接口中定义的 getInitParameterNames()和 getInitParameter (String name)方法分别用来获取参数名和参数值。

接下来，通过一个案例来演示如何使用 ServletContext 接口获取 Web 应用程序的初始化参数。

（1）在 chapter03 项目的 web.xml 文件中，配置初始化参数信息和 Servlet 信息，其代码如下所示。

```
<context-param>
   <param-name>companyName</param-name>
```

```
        <param-value>itcast</param-value>
    </context-param>
    <context-param>
        <param-name>address</param-name>
        <param-value>beijing</param-value>
    </context-param>
    <servlet>
        <servlet-name>TestServlet03</servlet-name>
        <servlet-class>cn.itcast.servlet.TestServlet03</servlet-class>
    </servlet>
    <servlet-mapping>
        <servlet-name>TestServlet03</servlet-name>
        <url-pattern>/TestServlet03</url-pattern>
    </servlet-mapping>
```

（2）在项目的 cn.itcast.servlet 包中，创建一个名称为 TestServlet03 的类，该类中使用 ServletContext 接口来获取 web.xml 中的配置信息，如文件 3-6 所示。

文件 3-6 TestServlet03.java

```
package cn.itcast.servlet;
import java.io.*;
import java.util.*;
import javax.servlet.*;
import javax.servlet.http.*;
public class TestServlet03 extends HttpServlet {
    public void doGet(HttpServletRequest request,
    HttpServletResponse response)throws ServletException, IOException {
        response.setContentType("text/html;charset=utf-8");
        PrintWriter out = response.getWriter();
        // 得到 ServletContext 对象
        ServletContext context = this.getServletContext();
        // 得到包含所有初始化参数名的 Enumeration 对象
        Enumeration<String> paramNames = context.getInitParameterNames();
        out.println("all the paramName and paramValue are following:");
        // 遍历所有的初始化参数名，得到相应的参数值并打印
        while (paramNames.hasMoreElements()) {
            String name = paramNames.nextElement();
            String value = context.getInitParameter(name);
            out.println(name + ": " + value);
            out.println("<br />");
        }
    }
    public void doPost(HttpServletRequest request,
    HttpServletResponse response)throws ServletException, IOException {
        this.doGet(request, response);
    }
}
```

在文件 3-6 中，当通过 this.getServletContext()方法获取到 ServletContext 对象后，首先调用 getInitParameterNames ()方法，获取到包含所有初始化参数名的 Enumeration 对象，然后遍历 Enumeration 对象，根据获取到的参数名，通过 getInitParamter(String name)方法得到对应

的参数值。

（3）在 Eclipse 中启动 Tomcat 服务器，在浏览器的地址栏中输入地址“http://localhost:8080/chapter03/TestServlet03”访问 TestServlet03，浏览器的显示结果如图 3-38 所示。

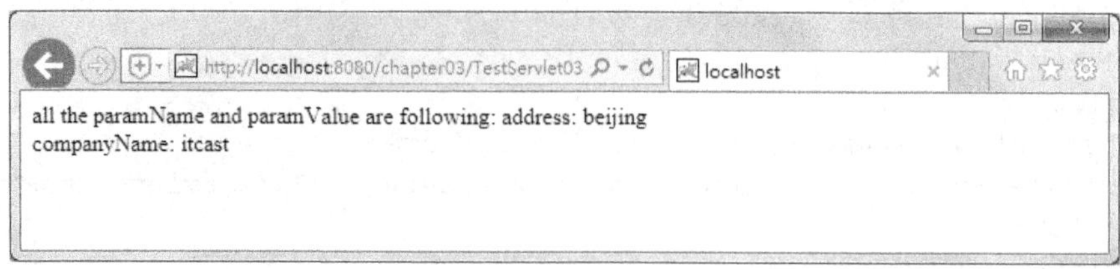

图3-38 运行结果

从图 3-38 中可以看出，在 web.xml 文件中配置的信息被读取了出来。由此可见，通过 ServletContext 对象可以获取到 Web 应用的初始化参数。

2. 实现多个 Servlet 对象共享数据

由于一个 Web 应用中的所有 Servlet 共享同一个 ServletContext 对象，因此，ServletContext 对象的域属性可以被该 Web 应用中的所有 Servlet 访问。在 ServletContext 接口中定义了分别用于增加、删除、设置 ServletContext 域属性的 4 个方法，如表 3-4 所示。

表 3-4 ServletContext 接口的方法

方法说明	功能描述
Enumeration getAttributeNames()	返回一个 Enumeration 对象，该对象包含了所有存放在 ServletContext 中的所有域属性名
Object getAttibute(String name)	根据参数指定的属性名返回一个与之匹配的域属性值
void removeAttribute(String name)	根据参数指定的域属性名，从 ServletContext 中删除匹配的域属性
void setAttribute(String name,Object obj)	设置 ServletContext 的域属性，其中 name 是域属性名，obj 是域属性值

了解了 ServletContext 接口中操作属性的方法后，接下来通过一个案例来演示表中方法的使用。

使用 Eclipse 在 chapter03 项目的 cn.itcast.servlet 包中创建两个 Servlet 类 TestServlet04 和 TestServlet05，这两个 Servlet 类中分别使用了 ServletContext 接口中的方法设置和获取属性值，其代码如文件 3-7、文件 3-8 所示。

文件 3-7 TestServlet04.java

```
package cn.itcast.servlet;
import java.io.*;
import javax.servlet.*;
import javax.servlet.http.*;
public class TestServlet04 extends HttpServlet {
    public void doGet(HttpServletRequest request,
     HttpServletResponse response)throws ServletException, IOException {
        ServletContext context = this.getServletContext();
        // 通过 setAttribute()方法设置属性值
        context.setAttribute("data", "this servlet save data");
    }
```

```
    public void doPost(HttpServletRequest request,
     HttpServletResponse response)throws ServletException, IOException {
        this.doGet(request, response);
    }
}
```

文件 3-8 TestServlet05.java

```
package cn.itcast.servlet;
import java.io.*;
import javax.servlet.*;
import javax.servlet.http.*;
public class TestServlet05 extends HttpServlet {
    public void doGet(HttpServletRequest request,
     HttpServletResponse response)throws ServletException, IOException {
        PrintWriter out = response.getWriter();
        ServletContext context = this.getServletContext();
        // 通过 getAttribute()方法获取属性值
        String data = (String) context.getAttribute("data");
        out.println(data);
    }
    public void doPost(HttpServletRequest request,
     HttpServletResponse response)throws ServletException, IOException {
        this.doGet(request, response);
    }
}
```

在文件 3-7 中，setAttribute()方法用于设置 ServletContext 对象的属性值。在文件 3-8 中，getAttribute()方法用于获取 ServletContext 对象的属性值。

为了验证 ServletContext 对象是否可以实现多个 Servlet 数据的共享，启动 Tomcat 服务器，首先在浏览器的地址栏中输入地址“http://localhost:8080/chapter03/TestServlet04”访问 TestServlet04，将数据存入 ServletContext 对象，然后在浏览器的地址栏中输入地址“http://localhost:8080/chapter03/TestServlet05”访问 TestServlet05，浏览器的显示结果如图 3-39 所示。

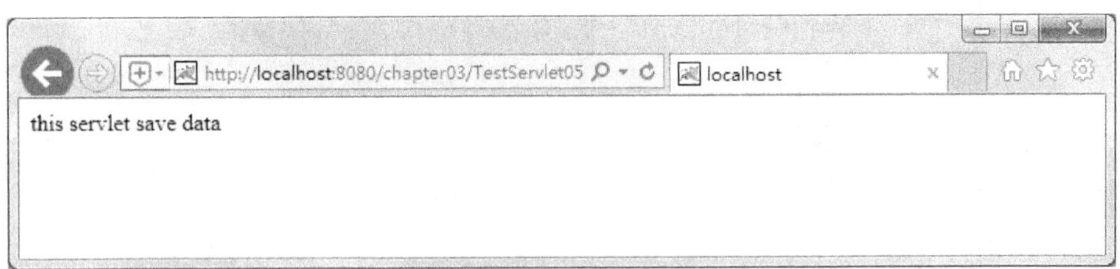

图3-39 运行结果

从图 3-39 中可以看出，浏览器显示出了 ServletContext 对象存储的属性。由此说明，ServletContext 对象所存储的数据可以被多个 Servlet 所共享。

3. 读取 Web 应用下的资源文件

在实际开发中，有时候可能会需要读取 Web 应用中的一些资源文件，比如配置文件、图片等。为此，在 ServletContext 接口中定义了一些读取 Web 资源的方法，这些方法是依靠 Servlet

容器来实现的。Servlet 容器根据资源文件相对于 Web 应用的路径，返回关联资源文件的 IO 流、资源文件在文件系统的绝对路径等。表 3-5 中列举了 ServletContext 接口中用于获取资源路径的相关方法，具体如下。

表 3-5 ServletContext 接口的常用方法

方法说明	功能描述
Set getResourcePaths(String path)	返回一个 Set 集合，集合中包含资源目录中子目录和文件的路径名称。参数 path 必须以正斜线（/）开始，指定匹配资源的部分路径
String getRealPath(String path)	返回资源文件在服务器文件系统上的真实路径（文件的绝对路径）。参数 path 代表资源文件的虚拟路径，它应该以正斜线开始（/）开始，“/”表示当前 Web 应用的根目录，如果 Servlet 容器不能将虚拟路径转换为文件系统的真实路径，则返回 null
URL getResource(String path)	返回映射到某个资源文件的 URL 对象。参数 path 必须以正斜线（/）开始，“/”表示当前 Web 应用的根目录
InputStream getResourceAsStream(String path)	返回映射到某个资源文件的 InputStream 输入流对象。参数 path 传递规则和 getResource()方法完全一致

了解了 ServletContext 接口中用于获得 Web 资源路径的方法后，接下来通过一个案例，分步骤演示如何使用 ServletContext 对象读取资源文件，具体如下。

（1）创建一个资源文件。在 chapter03 项目中右键单击 src 目录，选择【New】→【Other】选项，进入创建文件的界面，如图 3-40 所示。

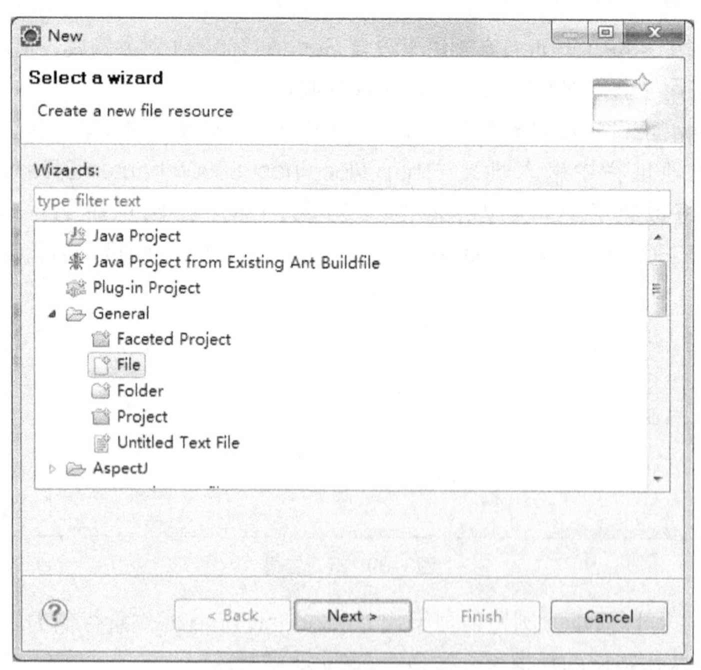

图3-40 新建文件的界面

单击图 3-40 所示的【Next】按钮，进入填写文件名称的界面，如图 3-41 所示。

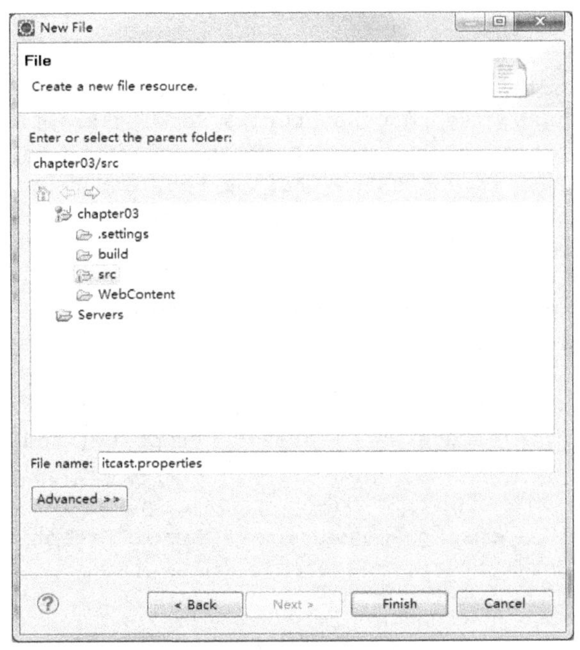

图3-41 填写文件名称的界面

在图 3-41 中，【File name】文本框中的内容为资源文件的名称，在此，将创建的资源文件命名为 itcast.properties，并且选择存放的目录为 src 目录。单击【Finish】按钮，完成配置文件的创建。在创建好的 itcast.properties 文件中，输入如下所示的配置信息。

```
Company = itcast
Address = Beijing
```

需要注意的是，Eclipse 中 src 目录下创建的资源文件在 Tomcat 服务器启动时会被复制到项目的 WEB-INF/classes 目录下，如图 3-42 所示。

图3-42 WEB-INF/classes目录

（2）编写读取 itcast.properties 资源文件的 Servlet。在 cn.itcast.servlet 包中创建一个名称为 TestServlet06 的 Servlet 类，该类的实现代码如文件 3-9 所示。

文件 3-9 TestServlet06.java

```
package cn.itcast.servlet;
import java.io.*;
import java.util.Properties;
import javax.servlet.*;
```

```
import javax.servlet.http.*;
public class TestServlet06 extends HttpServlet {
    public void doGet(HttpServletRequest request,
     HttpServletResponse response)throws ServletException, IOException {
        response.setContentType("text/html;charset=utf-8");
        ServletContext context = this.getServletContext();
        PrintWriter out = response.getWriter();
        //获取相对路径中的输入流对象
        InputStream in = context
            .getResourceAsStream("/WEB-INF/classes/itcast.properties");
        Properties pros = new Properties();
        pros.load(in);
        out.println("Company=" + pros.getProperty("Company") + "<br />");
        out.println("Address=" + pros.getProperty("Address") + "<br />");
    }
    public void doPost(HttpServletRequest request,
     HttpServletResponse response)throws ServletException, IOException {
        this.doGet(request, response);
    }
}
```

在文件 3-9 中，使用 ServletContext 的 getResourceAsStream(String path)方法获得了关联 itcast.properties 资源文件的输入流对象，其中的 path 参数必须以正斜线“/”开始，表示 itcast.properties 文件相对于 Web 应用的相对路径。

（3）启动 Tomcat 服务器，在浏览器的地址栏中输入地址“http://localhost:8080/chapter03/TestServlet06”访问 TestServlet06，浏览器的显示结果如图 3-43 所示。

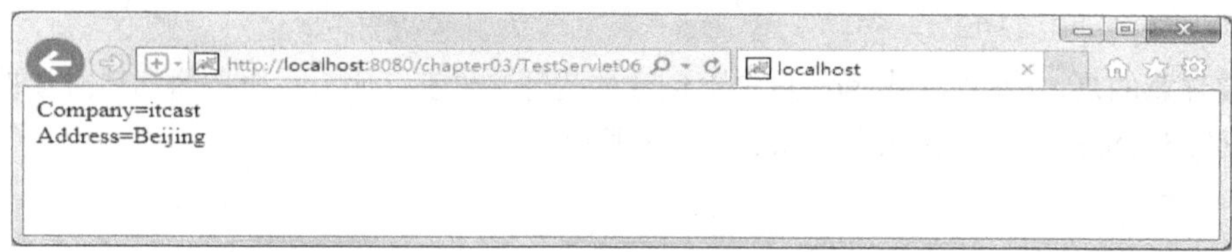

图3-43 运行结果

从图 3-43 中可以看出，itcast.properties 资源文件的内容被读取出来。由此可见，使用 ServletContext 可以读取到 Web 应用中的资源文件。

（4）有的时候，开发者需要获取的是资源的绝对路径。接下来，对文件 3-9 TestServlet06.java 进行修改，通过使用 getRealPath(String path)方法获取资源文件的绝对路径，修改后的代码如文件 3-10 所示。

文件 3-10 TestServlet06.java

```
package cn.itcast.servlet;
import java.io.*;
import java.util.Properties;
import javax.servlet.*;
import javax.servlet.http.*;
public class TestServlet06 extends HttpServlet {
    public void doGet(HttpServletRequest request,
```

```
        HttpServletResponse response)throws ServletException, IOException {
            response.setContentType("text/html;charset=utf-8");
            PrintWriter out = response.getWriter();
            ServletContext context = this.getServletContext();
            //获取文件绝对路径
            String path = context
                        .getRealPath("/WEB-INF/classes/itcast.properties");
            FileInputStream in = new FileInputStream(path);
            Properties pros = new Properties();
            pros.load(in);
            out.println("Company=" + pros.getProperty("Company") + "<br />");
            out.println("Address=" + pros.getProperty("Address") + "<br />");
        }
        public void doPost(HttpServletRequest request,
         HttpServletResponse response)throws ServletException, IOException {
            this.doGet(request, response);
        }
}
```

在文件3-10中，使用ServletContext对象的getRealPath(String path)方法获得itcast. properties资源文件的绝对路径 path，然后使用这个路径创建关联 itcast.properties 文件的输入流对象。

（5）启动 Tomcat 服务器，在浏览器的地址栏中再次输入地址“http://localhost:8080/chapter03/TestServlet06”访问 TestServlet06，同样可以看到图 3-43 所显示的内容。

3.5 本章小结

本章主要介绍了 Java Servlet 的基本知识及其接口和类的用法。通过本章的学习，读者可以掌握 Servlet 接口及其实现类的使用，了解 Servlet 的生命周期，可以熟练使用 Eclipse 工具开发 Servlet，并能够掌握 Servlet 虚拟路径映射的配置。Servlet 技术在 Web 开发中非常重要，读者应该熟练掌握 Servlet 相关技术。

【测一测】

学习完前面的内容，下面来动手测一测吧，请思考以下问题。

1. 请列举 Servlet 接口中的方法，并分别说明这些方法的特点及其作用。
2. 简述 ServletContext 接口的 3 个主要作用。
3. 编写一个 Servlet，实现统计网站被访问次数的功能。
4. 请编写一段程序，使程序能读取该 Servlet 的配置信息，从中获得参数名为 encoding 对应的参数值，并输出到页面上。

4 Chapter

第 4 章 请求和响应

学习目标

- 掌握 HttpServletRequest 对象的使用
- 掌握 HttpServletResponse 对象的使用
- 掌握如何解决请求和响应过程中的中文乱码问题
- 掌握如何实现请求转发与请求重定向

Java Web

Servlet 最主要的作用就是处理客户端请求，并向客户端做出响应。为此，针对 Servlet 的每次请求，Web 服务器在调用 service()方法之前，都会创建两个对象，分别是 HttpServletRequest 和 HttpServletResponse。其中，HttpServletRequest 用于封装 HTTP 请求消息，简称 request 对象。HttpServletResponse 用于封装 HTTP 响应消息，简称 response 对象。request 对象和 response 对象在请求 Servlet 过程中至关重要，接下来，通过一张图来描述浏览器访问 Servlet 的交互过程，如图 4-1 所示。

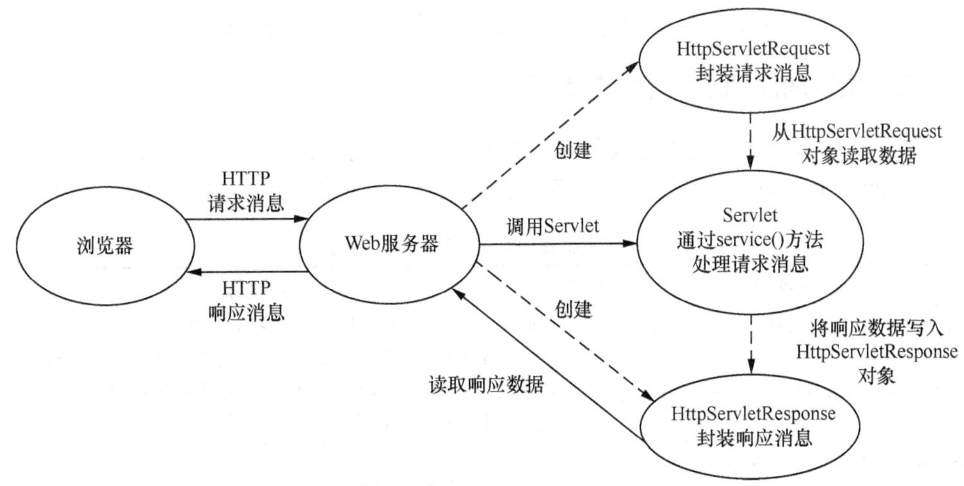

图4-1　浏览器访问Servlet过程

需要注意的是，在 Web 服务器运行阶段，每个 Servlet 都只会创建一个实例对象。然而，每次 HTTP 请求，Web 服务器都会调用所请求 Servlet 实例的 service(HttpServletRequest request,HttpServletResponse response)方法，重新创建一个 request 对象和一个 response 对象。接下来，本章将针对 request 对象和 response 对象进行详细的讲解。

4.1 HttpServletResponse 对象

在 Servlet API 中，定义了一个 HttpServletResponse 接口，它继承自 ServletResponse 接口，专门用来封装 HTTP 响应消息。由于 HTTP 响应消息分为状态行、响应消息头、消息体三部分。因此，在 HttpServletResponse 接口中定义了向客户端发送响应状态码、响应消息头、响应消息体的方法。接下来，本节将针对这些方法进行详细的讲解。

4.1.1 发送状态码相关的方法

当 Servlet 向客户端回送响应消息时，需要在响应消息中设置状态码。为此，在 HttpServlet Response 接口中，定义了两个发送状态码的方法，具体如下。

1. setStatus(int status)方法

该方法用于设置 HTTP 响应消息的状态码，并生成响应状态行。由于响应状态行中的状态描述信息直接与状态码相关，而 HTTP 版本由服务器确定，因此，只要通过 setStatus(int status)方法设置了状态码，即可实现状态行的发送。需要注意的是，正常情况下，Web 服务器会默认产生一个状态码为 200 的状态行。

2. sendError(int sc)方法

该方法用于发送表示错误信息的状态码，例如，404 状态码表示找不到客户端请求的资源。在 response 对象中，提供了两个重载的 sendError(int sc)方法，具体如下。

```
public void sendError(int code) throws java.io.IOException
public void sendError(int code, String message) throws java.io.IOException
```

在上面重载的两个方法中，第 1 个方法只是发送错误信息的状态码，而第 2 个方法除了发送状态码外，还可以增加一条用于提示说明的文本信息，该文本信息将出现在发送给客户端的正文内容中。

4.1.2 发送响应消息头相关的方法

当 Servlet 向客户端发送响应消息时，由于 HTTP 协议的响应头字段有很多种，为此，在 HttpServletResponse 接口中，定义了一系列设置 HTTP 响应头字段的方法，如表 4-1 所示。

表 4-1 设置响应消息头字段的方法

方法声明	功能描述
void addHeader(String name, String value) void setHeader(String name, String value)	这两个方法都是用来设置 HTTP 协议的响应头字段，其中，参数 name 用于指定响应头字段的名称，参数 value 用于指定响应头字段的值。不同的是，addHeader()方法可以增加同名的响应头字段，而 setHeader()方法则会覆盖同名的头字段
void addIntHeader(String name, int value) void setIntHeader(String name, int value)	这两个方法专门用于设置包含整数值的响应头。避免了使用 addHeader()与 setHeader()方法时，需要将 int 类型的设置值转换为 String 类型的麻烦
void setContentLength(int len)	该方法用于设置响应消息的实体内容的大小，单位为字节。对于 HTTP 协议来说，这个方法就是设置 Content-Length 响应头字段的值
void setContentType(String type)	该方法用于设置 Servlet 输出内容的 MIME 类型，对于 HTTP 协议来说，就是设置 Content-Type 响应头字段的值。例如，如果发送到客户端的内容是 jpeg 格式的图像数据，就需要将响应头字段的类型设置为“image/jpeg”。需要注意的是，如果响应的内容为文本，setContentType()方法还可以设置字符编码，如：text/html;charset=UTF-8
void setLocale(Locale loc)	该方法用于设置响应消息的本地化信息。对 HTTP 来说，就是设置 Content-Language 响应头字段和 Content-Type 头字段中的字符集编码部分。需要注意的是，如果 HTTP 消息没有设置 Content-Type 头字段，setLocale()方法设置的字符集编码不会出现在 HTTP 消息的响应头中，如果调用 setCharacterEncoding()或 setContentType()方法指定了响应内容的字符集编码，setLocale()方法将不再具有指定字符集编码的功能
void setCharacterEncoding(String charset)	该方法用于设置输出内容使用的字符编码，对 HTTP 协议来说，就是设置 Content-Type 头字段中的字符集编码部分。如果没有设置 Content-Type 头字段，setCharacterEncoding 方法设置的字符集编码不会出现在 HTTP 消息的响应头中。Set CharacterEncoding()方法比 setContentType()和 setLocale()方法的优先权高，它的设置结果将覆盖 setContentType()和 setLocale()方法所设置的字符码表

需要注意的是，在表 4-1 列举的一系列方法中，addHeader()、setHeader()、addIntHeader()、setIntHeader()方法都是用于设置各种头字段的，而 setContentType()、setLocale()和 setCharacterEncoding()方法用于设置字符编码，这些设置字符编码的方法可以有效解决乱码问题。

4.1.3 发送响应消息体相关的方法

由于在 HTTP 响应消息中，大量的数据都是通过响应消息体传递的，因此，ServletResponse 遵循以 IO 流传递大量数据的设计理念。在发送响应消息体时，定义了两个与输出流相关的方法，具体如下。

1. getOutputStream()方法

该方法所获取的字节输出流对象为 ServletOutputStream 类型。由于 ServletOutputStream 是 OutputStream 的子类，它可以直接输出字节数组中的二进制数据。因此，要想输出二进制格式的响应正文，就需要使用 getOutputStream()方法。

2. getWriter()方法

该方法所获取的字符输出流对象为 PrintWriter 类型。由于 PrintWriter 类型的对象可以直接输出字符文本内容，因此，要想输出内容全为字符文本的网页文档，需要使用 getWriter()方法。

了解了 response 对象发送响应消息体的两个方法后，接下来，通过一个案例来学习这两个方法的使用。

在 Eclipse 中创建 Web 项目 chapter04，在项目的 src 目录下，新建一个名称为 cn.itcast.chapter04.response 的包，在包中编写一个名为 PrintServlet 的 Servlet 类，该类中使用了 response 对象的 getOutPutStream()方法获取输出流对象，如文件 4-1 所示。

文件 4-1 PrintServlet.java

```
package cn.itcast.chapter04.response;
import java.io.*;
import javax.servlet.*;
import javax.servlet.http.*;
public class PrintServlet extends HttpServlet {
    public void doGet(HttpServletRequest request,
       HttpServletResponse response)throws ServletException, IOException {
        String data = "itcast";
         // 获取字节输出流对象
        OutputStream out = response.getOutputStream();
        out.write(data.getBytes());// 输出信息
    }
    public void doPost(HttpServletRequest request,
       HttpServletResponse response)throws ServletException, IOException {
        doGet(request, response);
    }
}
```

在 web.xml 中配置完 PrintServlet 的映射后，启动 Tomcat 服务器，在浏览器的地址栏中输入地址“http://localhost:8080/chapter04/PrintServlet”访问 PrintServlet，浏览器的显示结果如

图 4-2 所示。

图4-2 运行结果

从图 4-2 中可以看出，浏览器显示出了 response 对象响应的数据。由此可见，response 对象的 getOutputStream()方法可以很方便地发送响应消息体。

接下来，对文件 4-1 进行修改，使用 getWriter()方法发送消息体，修改后的代码如文件 4-2 所示。

文件 4-2 PrintServlet.java

```
package cn.itcast.chapter04.response;
import java.io.*;
import javax.servlet.*;
import javax.servlet.http.*;
public class PrintServlet extends HttpServlet {
    public void doGet(HttpServletRequest request,
        HttpServletResponse response)throws ServletException, IOException {
         String data = "itcast";
         // 获取字符输出流对象
         PrintWriter print = response.getWriter();
         print.write(data); // 输出信息
    }
    public void doPost(HttpServletRequest request,
        HttpServletResponse response)throws ServletException, IOException {
         doGet(request, response);
    }
}
```

重启 Tomcat 服务器，在浏览器的地址栏中输入地址 “http://localhost:8080/chapter04/PrintServlet”再次访问 PrintServlet，浏览器的显示结果同样如图 4-2 所示。

虽然 response 对象的 getOutputStream()和 getWriter()方法都可以发送响应消息体，但是，它们之间互相排斥，不可同时使用，否则会发生 IllegalStateException 异常，如图 4-3 所示。

图 4-3 中发生异常的原因就是在 Servlet 中调用 response.getWriter() 方法之前已经调用了 response.getOutputStream() 方法。

```
Tomcat v7.0 Server at localhost [Apache Tomcat] D:\Java\jdk1.7.0_60\bin\javaw.exe (2016-2-16 下午03:20:23)
二月 16, 2016 3:20:57 下午 org.apache.catalina.core.StandardWrapperValve invoke
严重: Servlet.service() for servlet [PrintServlet] in context with path [/chapter04] threw exception
java.lang.IllegalStateException: getOutputStream() has already been called for this response
	at org.apache.catalina.connector.Response.getWriter(Response.java:648)
	at org.apache.catalina.connector.ResponseFacade.getWriter(ResponseFacade.java:213)
	at cn.itcast.chapter04.response.PrintServlet.doGet(PrintServlet.java:13)
	at javax.servlet.http.HttpServlet.service(HttpServlet.java:620)
	at javax.servlet.http.HttpServlet.service(HttpServlet.java:727)
	at org.apache.catalina.core.ApplicationFilterChain.internalDoFilter(ApplicationFilterChain.java:303)
	at org.apache.catalina.core.ApplicationFilterChain.doFilter(ApplicationFilterChain.java:208)
	at org.apache.tomcat.websocket.server.WsFilter.doFilter(WsFilter.java:52)
	at org.apache.catalina.core.ApplicationFilterChain.internalDoFilter(ApplicationFilterChain.java:241)
	at org.apache.catalina.core.ApplicationFilterChain.doFilter(ApplicationFilterChain.java:208)
	at org.apache.catalina.core.StandardWrapperValve.invoke(StandardWrapperValve.java:220)
	at org.apache.catalina.core.StandardContextValve.invoke(StandardContextValve.java:122)
	at org.apache.catalina.authenticator.AuthenticatorBase.invoke(AuthenticatorBase.java:501)
```

图4-3　运行结果

4.2 HttpServletResponse 应用

【任务 4-1】解决中文输出乱码问题

【任务目标】

由于计算机中的数据都是以二进制形式存储的，因此，当传输文本时，就会发生字符和字节之间的转换。字符与字节之间的转换是通过查码表完成的，将字符转换成字节的过程称为编码，将字节转换成字符的过程称为解码，如果编码和解码使用的码表不一致，就会导致乱码问题。通过本任务的学习，读者能够解决中文输出乱码问题。

【实现步骤】

1. 创建 Servlet

在 chapter04 项目的 cn.itcast.chapter04.response 包中编写一个名为 ChineseServlet 的类，在该类中定义一个中文字符串，然后使用字符输出流输出，如文件 4-3 所示。

文件 4-3　ChineseServlet.java

```java
package cn.itcast.chapter04.response;
import java.io.*;
import javax.servlet.*;
import javax.servlet.http.*;
public class ChineseServlet extends HttpServlet {
    public void doGet(HttpServletRequest request,
       HttpServletResponse response)throws ServletException, IOException {
        String data = "中国";
        PrintWriter out = response.getWriter();
        out.println(data);
    }
    public void doPost(HttpServletRequest request,
       HttpServletResponse response)throws ServletException, IOException {
        doGet(request, response);
    }
}
```

2. 配置映射信息，查看运行结果

在 web.xml 中配置完 ChineseServlet 的映射后，启动 Tomcat 服务器，在浏览器的地址栏中输入地址“http://localhost:8080/chapter04/ChineseServlet”访问 ChineseServlet，浏览器的显示结果如图 4-4 所示。

图4-4 运行结果

从图 4-4 中可以看出，浏览器显示的内容都是“??”，说明发生了乱码问题。实际上此处产生乱码的原因是 response 对象的字符输出流在编码时，采用的是 ISO-8859-1 的字符码表，该码表并不兼容中文，会将“中国”编码为“63 63”（在 ISO-8859-1 的码表中查不到的字符就会显示 63）。当浏览器对接收到的数据进行解码时，会采用默认的码表 GB2312，将“63”解码为“?”。因此，浏览器将“中国”两个字符显示成了“??”，具体分析如图 4-5 所示。

图4-5 编码错误分析

为了解决上述编码错误，在 HttpServletResponse 接口中，提供了一个 setCharacterEncoding()方法，该方法用于设置字符的编码方式，接下来对文件 4-3 进行修改，在第 7 行和第 8 行代码之间增加一行代码，设置字符编码使用的码表为 UTF-8，代码具体如下。

```
response.setCharacterEncoding("utf-8");
```

在浏览器的地址栏中输入 URL“http://localhost:8080/chapter04/ChineseServlet”再次访问 ChineseServlet，浏览器的显示结果如图 4-6 所示。

图4-6 运行结果

从图 4-6 可以看出，浏览器中显示的乱码虽然不是“??”，但也不是需要输出的“中国”。通过分析发现，这是由于浏览器解码错误导致的，因为 response 对象的字符输出流设置的编码方式为 UTF-8，而浏览器使用的解码方式是 GB2312，具体分析过程如图 4-7 所示。

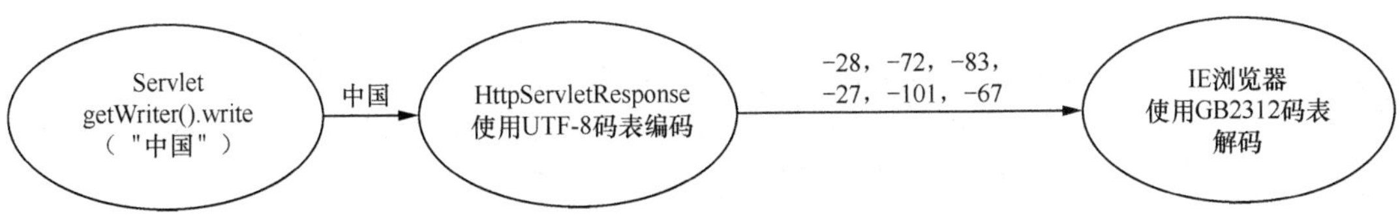

图4-7　解码错误分析

对于图 4-7 所示的解码错误，可以通过修改浏览器的解码方式解决。在浏览器中单击菜单栏中的【查看】→【编码】→【Unicode（UTF-8）】选项（或者用鼠标右击浏览器内部，在弹出的窗口中选择【编码】→【其他】→【Unicode（UTF-8）】)，将浏览器的编码方式设置为 UTF-8，浏览器的显示结果如图 4-8 所示。

图4-8　运行结果

从图 4-8 中可以看出，浏览器的显示内容没有出现乱码，由此说明，通过修改浏览器的编码方式可以解决乱码，但是，这样的做法仍然是不可取的，因为不能让用户每次都去改动浏览器编码。为此，在 HttpServletResponse 对象中，提供了两种解决乱码的方案，具体如下。

第 1 种方式：

```
// 设置 HttpServletResponse 使用 utf-8 编码
response.setCharacterEncoding("utf-8");
// 通知浏览器使用 utf-8 解码
response.setHeader("Content-Type","text/html;charset=utf-8");
```

第 2 种方式：

```
// 包含第一种方式的两个功能
response.setContentType("text/html;charset=utf-8");
```

通常情况下，为了使代码更加简洁，会采用第 2 种方式。接下来，对文件 4-3 进行修改，使用 HttpServletResponse 对象的第 2 种方式来解决乱码问题，修改后的代码如文件 4-4 所示。

文件 4-4　ChineseServlet.java

```
package cn.itcast.chapter04.response;
import java.io.*;
import javax.servlet.*;
import javax.servlet.http.*;
public class ChineseServlet extends HttpServlet {
    public void doGet(HttpServletRequest request,
     HttpServletResponse response) throws ServletException, IOException {
       //设置字符编码
        response.setContentType("text/html;charset=utf-8");
        String data="中国";
        PrintWriter out = response.getWriter();
        out.println(data);
```

```
    }
    public void doPost(HttpServletRequest request,
     HttpServletResponse response) throws ServletException, IOException {
        doGet(request,response);
    }
}
```

启动 Tomcat 服务器，在浏览器的地址栏中输入地址“http://localhost:8080/chapter04/ChineseServlet”访问 ChineseServlet，浏览器显示出了正确的中文字符，如图 4-9 所示。

图4-9 运行结果

【任务 4-2】实现网页定时刷新并跳转

【任务目标】

在 Web 开发中，有时会遇到定时跳转页面的需求。在 HTTP 协议中，定义了一个 Refresh 头字段，它可以通知浏览器在指定的时间内自动刷新并跳转到其他页面。通过本任务的学习，读者能够使用 response 对象实现网页的定时刷新并跳转。

【实现步骤】

1. 创建 Servlet

在 chapter04 项目的 cn.itcast.chapter04.response 包中编写一个名为 RefreshServlet 的类，该类使用 response 对象的 setHeader()方法实现了网页的定时刷新并跳转的功能，如文件 4-5 所示。

文件 4-5 RefreshServlet.java

```
package cn.itcast.chapter04.response;
import java.io.*;
import javax.servlet.*;
import javax.servlet.http.*;
public class RefreshServlet extends HttpServlet {
    public void doGet(HttpServletRequest request,
       HttpServletResponse response)throws ServletException, IOException {
        // 2 秒后刷新并跳转到传智播客官网首页
        response.setHeader("Refresh", "2;URL=http://www.itcast.cn");
    }
    public void doPost(HttpServletRequest request,
       HttpServletResponse response)throws ServletException, IOException {
        doGet(request, response);
    }
}
```

2. 配置映射信息，查看运行结果

在 web.xml 中配置完 RefreshServlet 映射后，启动 Tomcat 服务器，在浏览器的地址中输入地址“http://localhost:8080/chapter04/RefreshServlet”访问 RefreshServlet，发现浏览器 2 秒后自动跳转到了传智播客的官网首页，如图 4-10 所示。

图4-10　运行结果

在实际开发中，有时需要当前页面具有自动刷新的功能，例如，在火车票售票页面，使用自动刷新功能查看车票的剩余情况。接下来，对文件 4-5 进行修改，使当前页面每隔 3 秒自动刷新一次，修改后的代码如文件 4-6 所示。

文件 4-6　RefreshServlet.java

```
package cn.itcast.chapter04.response;
import java.io.*;
import javax.servlet.*;
import javax.servlet.http.*;
public class RefreshServlet extends HttpServlet {
    public void doGet(HttpServletRequest request,
        HttpServletResponse response)throws ServletException, IOException {
         // 每隔 3 秒定时刷新当前页面
         response.setHeader("Refresh", "3");
         response.getWriter().println(new java.util.Date());// 输出当前时间
    }
    public void doPost(HttpServletRequest request,
        HttpServletResponse response)throws ServletException, IOException {
         doGet(request, response);
    }
}
```

启动 Tomcat 服务器，在浏览器的地址栏中输入地址“http://localhost:8080/chapter04/RefreshServlet”访问 RefreshServlet，可以看到浏览器每隔 3 秒刷新一次，并且输出了当前的时间值。

实现请求重定向

在某些情况下，针对客户端的请求，一个 Servlet 类可能无法完成全部工作。这时，可以使用请求重定向来完成。所谓请求重定向，指的是 Web 服务器接收到客户端的请求后，可能由于某些条件限制，不能访问当前请求 URL 所指向的 Web 资源，而是指定了一个新的资源路径，让客户端重新发送请求。

为了实现请求重定向，在 HttpServletResponse 接口中，定义了一个 sendRedirect()方法，该方法用于生成 302 响应码和 Location 响应头，从而通知客户端重新访问 Location 响应头中指定的 URL，sendRedirect()方法的完整语法如下所示。

```
public void sendRedirect(java.lang.String location)
        throws java.io.IOException
```

需要注意的是，参数 location 可以使用相对 URL，Web 服务器会自动将相对 URL 翻译成绝对 URL，再生成 Location 头字段。

为了使读者更好地了解 sendRedirect()方法如何实现请求重定向，接下来，通过一个图来描述 sendRedirect()方法的工作原理，如图 4-11 所示。

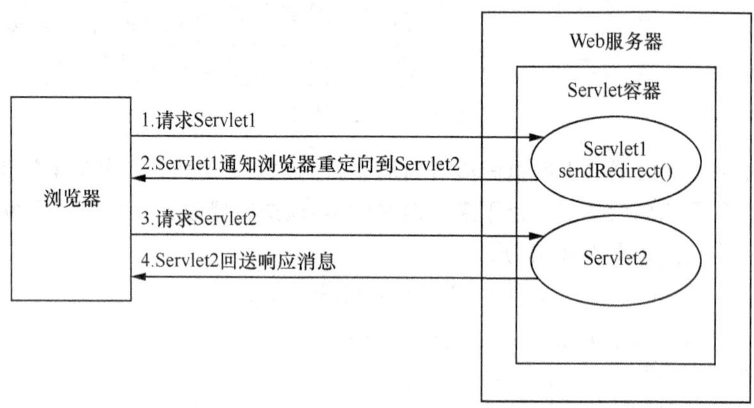

图4-11　sendRedirect()方法的工作原理

在图 4-11 中，当客户端浏览器访问 Servlet1 时，由于在 Servlet1 中调用了 sendRedirect()方法将请求重定向到 Servlet2，因此，Web 服务器会再次收到浏览器对 Servlet2 的请求消息。Servlet2 对请求处理完毕后，再将响应消息回送给客户端浏览器。

了解了 sendRedirect()方法的工作原理后，接下来，通过一个用户登录的案例，分步骤讲解 sendRedirect()方法的使用，具体如下。

（1）在 chapter04 项目的 WebContent 目录下编写用户登录的页面 login.html 和登录成功的页面 welcome.html，如文件 4-7 和文件 4-8 所示。

文件 4-7　login.html

```
<!DOCTYPE html PUBLIC "-//W3C//DTD HTML 4.01 Transitional//EN"
                       "http://www.w3.org/TR/html4/loose.dtd">
<html>
<head>
<meta http-equiv="Content-Type" content="text/html; charset=UTF-8">
```

```
<title>Insert title here</title>
</head>
<body>
    <!--把表单内容提交到 chapter04 工程下的 LoginServlet-->
    <form action="/chapter04/LoginServlet" method="post">
     用户名: <input type="text" name="username" /><br>
     密   码: <input type="password" name="password"/><br>
        <input type="submit" value="登录" />
    </form>
</body>
</html>
```

文件 4-8 welcome.html

```
<!DOCTYPE html PUBLIC "-//W3C//DTD HTML 4.01 Transitional//EN"
                      "http://www.w3.org/TR/html4/loose.dtd">
<html>
<head>
<meta http-equiv="Content-Type" content="text/html; charset=UTF-8">
<title>Insert title here</title>
</head>
<body>
    欢迎你，登录成功!
</body>
</html>
```

（2）在 chapter04 项目的 cn.itcast.chapter04.response 包中编写一个名为 LoginServlet 的类，用于处理用户登录请求，如文件 4-9 所示。

文件 4-9 LoginServlet.java

```
package cn.itcast.chapter04.response;
import java.io.*;
import javax.servlet.*;
import javax.servlet.http.*;
public class LoginServlet extends HttpServlet {
    public void doGet(HttpServletRequest request,
       HttpServletResponse response)throws ServletException, IOException {
        response.setContentType("text/html;charset=utf-8");
        // 用 HttpServletRequest 对象的 getParameter()方法获取用户名和密码
        String username = request.getParameter("username");
        String password = request.getParameter("password");
        // 假设用户名和密码分别为: itcast 和 123
        if (("itcast").equals(username) &&("123").equals(password)) {
            // 如果用户名和密码正确，重定向到 welcome.html
            response.sendRedirect("/chapter04/welcome.html");
        } else {
            // 如果用户名和密码错误，重定向到 login.html
            response.sendRedirect("/chapter04/login.html");
        }
    }
    public void doPost(HttpServletRequest request,
```

```
        HttpServletResponse response)throws ServletException, IOException {
          doGet(request, response);
        }
}
```

在文件 4-9 中，首先通过 getParameter()方法分别获取用户名和密码，然后判断表单中输入的用户名和密码是否为指定的“itcast”和“123”，如果是则将请求重定向到 welcome.html 页面，否则重定向到 login.html 页面。

（3）在 web.xml 中配置完 LoginServlet 映射后，启动 Tomcat 服务器，在浏览器的地址栏中输入地址“http://localhost:8080/chapter04/login.html”访问 login.html，浏览器的显示结果如图 4-12 所示。

图4-12 运行结果

（4）在图 4-12 所示的界面填写用户名“itcast”，密码“123”，单击登录按钮，浏览器的显示结果如图 4-13 所示。

图4-13 运行结果

从图 4-13 中可以看出，当用户名和密码输入正确后，浏览器跳转到了 welcome.html 页面。但是，如果用户名或者密码输入错误，则会跳转到图 4-12 所示的登录页面。

4.3 HttpServletRequest 对象

在 Servlet API 中，定义了一个 HttpServletRequest 接口，它继承自 ServletRequest 接口，专门用来封装 HTTP 请求消息。由于 HTTP 请求消息分为请求行、请求消息头和请求消息体 3 部分，因此，在 HttpServletRequest 接口中定义了获取请求行、请求头和请求消息体的相关方法。接下来，本节将针对这些方法进行详细的讲解。

4.3.1 获取请求行信息的相关方法

当访问 Servlet 时，会在请求消息的请求行中，包含请求方法、请求资源名、请求路径等信息，为了获取这些信息，在 HttpServletRequest 接口中，定义了一系列用于获取请求行的方法，如表 4-2 所示。

表 4-2　获取请求行的相关方法

方法声明	功能描述
String getMethod()	该方法用于获取 HTTP 请求消息中的请求方式（如 GET、POST 等）
String getRequestURI()	该方法用于获取请求行中资源名称部分，即位于 URL 的主机和端口之后、参数部分之前的部分
String getQueryString()	该方法用于获取请求行中的参数部分，也就是资源路径后面问号（?）以后的所有内容
String getProtocol()	该方法用于获取请求行中的协议名和版本，例如，HTTP/1.0 或 HTTP/1.1
String getContextPath()	该方法用于获取请求 URL 中属于 Web 应用程序的路径，这个路径以“/”开头，表示相对于整个 Web 站点的根目录，路径结尾不含“/”。如果请求 URL 属于 Web 站点的根目录，那么返回结果为空字符串（""）
String getServletPath()	该方法用于获取 Servlet 的名称或 Servlet 所映射的路径
String getRemoteAddr()	该方法用于获取请求客户端的 IP 地址，其格式类似于“192.168.0.3”
String getRemoteHost()	该方法用于获取请求客户端的完整主机名，其格式类似于“pc1.itcast.cn”。需要注意的是，如果无法解析出客户机的完整主机名，该方法将会返回客户端的 IP 地址
int getRemotePort()	该方法用于获取请求客户端网络连接的端口号
String getLocalAddr()	该方法用于获取 Web 服务器上接收当前请求网络连接的 IP 地址
String getLocalName()	该方法用于获取 Web 服务器上接收当前网络连接 IP 所对应的主机名
int getLocalPort()	该方法用于获取 Web 服务器上接收当前网络连接的端口号
String getServerName()	该方法用于获取当前请求所指向的主机名，即 HTTP 请求消息中 Host 头字段所对应的主机名部分
int getServerPort()	该方法用于获取当前请求所连接的服务器端口号，即如果 HTTP 请求消息中 Host 头字段所对应的端口号部分
String getScheme()	该方法用于获取请求的协议名，例如 http、https 或 ftp
StringBuffer getRequestURL()	该方法用于获取客户端发出请求时的完整 URL，包括协议、服务器名、端口号、资源路径等信息，但不包括后面的查询参数部分。注意，getRequestURL()方法返回的结果是 StringBuffer 类型，而不是 String 类型，这样更便于对结果进行修改

在表 4-2 中，列出了一系列用于获取请求消息行信息的方法，为了使读者更好地理解这些方法，接下来，通过一个案例来演示这些方法的使用。

在 chapter04 项目的 src 目录下，新建一个名称为 cn.itcast.chapter04.request 的包，在包中编写一个名为 RequestLineServlet 的类，该类中编写了用于获取请求行中相关信息的方法，如文件 4-10 所示。

文件 4-10　RequestLineServlet.java

```
package cn.itcast.chapter04.request;
import java.io.*;
import javax.servlet.*;
import javax.servlet.http.*;
public class RequestLineServlet extends HttpServlet {
    public void doGet(HttpServletRequest request,
       HttpServletResponse response)throws ServletException, IOException {
        response.setContentType("text/html;charset=utf-8");
```

```
        PrintWriter out = response.getWriter();
        // 获取请求行的相关信息
        out.println("getMethod : " + request.getMethod() + "<br />");
        out.println("getRequestURI : " + request.getRequestURI() + "<br />");
        out.println("getQueryString:"+request.getQueryString() + "<br />");
        out.println("getProtocol : " + request.getProtocol() + "<br />");
        out.println("getContextPath:"+request.getContextPath() + "<br />");
        out.println("getPathInfo : " + request.getPathInfo() + "<br />");
        out.println("getPathTranslated : "
                + request.getPathTranslated() + "<br>");
        out.println("getServletPath:"+request.getServletPath() + "<br />");
        out.println("getRemoteAddr : " + request.getRemoteAddr() + "<br />");
        out.println("getRemoteHost : " + request.getRemoteHost() + "<br />");
        out.println("getRemotePort : " + request.getRemotePort() + "<br />");
        out.println("getLocalAddr : " + request.getLocalAddr() + "<br />");
        out.println("getLocalName : " + request.getLocalName() + "<br />");
        out.println("getLocalPort : " + request.getLocalPort() + "<br />");
        out.println("getServerName : " + request.getServerName() + "<br />");
        out.println("getServerPort : " + request.getServerPort() + "<br />");
        out.println("getScheme : " + request.getScheme() + "<br />");
        out.println("getRequestURL : " + request.getRequestURL() + "<br />");
    }
    public void doPost(HttpServletRequest request,
       HttpServletResponse response)throws ServletException, IOException {
        doGet(request, response);
    }
}
```

在 web.xml 中配置完 RequestLineServlet 的映射后，启动 Tomcat 服务器，在浏览器的地址栏中输入地址“http://localhost:8080/chapter04/RequestLineServlet”访问 RequestLineServlet，浏览器的显示结果如图 4-14 所示。

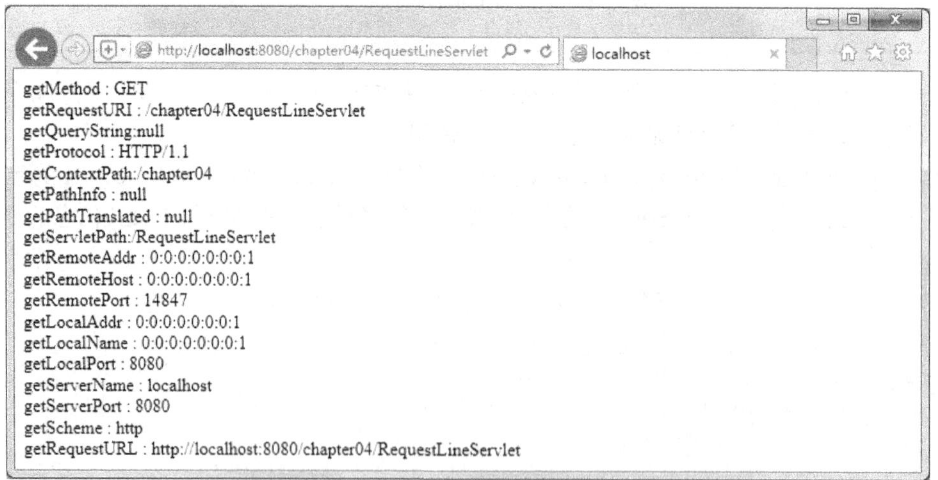

图4-14 运行结果

从图 4-14 中可以看出，浏览器显示出了请求 RequestLineServlet 时发送的请求行信息。由此可见，通过 HttpServletRequest 对象可以很方便地获取到请求行的相关信息。

4.3.2 获取请求消息头的相关方法

当请求 Servlet 时，需要通过请求头向服务器传递附加信息，例如，客户端可以接收的数据类型、压缩方式、语言等。为此，在 HttpServletRequest 接口中，定义了一系列用于获取 HTTP 请求头字段的方法，如表 4-3 所示。

表 4-3 获取请求消息头的方法

方法声明	功能描述
String getHeader(String name)	该方法用于获取一个指定头字段的值，如果请求消息中没有包含指定的头字段，getHeader()方法返回 null；如果请求消息中包含多个指定名称的头字段，getHeader()方法返回其中第 1 个头字段的值
Enumeration getHeaders(String name)	该方法返回一个 Enumeration 集合对象，该集合对象由请求消息中出现的某个指定名称的所有头字段值组成。在多数情况下，一个头字段名在请求消息中只出现一次，但有时候可能会出现多次
Enumeration getHeaderNames()	该方法用于获取一个包含所有请求头字段的 Enumeration 对象
int getIntHeader(String name)	该方法用于获取指定名称的头字段，并且将其值转为 int 类型。需要注意的是，如果指定名称的头字段不存在，返回值为-1；如果获取到的头字段的值不能转为 int 类型，将发生 NumberFormatException 异常
long getDateHeader(String name)	该方法用于获取指定头字段的值，并将其按 GMT 时间格式转换成一个代表日期/时间的长整数，这个长整数是自 1970 年 1 月 1 日 0 点 0 分 0 秒算起的以毫秒为单位的时间值
String getContentType()	该方法用于获取 Content-Type 头字段的值，结果为 String 类型
int getContentLength()	该方法用于获取 Content-Length 头字段的值，结果为 int 类型
String getCharacterEncoding()	该方法用于返回请求消息的实体部分的字符集编码，通常是从 Content-Type 头字段中进行提取，结果为 String 类型

表 4-3 列出了一系列用于读取 HTTP 请求消息头字段的方法，为了让读者更好地掌握这些方法，接下来通过一个案例来学习这些方法的使用。

在 cn.itcast.chapter04.request 包中编写一个名为 RequestHeadersServlet 的类，该类使用 getHeaderNames()方法来获取请求消息头信息，如文件 4-11 所示。

文件 4-11 RequestHeadersServlet.java

```
package cn.itcast.chapter04.request;
import java.io.IOException;
import java.io.PrintWriter;
import java.util.Enumeration;
import javax.servlet.*;
import javax.servlet.http.*;
public class RequestHeadersServlet extends HttpServlet {
    public void doGet(HttpServletRequest request,
       HttpServletResponse response)throws ServletException, IOException {
        response.setContentType("text/html;charset=utf-8");
        PrintWriter out = response.getWriter();
        // 获取请求消息中所有头字段
        Enumeration headerNames = request.getHeaderNames();
```

```
        // 使用循环遍历所有请求头，并通过 getHeader()方法获取一个指定名称的头字段
        while (headerNames.hasMoreElements()) {
            String headerName = (String) headerNames.nextElement();
            out.print(headerName + " : "
                    + request.getHeader(headerName)+ "<br />");
        }
    }
    public void doPost(HttpServletRequest request,
        HttpServletResponse response)throws ServletException, IOException {
         doGet(request, response);
    }
}
```

在 web.xml 中配置完 RequestHeadersServlet 映射后，启动 Tomcat 服务器，在浏览器的地址栏中输入地址“http://localhost:8080/chapter04/RequestHeadersServlet”访问 RequestHeadersServlet，浏览器的显示结果如图 4-15 所示。

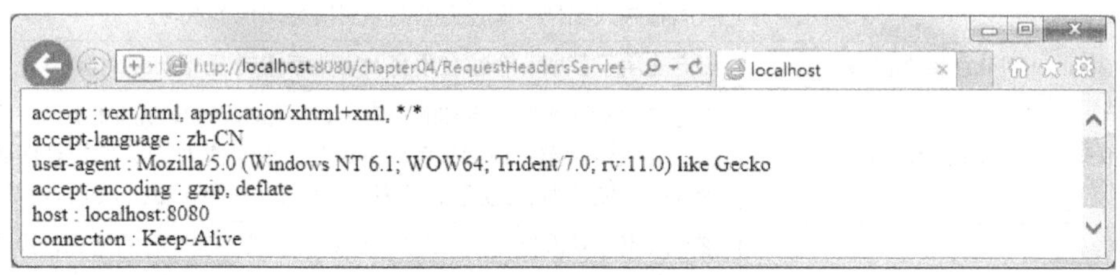

图4-15　运行结果

动手体验：利用 Referer 请求头防止“盗链”

在实际开发中，经常会使用 Referer 头字段，例如，一些站点为了吸引人气并且提高站点访问量，提供了各种软件的下载页面，但是它们本身没有这些资源，只是将下载的超链接指向其他站点上的资源。而真正提供了下载资源的站点为了防止这种“盗链”，就需要检查请求来源，只接收本站链接发送的下载请求，阻止其他站点链接的下载请求。接下来，通过一个案例，分步骤讲解如何利用 Referer 请求头防止“盗链”，具体如下。

（1）在 cn.itcast.chapter04.request 包中编写一个名为 DownManagerServlet 的类，负责提供下载内容，但它要求下载请求的链接必须是通过本网站进入的，否则，会将请求转发给下载说明的 HTML 页面。DownManagerServlet 类的具体实现代码如文件 4-12 所示。

文件 4-12　DownManagerServlet.java

```
package cn.itcast.chapter04.request;
import java.io.*;
import javax.servlet.*;
import javax.servlet.http.*;
public class DownManagerServlet extends HttpServlet {
    public void doGet(HttpServletRequest request,
        HttpServletResponse response)throws ServletException, IOException {
         response.setContentType("text/html;charset=utf-8");
         PrintWriter out = response.getWriter();
         // 获取 referer 头的值
```

```
        String referer = request.getHeader("referer");
        // 获取访问地址
        String sitePart = "http://" + request.getServerName();
        // 判断 referer 头是否为空，这个头的首地址是否以 sitePart 开始的
        if (referer != null && referer.startsWith(sitePart)) {
            // 处理正在下载的请求
            out.println("dealing download ...");
        } else {
            // 非法下载请求跳转到 download.html 页面
            RequestDispatcher rd = request
                    .getRequestDispatcher("/download.html");
            rd.forward(request, response);
        }
    }
    public void doPost(HttpServletRequest request,
       HttpServletResponse response)throws ServletException, IOException {
        doGet(request, response);
    }
}
```

（2）在 WebContent 根目录下编写一个下载说明的文件 download.html，在<body>元素中增加如下代码。

```
<a href="/chapter04/DownManagerServlet">download</a>
```

（3）在 web.xml 中配置完 DownManagerServlet 映射后，启动 Tomcat 服务器，在浏览器的地址栏中输入地址 "http://localhost:8080/chapter04/DownManagerServlet" 访问 Down ManagerServlet，浏览器的显示结果如图 4-16 所示。

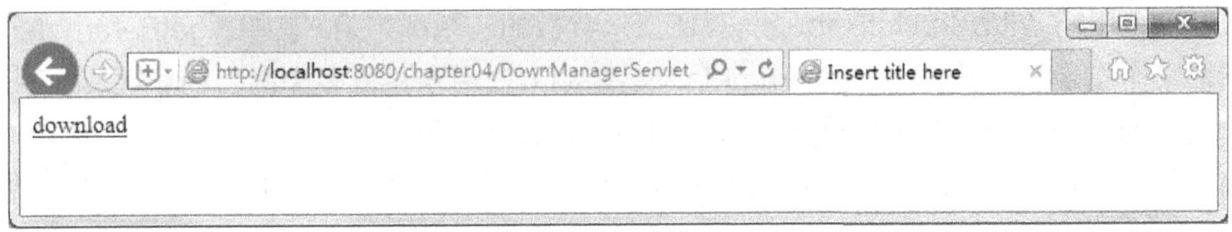

图4-16　运行结果

从图 4-16 中可以看出，浏览器显示的是 download.html 页面的内容。这是因为第 1 次请求 DownManagerServlet 时，请求消息中不含 Referer 请求头，所以，DownManagerServlet 将下载请求转发给了 download.html 页面。

（4）单击图 4-16 所示的 "download" 链接后，重新访问 DownManagerServlet，这时，由于请求消息中包含了 Referer 头字段，并且其值与 DownManagerServlet 位于同一个 Web 站点。因此，DownManagerServlet 接收下载请求，浏览器的显示结果如图 4-17 所示。

图4-17　运行结果

4.4 HttpServletRequest 应用

4.4.1 获取请求参数

在实际开发中，经常需要获取用户提交的表单数据，例如，用户名、密码、电子邮件等，为了方便获取表单中的请求参数，在 HttpServletRequest 接口的父类 ServletRequest 中，定义了一系列获取请求参数的方法，如表 4-4 所示。

表 4-4 获取请求参数的方法

方法声明	功能描述
String getParameter(String name)	该方法用于获取某个指定名称的参数值，如果请求消息中没有包含指定名称的参数，则 getParameter()方法返回 null；如果指定名称的参数存在但没有设置值，则返回一个空串；如果请求消息中包含有多个该指定名称的参数，getParameter()方法返回第 1 个出现的参数值
String[] getParameterValues(String name)	HTTP 请求消息中可以有多个相同名称的参数（通常由一个包含有多个同名的字段元素的 Form 表单生成），如果要获得 HTTP 请求消息中的同一个参数名所对应的所有参数值，那么就应该使用 getParameterValues()方法，该方法用于返回一个 String 类型的数组
Enumeration getParameterNames()	getParameterNames()方法用于返回一个包含请求消息中所有参数名的 Enumeration 对象，在此基础上，可以对请求消息中的所有参数进行遍历处理
Map getParameterMap()	getParameterMap()方法用于将请求消息中的所有参数名和值装进一个 Map 对象中返回

表 4-4 列出了 HttpServletRequest 获取请求参数的一系列方法。其中，getParameter()方法用于获取某个指定的参数，而 getParameterValues()方法用于获取多个同名的参数。接下来，通过一个具体的案例，分步骤讲解这两个方法的使用，具体如下。

（1）在 chapter04 项目的 WebContent 根目录下编写一个表单文件 form.html，如文件 4-13 所示。

文件 4-13 form.html

```
<!DOCTYPE html PUBLIC "-//W3C//DTD HTML 4.01 Transitional//EN"
                   "http://www.w3.org/TR/html4/loose.dtd">
<html>
<head>
<meta http-equiv="Content-Type" content="text/html; charset=UTF-8">
<title>Insert title here</title>
</head>
<body>
    <form action="/chapter04/RequestParamsServlet" method="POST">
        用户名：<input type="text" name="username"><br />
        密   码：<input type="password" name="password">
        <br />
        爱好：
        <input type="checkbox" name="hobby" value="sing">唱歌
```

```
            <input type="checkbox" name="hobby" value="dance">跳舞
            <input type="checkbox" name="hobby" value="football">足球<br />
            <input type="submit" value="提交">
        </form>
</body>
</html>
```

（2）在 cn.itcast.chapter04.request 包中编写一个名称为 RequestParamsServlet 的 Servlet 类，使用该 Servlet 获取请求参数，如文件 4-14 所示。

文件 4-14　RequestParamsServlet.java

```
package cn.itcast.chapter04.request;
import java.io.*;
import javax.servlet.*;
import javax.servlet.http.*;
public class RequestParamsServlet extends HttpServlet {
    public void doGet(HttpServletRequest request,
       HttpServletResponse response)throws ServletException, IOException {
        String name = request.getParameter("username");
        String password = request.getParameter("password");
        System.out.println("用户名:" + name);
        System.out.println("密  码:" + password);
        // 获取参数名为"hobby"的值
        String[] hobbys = request.getParameterValues("hobby");
        System.out.print("爱好:");
        for (int i = 0; i < hobbys.length; i++) {
            System.out.print(hobbys[i] + ", ");
        }
    }
    public void doPost(HttpServletRequest request,
       HttpServletResponse response)throws ServletException, IOException {
        doGet(request, response);
    }
}
```

在文件 4-14 中，由于参数名为“hobby”的值可能有多个，因此，需要使用 getParameterValues()方法，获取多个同名参数的值，返回一个 String 类型的数组，通过遍历数组，打印出每个“hobby”参数对应的值。

（3）在 web.xml 中配置完 RequestParamsServlet 映射后，启动 Tomcat 服务器，在浏览器的地址栏中输入地址“http://localhost:8080/chapter04/form.html”访问 form.html 页面，并填写表单相关信息，填写后的页面如图 4-18 所示。

图4-18　运行结果

（4）单击图 4-18 所示的【提交】按钮，在 Eclipse 的控制台打印出了每个参数的信息，如图 4-19 所示。

```
Servers  Problems  JUnit  Debug  Search  Console
Tomcat v7.0 Server at localhost [Apache Tomcat] D:\Java\jdk1.7.0_60\bin\javaw.exe (2016-4-12 下午04:08:10)
用户名:itcast
密 码:123
爱好:sing,dance,football,
```

图4-19　运行结果

【任务 4-3】解决请求参数的中文乱码问题

【任务目标】

在填写表单数据时，难免会输入中文，如姓名、公司名称等。在文件 4-13 中，由于 HTML 设置了浏览器在传递请求参数时，采用的编码方式是 UTF-8，但在解码时采用的是默认的 ISO-8859-1，因此会导致乱码的出现。在浏览器的地址栏中输入地址“http://localhost:8080/ chapter04/form.html”再次访问 form.html 页面，输入用户名为“传智播客”以及相关表单信息，如图 4-20 所示。

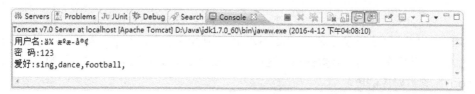

图4-20　运行结果

单击图 4-20 中的【提交】按钮，这时，控制台打印出了每个参数的值，具体如图 4-21 所示。

```
Servers  Problems  JUnit  Debug  Search  Console
Tomcat v7.0 Server at localhost [Apache Tomcat] D:\Java\jdk1.7.0_60\bin\javaw.exe (2016-4-12 下午04:08:10)
用户名:ä¼ æºæ-å®¢
密 码:123
爱好:sing,dance,football,
```

图4-21　运行结果

从图 4-21 可以看出，当输入的用户名为中文时，出现了乱码问题。通过本任务的学习，读者将学会如何处理请求参数的中文乱码问题。

【实现步骤】

1. 设置编码方式

在 HttpServletRequest 接口中，提供了一个 setCharacterEncoding()方法，该方法用于设置 request 对象的解码方式，接下来，对文件 4-14 进行修改，修改后的代码如文件 4-15 所示。该方法用于返回请求消息的实体部分的字符集编码。

文件 4-15　RequestParamsServlet.java

```
package cn.itcast.chapter04.request;
import java.io.*;
import javax.servlet.*;
import javax.servlet.http.*;
public class RequestParamsServlet extends HttpServlet {
    public void doGet(HttpServletRequest request,
       HttpServletResponse response)throws ServletException, IOException {
        //设置 request 对象的解码方式
        request.setCharacterEncoding("utf-8");
        String name = request.getParameter("username");
        String password = request.getParameter("password");
        System.out.println("用户名: " + name);
        System.out.println("密    码: " + password);
        String[] hobbys = request.getParameterValues("hobby");
        System.out.print("爱好: ");
        for (int i = 0; i < hobbys.length; i++) {
            System.out.print(hobbys[i] + ", ");
        }
    }
    public void doPost(HttpServletRequest request,
       HttpServletResponse response)throws ServletException, IOException {
        doGet(request, response);
    }
}
```

2. 查看运行结果

启动 Tomcat 服务器，再次访问 form.html 页面，输入中文用户名“传智播客”以及相关表单信息，控制台打印的结果如图 4-22 所示。

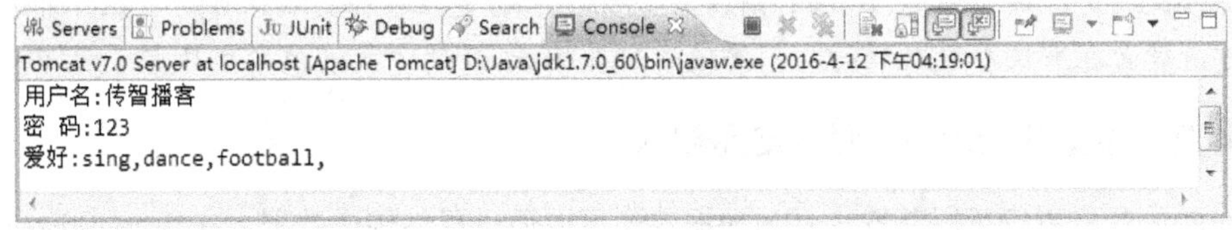

图4-22　运行结果

从图 4-22 可以看出，控制台输出的参数信息没有出现乱码。需要注意的是，这种解决乱码的方式只对 POST 方式有效，而对 GET 方式无效。为了验证 GET 方式的演示效果，接下来，将 form.html 文件中 method 属性的值改为“GET”。重新访问 form.html 页面并填写中文信息，控制台的打印结果如图 4-23 所示。

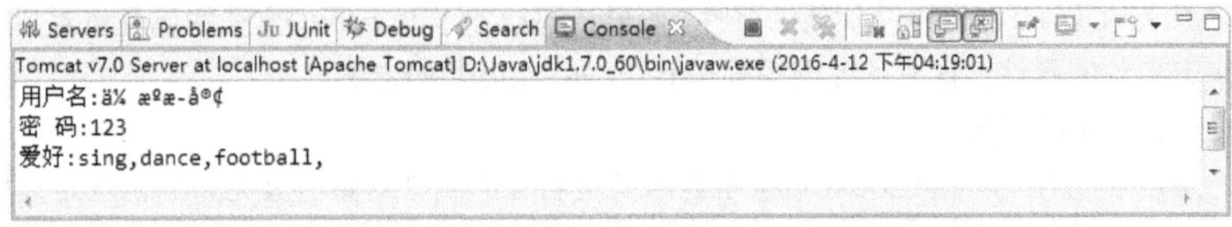

图4-23　运行结果

从图 4-23 中可以看出，使用 GET 方式提交表单，用户名出现了乱码，这就验证了 setCharacterEncoding()方法只对 POST 提交方式有效的结论。为了解决 GET 方式提交表单时出现的中文乱码问题，可以先使用错误码表 ISO-8859-1 将用户名重新编码，然后使用码表 UTF-8 进行解码。接下来，对文件 4-15 进行修改，在第 10 行和第 11 行代码之间增加一行代码，如下所示。

```
name=new String(name.getBytes("iso8859-1"),"utf-8");
```

重启 Tomcat 服务器，再次访问 form.html 网页，输入中文用户名“传智播客”，这时，控制台的打印结果没有出现乱码，如图 4-24 所示。

```
Servers  Problems  JUnit  Debug  Search  Console
Tomcat v7.0 Server at localhost [Apache Tomcat] D:\Java\jdk1.7.0_60\bin\javaw.exe (2016-4-12 下午04:22:48)
用户名:传智播客
密 码:123
爱好:sing,dance,football,
```

图4-24 运行结果

多学一招：配置 Tomcat 解决 GET 提交方式的中文参数乱码问题

对于 GET 请求参数的乱码问题，除了可以通过重新编码解码来解决外，还可以通过配置 Tomcat 来解决。在 server.xml 文件中的 Connector 节点下增加一个 useBodyEncodingForURI 的属性，设置该属性的值为 true，如下所示。

```
<Connector port="8080" protocol="HTTP/1.1"
           connectionTimeout="20000"
           redirectPort="8443" useBodyEncodingForURI="true"/>
```

并在程序中调用 response.setCharacterEncoding("GBK")方法，这种可以使消息头的编码方式和消息体一致，就能解决 GET 方式的乱码问题。

值得一提的是，由于通过 Tomcat 解决参数乱码问题是在服务器端操作的，操作非常不便，因此，建议读者在解决参数乱码时，不要使用配置 Tomcat 的方式，该方式只需了解即可。

4.4.2 通过 Request 对象传递数据

Request 对象不仅可以获取一系列数据，还可以通过属性传递数据。在 ServletRequest 接口中，定义了一系列操作属性的方法，具体如下。

- **setAttribute()方法**

该方法用于将一个对象与一个名称关联后存储进 ServletRequest 对象中，其完整语法定义如下。

```
public void setAttribute(java.lang.String name,java.lang.Object o);
```

需要注意的是，如果 ServletRequest 对象中已经存在指定名称的属性，setAttribute()方法将会先删除原来的属性，然后再添加新的属性。如果传递给 setAttribute()方法的属性值对象为 null，则删除指定名称的属性，这时的效果等同于 removeAttribute()方法。

- **getAttribute()方法**

该方法用于从 ServletRequest 对象中返回指定名称的属性对象，其完整的语法定义如下。

```
public java.lang.Object getAttribute (java.lang.String name);
```

- **removeAttribute()方法**

该方法用于从 ServletRequest 对象中删除指定名称的属性，其完整的语法定义如下。

```
public void removeAttribute(java.lang.String name);
```

- **getAttributeNames()方法**

该方法用于返回一个包含 ServletRequest 对象中的所有属性名的 Enumeration 对象，在此基础上，可以对 ServletRequest 对象中的所有属性进行遍历处理。getAttributeNames()方法的完整语法定义如下。

```
public java.util.Enumeration getAttributeNames();
```

需要注意的是，只有属于同一个请求中的数据才可以通过 ServletRequest 对象传递数据。关于 ServletRequest 对象操作属性的具体用法，将在后面的小节进行详细讲解。在此，大家只需了解即可。

4.5 RequestDispatcher 对象的应用

4.5.1 RequestDispatcher 接口

当一个 Web 资源收到客户端的请求后，如果希望服务器通知另外一个资源去处理请求，这时，除了使用 sendRedirect()方法实现请求重定向外，还可以通过 RequestDispatcher 接口的实例对象来实现。在 ServletRequest 接口中定义了一个获取 RequestDispatcher 对象的方法，如表 4-5 所示。

表 4-5 获取 RequestDispatcher 对象的方法

方法声明	功能描述
RequestDispatcher getRequestDispatcher (String path)	返回封装了某个路径所指定资源的 RequestDispatcher 对象。其中，参数 path 必须以 “/” 开头，用于表示当前 Web 应用的根目录。需要注意的是，WEB-INF 目录中的内容对 RequestDispatcher 对象也是可见的，因此，传递给 getRequestDispatcher(String path)方法的资源可以是 WEB-INF 目录中的文件

获取到 RequestDispatcher 对象后，最重要的工作就是通知其他 Web 资源处理当前的 Servlet 请求，为此，在 RequestDispatcher 接口中，定义了两个相关方法，如表 4-6 所示。

表 4-6 RequestDispatcher 接口的方法

方法声明	功能描述
forward(ServletRequest request, ServletResponse response)	该方法用于将请求从一个 Servlet 传递给另外的一个 Web 资源。在 Servlet 中，可以对请求做一个初步处理，然后通过调用这个方法，将请求传递给其他资源进行响应。需要注意的是，该方法必须在响应提交给客户端之前被调用，否则将抛出 IllegalStateException 异常
include(ServletRequest request, ServletResponse response)	该方法用于将其他的资源作为当前响应内容包含进来

表 4-6 列举的两个方法中，forward()方法可以实现请求转发，include()方法可以实现请求

包含。关于请求转发和请求包含的相关知识，将在下面的小节中进行详细讲解。

4.5.2 请求转发

在 Servlet 中，如果当前 Web 资源不想处理请求时，可以通过 forward()方法将当前请求传递给其他的 Web 资源进行处理，这种方式称为请求转发。为了使读者更好地理解使用 forward()方法实现请求转发的工作原理，接下来通过一张图来描述，如图 4-25 所示。

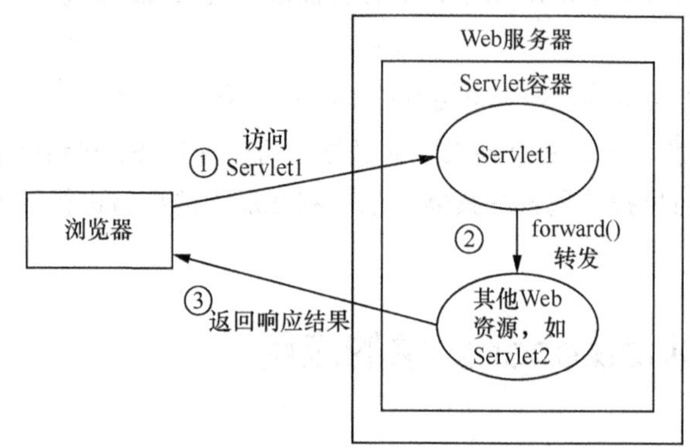

图4-25 forward()方法的工作原理

从图 4-25 中可以看出，当客户端访问 Servlet1 时，可以通过 forward()方法将请求转发给其他 Web 资源，其他 Web 资源处理完请求后，直接将响应结果返回到客户端。

了解了 forward()方法的工作原理后，接下来，通过一个案例来学习 forward()方法的使用。

在 chapter04 项目的 cn.itcast.chapter04.request 包中编写一个名为 RequestForwardServlet 的 Servlet 类，该类使用 forword()方法将请求转发到一个新的 Servlet 页面，如文件 4-16 所示。

文件 4-16 RequestForwardServlet.java

```
package cn.itcast.chapter04.request;
import java.io.IOException;
import javax.servlet.*;
import javax.servlet.http.*;
public class RequestForwardServlet extends HttpServlet {
    public void doGet(HttpServletRequest request,
       HttpServletResponse response)throws ServletException, IOException {
        response.setContentType("text/html;charset=utf-8");
        // 将数据存储到 request 对象中
        request.setAttribute("company", "北京传智播客教育科技有限公司");
        RequestDispatcher dispatcher = request
                .getRequestDispatcher("/ResultServlet");
        dispatcher.forward(request, response);
    }
    public void doPost(HttpServletRequest request,
       HttpServletResponse response)throws ServletException, IOException {
        doGet(request, response);
    }
}
```

在文件 4-16 中，通过使用 forward()方法，将当前 Servlet 的请求转发到 ResultServlet 页面，

在 cn.itcast.chapter04.request 包中编写一个名为 ResultServlet 的 Servlet 类，该类用于获取 RequestForwardServlet 类中保存在 request 对象中的数据并输出，ResultServlet 类的代码实现如文件 4-17 所示。

文件 4-17 ResultServlet.java

```
package cn.itcast.chapter04.request;
import java.io.*;
import javax.servlet.*;
import javax.servlet.http.*;
public class ResultServlet extends HttpServlet {
    public void doGet(HttpServletRequest request,
       HttpServletResponse response)throws ServletException, IOException {
        response.setContentType("text/html;charset=utf-8");
        // 获取 PrintWriter 对象用于输出信息
        PrintWriter out = response.getWriter();
        // 获取 request 请求对象中保存的数据
        String company = (String) request.getAttribute("company");
        if (company != null) {
            out.println("公司名称：" + company + "<br>");
        }
    }
    public void doPost(HttpServletRequest request,
       HttpServletResponse response)throws ServletException, IOException {
        doGet(request, response);
    }
}
```

在 web.xml 中，添加完两个 Servlet 的映射信息后，启动 Tomcat 服务器，在浏览器中输入地址“http://localhost:8080/chapter04/RequestForwardServlet”访问 RequestForwardServlet，浏览器的显示结果如图 4-26 所示。

图4-26 运行结果

从图 4-26 中可以看出，地址栏中显示的仍然是 RequestForwardServlet 的请求路径，但是浏览器中却显示出了 ResultServlet 中要输出的内容。这是因为请求转发是发生在服务器内部的行为，从 RequestForwardServlet 到 ResultServlet 属于一次请求，在一次请求中是可以使用 request 属性来进行数据共享的。

4.5.3 请求包含

请求包含指的是使用 include()方法将 Servlet 请求转发给其他 Web 资源进行处理，与请求转发不同的是，在请求包含返回的响应消息中，既包含了当前 Servlet 的响应消息，也包含了其他 Web 资源所作出的响应消息。为了使读者更好地理解使用 include()方法实现请求包含的工作原理，接下来，通过一个图来描述，如图 4-27 所示。

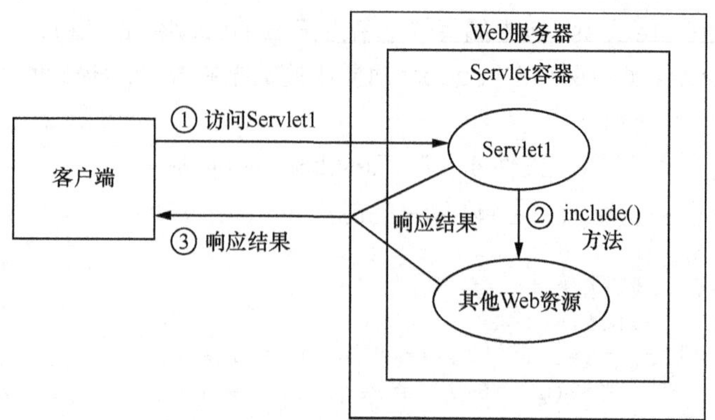

图4-27　include()方法的工作原理

从图 4-27 中可以看出，当客户端访问 Servlet1 时，Servlet1 通过调用 include()方法将其他 Web 资源包含了进来，这样，当请求处理完毕后，回送给客户端的响应结果既包含当前 Servlet 的响应结果，也包含其他 Web 资源的响应结果。

了解了 include()方法的工作原理后，接下来，通过一个案例来讲解 include()方法的使用。

首先在 cn.itcast.chapter04.request 包中编写两个 Servlet，分别是 IncludingServlet 和 IncludedServlet。其中，在 IncludingServlet 中使用 include()方法请求包含 IncludedServlet。这两个 Servlet 的具体实现代码如文件 4-18、文件 4-19 所示。

文件 4-18　IncludingServlet.java

```
package cn.itcast.chapter04.request;
import java.io.*;
import javax.servlet.*;
import javax.servlet.http.*;
public class IncludingServlet extends HttpServlet {
    public void doGet(HttpServletRequest request,
       HttpServletResponse response)throws ServletException, IOException {
        PrintWriter out = response.getWriter();
        RequestDispatcher rd = request
                 .getRequestDispatcher("/IncludedServlet?p1=abc");
        out.println("before including" + "<br />");
        rd.include(request, response);
        out.println("after including" + "<br />");
    }
    public void doPost(HttpServletRequest request,
       HttpServletResponse response)throws ServletException, IOException {
        doGet(request, response);
    }
}
```

文件 4-19　IncludedServlet.java

```
package cn.itcast.chapter04.request;
import java.io.*;
import javax.servlet.*;
import javax.servlet.http.*;
public class IncludedServlet extends HttpServlet {
```

```
6      public void doGet(HttpServletRequest request,
7         HttpServletResponse response)throws ServletException, IOException {
8          // 设置响应时使用的字符编码
9          response.setContentType("text/html;charset=utf-8");
10         response.setCharacterEncoding("utf-8");
11         PrintWriter out = response.getWriter();
12         out.println("中国" + "<br />");
13         out.println("URI:" + request.getRequestURI() + "<br />");
14         out.println("QueryString:" + request.getQueryString() + "<br />");
15         out.println("parameter p1:" +
16                     request.getParameter("p1") + "<br />");
17     }
18     public void doPost(HttpServletRequest request,
19        HttpServletResponse response)throws ServletException, IOException {
20         doGet(request, response);
21     }
22 }
```

在 web.xml 中，添加完两个 Servlet 的映射信息后，启动 Tomcat 服务器，在浏览器的地址栏中输入地址“http://localhost:8080/chapter04/IncludingServlet”访问 IncludingServlet，浏览器的显示结果如图 4-28 所示。

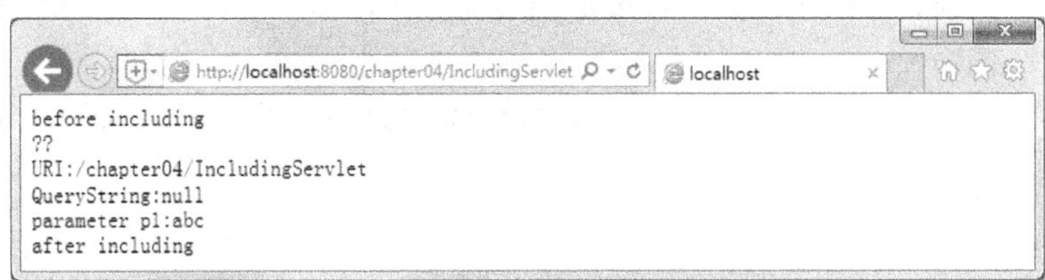

图4-28 运行结果

从图 4-28 中可以看到，输出的中文字符出现了乱码，说明在文件 4-19 中，用于设置响应字符编码的第 9 行代码没有起到作用。这是因为浏览器在请求 IncludingServlet 时，用于封装响应消息的 HttpServletResponse 对象已经创建，该对象在编码时采用的是默认的 ISO-8859-1，所以，当客户端对接收到的数据进行解码时，Web 服务器会继续保持调用 HttpServletResponse 对象中的信息，从而使 IncludedServlet 中的输出内容发生乱码。

为了解决图 4-28 所示的乱码问题，接下来，对文件 4-18 进行修改，在第 7 行和第 8 行代码之间增加一行代码来设置浏览器显示内容时的编码，具体如下：

```
response.setContentType("text/html;charset=utf-8");
```

重新启动 Tomcat 服务器，通过浏览器重新访问 IncludingServlet，此时，浏览器的显示结果如图 4-29 所示。

图4-29 运行结果

从图 4-29 可以看出，IncludedServlet 中输出的中文字符正常显示了。需要注意的是，使用 include()方法实现请求包含后，浏览器显示的 URL 地址是不会发生变化的。

4.6 本章小结

本章主要介绍了 HttpServletResponse 对象和 HttpServletRequest 对象的使用，其中，HttpServletResponse 对象封装了 HTTP 响应消息，并且提供了发送状态码、发送响应消息头、发送响应消息体的方法。使用这些方法可以解决中文输出乱码问题，实现网页的定时刷新跳转、请求重定向等。HttpServletRequest 对象封装了 HTTP 请求消息，也提供了获取请求行、获取请求消息头、获取请求参数的方法。使用这些方法可以解决请求参数的中文乱码问题，并且使用 request 域对象传递数据的方法，还可以实现请求转发和请求包含。HttpServletResponse 和 HttpServletRequest 在 Web 开发中至关重要，大家要认真学习，深刻掌握。

【测一测】

学习完前面的内容，下面来动手测一测吧，请思考以下问题。

1. 简述请求转发与重定向的异同（至少写 3 点）。
2. 请写出禁止浏览器缓存页面的核心代码。
3. 请编写一个类，该类能够实现访问完 App 应用下的 Servlet 后，还能在浏览器地址栏中显示出 index.jsp 的路径。
4. 请编写一个类，该类使用 HttpServletRequest 对象的 getHeader("referer")方法实现下载资源防盗链的功能。

5 Chapter

第 5 章 会话及其会话技术

Java Web

学习目标

- 了解什么是 Cookie，掌握 Cookie 对象的使用
- 了解什么是 Session，掌握 Session 对象的使用
- 学会使用 Session 对象实现购物车和用户登录功能

当用户通过浏览器访问 Web 应用时，通常情况下，服务器需要对用户的状态进行跟踪。例如，用户在网站结算商品时，Web 服务器必须根据请求用户的身份，找到该用户所购买的商品。在 Web 开发中，服务器跟踪用户信息的技术称为会话技术。接下来，本章将针对会话及其会话技术进行详细的讲解。

5.1 会话概述

在日常生活中，从拨通电话到挂断电话之间的一连串的你问我答的过程就是一个会话。Web 应用中的会话过程类似于生活中的打电话过程，它指的是一个客户端（浏览器）与 Web 服务器之间连续发生的一系列请求和响应过程，例如，一个用户在某网站上的整个购物过程就是一个会话。

在打电话过程中，通话双方会有通话内容，同样，在客户端与服务器端交互的过程中，也会产生一些数据。例如，用户甲和乙分别登录了购物网站，甲购买了一个 Nokia 手机，乙购买了一个 iPad，当这两个用户结账时，Web 服务器需要对用户甲和乙的信息分别进行保存。在前面章节讲解的对象中，HttpServletRequest 对象和 ServletContext 对象都可以对数据进行保存，但是这两个对象都不可行，具体原因如下。

（1）客户端请求 Web 服务器时，针对每次 HTTP 请求，Web 服务器都会创建一个 HttpServletRequest 对象，该对象只能保存本次请求所传递的数据。由于购买和结账是两个不同的请求，因此，在发送结账请求时，之前购买请求中的数据将会丢失。

（2）使用 ServletContext 对象保存数据时，由于同一个 Web 应用共享的是同一个 ServletContext 对象，因此，当用户在发送结账请求时，由于无法区分哪些商品是哪个用户所购买的，而会将该购物网站中所有用户购买的商品进行结算，这显然也是不可行的。

为了保存会话过程中产生的数据，在 Servlet 技术中，提供了两个用于保存会话数据的对象，分别是 Cookie 和 Session。关于 Cookie 和 Session 的相关知识，将在下面的小节进行详细讲解。

5.2 Cookie 对象

Cookie 是一种会话技术，它用于将会话过程中的数据保存到用户的浏览器中，从而使浏览器和服务器可以更好地进行数据交互。接下来，本节将针对 Cookie 进行详细的讲解。

5.2.1 什么是 Cookie

在现实生活中，当顾客在购物时，商城经常会赠送顾客一张会员卡，卡上记录用户的个人信息（姓名、手机号等）、消费额度和积分额度等。顾客一旦接受了会员卡，以后每次光临该商场时，都可以使用这张会员卡，商场也将根据会员卡上的消费记录计算会员的优惠额度和累加积分。在 Web 应用中，Cookie 的功能类似于这张会员卡，当用户通过浏览器访问 Web 服务器时，服务器会给客户端发送一些信息，这些信息都保存在 Cookie 中。这样，当该浏览器再次访问服务器时，都会在请求头中将 Cookie 发送给服务器，方便服务器对浏览器做出正确的响应。

服务器向客户端发送 Cookie 时，会在 HTTP 响应头字段中增加 Set-Cookie 响应头字段。

Set-Cookie 头字段中设置的 Cookie 遵循一定的语法格式，具体示例如下。

```
Set-Cookie: user=itcast; Path=/;
```

在上述示例中，user 表示 Cookie 的名称，itcast 表示 Cookie 的值，Path 表示 Cookie 的属性。需要注意的是，Cookie 必须以键值对的形式存在，其属性可以有多个，但这些属性之间必须用分号和空格分隔。

了解了 Cookie 信息的发送方式后，接下来，通过一张图来描述 Cookie 在浏览器和服务器之间的传输过程，具体如图 5-1 所示。

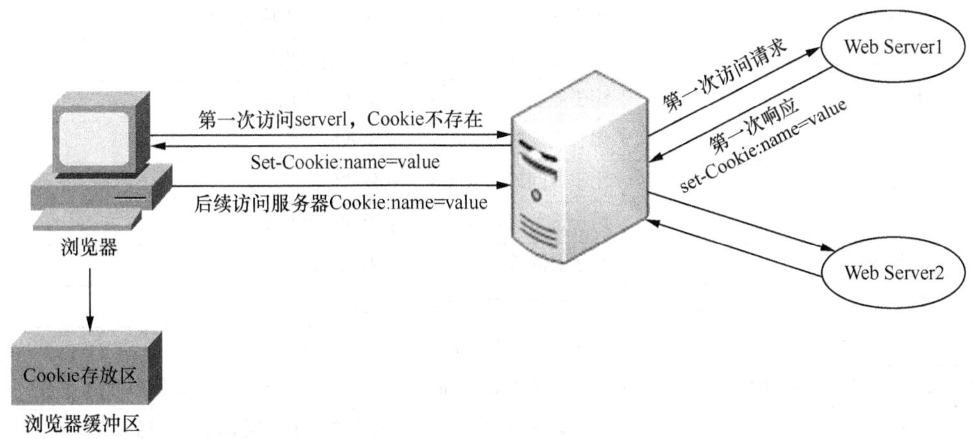

图5-1　Cookie在浏览器和服务器之间传输的过程

图 5-1 描述了 Cookie 在浏览器和服务器之间的传输过程。当用户第 1 次访问服务器时，服务器会在响应消息中增加 Set-Cookie 头字段，将用户信息以 Cookie 的形式发送给浏览器。一旦用户浏览器接受了服务器发送的 Cookie 信息，就会将它保存在浏览器的缓冲区中。这样，当浏览器后续访问该服务器时，都会在请求消息中将用户信息以 Cookie 的形式发送给 Web 服务器，从而使服务器端分辨出当前请求是由哪个用户发出的。

5.2.2　Cookie API

为了封装 Cookie 信息，在 Servlet API 中提供了一个 javax.servlet.http.Cookie 类，该类包含了生成 Cookie 信息和提取 Cookie 信息各个属性的方法。Cookie 的构造方法和常用方法具体如下。

1. 构造方法

Cookie 类有且仅有一个构造方法，具体语法格式如下。

```
public Cookie(java.lang.String name,java.lang.String value)
```

在 Cookie 的构造方法中，参数 name 用于指定 Cookie 的名称，value 用于指定 Cookie 的值。需要注意的是，Cookie 一旦创建，它的名称就不能更改，Cookie 的值可以为任何值，创建后允许被修改。

2. Cookie 类的常用方法

通过 Cookie 的构造方法创建 Cookie 对象后，便可调用该类的所有方法，表 5-1 列举了 Cookie 的常用方法。

表 5-1　Cookie 类的常用方法

方法声明	功能描述
String getName()	用于返回 Cookie 的名称
void setValue(String newValue)	用于为 Cookie 设置一个新的值
String getValue()	用于返回 Cookie 的值
void setMaxAge(int expiry)	用于设置 Cookie 在浏览器客户机上保持有效的秒数
int getMaxAge()	用于返回 Cookie 在浏览器客户机上保持有效的秒数
void setPath(String uri)	用于设置该 Cookie 项的有效目录路径
String getPath()	用于返回该 Cookie 项的有效目录路径
void setDomain(String pattern)	用于设置该 Cookie 项的有效域
String getDomain()	用于返回该 Cookie 项的有效域
void setVersion(int v)	用于设置该 Cookie 项采用的协议版本
int getVersion()	用于返回该 Cookie 项采用的协议版本
void setComment(String purpose)	用于设置该 Cookie 项的注解部分
String getComment()	用于返回该 Cookie 项的注解部分
void setSecure(boolean flag)	用于设置该 Cookie 项是否只能使用安全的协议传送
boolean getSecure()	用于返回该 Cookie 项是否只能使用安全的协议传送

表 5-1 中列举了 Cookie 类的常用方法，大多数方法都比较简单。接下来，只针对表中比较难以理解的方法进行讲解，具体如下。

1）setMaxAge（int expiry）和 getMaxAge()方法

上面的这两个方法用于设置和返回 Cookie 在浏览器上保持有效的秒数。如果设置的值为一个正整数时，浏览器会将 Cookie 信息保存在本地硬盘中。从当前时间开始，在没有超过指定的秒数之前，这个 Cookie 都保持有效，并且同一台计算机上运行的该浏览器都可以使用这个 Cookie 信息。如果设置值为负整数时，浏览器会将 Cookie 信息保存在缓存中，当浏览器关闭时，Cookie 信息会被删除。如果设置值为 0 时，则表示通知浏览器立即删除这个 Cookie 信息。默认情况下，Max-Age 属性的值是-1。

2）setPath（String uri）和 getPath()方法

上面的这两个方法是针对 Cookie 的 Path 属性的。如果创建的某个 Cookie 对象没有设置 Path 属性，那么该 Cookie 只对当前访问路径所属的目录及其子目录有效。如果想让某个 Cookie 项对站点的所有目录下的访问路径都有效，应调用 Cookie 对象的 setPath()方法将其 Path 属性设置为“/”。

3）setDomain（String pattern）和 getDomain()方法

上面的这两个方法是针对 Cookie 的 domain 属性的。domain 属性是用来指定浏览器访问的域。例如，传智播客的域为“itcast.cn”。那么，当设置 domain 属性时，其值必须以“.”开头，如 domain=.itcast.cn。默认情况下，domain 属性的值为当前主机名，浏览器在访问当前主机下的资源时，都会将 Cookie 信息回送给服务器。需要注意的是，domain 属性的值是不区分大小写的。

【任务 5-1】显示用户上次访问时间

【任务目标】

当用户访问某些 Web 应用时，经常会显示出该用户上一次的访问时间。例如，QQ 登录成功后，会显示用户上次的登录时间。通过本任务，读者将学会如何使用 Cookie 技术实现显示用户上次的访问时间的功能。

【实现步骤】

1. 创建 Servlet

在 Eclipse 中新建 Web 项目 chapter05，并在该项目下新建一个名称为 cn.itcast.chapter05.cookie.example 的包，在该包中编写一个名称为 LastAccessServlet 的 Servlet 类，该类主要用于实现获取 Cookie 信息并将当前时间作为 Cookie 值发送给客户端。LastAccessServlet 类的具体实现代码如文件 5-1 所示。

文件 5-1　LastAccessServlet.java

```
package cn.itcast.chapter05.cookie.example;
import java.io.IOException;
import java.text.SimpleDateFormat;
import java.util.Date;
import javax.servlet.ServletException;
import javax.servlet.http.*;
public class LastAccessServlet extends HttpServlet {
  private static final long serialVersionUID = 1L;
  public void doGet(HttpServletRequest request,
                HttpServletResponse response)
          throws ServletException, IOException {
       // 指定服务器输出内容的编码方式 UTF-8，防止发生乱码
       response.setContentType("text/html;charset=utf-8");
       String lastAccessTime = null;
       // 获取所有的 cookie，并将这些 cookie 存放在数组中
       Cookie[] cookies = request.getCookies();
       // 遍历 cookies 数组
       for (int i = 0; cookies != null && i < cookies.length; i++) {
           if ("lastAccess".equals(cookies[i].getName())) {
               // 如果 cookie 的名称为 lastAccess，则获取该 cookie 的值
               lastAccessTime = cookies[i].getValue();
               break;
           }
       }
       // 判断是否存在名称为 lastAccess 的 cookie
       if (lastAccessTime == null) {
           response.getWriter().print("您是首次访问本站！！！");
       } else {
           response.getWriter().print("您上次的访问时间是： "
                       + lastAccessTime);
```

```
31          }
32          // 创建 cookie,将当前时间作为 cookie 的值发送给客户端
33          String currentTime = new SimpleDateFormat("yyyy-MM-dd hh:mm:ss")
34                  .format(new Date());
35          Cookie cookie = new Cookie("lastAccess",currentTime);
36          // 发送 cookie
37          response.addCookie(cookie);
38      }
39      public void doPost(HttpServletRequest req, HttpServletResponse resp)
40              throws ServletException, IOException {
41          this.doPost(req, resp);
42      }
43  }
```

在文件 5-1 中，第 14 行代码定义了一个 lastAccessTime 变量，用于保存用户上一次的访问时间；第 16 行代码用于获取所有的 Cookie；第 18~24 行代码用于遍历所有的 Cookie，获取其中名为 lastAccess 的 Cookie，并获取该 Cookie 的值保存在 lastAccessTime 变量中；第 26~31 行代码判断是否存在名称为 lastAccess 的 Cookie，不存在则上一次访问时间 lastAccessTime 的值为 null，说明用户是首次访问本站，否则不是第一次访问，输出上一次访问的时间；第 33~35 行代码用于记录当前访问时间，保存到名为 lastAccess 的 Cookie 中；第 37 行代码用于向客户端发送 Cookie。

2. 配置映射信息，查看运行效果

在 web.xml 文件中配置 LastAccessServlet 的映射，然后启动 Tomcat 服务器，在浏览器的地址栏中输入“http://localhost:8080/chapter05/LastAccessServlet”访问 LastAccessServlet，由于是第一次访问 LastAccessServlet，会在浏览器中看到“您是首次访问本站!!!”的信息，如图 5-2 所示。

图5-2 运行结果

重新访问地址“http://localhost:8080/chapter05/LastAccessServlet”，浏览器的显示结果如图 5-3 所示。

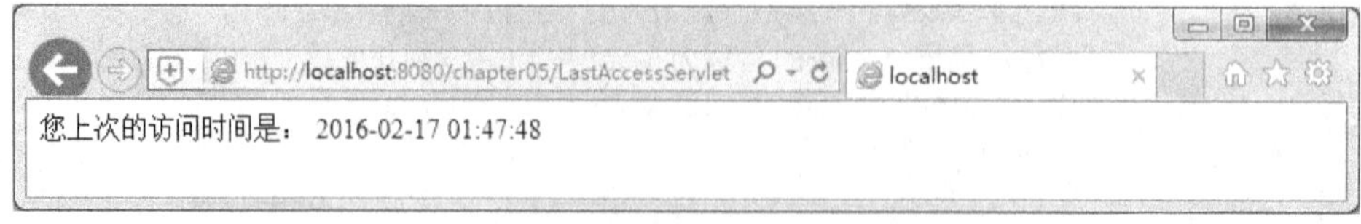

图5-3 运行结果

图 5-3 显示了用户的上次访问时间，这是因为用户第一次访问 LastAccessServlet 时，LastAccessServlet 向浏览器发送了保存用户访问时间的 Cookie 信息。但是，当我们将图 5-3 所示的浏览器关闭后，再次打开浏览器，访问 LastAccessServlet 时，浏览器的显示结果如图 5-4 所示。

图5-4　运行结果

从图 5-4 中可以看出，浏览器没有显示访问时间，这说明之前浏览器端存放的 Cookie 信息被删除了。之所以出现这样的情况，是因为在默认情况下，Cookie 对象的 Max-Age 属性的值是-1，即浏览器关闭时，删除这个 Cookie 对象。因此，为了让 Cookie 对象在客户端有较长的存活时间，可以通过 setMaxAge()方法进行设置。例如，在文件 5-1 的第 35 行代码下增加一行代码，将 Cookie 的有效时间设置为 1 小时，增加的代码如下所示。

```
cookie.setMaxAge(60*60);
```

这时，通过浏览器访问 LastAccessServlet 时，只要 Cookie 设置的有效时间没有结束，用户就一直可以看到上次的访问时间。

5.3 Session 对象

Cookie 技术可以将用户的信息保存在各自的浏览器中，并且可以在多次请求下实现数据的共享。但是，如果传递的信息比较多，使用 Cookie 技术显然会增大服务器端程序处理的难度，这时，可以使用 Session 技术。Session 是一种将会话数据保存到服务器端的技术。接下来，本节将针对 Session 进行详细的讲解。

5.3.1 什么是 Session

当人们去医院就诊时，就诊病人需要办理医院的就诊卡，该卡上只有卡号，而没有其他信息。但病人每次去该医院就诊时，只要出示就诊卡，医务人员便可根据卡号查询到病人的就诊信息。Session 技术就好比医院发放给病人的就医卡和医院为每个病人保留病例档案的过程。当浏览器访问 Web 服务器时，Servlet 容器就会创建一个 Session 对象和 ID 属性，其中，Session 对象就相当于病历档案，ID 就相当于就诊卡号。当客户端后续访问服务器时，只要将标识号传递给服务器，服务器就能判断出该请求是哪个客户端发送的，从而选择与之对应的 Session 对象为其服务。

需要注意的是，由于客户端需要接收、记录和回送 Session 对象的 ID，因此，通常情况下，Session 是借助 Cookie 技术来传递 ID 属性的。

为了使读者更好地理解 Session，接下来，以网站购物为例，通过一张图来描述 Session 保存用户信息的原理，具体如图 5-5 所示。

在图 5-5 中，用户甲和乙都调用 buyServlet 将商品添加到购物车中，调用 payServlet 进行商品结算。由于甲和乙购买商品的过程类似，在此，以用户甲为例进行详细说明。当用户甲访问购物网站时，服务器为甲创建了一个 Session 对象（相当于购物车）。当甲将 Nokia 手机添加到购物车时，Nokia 手机的信息便存放到了 Session 对象中。同时，服务器将 Session 对象的 ID 属性以 Cookie (Set-Cookie: JSESSIONID=111)的形式返回给甲的浏览器。当甲完成购物进行结账时，需要向服务器发送结账请求，这时，浏览器自动在请求消息头中将 Cookie (Cookie: JSESSIONID=111)信息回送给服务器，服务器根据 ID 属性找到为用户甲所创建的 Session 对象，并将 Session 对象中所存放的 Nokia 手机信息取出进行结算。

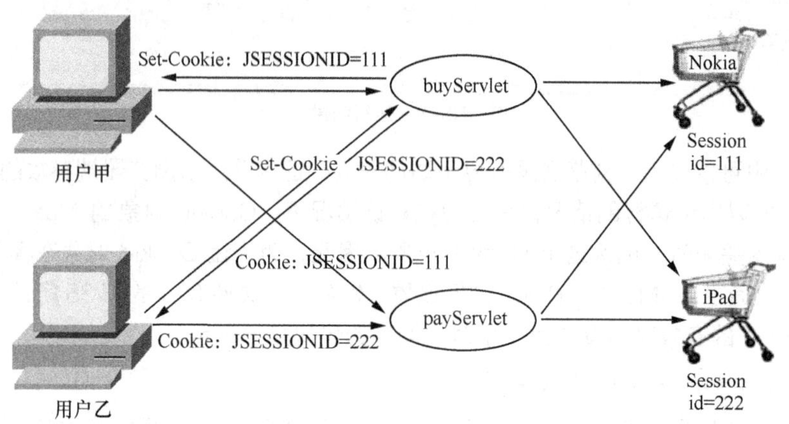

图5-5　Session保存用户信息的过程

5.3.2 HttpSession API

Session 是与每个请求消息紧密相关的，为此，HttpServletRequest 定义了用于获取 Session 对象的 getSession()方法，该方法有两种重载形式，具体如下。

```
public HttpSession getSession(boolean create)
public HttpSession getSession()
```

上面重载的两个方法都用于返回与当前请求相关的 HttpSession 对象。不同的是，第 1 个 getSession()方法根据传递的参数来判断是否创建新的 HttpSession 对象，如果参数为 true，则在相关的 HttpSession 对象不存在时创建并返回新的 HttpSession 对象，否则不创建新的 HttpSession 对象，而是返回 null。第 2 个 getSession()方法则相当于第 1 个方法参数为 true 时的情况，在相关的 HttpSession 对象不存在时总是创建新的 HttpSession 对象。需要注意的是，由于 getSession()方法可能会产生发送会话标识号的 Cookie 头字段，因此，必须在发送任何响应内容之前调用 getSession()方法。

要想使用 HttpSession 对象管理会话数据，不仅需要获取到 HttpSession 对象，还需要了解 HttpSession 对象的相关方法。HttpSession 接口中定义的操作会话数据的常用方法如表 5-2 所示。

表 5-2　HttpSession 接口中的常用方法

方法声明	功能描述
String getId()	用于返回与当前 HttpSession 对象关联的会话标识号
long getCreationTime()	返回 Session 创建的时间，这个时间是创建 Session 的时间与 1970 年 1 月 1 日 00:00:00 之间时间差的毫秒表示形式
long getLastAccessedTime()	返回客户端最后一次发送与 Session 相关请求的时间，这个时间是发送请求的时间与 1970 年 1 月 1 日 00:00:00 之间时间差的毫秒表示形式
void setMaxInactiveInterval(int interval)	用于设置当前 HttpSession 对象可空闲的以秒为单位的最长时间，也就是修改当前会话的默认超时间隔
boolean isNew()	判断当前 HttpSession 对象是否是新创建的
void invalidate()	用于强制使 Session 对象无效

续表

方法声明	功能描述
ServletContext getServletContext()	用于返回当前 HttpSession 对象所属于的 Web 应用程序对象，即代表当前 Web 应用程序的 ServletContext 对象
void setAttribite(String name,Object value)	用于将一个对象与一个名称关联后存储到当前的 HttpSession 对象中
String getAttribute()	用于从当前 HttpSession 对象中返回指定名称的属性对象
void removeAttribute(String name)	用于从当前 HttpSession 对象中删除指定名称的属性

表 5-2 列举了 HttpSession 接口中的常用方法，这些方法都是用来操作 HttpSession 对象的。

5.3.3　Session 超时管理

当客户端第 1 次访问某个能开启会话功能的资源时，Web 服务器就会创建一个与该客户端对应的 HttpSession 对象。在 HTTP 协议中，Web 服务器无法判断当前的客户端浏览器是否还会继续访问，也无法检测客户端浏览器是否关闭。所以，即使客户端已经离开或关闭了浏览器，Web 服务器还要保留与之对应的 HttpSession 对象。随着时间的推移，这些不再使用的 HttpSession 对象会在 Web 服务器中积累的越来越多，从而使 Web 服务器内存耗尽。

为了解决上面的问题，Web 服务器采用了“超时限制”的办法来判断客户端是否还在继续访问。在一定时间内，如果某个客户端一直没有请求访问，那么，Web 服务器就会认为该客户端已经结束请求，并且将与该客户端会话所对应的 HttpSession 对象变成垃圾对象，等待垃圾收集器将其从内存中彻底清除。反之，如果浏览器超时后，再次向服务器发出请求访问，那么，Web 服务器则会创建一个新的 HttpSession 对象，并为其分配一个新的 ID 属性。

在会话过程中，会话的有效时间可以在 web.xml 文件中设置，其默认值由 Servlet 容器定义。在<Tomcat 安装目录>\conf\web.xml 文件中，可以找到如下一段配置信息。

```
<session-config>
  <session-timeout>30</session-timeout>
</session-config>
```

在上面的配置信息中，设置的时间值是以分钟为单位的，即 Tomcat 服务器的默认会话超时间隔为 30 分钟。如果将<session-timeout>元素中的时间值设置成 0 或一个负数，则表示会话永不超时。由于<Tomcat 安装目录>\conf\web.xml 文件对站点内的所有 Web 应用程序都起作用，因此，如果想单独设置某个 Web 应用程序的会话超时间隔，则需要在自己应用的 web.xml 文件中进行设置。需要注意的是，要想使 Session 失效，除了可以等待会话时间超时外，还可以通过 invalidate()方法强制使会话失效。

5.4　阶段案例

【任务 5-2】实现购物车

【任务目标】

通过所学 Session 知识及购物车的访问流程，以购买图书为例，模拟实现购物车功能。购物车的访问流程具体如图 5-6 所示。

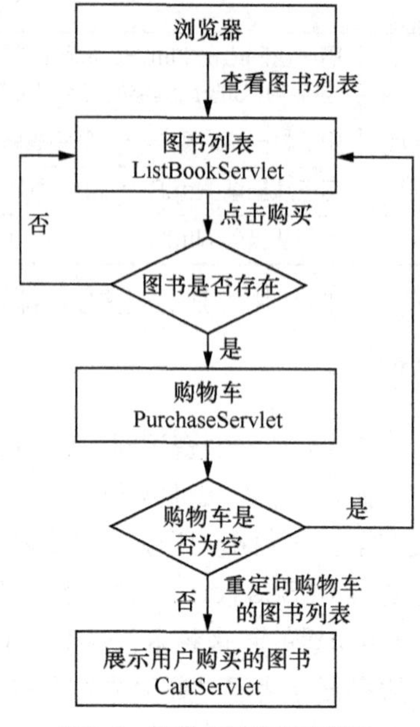

图5-6　购物车的实现流程图

图 5-6 描述的是购物车的实现流程，当用户使用浏览器访问某个网站的图书列表页面时，如果购买某一本书，那么首先会判断书籍是否存在，如果存在就加入购物车，跳转到购物车中所购买图书的列表页面。否则，返回图书列表页面。

【实现步骤】

1. 创建封装图书信息类

在 chapter05 项目下新建一个名称为 cn.itcast.chapter05.session.example01 的包，在该包中创建一个名称为 Book 的类，该类用于封装图书的信息，其中定义了 id 和 name 属性，分别用来表示书的编号和名称。其实现代码如文件 5-2 所示。

文件 5-2　Book.java

```
package cn.itcast.chapter05.session.example01;
import java.io.Serializable;
public class Book implements Serializable {
    private static final long serialVersionUID = 1L;
    private String id;
    private String name;
    public Book() {
    }
    public Book(String id, String name) {
        this.id = id;
        this.name = name;
    }
    public String getId() {
        return id;
```

```
    }
    public void setId(String id) {
        this.id = id;
    }
    public String getName() {
        return name;
    }
    public void setName(String name) {
        this.name = name;
    }
}
```

2. 创建数据库模拟类

在 cn.itcast.chapter05.session.example01 包中创建一个名称为 BookDB 的类，该类用于模拟保存所有图书的数据库。其实现代码如文件 5-3 所示。

文件 5-3　BookDB.java

```
package cn.itcast.chapter05.session.example01;
import java.util.Collection;
import java.util.LinkedHashMap;
import java.util.Map;
public class BookDB {
private static Map<String, Book> books = new LinkedHashMap<String, Book>();
    static {
        books.put("1", new Book("1", "javaweb 开发"));
        books.put("2", new Book("2", "jdbc 开发"));
        books.put("3", new Book("3", "java 基础"));
        books.put("4", new Book("4", "struts 开发"));
        books.put("5", new Book("5", "spring 开发"));
    }
    // 获得所有的图书
    public static Collection<Book> getAll() {
        return books.values();
    }
    // 根据指定的 id 获得图书
    public static Book getBook(String id) {
        return books.get(id);
    }
}
```

在上述代码中，通过 Map 集合存储了 5 个不同的 Book 对象，提供了获取指定图书和所有图书的相关方法。

3. 创建 Servlet

（1）创建一个名称为 ListBookServlet 的 Servlet 类，该 Servlet 用于显示所有可购买图书的列表，通过单击“购买”链接，便可将指定的图书添加到购物车中。其实现代码如文件 5-4 所示。

文件 5-4　ListBookServlet.java

```
package cn.itcast.chapter05.session.example01;
import java.io.*;
```

```
import java.util.Collection;
import javax.servlet.ServletException;
import javax.servlet.http.*;
public class ListBookServlet extends HttpServlet {
    private static final long serialVersionUID = 1L;
    public void doGet(HttpServletRequest req, HttpServletResponse resp)
            throws ServletException, IOException {
        resp.setContentType("text/html;charset=utf-8");
        PrintWriter out = resp.getWriter();
        Collection<Book> books = BookDB.getAll();
        out.write("本站提供的图书有：<br />");
        for (Book book : books) {
            String url = "/chapter05/PurchaseServlet?id=" + book.getId();
            out.write(book.getName() + "<a href='" + url
                    + "'>点击购买</a><br />");
        }
    }
}
```

（2）创建一个名称为 PurchaseServlet 的 Servlet 类，其实现代码如文件 5-5 所示。

文件 5-5 PurchaseServlet.java

```
package cn.itcast.chapter05.session.example01;
import java.io.IOException;
import java.util.*;
import javax.servlet.ServletException;
import javax.servlet.http.*;
public class PurchaseServlet extends HttpServlet {
    private static final long serialVersionUID = 1L;
    public void doGet(HttpServletRequest req, HttpServletResponse resp)
            throws ServletException, IOException {
        // 获得用户购买的商品
        String id = req.getParameter("id");
        if (id == null) {
            // 如果 id 为 null，重定向到 ListBookServlet 页面
            String url = "/chapter05/ListBookServlet";
            resp.sendRedirect(url);
            return;
        }
        Book book = BookDB.getBook(id);
        // 创建或者获得用户的 Session 对象
        HttpSession session = req.getSession();
        // 从 Session 对象中获得用户的购物车
        List<Book> cart = (List) session.getAttribute("cart");
        if (cart == null) {
            // 首次购买，为用户创建一个购物车(List 集合模拟购物车)
            cart = new ArrayList<Book>();
            // 将购物车存入 Session 对象
            session.setAttribute("cart", cart);
        }
```

```
        // 将商品放入购物车
        cart.add(book);
        // 创建 Cookie 存放 Session 的标识号
        Cookie cookie = new Cookie("JSESSIONID", session.getId());
        cookie.setMaxAge(60 * 30);
        cookie.setPath("/chapter05");
        resp.addCookie(cookie);
        // 重定向到购物车页面
        String url = "/chapter05/CartServlet";
        resp.sendRedirect(url);
    }
}
```

文件 5-5 中实现了两个功能，一个是将用户购买的图书信息保存到 Session 对象中；一个是在用户购买图书结束后，将页面重定向到用户已经购买的图书列表。该类在实现时，通过 ArrayList 集合模拟了一个购物车，然后将购买的所有图书添加到购物车中，最后通过 Session 对象传递给 CartServlet，由 CartServlet 展示用户已经购买的图书。

（3）创建一个名称为 CartServlet 的 Servlet 类，该类主要用于展示用户已经购买的图书列表，其实现代码如文件 5-6 所示。

文件 5-6　CartServlet.java

```
package cn.itcast.chapter05.session.example01;
import java.io.*;
import java.util.List;
import javax.servlet.ServletException;
import javax.servlet.http.*;
public class CartServlet extends HttpServlet {
    public void doGet(HttpServletRequest req, HttpServletResponse resp)
            throws ServletException, IOException {
        resp.setContentType("text/html;charset=utf-8");
        PrintWriter out = resp.getWriter();
        // 变量 cart 引用用户的购物车
        List<Book> cart = null;
        // 变量 purFlag 标记用户是否买过商品
        boolean purFlag = true;
        // 获得用户的 session
        HttpSession session = req.getSession(false);
        // 如果 session 为 null，purFlag 置为 false
        if (session == null) {
            purFlag = false;
        } else {
            // 获得用户购物车
            cart = (List) session.getAttribute("cart");
            // 如果用的购物车为 null，purFlag 置为 false
            if (cart == null) {
                purFlag = false;
            }
        }
        /*
```

```
         * 如果 purFlag 为 false，表明用户没有购买图书 重定向到 ListServlet 页面
         */
        if (!purFlag) {
            out.write("对不起！您还没有购买任何商品！<br />");
        } else {
            // 否则显示用户购买图书的信息
            out.write("您购买的图书有：<br />");
            double price = 0;
            for (Book book : cart) {
                out.write(book.getName() + "<br />");
            }
        }
    }
}
```

文件 5-6 中通过 getSession()获取到所有的 Session 对象，然后判断用户是否已经购买图书，如果已经购买过，则显示购买的图书列表，否则在页面显示友好的提示“对不起！您还没有购买任何商品！”。

4. 运行项目，查看结果

在 web.xml 中对相应的 Servlet 进行配置，然后启动 Tomcat 服务器，在浏览器中输入地址“http://localhost:8080/chapter05/ListBookServlet”访问 ListBookServlet，浏览器显示的结果如图 5-7 所示。

图5-7 运行结果

单击图 5-7 中“javaweb 开发”后的“点击购买”链接，浏览器显示的结果如图 5-8 所示。

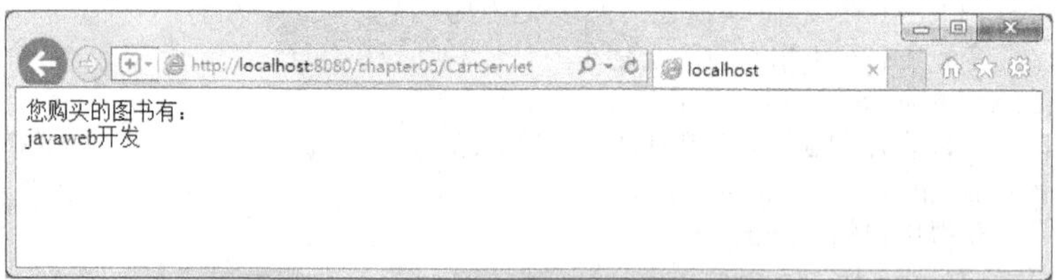

图5-8 运行结果

再次访问 ListBookServlet，选择“jdbc 开发”后的“点击购买”链接，浏览器显示的结果如图 5-9 所示。

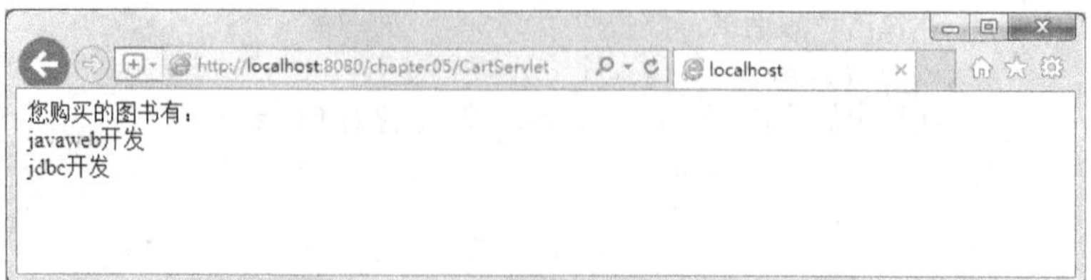

图5-9 运行结果

至此，使用 Session 实现购物车的程序完成了。需要注意的是，为了保存 Session 的 ID 属性，需要创建一个 Cookie 对象，并设置 Cookie 的有效时间。这样做的好处是，在一定时间内，即使用户关闭了浏览器，重新打开浏览器访问这个页面时，服务器也能找到之前为用户创建的 Session 对象。

多学一招：利用 URL 重写实现 Session 跟踪

前面提到过，服务器在传递 Session 对象的 ID 属性时，是以 Cookie 的形式传递给浏览器的。但是，如果浏览器的 Cookie 功能被禁止，那么服务器端是无法通过 Session 保存用户会话信息的。接下来，以任务 5-2 的程序为例进行验证。

（1）禁用浏览器的 Cookie。在浏览器的设置中单击，选择【Internet 选项】，在打开的窗口中选择【隐私】选项卡，将设置选项中的 Cookie 权限改为“阻止所有 Cookie”，如图 5-10 所示。

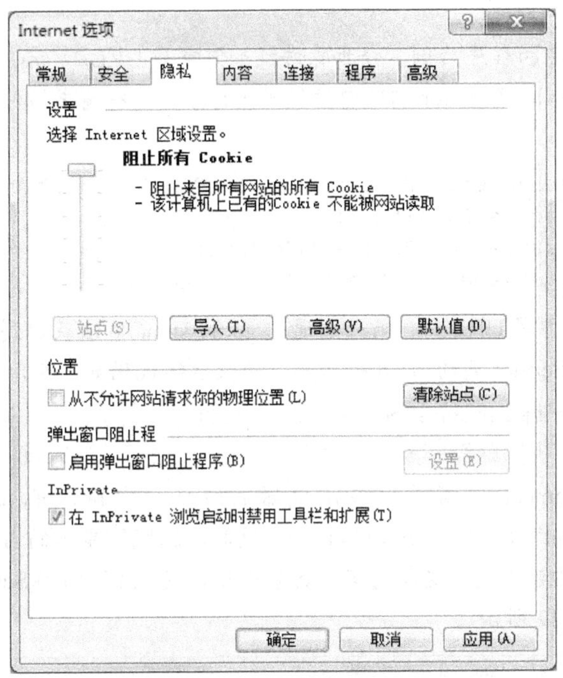

图5-10　禁用浏览器的Cookie

单击图 5-10 中的“确定”按钮，此时，浏览器所有的 Cookie 都被禁用了。

（2）刷新或者重新访问地址“http://localhost:8080/chapter05/CartServlet”，这时，发现浏览器显示的结果如图 5-11 所示。

图5-11　运行结果

从图 5-11 中可以看出，之前所购买的图书都消失了。之所以出现这种情况，是因为浏览器禁用 Cookie 功能后，服务器无法获取到 Session 对象的 ID 属性，即无法获取到保存用户信息的 Session 对象。此时，Web 服务器会将这次会话当成新的会话，从而显示“对不起！您还没有购买任何商品!”。

考虑到浏览器可能不支持 Cookie 的情况，Servlet 规范中还引入了 URL 重写机制来保存用户的会话信息。所谓 URL 重写，指的是将 Session 的会话标识号以参数的形式附加在超链接的 URL 地址后面。对于 Tomcat 服务器来说，就是将 JSESSIONID 关键字作为参数名以及会话标识号的值作为参数值附加到 URL 地址后面。当浏览器不支持 Cookie 或者关闭了 Cookie 功能时，在会话过程中，如果想让 Web 服务器可以保存用户的信息，必须对所有可能被客户端访问的请求路径进行 URL 重写。在 HttpServletResponse 接口中，定义了两个用于完成 URL 重写的方法，具体如下。

① encodeURL (String url)：用于对超链接和 Form 表单的 action 属性中设置的 URL 进行重写。

② encodeRedirectURL (String url)：用于对要传递给 HttpServletResponse.sendRedirect 方法的 URL 进行重写。

接下来，以任务 5-2 的程序为例，分步骤讲解如何重写 URL。

（1）对 ListBookServlet 类中 for 循环内的代码进行修改，将请求访问的路径改为 URL 重写，修改后的代码如下所示。

```
String url = "/chapter05/PurchaseServlet?id=" + book.getId();
HttpSession s=req.getSession();
String newUrl=resp.encodeRedirectURL(url);
out.write(book.getName() + "<a href='" + newUrl + "'>点击购买</a><br />");
```

需要注意的是，在重写 URL 时，前面要通过 getSession()方法获取到 Session 对象。

（2）修改 PurchaseServlet 类的第 38 行代码，修改后的代码如下所示。

```
String newurl=resp.encodeRedirectURL(url);
resp.sendRedirect(newurl);
```

（3）重新启动 Tomcat 服务器，在浏览器的地址栏中输入地址“http://localhost:8080/chapter05/ListBookServlet”访问 ListBookServlet，这时，浏览器显示的内容如图 5-7 所示。在图 5-7 显示的浏览器界面右键单击，选择【查看源】选项，发现 ListBookServlet 页面的源文件中包含的超链接内容如图 5-12 所示。

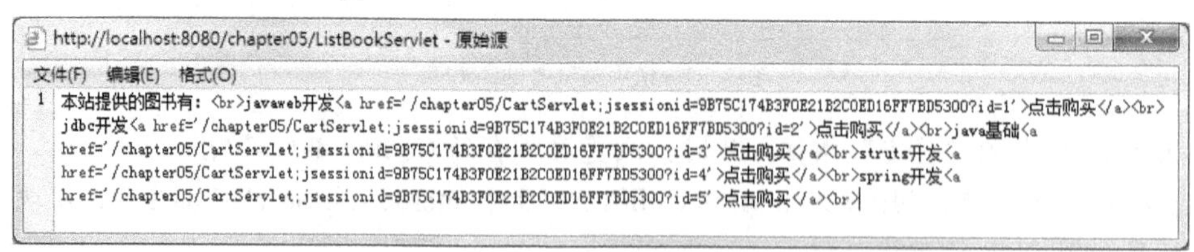

图5-12　运行结果

从图 5-12 中可以看出，对超链接进行 URL 重写后，URL 地址后面跟上了 Session 的标识号。

（4）此时如果浏览器设置为阻止所有 Cookie 后，再单击购买几本图书时，浏览器可以正确显示出购买的图书。由此说明，重写 URL 同样可以实现用 Session 对用户信息的保存。

需要注意的是，无论浏览器是否支持 Cookie，当用户第 1 次访问程序时，由于服务器不知道用户的浏览器是否支持 Cookie，在第 1 次响应的页面中都会对 URL 地址进行重写，如果用户浏览器支持 Cookie，那么在后续访问中都会使用 Cookie 的请求头字段将 Session 标识号传递给服务器。由此，服务器判断出该浏览器支持 Cookie，以后不再对 URL 进行重写。如果浏览器的头信息中不包含 Cookie 请求头字段，那么在后续的每个响应中都需对 URL 进行重写。另外，为了避免其他网站的某些功能无法正常使用，通常情况下，需要启用 Cookie 的功能。

【任务 5-3】实现用户登录

【任务目标】

通过所学 Session 知识，使读者学会如何使用 Session 技术实现用户登录的功能。为了使读者可以更直观地了解用户登录的流程，接下来，通过一张图来描述，具体如图 5-13 所示。

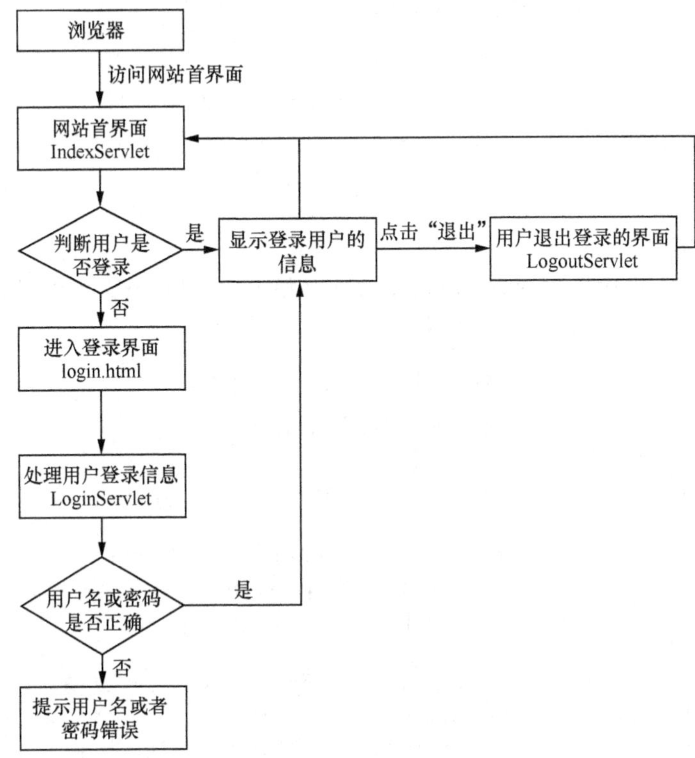

图5-13　用户登录的流程图

图 5-13 描述了用户登录的整个流程，当用户访问某个网站的首界面时，首先会判断用户是否登录，如果已经登录则在首界面中显示用户登录信息，否则进入登录页面，完成用户登录功能，然后显示用户登录信息。在用户登录的情况下，如果单击用户登录界面中的“退出”时，就会注销当前用户的信息，返回首界面。

【实现步骤】

1. 创建封装用户信息类

在 chapter05 项目的 src 下新建一个名称为 cn.itcast.chapter05.session.example02 的包，在包中编写一个名称为 User 的类，User 类中包含 username 和 password 两个属性以及其 getter 和 setter 方法，实现代码如文件 5-7 所示。

文件 5-7 User.java

```
package cn.itcast.chapter05.session.example02;
public class User {
    private String username;
    private String password;
    public String getUsername() {
        return username;
    }
    public void setUsername(String username) {
        this.username = username;
    }
    public String getPassword() {
        return password;
    }
    public void setPassword(String password) {
        this.password = password;
    }
}
```

2. 创建 Servlet

(1)在 cn.itcast.chapter05.session.example02 包中编写 IndexServlet 类，该 Servlet 用于显示网站的首界面，代码如文件 5-8 所示。

文件 5-8 IndexServlet.java

```
package cn.itcast.chapter05.session.example02;
import java.io.IOException;
import javax.servlet.ServletException;
import javax.servlet.http.*;
public class IndexServlet extends HttpServlet {
public void doGet(HttpServletRequest request,HttpServletResponse response)
            throws ServletException, IOException {
         // 解决乱码问题
        response.setContentType("text/html;charset=utf-8");
        // 创建或者获取保存用户信息的 Session 对象
        HttpSession session = request.getSession();
        User user = (User) session.getAttribute("user");
        if (user == null) {
            response.getWriter().print(
            "您还没有登录，请<a href='/chapter05/login.html'>登录</a>");
        } else {
            response.getWriter().print("您已登录，欢迎你，"
                                         + user.getUsername() + "! ");
            response.getWriter().print(
                    "<a href='/chapter05/LogoutServlet'>退出</a>");
            // 创建 Cookie 存放 Session 的标识号
            Cookie cookie = new Cookie("JSESSIONID", session.getId());
            cookie.setMaxAge(60 * 30);
            cookie.setPath("/chapter05");
            response.addCookie(cookie);
```

```
        }
    }
    public void doPost(HttpServletRequest request,
                       HttpServletResponse response)
            throws ServletException, IOException {
        doGet(request, response);
    }
}
```

在文件 5-8 中，如果用户没有登录，那么首界面会提示用户登录，否则，显示用户已经登录的信息。为了判断用户是否登录，该类在实现时，获取了保存用户信息的 Session 对象。

（2）在 cn.itcast.chapter05.session.example02 包中编写 LoginServlet，该 Servlet 用于显示用户登录成功后的界面，其实现代码如文件 5-9 所示。

文件 5-9　LoginServlet.java

```
package cn.itcast.chapter05.session.example02;
import java.io.*;
import javax.servlet.ServletException;
import javax.servlet.http.*;
public class LoginServlet extends HttpServlet {
    public void doGet(HttpServletRequest request,
                      HttpServletResponse response)
            throws ServletException, IOException {
        response.setContentType("text/html;charset=utf-8");
        String username = request.getParameter("username");
        String password = request.getParameter("password");
        PrintWriter pw = response.getWriter();
         //假设正确的用户名 是itcast 密码是123
        if (("itcast").equals(username) && ("123").equals(password)) {
            User user = new User();
            user.setUsername(username);
            user.setPassword(password);
            request.getSession().setAttribute("user", user);
            response.sendRedirect("/chapter05/IndexServlet");
        } else {
            pw.write("用户名或密码错误，登录失败");
        }
    }
    public void doPost(HttpServletRequest request,
                       HttpServletResponse response)
            throws ServletException, IOException {
        doGet(request, response);
    }
}
```

在文件 5-9 中，如果用户登录成功，则跳转到网站首界面，否则，在页面进行友好提示“用户名或密码错误，登录失败”。

（3）在 cn.itcast.chapter05.session.example02 包中编写 LogoutServlet，该 Servlet 用于完成用户注销功能，其实现代码如文件 5-10 所示。

文件 5-10　LogoutServlet.java

```
package cn.itcast.chapter05.session.example02;
import java.io.IOException;
import javax.servlet.ServletException;
import javax.servlet.http.*;
public class LogoutServlet extends HttpServlet {
    public void doGet(HttpServletRequest request,
                      HttpServletResponse response)
            throws ServletException, IOException {
        // 将 Session 对象中的 User 对象移除
        request.getSession().removeAttribute("user");
        response.sendRedirect("/chapter05/IndexServlet");
    }
    public void doPost(HttpServletRequest request,
      HttpServletResponse response)throws ServletException, IOException {
        doGet(request, response);
    }
}
```

在文件 5-10 中，当用户单击【退出】时，该类会将 Session 对象中的用户信息移除，并跳转到网站的首界面。

3. 创建登录页面

在 chapter05 项目的 WebContent 目录下创建一个名称为 login.html 的页面，该页面中包含用户登录表单信息，如文件 5-11 所示。

文件 5-11　login.html

```
<!DOCTYPE html PUBLIC "-//W3C//DTD HTML 4.01 Transitional//EN"
                      "http://www.w3.org/TR/html4/loose.dtd">
<html>
<head>
<meta http-equiv="Content-Type" content="text/html; charset=UTF-8">
<title>Insert title here</title>
</head>
<body>
   <form name="reg" action="/chapter05/LoginServlet" method="post">
       用户名: <input name="username" type="text" /><br />
       密码:   <input name="password" type="password" /><br />
               <input type="submit" value="提交" id="bt" />
   </form>
</body>
</html>
```

4. 启动项目，查看结果

启动 Tomcat 服务器，在浏览器的地址栏中输入地址“http://localhost:8080/chapter05/login.html”访问 login.html，浏览器显示的结果如图 5-14 所示。

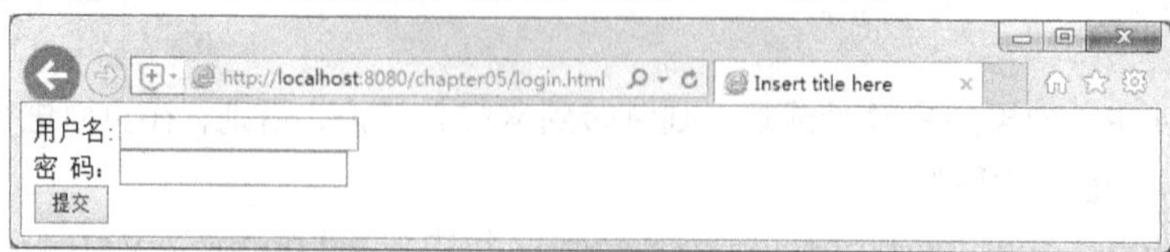

图5-14　运行结果

在图 5-14 中的用户名和密码输入框中输入用户名“itcast”和密码“123”后，单击【提交】按钮，其页面显示效果如图 5-15 所示。

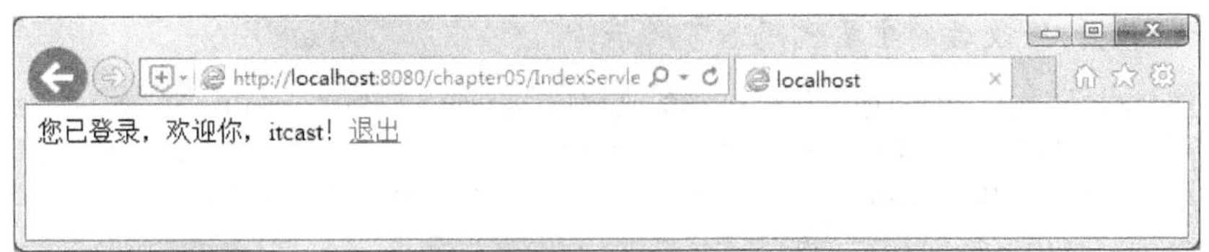

图5-15　登录后页面显示

从图 5-15 中可以看出，用户登录成功，提示信息为“您已登录，欢迎你，itcast！”。如果用户想退出登录，可以单击“退出”，此时，浏览器显示的结果如图 5-16 所示。

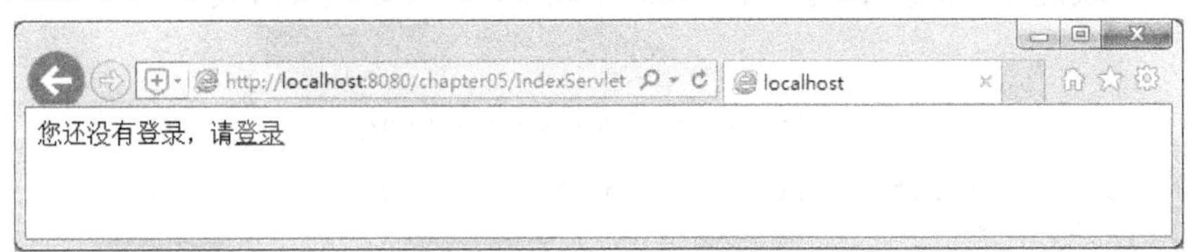

图5-16　退出后页面

但是，如果用户输入的用户名或者密码错误，那么，当单击【提交】按钮时，登录会失败，浏览器显示的效果如图 5-17 所示。

图5-17　登录失败的页面

至此，用户登录功能已经实现成功。

多学一招：利用 Session 实现一次性验证码

任务 5-3 使用 Session 实现了用户登录的功能。但在实际开发中，为了保证用户信息的安全，都会在网站登录的界面中添加一次性验证码，从而限制人们使用软件来暴力猜测密码。一次性验证码的功能同样可以使用 Session 来实现。接下来，将对任务 5-3 的案例进行修改，在用户登录时，增加一次性验证码的实现。

为了避免用户输入的验证码太长，这里要实现的验证码是 4 个随机字符。同时，将验证码以图片的形式展示给用户，从而增加工具程序识别验证码的难度，验证码的效果如图 5-18 所示。

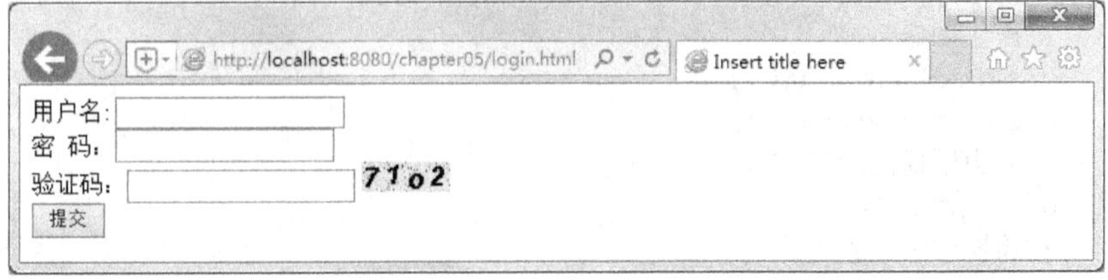

图5-18　带有验证码的登录页面

接下来，按照上述需求对任务 5-3 的案例进行改写，分步骤实现一次性验证码，具体如下。

（1）修改表单页面 login.html，增加验证码的输入框和验证码图片，其中，验证码的图片来自 CheckServlet 类，修改后的主要代码如下所示。

```
<form name="reg" action="/chapter05/LoginServlet" method="post">
    用户名: <input name="username" type="text" /><br />
    密码:   <input name="password" type="password" /><br />
    验证码: <input type="text" name="check_code">
           <img src="/chapter05/CheckServlet"><br />
    <input type="submit" value="提交" id="bt" />
</form>
```

（2）编写 CheckServlet 类，该类用于产生验证码图片，CheckServlet 类的实现代码如文件 5-12 所示。

文件 5-12　CheckServlet.java

```
package cn.itcast.chapter05.session.example02;
import java.io.*;
import javax.servlet.*;
import javax.servlet.http.*;
import java.awt.*;
import java.awt.image.*;
import javax.imageio.ImageIO;
public class CheckServlet extends HttpServlet
{
    private static int WIDTH = 60; //验证码图片宽度
    private static int HEIGHT = 20; //验证码图片高度
public void doGet(HttpServletRequest request,HttpServletResponse response)
            throws ServletException,IOException{
        HttpSession session = request.getSession();
        response.setContentType("image/jpeg");
        ServletOutputStream sos = response.getOutputStream();
        //设置浏览器不要缓存此图片
        response.setHeader("Pragma","No-cache");
        response.setHeader("Cache-Control","no-cache");
        response.setDateHeader("Expires", 0);
        //创建内存图象并获得其图形上下文
        BufferedImage image =
            new BufferedImage(WIDTH, HEIGHT, BufferedImage.TYPE_INT_RGB);
        Graphics g = image.getGraphics();
        //产生随机的认证码
        char [] rands = generateCheckCode();
        //产生图像
        drawBackground(g);
        drawRands(g,rands);
        //结束图像的绘制过程，完成图像
        g.dispose();
        //将图像输出到客户端
        ByteArrayOutputStream bos = new ByteArrayOutputStream();
        ImageIO.write(image, "JPEG", bos);
```

```
        byte [] buf = bos.toByteArray();
        response.setContentLength(buf.length);
        //下面的语句也可写成：bos.writeTo(sos);
        sos.write(buf);
        bos.close();
        sos.close();
        //将当前验证码存入到 Session 中
        session.setAttribute("check_code",new String(rands));
        //直接使用下面的代码将有问题，Session 对象必须在提交响应前获得
    //request.getSession().setAttribute("check_code",new String(rands));
    }
      //生成一个 4 字符的验证码
    private char [] generateCheckCode()
    {
        //定义验证码的字符表
        String chars = "0123456789abcdefghijklmnopqrstuvwxyz";
        char [] rands = new char[4];
        for(int i=0; i<4; i++)
        {
            int rand = (int)(Math.random() * 36);
            rands[i] = chars.charAt(rand);
        }
        return rands;
    }
    private void drawRands(Graphics g , char [] rands)
    {
        g.setColor(Color.BLACK);
        g.setFont(new Font(null,Font.ITALIC|Font.BOLD,18));
        //在不同的高度上输出验证码的每个字符
        g.drawString("" + rands[0],1,17);
        g.drawString("" + rands[1],16,15);
        g.drawString("" + rands[2],31,18);
        g.drawString("" + rands[3],46,16);
        System.out.println(rands);
    }
    private void drawBackground(Graphics g)
    {
        //画背景
        g.setColor(new Color(0xDCDCDC));
        g.fillRect(0, 0, WIDTH, HEIGHT);
        //随机产生 120 个干扰点
        for(int i=0; i<120; i++)
        {
            int x = (int)(Math.random() * WIDTH);
            int y = (int)(Math.random() * HEIGHT);
            int red = (int)(Math.random() * 255);
            int green = (int)(Math.random() * 255);
            int blue = (int)(Math.random() * 255);
            g.setColor(new Color(red,green,blue));
            g.drawOval(x,y,1,0);
```

```
        }
    }
}
```

（3）对 LoginServlet 类进行修改，增加对验证码的判断，修改后的代码如文件 5-13 所示。

文件 5-13 LoginServlet.java

```
package cn.itcast.chapter05.session.example02;
import java.io.IOException;
import java.io.PrintWriter;
import javax.servlet.*;
import javax.servlet.http.*;
public class LoginServlet extends HttpServlet {
public void doGet(HttpServletRequest request,HttpServletResponse response)
            throws ServletException, IOException {
        response.setContentType("text/html;charset=utf-8");
        String username = request.getParameter("username");
        String password = request.getParameter("password");
        String checkCode = request.getParameter("check_code");
        String savedCode = (String) request.getSession().getAttribute(
                "check_code");
        PrintWriter pw = response.getWriter();
        if (("itcast").equals(username) && ("123").equals(password)
                && checkCode.equals(savedCode)) {
            User user = new User();
            user.setUsername(username);
            user.setPassword(password);
            request.getSession().setAttribute("user", user);
            response.sendRedirect("/chapter05/IndexServlet");
        } else if (checkCode.equals(savedCode)) {
            pw.write("用户名或密码错误，登录失败");
        } else {
            pw.write("验证码错误");
        }
    }
    public void doPost(HttpServletRequest request,
      HttpServletResponse response)throws ServletException, IOException {
        doGet(request, response);
    }
}
```

（4）启动 Tomcat 服务器，在浏览器中通过地址“http://localhost:8080/chapter05/login.html”访问 login.html，浏览器显示出图 5-19 所示的界面。

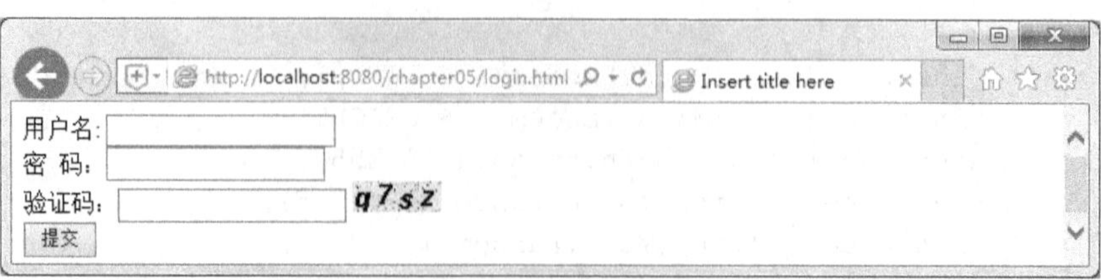

图5-19 login.html

此时如果在页面中输入用户名“itcast”和密码“123”，但是不填写验证码，单击【提交】按钮后，页面会提示验证码错误，如图 5-20 所示。

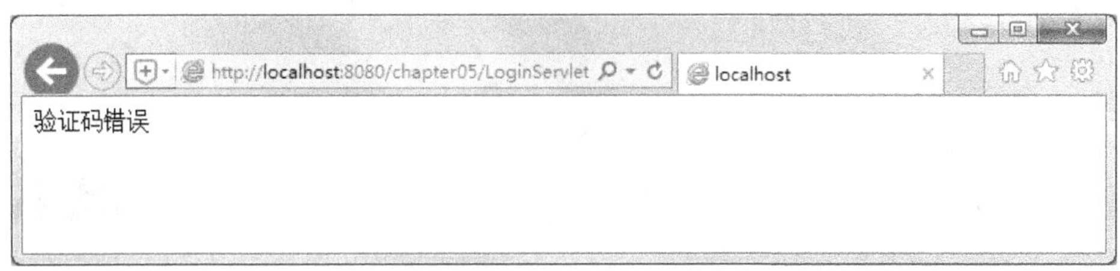

图5-20　显示结果

如果填写了正确的用户名和密码以及验证码后，即可登录成功。

5.5 本章小结

本章主要讲解了 Cookie 对象和 Session 对象的相关知识，其中，Cookie 是早期的会话跟踪技术，它将信息保存到客户端的浏览器中。浏览器访问网站时会携带这些 Cookie 信息，达到鉴别身份的目的。Session 是通过 Cookie 技术实现的，依赖于名为 JSESSIONID 的 Cookie，它将信息保存在服务器端。Session 中能够存储复杂的 Java 对象，因此使用更加方便。如果客户端不支持 Cookie，或者禁用了 Cookie，仍然可以通过使用 URL 重写来使用 Session。

【测一测】

学习完前面的内容，下面来动手测一测吧，请思考以下问题。

1. 简述什么是会话技术。
2. 简述 Cookie 与 Session 的区别。（至少写出 3 点）
3. 请设计一个类，使用 Cookie 技术实现显示用户上次访问时间的功能。

要求如下。

1）创建一个 LastAccessServlet 类，使其继承 HttpServlet 类并重写该类的 doGet()方法。

2）在 doGet()方法中，使用 request.getCookies()得到所有 cookie 形成的 cookie 数组，并进行遍历。

3）如果遍历过程中找到 cookie 信息中存在 lastAccess 属性则输出，否则创建 cookie 对象设置值为当前时间并发送给客户端。

4）cookie 的存活时间为 1 小时，访问当前应用中的所有资源客户端都回送 cookie 信息。

4. 请设计一个程序，使用 Session 技术实现购物车功能。

Java Web

6 Chapter

第 6 章
JSP 技术

学习目标

- 了解 JSP 的概念和特点
- 熟悉 JSP 的运行原理
- 掌握 JSP 的基本语法
- 熟悉 JSP 指令和隐式对象的使用
- 掌握 JSP 动作元素的使用

在动态网页开发中，经常需要动态生成 HTML 内容，例如，一篇新闻报道的浏览次数需要动态生成。这时，如果使用 Servlet 来实现 HTML 页面数据的统计，需要调用大量的输出语句，使静态内容和动态内容混合在一起，导致程序非常臃肿。为了克服 Servlet 的这些缺点，Oracle（Sun）公司推出了 JSP 技术。接下来，本章将围绕 JSP 技术进行详细的讲解。

6.1 JSP 概述

6.1.1 什么是 JSP

JSP 全名是 Java Server Pages，它是建立在 Servlet 规范之上的动态网页开发技术。在 JSP 文件中，HTML 代码与 Java 代码共同存在，其中，HTML 代码用来实现网页中静态内容的显示，Java 代码用来实现网页中动态内容的显示。为了与传统 HTML 有所区别，JSP 文件的扩展名为.jsp。

JSP 技术所开发的 Web 应用程序是基于 Java 的，它可以用一种简捷而快速的方法从 Java 程序生成 Web 页面，其使用上具有如下几点特征。

- 跨平台：由于 JSP 是基于 Java 语言的，它可以使用 Java API，所以它也是跨平台的，可以应用于不同的系统中，如 Windows、Linux 等。当从一个平台移植到另一个平台时，JSP 和 JavaBean 的代码并不需要重新编译，这是因为 Java 的字节码是与平台无关的，这也应验了 Java 语言“一次编译，到处运行”的特点。
- 业务代码相分离：在使用 JSP 技术开发 Web 应用时，可以将界面的开发与应用程序的开发分离开。开发人员使用 HTML 来设计界面，使用 JSP 标签和脚本来动态生成页面上的内容。在服务器端，JSP 引擎（或容器，本书中指 Tomcat）负责解析 JSP 标签和脚本程序，生成所请求的内容，并将执行结果以 HTML 页面的形式返回到浏览器。
- 组件重用：JSP 中可以使用 JavaBean 编写业务组件，也就是使用一个 JavaBean 类封装业务处理代码或者作为一个数据存储模型，在 JSP 页面中，甚至在整个项目中，都可以重复使用这个 JavaBean。同时，JavaBean 也可以应用到其他 Java 应用程序中。
- 预编译：预编译就是在用户第 1 次通过浏览器访问 JSP 页面时，服务器将对 JSP 页面代码进行编译，并且仅执行一次编译。编译好的代码将被保存，在用户下一次访问时，会直接执行编译好的代码。这样不仅节约了服务器的 CPU 资源，还大大地提升了客户端的访问速度。

6.1.2 编写第一个 JSP 文件

在 Eclipse 中，创建一个名称为 chapter06 的 Web 项目，然后右键单击 WebContent 目录→【new】→【Other】，在弹出的窗口中找到 JSP 文件，如图 6-1 所示。

在图 6-1 中，选择 JSP File 后，点击【Next】按钮，在新窗口的 File name 文本框中填写 JSP 文件名称“HelloWorld”，如图 6-2 所示。

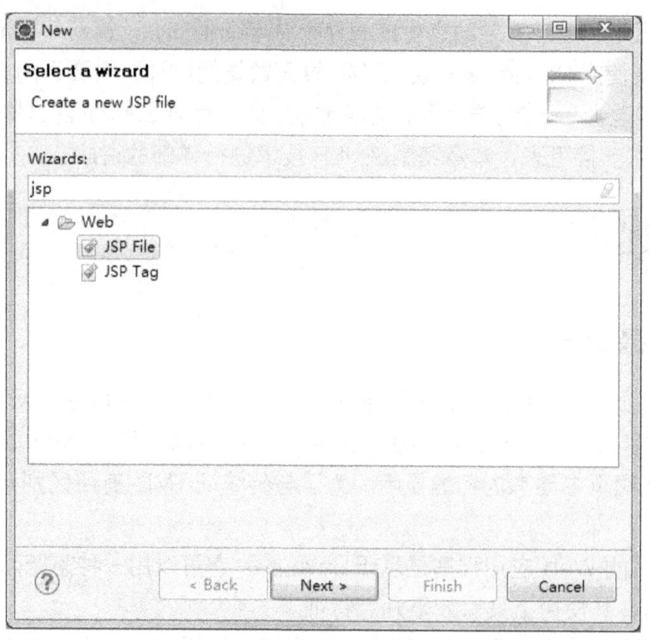

图6-1 创建JSP文件

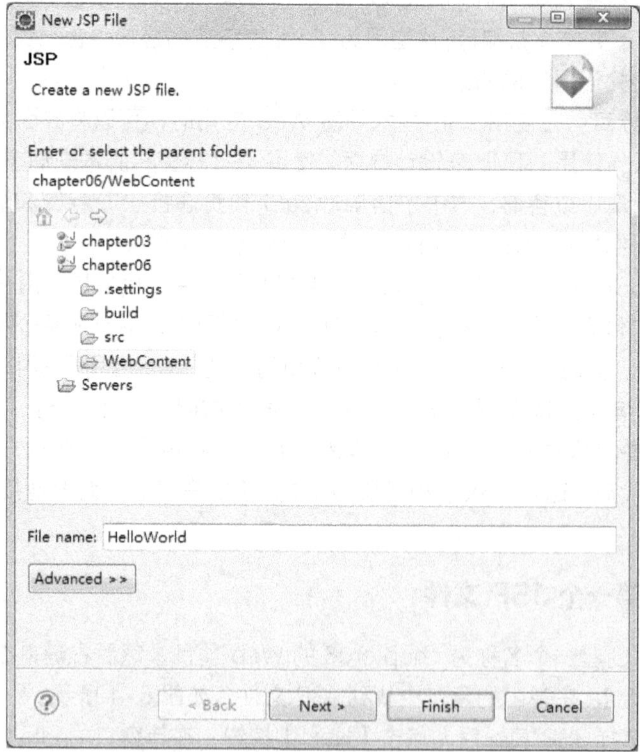

图6-2 命名文件

填写完图 6-2 中 JSP 文件名称后，单击【Next】按钮，进入选择模板窗口，此处采用默认设置，如图 6-3 所示。

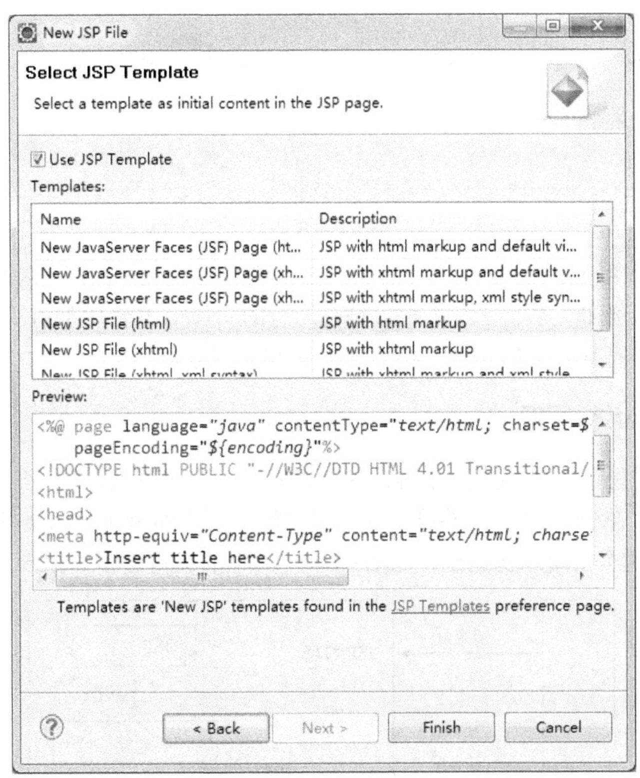

图6-3　选择模板窗口

单击图 6-3 中的【Finish】按钮后，第 1 个 JSP 文件就创建成功了。创建后的 JSP 文件代码如图 6-4 所示。

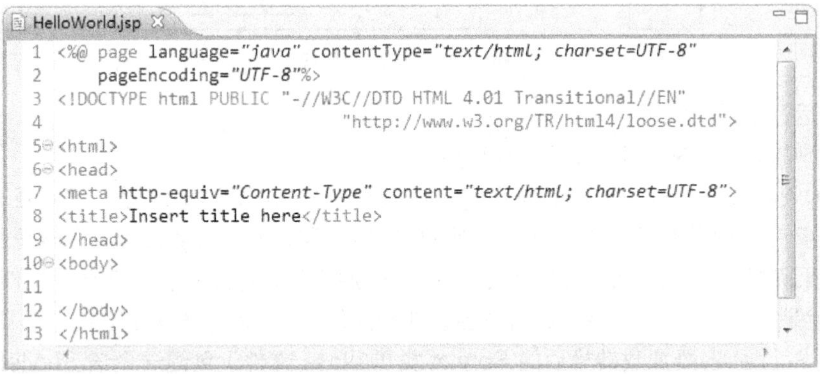

HelloWorld.jsp

```
<%@ page language="java" contentType="text/html; charset=UTF-8"
    pageEncoding="UTF-8"%>
<!DOCTYPE html PUBLIC "-//W3C//DTD HTML 4.01 Transitional//EN"
                        "http://www.w3.org/TR/html4/loose.dtd">
<html>
<head>
<meta http-equiv="Content-Type" content="text/html; charset=UTF-8">
<title>Insert title here</title>
</head>
<body>

</body>
</html>
```

图6-4　HelloWorld.jsp

从图 6-4 中可以看出，新创建的 JSP 文件与传统的 HTML 文件几乎没有什么区别，唯一的区别是默认创建时，页面代码最上方多了一条 page 指令，并且该文件的后缀名是 jsp，而不是 html。关于 page 指令会在 6.3 节中详细讲解，此处了解即可。JSP 文件必须发布到 Web 容器中的某个 Web 应用中才能查看出效果。在 HelloWorld.jsp 的<body>元素内添加上文字“My First JSP”并保存后，将 chapter06 项目发布到 Tomcat 中并启动项目，在浏览器地址栏中输入地址“http://localhost:8080/chapter06/HelloWorld.jsp”，此时浏览器的显示效果如图 6-5 所示。

图6-5　HelloWorld.jsp文件显示效果

从图 6-5 中可以看出，HelloWorld.jsp 中添加的内容已被显示出来，这说明了 HTML 中的元素可以被 JSP 容器所解析。实际上，JSP 只是在原有的 HTML 文件中加入了一些具有 Java 特点的代码，这些代码具有其独有的特点，称为 JSP 的语法元素。

6.1.3　JSP 运行原理

JSP 的工作模式是请求/响应模式，客户端首先发出 HTTP 请求，JSP 程序收到请求后进行处理并返回处理结果。在一个 JSP 文件第 1 次被请求时，JSP 引擎（容器）把该 JSP 文件转换成为一个 Servlet，而这个引擎本身也是一个 Servlet。JSP 的运行过程如图 6-6 所示。

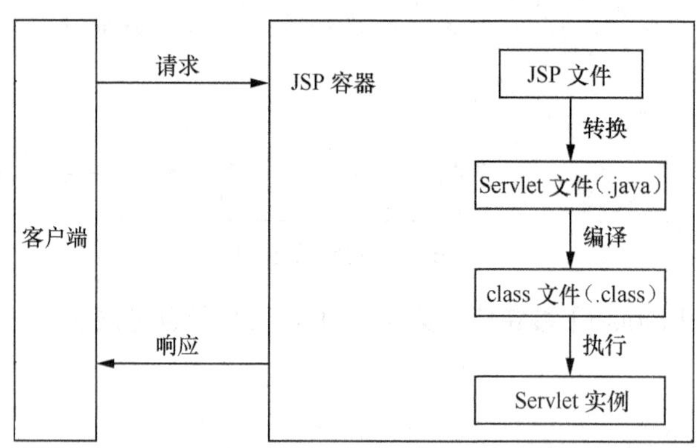

图6-6　JSP的运行原理

JSP 的运行过程具体如下。

（1）客户端发出请求，请求访问 JSP 文件。

（2）JSP 容器先将 JSP 文件转换成一个 Java 源文件（Java Servlet 源程序），在转换过程中，如果发现 JSP 文件中存在任何语法错误，则中断转换过程，并向服务端和客户端返回出错信息。

（3）如果转换成功，则 JSP 容器将生成的 Java 源文件编译成相应的字节码文件*.class。该 class 文件就是一个 Servlet，Servlet 容器会像处理其他 Servlet 一样来处理它。

（4）由 Servlet 容器加载转换后的 Servlet 类（.class 文件）创建一个该 Servlet（JSP 页面的转换结果）实例，并执行 Servlet 的 jspInit()方法。jspInit()方法在 Servlet 的整个生命周期中只会执行一次。

（5）执行 jspService()方法来处理客户端的请求。对于每一个请求，JSP 容器都会创建一个新的线程来处理它。如果多个客户端同时请求该 JSP 文件，则 JSP 容器也会创建多个线程，使得每一个客户端请求都对应一个线程。JSP 运行过程中采用的这种多线程的执行方式可以极大地降低对系统资源的需求，提高系统的并发量并缩短响应时间。需要注意的是，由于第（4）步生成的 Servlet 是常驻内存的，所以响应速度非常快。

（6）如果 JSP 文件被修改了，则服务器将根据设置决定是否对该文件重新编译。如果需要重新编译，则使用重新编译后的结果取代内存中常驻的 Servlet，并继续上述处理过程。

（7）虽然 JSP 效率很高，但在第 1 次调用的时候往往由于需要转换和编译，所以会产生一些轻微的延迟。此外，由于系统资源不足等原因，JSP 容器可能会以某种不确定的方式将 Servlet 从内存中移除，发生这种情况时首先会调用 jspDestroy()方法，然后 Servlet 实例会被加入“垃圾收集”处理。

（8）当请求处理完成后，响应对象由 JSP 容器接收，并将 HTML 格式的响应信息发送回客户端。

了解了 JSP 的运行原理后，完全可以利用其中的一些步骤来做一些工作，如：可以在 jspInit()中进行一些初始化工作（建立数据库的连接、建立网络连接、从配置文件中获取一些参数等），可以在 jspDestroy()中释放相应的资源等。

为了使读者更容易理解 JSP 的运行原理，接下来简单分析一下 JSP 所生成的 Servlet 代码。

以 6.1.2 小节的 HelloWorld.jsp 为例，当用户第 1 次访问 HelloWorld.jsp 页面时，该页面会先被 JSP 容器转换为一个名称为 HelloWorld_jsp 的源文件，然后将源文件编译为一个名称为 HelloWorld_jsp 的.class 文件。如果项目发布在 Tomcat 的 webapps 目录中，源文件和.class 文件可以在“Tomcat 安装目录/work/Catalina/localhost/应用名/”下找到；如果发布在 Eclipse 工作空间的.matadata 中，可在上述目录的 localhost 文件夹中创建一个名称为 chapter06 的文件夹，并将 HelloWorld.jsp 文件复制到该文件夹中。启动 Tomcat 服务器，使用浏览器访问页面成功后，在 chapter06 文件夹中会多出两个文件，如图 6-7 所示。

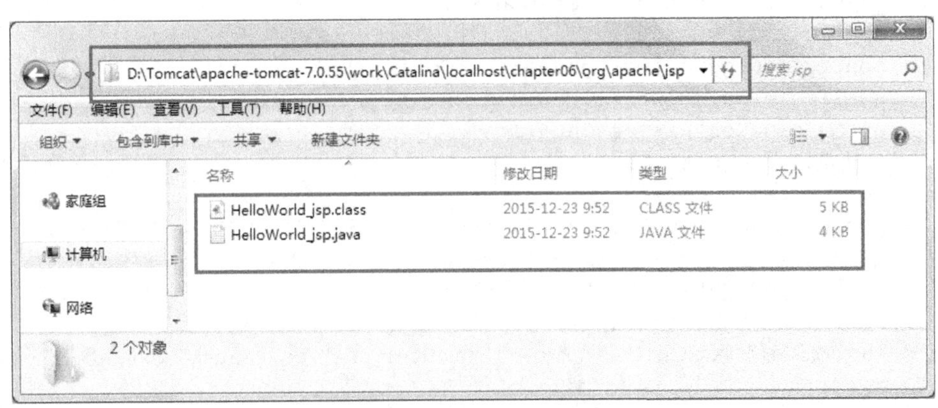

图6-7 JSP文件编译后的文件

在图 6-7 中，地址栏中的路径多出了 org\apache\jsp，这是由于 JSP 文件转换成类文件时会带有包名，该包名为 org.apache.jsp。从图中还可以看出，HelloWorld.jsp 已被转换为源文件和.class 文件。打开 HelloWorld_jsp.java 文件，可查看转换后的源代码，其主要代码如下所示。

```
package org.apache.jsp;
...
public final class HelloWorld_jsp
extends org.apache.jasper.runtime.HttpJspBase
            implements org.apache.jasper.runtime.JspSourceDependent {
...
  public void _jspInit() {
```

```
    _el_expressionfactory = _jspxFactory.getJspApplicationContext(
  getServletConfig().getServletContext()).getExpressionFactory();
    _jsp_instancemanager = org.apache.jasper.runtime
  .InstanceManagerFactory.getInstanceManager(getServletConfig());
   }

   public void _jspDestroy() {
   }

  public void _jspService(final javax.servlet.http.HttpServletRequest request,
                final javax.servlet.http.HttpServletResponse response)
       throws java.io.IOException, javax.servlet.ServletException {
    final javax.servlet.jsp.PageContext pageContext;
    javax.servlet.http.HttpSession session = null;
    final javax.servlet.ServletContext application;
    final javax.servlet.ServletConfig config;
    javax.servlet.jsp.JspWriter out = null;
    final java.lang.Object page = this;
    javax.servlet.jsp.JspWriter _jspx_out = null;
    javax.servlet.jsp.PageContext _jspx_page_context = null;
    try {
      response.setContentType("text/html; charset=UTF-8");
      pageContext = _jspxFactory.getPageContext(this, request, response,
             null, true, 8192, true);
      _jspx_page_context = pageContext;
      application = pageContext.getServletContext();
      config = pageContext.getServletConfig();
      session = pageContext.getSession();
      out = pageContext.getOut();
      _jspx_out = out;
      out.write("\r\n");
      out.write("<!DOCTYPE html PUBLIC \"-//W3C//DTD HTML 4.01 Transitional//
EN\" \"http://www.w3.org/TR/html4/loose.dtd\">\r\n");
      out.write("<html>\r\n");
      out.write("<head>\r\n");
      out.write("<meta http-equiv=\"Content-Type\" content=\"text/html; charset=
UTF-8\">\r\n");
      out.write("<title>Insert title here</title>\r\n");
      out.write("</head>\r\n");
      out.write("<body>\r\n");
      out.write("    My First JSP\r\n");
      out.write("</body>\r\n");
      out.write("</html>");
    } catch (java.lang.Throwable t) {
      if (!(t instanceof javax.servlet.jsp.SkipPageException)){
        out = _jspx_out;
        if (out != null && out.getBufferSize() != 0)
          try {
            if (response.isCommitted()) {
              out.flush();
```

```
        } else {
          out.clearBuffer();
        }
      } catch (java.io.IOException e) {}
  if (_jspx_page_context != null) _jspx_page_context.handlePageException(t);
      else throw new ServletException(t);
    }
  } finally {
    _jspxFactory.releasePageContext(_jspx_page_context);
  }
 }
}
```

从上面的代码可以看出，HelloWorld.jsp 文件转换后的源文件没有实现 Servlet 接口，但继承了 org.apache.jasper.runtime.HttpJspBase 类。在 Tomcat 源文件中查看 HttpJspBase 类的源代码，具体如下所示。

```
package org.apache.jasper.runtime;
…
public abstract class HttpJspBase extends HttpServlet implements HttpJspPage {
    private static final long serialVersionUID = 1L;
    protected HttpJspBase() {
    }
    @Override
    public final void init(ServletConfig config)
        throws ServletException
    {
        super.init(config);
        jspInit();
        _jspInit();
    }
    @Override
    public String getServletInfo() {
        return Localizer.getMessage("jsp.engine.info");
    }
    @Override
    public final void destroy() {
        jspDestroy();
        _jspDestroy();
    }
    @Override
    public final void service(HttpServletRequest request,
                              HttpServletResponse response)
        throws ServletException, IOException
    {
        _jspService(request, response);
    }
    @Override
    public void jspInit() {
    }
```

```
    public void _jspInit() {
    }
    @Override
    public void jspDestroy() {
    }
    protected void _jspDestroy() {
    }
    @Override
    public abstract void _jspService(HttpServletRequest request,
                               HttpServletResponse response)
        throws ServletException, IOException;
}
```

从 HttpJspBase 源代码中可以看出，HttpJspBase 类是 HttpServlet 的一个子类，由此可见，HelloWorld_jsp 类就是一个 Servlet。

接下来，针对 HttpJspBase 源代码中的一部分内容进行详细讲解，具体如下。

（1）上述代码中，定义了 init()方法，该方法使用 final 进行修饰，并且其内部调用了 jspInit()和_jspInit()方法。因此，在 JSP 页面所生成的 Servlet 不能覆盖这两个方法。但是，如果要在 JSP 页面完成 Servlet 的 init()方法的功能，只能覆盖 jspInit()和_jspInit()这两个方法中的任何一个。同样，如果要在 JSP 页面中完成 Servlet 的 destroy()方法，则只能覆盖 jspDestroy()和_jspDestroy()两个方法中的任何一个。

（2）在 service()方法中调用了_jspService()方法，也就是说在用户访问 JSP 文件时，会调用 HttpJspBase 类中的 service()方法来响应用户的请求。根据 Java 的多态性的特征，在 service()方法中，会调用 HelloWorld_jsp 类中实现_jspService()的方法，用来响应用户的请求。

6.2 JSP 基本语法

在 JSP 文件中可以嵌套很多内容，例如，JSP 的脚本元素和注释等，这些内容的编写都需要遵循一定的语法规范。接下来，本节将针对这些语法进行详细的讲解。

6.2.1 JSP 脚本元素

JSP 脚本元素是指嵌套在<%和%>之中的一条或多条 Java 程序代码。通过 JSP 脚本元素可以将 Java 代码嵌入 HTML 页面中，所有可执行的 Java 代码，都可以通过 JSP 脚本来执行。

JSP 脚本元素主要包含如下 3 种类型。

- JSP Scriptlets
- JSP 声明语句
- JSP 表达式

1. JSP Scriptlets

JSP Scriptlets 是一段代码段。当需要使用 Java 实现一些复杂操作或控制时，可以使用它。JSP Scriptlets 的语法格式如下所示。

```
<% java 代码（变量、方法、表达式等）%>
```

在 JSP Scriptlets 中声明的变量是 JSP 页面的局部变量，调用 JSP Scriptlets 时，会为局部变量分配内存空间，调用结束后，释放局部变量占有的内存空间。

2. JSP 声明语句

JSP 的声明语句用于声明变量和方法，它以“<%!”开始，以“%>”结束，其语法格式如下所示。

```
<%!
    定义的变量或方法等
%>
```

在上述语法格式中，被声明的 Java 代码将被编译到 Servlet 的_jspService()方法之外，即在 JSP 声明语句中定义的都是成员方法、成员变量、静态方法、静态变量、静态代码块等。在 JSP 声明语句中声明的方法在整个 JSP 页面内有效，但是在方法内定义的变量只在该方法内有效。当声明的方法被调用时，会为方法内定的变量分配内存，而调用结束后立刻会释放所占的内存。

在一个 JSP 页面中可以有多个 JSP 声明语句，单个声明中的 Java 语句可以是不完整的，但是多个声明组合后的结果必须是完整的 Java 语句。接下来，通过一个案例来演示 JSP Scriptlets 和声明语句的使用。

在 chapter06 项目的 WebContent 目录下创建一个名称为 example01.jsp 的文件，在该文件中编写声明语句，如文件 6-1 所示。

文件 6-1　example01.jsp

```
<%@ page language="java" contentType="text/html; charset=UTF-8"
    pageEncoding="UTF-8"%>
<!DOCTYPE html PUBLIC "-//W3C//DTD HTML 4.01 Transitional//EN"
                    "http://www.w3.org/TR/html4/loose.dtd">
<html>
<head>
<meta http-equiv="Content-Type" content="text/html; charset=UTF-8">
<title>JSP 声明语句</title>
</head>
<%!
    int a = 1, b = 2; //定义两个变量 a,b
%>
<%!
  public String print() { //定义 print 方法
       String str = "itcast"; //方法内定义的变量 str
        return str;
    }
%>
<body>
    <%
        out.println(a + b); //输出两个变量的和
    %>
    <br />
    <%
        out.println(print());//调用 print()方法，输出其返回值
    %>
</body>
</html>
```

在文件 6-1 中，首先使用<%!和%>定义了两个变量 a、b，以及 print()方法，然后使用了<%和%>输出了两个常量的和，以及 print()方法中的返回信息。启动项目后，在浏览器地址栏中输入地址"http://localhost:8080/chapter06/example01.jsp"访问 example01.jsp 文件，显示效果如图 6-8 所示。

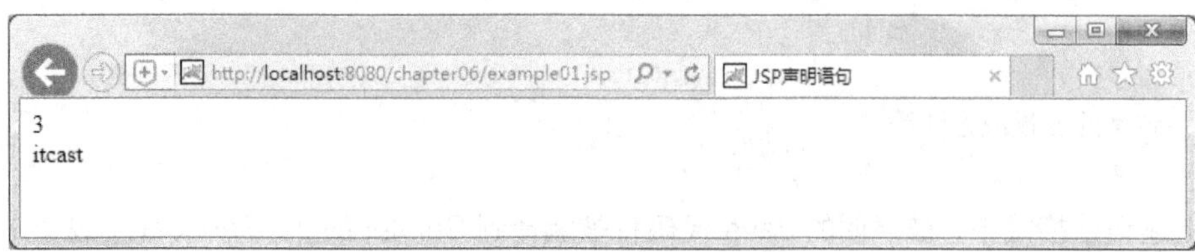

图6-8 example01.jsp的执行结果

从图 6-8 中可以看到，浏览器中已经显示出了相应的结果。

需要注意的是，<%!和%>里面定义的属性是成员属性，相当于类的属性，方法相当于全局的方法，也相当于类里面的方法，但是它是不可以进行输出的，因为它只是进行方法的定义和属性的定义。<%和%>可以进行属性的定义，也可以输出内容，但是它不可以进行方法的定义。因为这对标签里面的内容是在此 JSP 被编译为 Servlet 的时候，放在_jspService()方法里面的，这个方法就是服务器向客户端输出内容的地方，它本身就是一个方法。所以，如果在它里面定义方法的话，那么就相当于是在类的方法里面嵌套定义了方法，这在 Java 里面是不允许的。但是，可以在里面定义自己的私有变量，因为方法里面也可以定义变量，也可以调用方法，唯独不可以再定义方法了。

总之，<%!和%>是用来定义成员变量属性和方法的，<%和%>主要是用来输出内容的，因此，如果涉及到了成员变量的操作，那么就应该使用<%!和%>，而如果涉及到了输出内容，就使用<%和%>。

3. JSP 表达式

JSP 表达式（expression）用于将程序数据输出到客户端，它将要输出的变量或者表达式直接封装在以"<%="开头和以"%>"结尾的标记中，其基本的语法格式如下所示。

```
<%= expression %>
```

在上述语法格式中，JSP 表达式中的变量或表达式的计算结果将被转换成一个字符串，然后插入到 JSP 页面输出结果的相应位置处。例如，对 example01.jsp 文件进行修改，将<body>内的脚本元素修改为表达式，具体如下。

```
<%=a+b %><br />
<%=print() %>
```

在浏览器中再次访问 example01.jsp 页面，同样可以正确输出图 6-8 所示的显示结果。需要注意的是，"<%="和"%>"标记之间插入的是表达式，不能插入语句。"<%="是一个完整的符号，"<%"和"="之间不能有空格，且 JSP 表达式中的变量或表达式后面不能有分号（;）。

6.2.2 JSP 注释

同其他各种编程语言一样，JSP 也有自己的注释方式，其基本语法格式如下。

```
<%-- 注释信息 --%>
```

需要注意的是，Tomcat 在将 JSP 页面编译成 Servlet 程序时，会忽略 JSP 页面中被注释的内容，不会将注释信息发送到客户端。接下来，通过一个案例来演示 JSP 注释的使用。

在 chapter06 项目的 WebContent 目录下创建一个名称为 example02 的 JSP 页面，如文件 6-2 所示。

文件 6-2 example02.jsp

```
<%@ page language="java" contentType="text/html; charset=UTF-8"
    pageEncoding="UTF-8"%>
<!DOCTYPE html PUBLIC "-//W3C//DTD HTML 4.01 Transitional//EN"
                      "http://www.w3.org/TR/html4/loose.dtd">
<html>
<head>
<meta http-equiv="Content-Type" content="text/html; charset=UTF-8">
<title>JSP注释</title>
</head>
<body>
    <!-- 这个是HTML注释 -->
    <%-- 这个是JSP注释 --%>
</body>
</html>
```

在上述页面代码中，包含 HTML 注释和 JSP 两种注释方式。启动 Tomcat 服务器，在浏览器的地址栏中输入地址“http://localhost:8080/chapter06/example02.jsp”访问 example02.jsp 页面。此时，可以看到 example02.jsp 页面什么都不显示，接下来在打开的页面中点击鼠标右键，在弹出菜单中选择【查看源文件】选项，结果如图 6-9 所示。

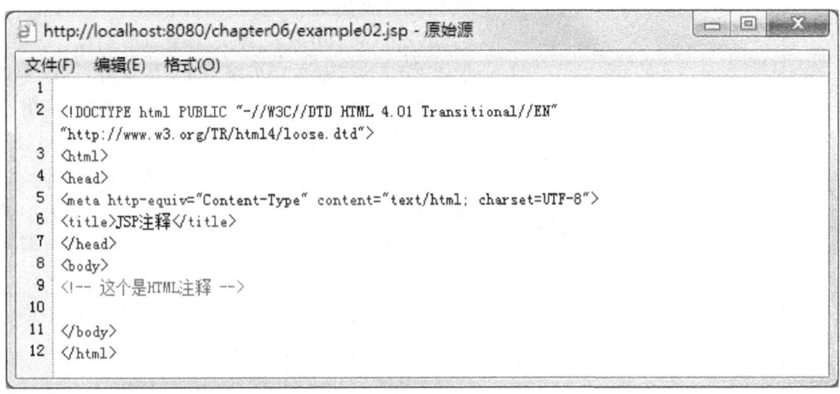

图6-9 example02.jsp的源代码

从图 6-9 中可以看出，JSP 的注释信息没有显示出来，而只显示出了 HTML 注释。这是因为在 Tomcat 编译 JSP 文件时，会将 HTML 注释当成普通文本发送到客户端，而 JSP 页面中格式为“<%-- 注释信息 --%>”的内容则会被忽略，不会发送到客户端。

6.3 JSP 指令

为了设置 JSP 页面中的一些信息，Sun 公司提供了 JSP 指令。 JSP 2.0 中定义了 page、include 等指令，每种指令都定义了各自的属性。接下来，本节将针对 page 和 include 指令进行详细的讲解。

6.3.1 page 指令

在 JSP 页面中，经常需要对页面的某些特性进行描述，例如，页面的编码方式、JSP 页面采用的语言等，这时，可以通过 page 指令来实现。page 指令的具体语法格式如下所示。

```
<%@ page 属性名 1= "属性值 1" 属性名 2= "属性值 2" ...%>
```

在上面的语法格式中，page 用于声明指令名称，属性用来指定 JSP 页面的某些特性。page 指令提供了一系列与 JSP 页面相关的属性，如表 6-1 所示。

表 6-1 page 指令的常用属性

属性名称	取值范围	描述
language	java	指明解释该 JSP 文件时采用的语言，默认为 Java
import	任何包名、类名	指定在 JSP 页面翻译成的 Servlet 源文件中导入的包或类。import 是唯一可以声明多次的 page 指令属性。一个 import 属性可以引用多个类，中间用英文逗号隔开
session	true、false	指明该 JSP 内是否内置 Session 对象，如果为 true，则说明内置 Session 对象，可以直接使用，否则没有内置 Session 对象。默认情况下，session 属性的值为 true。需要注意的是，JSP 引擎自动导入以下 4 个包： java.lang.* javax.servlet.* javax.servlet.jsp.* javax.servlet.http.*
isErrorPage	true、false	指定该页面是否为错误处理页面，如果为 true，则该 JSP 内置有一个 Exception 对象的 exception，可直接使用。默认情况下，isErrorPage 的值为 false
errorPage	某个 JSP 页面的相对路径	指定一个错误页面，如果该 JSP 程序抛出一个未捕捉的异常，则转到 errorPage 指定的页面。errorPage 指定页面的 isErrorPage 属性为 true，且内置的 exception 对象为未捕捉的异常
contentType	有效的文档类型	客户端浏览器根据该属性判断文档类型，例如： HTML 格式为 text/html 纯文本格式为 text/plain JPG 图像为 image/jpeg GIF 图像为 image/gif Word 文档为 application/msword
pageEnCoding	当前页面	指定页面编码格式

表 6-1 中列举了 page 指令的常见属性，除了 import 属性外，其他的属性都只能出现一次，否则会编译失败。需要注意的是，page 指令的属性名称都是区分大小写的。

下面列举两个使用 page 指令的示例。

```
<%@ page language="java" contentType="text/html; charset=UTF-8"
                         pageEncoding="UTF-8"%>
<%@ page import="java.awt.*" %>
<%@ page import="java.util.*","java.awt.*"%>
```

上面代码中使用了 page 指令的 language、contentType、pageEncoding 和 import 属性。

需要注意的是，page 指令对整个页面都有效，而与其书写的位置无关，但是习惯上把 page 指令写在 JSP 页面的最前面。

6.3.2 include 指令

在实际开发时，有时需要在 JSP 页面静态包含一个文件，例如 HTML 文件、文本文件等，这时，可以通过 include 指令来实现。include 指令的具体语法格式如下所示。

```
<%@ include file="被包含的文件地址"%>
```

include 指令只有一个 file 属性，该属性用来指定插入到 JSP 页面目标位置的文件资源。需要注意的是，插入文件的路径一般不以“/”开头，而是使用相对路径。

为了使读者更好地理解 include 指令的使用，接下来，通过一个案例来学习 include 指令的具体用法。

在 chapter06 项目的 WebContent 目录下创建两个 JSP 页面文件 date.jsp 和 include.jsp，在 include.jsp 文件中使用 include 指令将 date.jsp 文件包含其中，具体如文件 6-3 和文件 6-4 所示。

文件 6-3 date.jsp

```
<%@ page language="java" contentType="text/html; charset=UTF-8"%>
<html>
<head><title>Insert title here</title>
</head>
<body>
<% out.println(new java.util.Date().toLocaleString());%>
</body>
</html>
```

文件 6-4 include.jsp

```
<%@ page language="java" contentType="text/html; charset=UTF-8"%>
<html>
<head>
<title>欢迎你</title>
</head>
<body>
    欢迎你，现在的时间是：
    <%@ include file="date.jsp"%>
</body>
</html>
```

启动 Tomcat 服务器，在浏览器中访问地址“http://localhost:8080/chapter06/include.jsp”，浏览器的显示结果如图 6-10 所示。

图6-10 运行结果

从图 6-10 中可以看出，date.jsp 文件中用于输出当前日期的语句已显示出来，这说明 include 指令成功地将 date.jsp 文件中的代码合并到了 include.jsp 文件中。

关于 include 指令的具体应用，有很多问题需要注意，接下来，将这些问题进行列举，具体如下。

（1）被引入的文件必须遵循 JSP 语法，其中的内容可以包含静态 HTML、JSP 脚本元素和 JSP 指令等普通 JSP 页面所具有的一切内容。

（2）除了指令元素之外，被引入的文件中的其他元素都被转换成相应的 Java 源代码，然后插入当前 JSP 页面所翻译成的 Servlet 源文件中，插入位置与 include 指令在当前 JSP 页面中的位置保持一致。

（3）file 属性的设置值必须使用相对路径，如果以“/”开头，表示相对于当前 Web 应用程序的根目录（注意不是站点根目录），否则，表示相对于当前文件。需要注意的是，这里的 file 属性指定的相对路径是相对于文件（file），而不是相对于页面（page）。

6.4 JSP 隐式对象

6.4.1 隐式对象的概述

在 JSP 页面中，有一些对象需要频繁使用，如果每次都重新创建这些对象则会非常麻烦。为了简化 Web 应用程序的开发，JSP2.0 规范中提供了 9 个隐式（内置）对象，它们是 JSP 默认创建的，可以直接在 JSP 页面中使用。这 9 个隐式对象的名称、类型和描述如表 6-2 所示。

表 6-2 JSP 隐式对象

名称	类型	描述
out	javax.servlet.jsp.JspWriter	用于页面输出
request	javax.servlet.http.HttpServletRequest	得到用户请求信息
response	javax.servlet.http.HttpServletResponse	服务器向客户端的回应信息
config	javax.servlet.ServletConfig	服务器配置，可以取得初始化参数
session	javax.servlet.http.HttpSession	用来保存用户的信息
application	javax.servlet.ServletContext	所有用户的共享信息
page	java.lang.Object	指当前页面转换后的 Servlet 类的实例
pageContext	javax.servlet.jsp.PageContext	JSP 的页面容器
exception	java.lang.Throwable	表示 JSP 页面所发生的异常，在错误页中才起作用

在表 6-2 中，列举了 JSP 的 9 个隐式对象及它们各自对应的类型。其中，由于 request、response、config、session 和 application 所属的类及其用法在前面的章节都已经讲解过，而 page 对象在 JSP 页面中很少被用到。因此，在下面几个小节中，将针对 out、pageContext 和 exception 对象进行详细的讲解。

6.4.2 out 对象

在 JSP 页面中，经常需要向客户端发送文本内容，这时，可以使用 out 对象来实现。out 对象是 javax.servlet.jsp.JspWriter 类的实例对象，它的作用与 ServletResponse.getWriter()方法返回的 PrintWriter 对象非常相似，都是用来向客户端发送文本形式的实体内容。不同的是，out 对象的类型为 JspWriter，它相当于一种带缓存功能的 PrintWriter。接下来，通过一张图来描述 JSP 页面的 out 对象与 Servlet 引擎提供的缓冲区之间的工作关系，具体如图 6-11 所示。

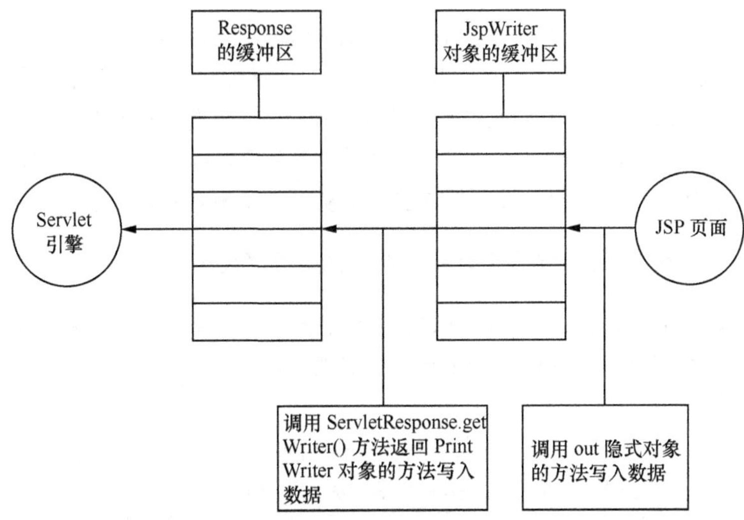

图6-11 out对象与Servlet引擎的关系

从图 6-11 可以看出，在 JSP 页面中，通过 out 隐式对象写入数据相当于将数据插入到 JspWriter 对象的缓冲区中，只有调用了 ServletResponse.getWriter()方法，缓冲区中的数据才能真正写入到 Servlet 引擎所提供的缓冲区中。为了验证上述说法是否正确，接下来，通过一个具体的案例来演示 out 对象的使用。

在 chapter06 项目的 WebContent 目录下创建一个名称为 out 的 JSP 页面，如文件 6-5 所示。

文件 6-5 out.jsp

```
<%@ page language="java" contentType="text/html; charset=UTF-8"%>
<html>
<head>
<title>Insert title here</title>
</head>
<body>
<%
   out.println("first line<br />");
   response.getWriter().println("second line<br />");
%>
</body>
</html>
```

启动 Tomcat 服务器，在浏览器地址栏中访问“http://localhost:8080/chapter06/out.jsp”，浏览器的显示结果如图 6-12 所示。

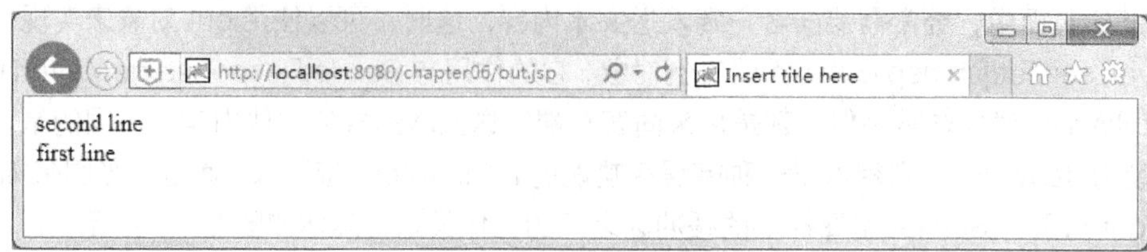

图6-12　运行结果

从图 6-12 中可以看出，尽管 out.println(); 语句位于 response.getWriter().println();语句之前，但它的输出内容却在后面。由此可以说明，out 对象通过 print 语句写入数据后，直到整个 JSP 页面结束，out 对象中输入缓冲区的数据（即 first line）才真正写入到 Servlet 引擎提供的缓冲区中。而 response.getWriter().println(); 语句则是直接把内容（即 second line）写入 Servlet 引擎提供的缓冲区中，Servlet 引擎按照缓冲区中的数据存放顺序输出内容。

多学一招：使用 page 指令设置 out 对象的缓冲区大小

有时候，开发人员会希望 out 对象可以直接将数据写入 Servlet 引擎提供的缓冲区中，这时，可以通过 page 指令中操作缓冲区的 buffer 属性来实现。接下来对文件 6-5 进行修改，修改后的代码如文件 6-6 所示。

文件 6-6　out.jsp

```
<%@ page language="java" contentType="text/html; charset=UTF-8"
                                                     buffer="0kb"%>
<html>
<head>
<title>Insert title here</title>
</head>
<body>
<%
   out.println("first line<br />");
   response.getWriter().println("second line<br />");
%>
</body>
</html>
```

启动 Tomcat 服务器，在浏览器中访问“http://localhost:8080/chapter06/out.jsp”，浏览器的显示界面如图 6-13 所示。

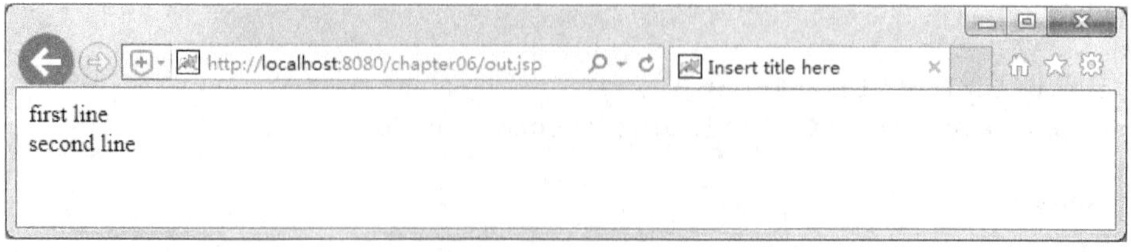

图6-13　运行结果

从图 6-13 中可以看出，out 对象输出的内容在 response.getWriter().println();语句输出的内容之前。由此可见，out 对象中的数据直接写入了 Servlet 引擎提供的缓冲区中。此外，当写入到 out 对象中的内容充满了 out 对象的缓冲区时，out 对象中输入缓冲区的数据也会真正写入到 Servlet 引擎提供的缓冲区中。

6.4.3　pageContext 对象

在 JSP 页面中，使用 pageContext 对象可以获取 JSP 的其他 8 个隐式对象。pageContext 对象是 javax.servlet.jsp.PageContext 类的实例对象，它代表当前 JSP 页面的运行环境，并提供了一系列用于获取其他隐式对象的方法。pageContext 对象获取隐式对象的方法如表 6-3 所示。

表 6-3　pageContext 获取隐式对象的方法

方法名	功能描述
JspWriter getOut()	用于获取 out 隐式对象
Object getPage()	用于获取 page 隐式对象
ServletRequest getRequest()	用于获取 request 隐式对象
ServletResponse getResponse()	用于获取 response 隐式对象
HttpSession getSession()	用于获取 session 隐式对象
Exception getException()	用于获取 exception 隐式对象
ServletConfig getServletConfig()	用于获取 config 隐式对象
ServletContext getServletContext()	用于获取 application 隐式对象

表 6-3 中列举了 pageContext 获取其他隐式对象的方法，这样，当传递一个 pageContext 对象后，就可以通过这些方法轻松地获取到其他 8 个隐式对象了。

pageContext 对象不仅提供了获取隐式对象的方法，还提供了存储数据的功能。pageContext 对象存储数据是通过操作属性来实现的，表 6-4 列举了 pageContext 操作属性的一系列方法，具体如下。

表 6-4　pageContext 操作属性的相关方法

方法名称	功能描述
void setAttribute(String name,Object value,int scope)	用于设置 pageContext 对象的属性
Object getAttribute(String name,int scope)	用于获取 pageContext 对象的属性
void removeAttribute(String name,int scope)	删除指定范围内名称为 name 的属性
void removeAttribute(String name)	删除所有范围内名称为 name 的属性
Object findAttribute(String name)	从 4 个域对象中查找名称为 name 的属性

表 6-4 列举了 pageContext 对象操作属性的相关方法，其中，参数 name 指定的是属性名称，参数 scope 指定的是属性的作用范围。pageContext 对象的作用范围有 4 个值，具体如下。

- pageContext.PAGE_SCOPE：表示页面范围
- pageContext.REQUEST_SCOPE：表示请求范围
- pageContext.SESSION_SCOPE：表示会话范围
- pageContext.APPLICATION_SCOPE：表示 Web 应用程序范围

需要注意的是，当使用 findAttribute()方法查找名称为 name 的属性时，会按照 page、request、session 和 application 的顺序依次进行查找，如果找到，则返回属性的名称，否则返回 null。接下来，通过一个案例来演示 pageContext 对象的使用。

在 chapter06 项目的 WebContent 目录下创建一个名称为 pageContext.jsp 的页面，编辑后如文件 6-7 所示。

文件 6-7　pageContext.jsp

```
<%@ page language="java" contentType="text/html; charset=UTF-8"%>
<html>
<head>
<title>pageContext</title>
</head>
<body>
    <%
        //获取 request 对象
        HttpServletRequest req = (HttpServletRequest) pageContext
                .getRequest();
        //设置 page 范围内属性
        pageContext.setAttribute("str", "Java",pageContext.PAGE_SCOPE);
        //设置 request 范围内属性
        req.setAttribute("str", "Java Web");
        //获得的 page 范围属性
        String str1 = (String)pageContext.getAttribute("str",
                                        pageContext.PAGE_SCOPE);
        //获得的 request 范围属性
        String str2 = (String)pageContext.getAttribute("str",
                                      pageContext.REQUEST_SCOPE);
    %>
    <%="page 范围："+str1 %><br />
    <%="request 范围："+str2 %><br />
</body>
</html>
```

在上述代码中，首先使用 pageContext 获取了 request 对象，并设置 page 范围内属性；然后使用获取的 request 对象设置了 request 范围内属性，接下来使用 pageContext 对象获得 page 和 request 范围内的相应属性，最后使用 JSP 表达式输出数据。

启动 Tomcat 服务器，在浏览器的地址栏中输入地址“http://localhost:8080/chapter06/pageContext.jsp”访问 pageContext.jsp 页面，浏览器显示的结果如图 6-14 所示。

图6-14　运行结果

从图 6-14 的显示结果可以看出，通过 pageContext 对象可以获取到 request 对象，并且还可以获取不同范围内的属性。

6.4.4 exception 对象

在 JSP 页面中，经常需要处理一些异常信息，这时，可以通过 exception 对象来实现。exception 对象是 java.lang.Exception 类的实例对象，它用于封装 JSP 中抛出的异常信息。需要注意的是，exception 对象只有在错误处理页面才可以使用，即 page 指令中指定了属性<%@ page isErrorPage="true"%>的页面。接下来，通过一个案例来学习 exception 对象的使用。

在 chapter06 项目的 WebContent 目录下创建一个名称为 exception.jsp 的页面，在其中编写发生异常的代码，如文件 6-8 所示。

文件 6-8　exception.jsp

```
<%@ page language="java" contentType="text/html; charset=UTF-8"
                    pageEncoding="UTF-8" errorPage="error.jsp"%>
<!DOCTYPE html PUBLIC "-//W3C//DTD HTML 4.01 Transitional//EN"
                    "http://www.w3.org/TR/html4/loose.dtd">
<html>
<head>
<meta http-equiv="Content-Type" content="text/html; charset=UTF-8">
<title>exception object test</title>
</head>
<body>
    <%
        int a = 3;
        int b = 0;
    %>
    输出结果为：<%=(a / b)%><!--此处会产生异常  -->
</body>
</html>
```

在 WebContent 目录下创建一个名称为 error.jsp 的页面，在其中获取从 exception.jsp 页面中传递过来的 exception 对象。需要注意的是，在其 page 指令中要将 isErrorPage 属性设置为 true，如文件 6-9 所示。

文件 6-9　error.jsp

```
<%@ page language="java" contentType="text/html; charset=UTF-8"
   pageEncoding="UTF-8" isErrorPage="true"%>
<!DOCTYPE html PUBLIC "-//W3C//DTD HTML 4.01 Transitional//EN"
                   "http://www.w3.org/TR/html4/loose.dtd">
<html>
<head>
<meta http-equiv="Content-Type" content="text/html; charset=UTF-8">
<title>error page</title>
</head>
<body>
<!--      显示异常信息 -->
    <%=exception.getMessage() %><br />
</body>
</html>
```

启动 Tomcat 服务器，在浏览器的地址栏中输入地址“http://localhost:8080/chapter06/

exception.jsp”，浏览器显示的界面如图 6-15 所示。

图6-15 运行结果

从图 6-15 中可以看出，浏览器将错误的信息显示了出来，说明当 exception.jsp 页面发生错误时，会自动调用 error.jsp 页面进行错误处理。

需要注意的是，IE 浏览器如果不能够显示出结果并且报出 500 错误时，可以点击浏览器菜单栏中的【工具】(IE11 可以点击右上角的齿轮图标)→【Internet 选项】→【高级】，将“显示友好错误 HTTP 错误信息”复选框中的“√”去掉，然后点击窗口的【确认】按钮并刷新页面即可。

6.5 JSP 动作元素

JSP 动作元素用来控制 JSP 的行为，执行一些常用的 JSP 页面动作。通过动作元素可以实现使用多行 Java 代码能够实现的效果，如包含页面文件、实现请求转发等。

6.5.1 <jsp:include>动作元素

在 JSP 页面中，为了把其他资源的输出内容插入到当前 JSP 页面的输出内容中，JSP 技术提供了<jsp:include>动作元素，<jsp:include>动作元素的具体语法格式如下所示。

```
<jsp:include page="relativeURL" flush="true|false" />
```

在上述语法格式中，page 属性用于指定被引入资源的相对路径；flush 属性用于指定是否将当前页面的输出内容刷新到客户端，默认情况下，flush 属性的值为 false。

<jsp:include>包含的原理是将被包含的页面编译处理后将结果包含在页面中。当浏览器第 1 次请求一个使用<jsp:include>包含其他页面的页面时，Web 容器首先会编译被包含的页面，然后将编译处理后的返回结果包含在页面中，之后编译包含页面，最后将两个页面组合的结果回应给浏览器。为了使读者更好地理解<jsp:include>动作元素，接下来，通过一个案例来演示<jsp:include>动作元素的使用，具体如下。

(1) 在 chapter06 项目的 WebContent 目录下编写两个 JSP 文件，分别是 included.jsp 和 dynamicInclude.jsp。其中，dynamicInclude.jsp 页面用于引入 included.jsp 页面。included.jsp 作为被引入的文件，让它暂停 5 秒钟后才输出内容，这样，可以方便测试<jsp:include>标签的 flush 属性。included.jsp 的具体代码如文件 6-10 所示，dynamicInclude.jsp 具体代码如文件 6-11 所示。

文件 6-10 included.jsp

```
<%@ page language="java" contentType="text/html; charset=UTF-8"
   pageEncoding="UTF-8"%>
<!DOCTYPE html PUBLIC "-//W3C//DTD HTML 4.01 Transitional//EN"
                  "http://www.w3.org/TR/html4/loose.dtd">
```

```
<html>
<head>
<meta http-equiv="Content-Type" content="text/html; charset=UTF-8">
<title>include</title>
</head>
<body>
    <%Thread.sleep(5000);%>
    included.jsp 内的中文<br />
</body>
</html>
```

文件 6-11 dynamicInclude.jsp

```
<%@ page language="java" contentType="text/html; charset=UTF-8"
    pageEncoding="UTF-8"%>
<!DOCTYPE html PUBLIC "-//W3C//DTD HTML 4.01 Transitional//EN"
                      "http://www.w3.org/TR/html4/loose.dtd">
<html>
<head>
<meta http-equiv="Content-Type" content="text/html; charset=UTF-8">
<title>dynamicInclude page</title>
</head>
<body>
    dynamicInclude.jsp 内的中文
    <br />
    <jsp:include page="included.jsp" flush="true" />

</body>
</html>
```

（2）启动 Tomcat 服务器，访问地址“http://localhost:8080/chapter06/dynamicInclude.jsp”后，发现浏览器首先会显示 dynamicInclude.jsp 页面中的输出内容，等待 5 秒后，才会显示 included.jsp 页面的输出内容。说明被引用的资源 included.jsp 在当前 JSP 页面输出内容后才被调用。其最后显示结果如图 6-16 所示。

图6-16 dynamicInclude.jsp的显示结果

（3）修改 dynamicInclude.jsp 文件，将<jsp:include>动作元素中的 flush 属性设置为 false，刷新浏览器，再次访问地址“http://localhost:8080/chapter06/dynamicInclude.jsp”，这时，浏览器等待5秒后，将 dynamicInclude.jsp 和 included.jsp 页面的输出内容同时显示了出来。由此可见，Tomcat 调用被引入的资源 included.jsp 时，并没有将当前 JSP 页面中已输出的内容刷新到客户端。

需要注意的是，虽然 include 指令和<jsp:include>标签都能够包含一个文件，但它们之间有很大的区别，具体如下。

- <jsp:include>标签中要引入的资源和当前 JSP 页面是两个彼此独立的执行实体，即被动态引入的资源必须能够被 Web 容器独立执行。而 include 指令只能引入遵循 JSP 格式的文件，被引入文件与当前 JSP 文件需要共同合并才能翻译成一个 Servlet 源文件。

- <jsp:include>标签中引入的资源是在运行时才包含的，而且只包含运行结果。而 include 指令引入的资源是在编译时期包含的，包含的是源代码。
- <jsp:include>标签运行原理与 RequestDispatcher.include()方法类似，即被包含的页面不能改变响应状态码或者设置响应头，而 include 指令没有这方面的限制。

6.5.2 <jsp:forward>动作元素

<jsp:forward>动作元素将当前请求转发到其他 Web 资源（HTML 页面、JSP 页面和 Servlet 等），在执行请求转发之后的当前页面将不再执行，而是执行该元素指定的目标页面。其具体语法格式如下所示。

```
<jsp:forward page="relativeURL" />
```

在上述语法格式中，page 属性用于指定请求转发到的资源的相对路径，该路径是相对于当前 JSP 页面的 URL。

为了使读者更好地理解<jsp:forward>动作元素，接下来，通过一个案例来学习<jsp:forward>动作元素的具体用法。

首先编写一个用于实现转发功能的 jspforward.jsp 页面和一个用于显示当前时间的 welcome.jsp 页面，具体如文件 6-12 和文件 6-13 所示。

文件 6-12 jspforward.jsp

```
<%@ page language="java" contentType="text/html; charset=UTF-8"
    pageEncoding="UTF-8"%>
<!DOCTYPE html PUBLIC "-//W3C//DTD HTML 4.01 Transitional//EN"
                    "http://www.w3.org/TR/html4/loose.dtd">
<html>
<head>
<meta http-equiv="Content-Type" content="text/html; charset=UTF-8">
<title>forword page</title>
</head>
<body>
    <jsp:forward page="welcome.jsp" />
</body>
</html>
```

文件 6-13 welcome.jsp

```
<%@ page language="java" contentType="text/html; charset=UTF-8"
    pageEncoding="UTF-8"%>
<!DOCTYPE html PUBLIC "-//W3C//DTD HTML 4.01 Transitional//EN"
                     "http://www.w3.org/TR/html4/loose.dtd">
<html>
<head>
<meta http-equiv="Content-Type" content="text/html; charset=UTF-8">
<title>welcome page</title>
</head>
<body>
```

```
    你好，欢迎进入首页，当前访问时间是：
    <%
    out.print(new java.util.Date());
    %>
</body>
</html>
```

启动 Tomcat 服务器，通过浏览器访问“http://localhost:8080/chapter06/jspforward.jsp”，浏览器的显示界面如图 6-17 所示。

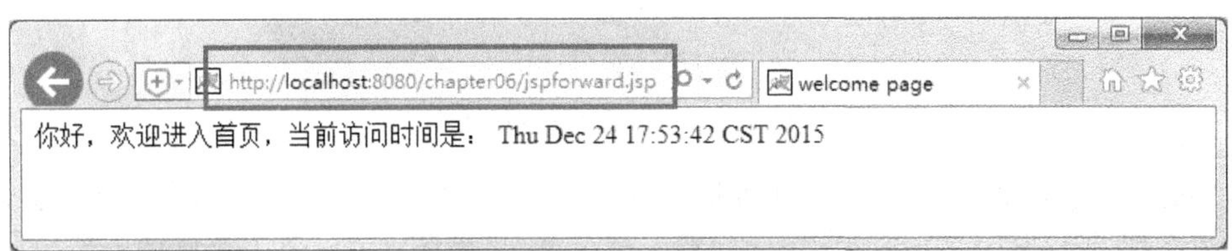

图6-17 运行结果

从图 6-17 中可以看出，虽然地址栏中访问的是 jspforward.jsp，但浏览器显示出了 welcome.jsp 页面的输出内容。由于请求转发是服务器端的操作，浏览器并不知道请求的页面，所以浏览器的地址栏不会发生变化。

6.6 阶段案例：传智书城 JSP 页面

本教材第 1 章已经讲解了使用 HTML 技术实现传智书城首页面和注册页面的方式。然而，在实际的项目开发中，页面通常都是使用 JSP 技术实现的。接下来，本节将详细地讲解如何使用 JSP 技术编写传智书城的首页面和注册页面。

【任务 6-1】实现首页

【任务目标】

通过所学的 JSP 知识，使用 JSP 技术，完成传智书城首页的展示。

【实现步骤】

1. 首页设置

在 chapter06 项目的 WebContent 目录下创建一个名称为 index.jsp 的页面文件，该文件使用<jsp:forword>动作元素跳转到项目客户端展示的首页，其主要代码如下所示。

```
<body>
    <jsp:forward page="client/index.jsp"></jsp:forward>
</body>
```

2. 文件移植

将第 1 章中传智书城案例中的 client 文件夹复制到 WebContent 目录下，并将 client 文件夹下的所有.html 文件改为.jsp 文件，修改后 client 文件夹下的文件如图 6-18 所示。

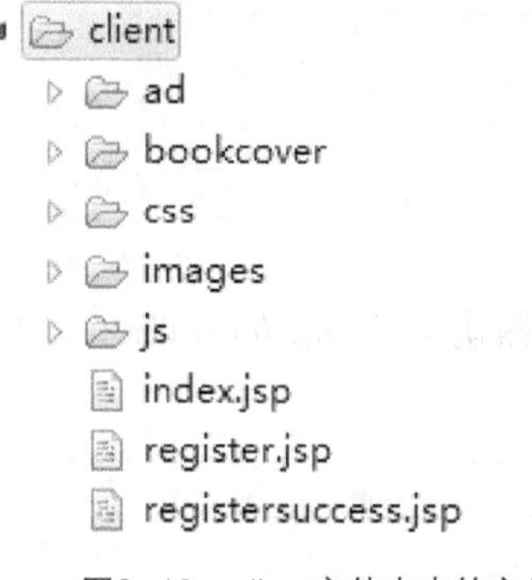

图6-18　client文件夹中的文件

如果此时运行项目，并访问“http://localhost:8080/chapter06/client/index.jsp”，会发现页面中的中文都是乱码。其实，要想解决此问题十分简单，只需要将每一个 JSP 文件中都加上 page 指令即可，其代码如下所示。

```
<%@ page language="java" contentType="text/html; charset=UTF-8" pageEncoding=
"UTF-8"%>
```

添加 page 指令后，重新启动 Tomcat 服务器，再次访问 index.jsp 页面，这时所有中文就可以正确显示了。

3. 修改 JSP 页面中的地址和链接

虽然此时表面上看，index.jsp 可以正常访问了，但是当点击页面右上角的“新用户注册”时，会发现浏览器未显示出注册页面，而是报出“404”错误，如图 6-19 所示。

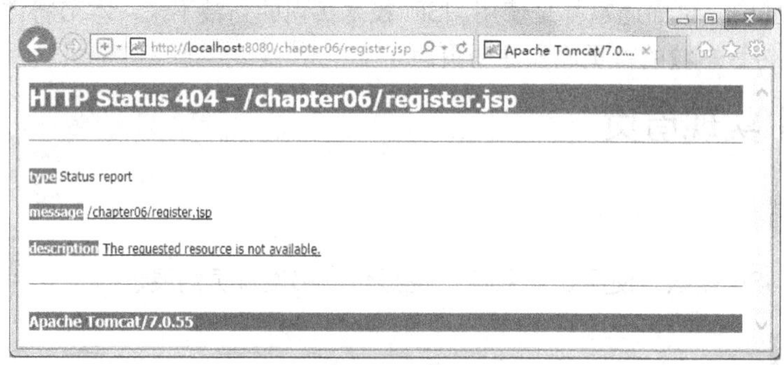

图6-19　找不到文件错误

从图 6-19 中可以看出，当点击“新用户注册”链接后，所访问的链接路径是/chapter06/register.jsp，而项目中注册页面的真实路径是/chapter06/client/register.jsp，所以出现了“404”错误。要解决此问题，只需在 index.jsp 页面文件中的链接和图片等路径前，加入“${pageContext.request.contextPath}/client/”即可。修改后的链接如下所示。

```
<a href="${pageContext.request.contextPath}/client/register.jsp">
    新用户注册
</a>
```

在上面链接代码中，EL 表达式${pageContext.request.contextPath}会获取项目的名称 chapter06 并以“/”开头，这样查找项目中的文件时，是以绝对路径查找的，项目中只要有相应文件，就不会出现找不到文件的错误。此时再次访问 index.jsp 页面，点击“新用户注册”链接后，就可以成功进入注册页面了。为了避免项目中的 JS、CSS 和图片等文件也出现找不到文件的错误，所以需要将所有 JSP 文件中的相关链接前都加入${pageContext.request.context Path}/client/。

4. 抽取页面代码

虽然已成功将HTML文件改为了JSP文件，并能够成功访问，但是在index.jsp和register.jsp中包含了大量的重复代码（如两个页面中的头部、菜单列表以及页面底部代码）。通常一个项目中的头部和底部代码是固定的，如果每一个页面都有这些代码，会使项目十分臃肿，不利于项目的开发和维护。此时，可以将项目中的重复代码抽取出到一个新的 JSP 页面，然后通过 JSP 的 include 指令来引入这些抽取出的 JSP 页面。具体如下。

（1）在 client 文件夹下创建一个名称为 head.jsp 的文件，将传智书城 index.jsp 中顶部的代码抽取出到 head.jsp 中。其中，head.jsp 页面的代码如文件 6-14 所示。

文件 6-14　head.jsp

```
<%@ page language="java" contentType="text/html; charset=UTF-8"
    pageEncoding="UTF-8"%>
<div id="divhead">
    <table cellspacing="0" class="headtable">
        <tr>
            <td>
                <a href="index.jsp">
   <img src="${pageContext.request.contextPath}/client/images/logo.png"
                    width="200" height="60" border="0" />
                </a>
            </td>
  <td style="text-align: right">
   <img src="${pageContext.request.contextPath}/client/images/cart.gif"
            width="26" height="23" style="margin-bottom: -4px" /> 
          <a href="#">购物车</a> |
          <a href="#">帮助中心</a> |
          <a href="#">我的帐户</a> |
      <a href="${pageContext.request.contextPath}/client/register.jsp">
         新用户注册
      </a>
   </td>
  </tr>
 </table>
</div>
```

（2）在 client 文件夹下创建一个名称为 menu_search.jsp 的文件，将传智书城 index.jsp 中菜单列表中的代码抽取出到 menu_search.jsp 中。其中，menu_search.jsp 页面的代码如文件6-15 所示。

文件 6-15　menu_search.jsp

```
<%@ page language="java" contentType="text/html; charset=UTF-8"
    pageEncoding="UTF-8"%>
<div id="divmenu">
        <a href="#">文学</a>
```

```
        <a href="#">生活</a>
        <a href="#">计算机</a>
        <a href="#">外语</a>
        <a href="#">经管</a>
        <a href="#">励志</a>
        <a href="#">社科</a>
        <a href="#">学术</a>
        <a href="#">少儿</a>
        <a href="#">艺术</a>
        <a href="#">原版</a>
        <a href="#">科技</a>
        <a href="#">考试</a>
        <a href="#">生活百科</a>
        <a href="#" style="color:#FFFF00">全部商品目录</a>
</div>
<div id="divsearch">
<form action="#" id="searchform">
    <table width="100%" border="0" cellspacing="0">
        <tr>
            <td style="text-align:right; padding-right:220px">
                Search
            <input type="text" name="textfield" class="inputtable"
                id="textfield" value="请输入书名"
                onmouseover="this.focus();"
                onclick="my_click(this, 'textfield');"
                onBlur="my_blur(this, 'textfield');"/>
    <a href="#">
  <img
 src="${pageContext.request.contextPath}/client/images/serchbutton.gif"
 border="0" style="margin-bottom:-4px" onclick="search()"/>
    </a>
            </td>
        </tr>
    </table>
</form>
</div>
```

（3）在 client 文件夹下创建一个名称为 foot.jsp 的文件，将传智书城 index.jsp 中底部的代码抽取出到 foot.jsp 中。其中，foot.jsp 页面的代码如文件 6-16 所示。

文件 6-16　foot.jsp

```
<%@ page language="java" contentType="text/html; charset=UTF-8"
    pageEncoding="UTF-8"%>
<div id="divfoot">
    <table width="100%" border="0" cellspacing="0">
        <tr>
            <td rowspan="2" style="width: 10%">
<img src="${pageContext.request.contextPath}/client/images/logo.png"
                width="195" height="50" style="margin-left: 175px" />
            </td>
```

```
            <td style="padding-top: 5px; padding-left: 50px">
              <a href="#">
                    <font color="#747556"><b>CONTACT US</b> </font>
               </a>
            </td>
        </tr>
        <tr>
    <td style="padding-left: 50px"><font color="#CCCCCC"> <b>COPYRIGHT
            2015 &copy; BookStore All Rights RESERVED.</b> </font>
    </td>
        </tr>
    </table>
</div>
```

（4）使用 include 指令将抽取出的 3 个 JSP 页面包含在 index.jsp 中，其主要代码如文件 6-17 所示。

文件 6-17　index.jsp

```
<%@ page language="java" contentType="text/html; charset=UTF-8"
     pageEncoding="UTF-8"%>
<!DOCTYPE html PUBLIC "-//W3C//DTD HTML 4.01 Transitional//EN"
"http://www.w3.org/TR/html4/loose.dtd">
<html>
<head>
<meta http-equiv="Content-Type" content="text/html; charset=UTF-8">
<title>首页</title>
<link rel="stylesheet"
href="${pageContext.request.contextPath}/client/css/main.css"
type="text/css" />
<!-- 导入首页轮播图 css 和 js 脚本 -->
<link type="text/css"
href="${pageContext.request.contextPath}/client/css/autoplay.css"
rel="stylesheet" />
<script type="text/javascript"
src="${pageContext.request.contextPath}/client/js/autoplay.js">
</script>
</head>
<body class="main">
<!-- 1.传智书城顶部 start -->
     <%@include file="head.jsp"%>
<!-- 传智书城顶部  end -->

<!-- 2.传智书城菜单列表  start -->
    <%@include file="menu_search.jsp" %>
<!-- 传智书城菜单列表  end -->

<!-- 3.传智书城首页轮播图  start -->
    <div id="box_autoplay">
    ......//此处省略部分代码
    </div>
```

```
<!-- 传智书城首页轮播图  end -->
<!-- 4.公告板和本周热卖  start -->
    <div id="divcontent">
        <table width="900px" border="0" cellspacing="0">
            ......//此处省略部分代码
        </table>
     </div>
<!-- 公告板和本周热卖  end -->
<!--5. 传智书城底部 start -->
      <%@ include file="foot.jsp" %>
<!-- 传智书城底部  end -->
</body>
</html>
```

在文件 6-17 中，使用 JSP 的 include 指令分别将 head.jsp、menu_search.jsp、foot.jsp 3 个页面包含在了 index.jsp 中。此种写法，不但减少了页面中的代码量，而且提高了代码的复用性。启动 Tomcat 服务器，在浏览器地址栏中输入地址 "http://localhost:8080/chapter06/index.jsp"，其浏览器显示效果如图 6-20 所示。

图6-20 传智书城首页

从图 6-20 可以看出，该页面与 HTML 中的首页完全一样。这样，传智书城首页使用 JSP 技术已经实现成功。

【任务 6-2】实现注册页面

【任务目标】

通过所学 JSP 知识，使用 JSP 页面实现传智书城注册页面。

【实现步骤】

1. 修改注册页面，引用公共页面代码

在修改 index.jsp 页面代码时，已将页面顶部、菜单列表和底部的代码抽取到了单独的 JSP 页面，并使用 include 指令包含了这些公共页面。这种方式在传智书城注册页面中也同样适用，修改后的注册页面代码如下所示。

```
<%@ page language="java" contentType="text/html; charset=UTF-8"
    pageEncoding="UTF-8"%>
<!DOCTYPE html PUBLIC "-//W3C//DTD HTML 4.01 Transitional//EN"
                        "http://www.w3.org/TR/html4/loose.dtd">
<html>
<head>
<meta http-equiv="Content-Type" content="text/html; charset=UTF-8">
<title>用户注册</title>
<link rel="stylesheet"
   href="${pageContext.request.contextPath}/client/css/main.css"
                                              type="text/css" />
<script type="text/javascript"
   src="${pageContext.request.contextPath}/client/js/form.js">
</script>
</head>
<body class="main">
<!-- 1.传智书城顶部 start -->
      <%@include file="head.jsp"%>
<!-- 传智书城顶部  end -->
<!--2. 传智书城菜单列表  start -->
      <%@include file="menu_search.jsp" %>
<!-- 传智书城菜单列表  end -->
<!-- 3.传智书城用户注册  start -->
    <div id="divcontent" align="center">
    <form
  action="${pageContext.request.contextPath}/client/registersuccess.jsp"
  method="post" onsubmit="return checkForm();">
            <table width="850px" border="0" cellspacing="0">
                ......//此处省略部分代码
            </table>
        </form>
    </div>
    <!-- 传智书城用户注册  end -->
<!--4. 传智书城下方显示 start -->
    <%@ include file="foot.jsp" %>
<!-- 传智书城下方显示 start -->
</body>
</html>
```

2. 运行项目，查看效果

启动 Tomcat 服务器，进入首页后，点击页面右上角的“新用户注册”链接进入用户注册页面，如图 6-21 所示。

图6-21　传智书城注册页面

从图 6-21 可以看出，此页面与 HTML 中的展示效果一致。因此，将 HTML 注册页面转为 JSP 页面已经完成。

6.7 本章小结

本章主要讲解了 JSP 的语法、JSP 指令、JSP 隐式对象和 JSP 动作元素。通过本章的学习，读者可以了解 JSP 的概念和特点，熟悉 JSP 的运行原理，掌握 JSP 的基本语法，能够熟练掌握 JSP 常用指令及隐式对象的使用，并掌握常用动作元素的使用。JSP 是一种简化了的 Servlet，最终也会编译成 Servlet 类。但 JSP 文件在形式上与 HTML 文件相似，可以直观表单页面的内容和布局。因此，在动态网页开发中，学会 JSP 开发相当重要，读者应该熟练掌握本章内容。

【测一测】

学习完前面的内容，下面来动手测一测吧，请思考以下问题。

1. 请简述 JSP 的运行原理。

2. 请简述 JSP 中的 9 个隐式对象。

3. 请使用 include 标签编写两个 JSP 页面，要求：访问 b.jsp 页面时先输出 b.jsp 页面的内容，等待 5 秒，再输出 a.jsp 页面中的内容。

4. 请在 web.xml 文件中使用<error-page>元素为整个 Web 应用程序设置错误处理页面。已知：处理状态码为 404 的页面为 404.jsp，处理状态码为 500 的页面为 500.jsp。

7 Chapter

第 7 章 EL 表达式和 JSTL

Java Web

学习目标

- 了解什么是 JavaBean
- 了解什么是 EL 表达式和 JSTL 标签库
- 掌握如何使用 BeanUtils 工具
- 掌握 EL 中常见的隐式对象
- 掌握 JSTL 中常见的 Core 标签库

在软件开发时，一些数据和功能需要在很多地方使用，为了方便将它们进行“移植”，Sun 公司提出了一种 JavaBean 技术，使用 JavaBean 可以对这些数据和功能进行封装，做到“一次编写，到处运行”。

为了降低 JSP 页面的复杂度，增强代码的重用性，Sun 公司还制定了一套标准标签库 JSTL，同时为了获取 Servlet 域对象中存储的数据，在 JSP 2.0 规范里还提供了 EL 表达式语言，大大简化了开发的难度。本章将针对 JavaBean 技术、EL 表达式以及 JSTL 标签库进行详细的讲解。

7.1 初识 JavaBean

7.1.1 什么是 JavaBean

JavaBean 是 Java 开发语言中一个可以重复使用的软件组件，它本质上就是一个 Java 类。为了规范 JavaBean 的开发，Sun 公司发布了 JavaBean 的规范，它要求一个标准的 JavaBean 组件需要遵循一定的编码规范，具体如下。

（1）它必须具有一个公共的、无参的构造方法，这个方法可以是编译器自动产生的默认构造方法。

（2）它提供公共的 setter 方法和 getter 方法，让外部程序设置和获取 JavaBean 的属性。

为了让读者对 JavaBean 有一个直观上的认识，接下来编写一个简单的 JavaBean。首先在 Eclipse 中创建一个名为 chapter07 的 Web 项目，然后在项目的 src 目录下创建名为 cn.itcast.chapter07.javabean 的包，再在该包下创建 Book 类，代码如文件 7-1 所示。

文件 7-1 Book.java

```
package cn.itcast.chapter07.javabean;
public class Book {
    private double price;
    public double getPrice() {
        return price;
    }
    public void setPrice(double price) {
        this.price = price;
    }
}
```

在文件 7-1 中，定义了一个 Book 类，该类就是一个 JavaBean，它没有定义构造方法，Java 编译器在编译时，会自动为这个类提供一个默认的构造方法。Book 类中定义了一个 price 属性，并提供了公共的 setPrice()和 getPrice()方法供外界访问这个属性。

7.1.2 访问 JavaBean 的属性

在讲解面向对象时，经常会使用类的属性，类的属性指的是类的成员变量。在 JavaBean 中同样也有属性，但是它和成员变量不是一个概念，它是以方法定义的形式出现的，这些方法必须遵循一定的命名规范。例如，在 JavaBean 中包含一个 String 类型的属性 name，那么在 JavaBean 中必须至少包含 getName()和 setName()方法中的一个，这两个方法的声明如下所示。

```
public String getName(){...}
```

```
public void setName(String name){...}
```

在上述两个方法声明中，方法体内的内容用“...”表示省略。关于这两个方法的相关讲解具体如下。

- getName()方法：称为 getter 方法或者属性访问器，该方法以小写的 get 前缀开始，后跟属性名，属性名的第 1 个字母要大写，例如，nickName 属性的 getter 方法为 getNickName()。
- setName()方法：称为 setter 方法或者属性修改器，该方法必须以小写的 set 前缀开始，后跟属性名，属性名的第 1 个字母要大写，例如，nickName 属性的 setter 方法为 setNickName()。

如果一个属性只有 getter 方法，则该属性为只读属性。如果一个属性只有 setter 方法，则该属性为只写属性。如果一个属性既有 getter 方法，又有 setter 方法，则该属性为读写属性。通常来说，在开发 JavaBean 时，其属性都定义为读写属性。

需要注意的是，对于 JavaBean 属性的命名方式有一个例外情况。如果属性的类型为 boolean，它的命名方式应该使用 is/set，而不是 get/set。例如，有一个 boolean 类型的属性 married，该属性所对应的方法声明如下所示。

```
public boolean isMarried(){...}
public void setMarried(boolean married){...}
```

从上面的代码可以看出，married 属性的 setter 方法命名方式没有变化，而 getter 方法变成了 isMarried()方法。当然，如果一定要写成 getMarried()也是可以的，只不过 isMarried()更符合命名规范。

通过上面的学习，读者对 JavaBean 组件有了一个初步的了解，为了更加深刻地理解 JavaBean 属性的定义，接下来通过具体的案例来实现一个 JavaBean 程序。

在 cn.itcast.chapter07.javabean 包下创建 Student 类，代码如文件 7-2 所示。

文件 7-2 Student .java

```
package cn.itcast.chapter07.javabean;
public class Student {
    private String sid;
    private String name;
    private int age;
    private boolean married;
    // age 属性的 getter 和 setter 方法
    public int getAge() {
        return age;
    }
    public void setAge(int age) {
        this.age = age;
    }
    // married 属性的 getter 和 setter 方法
    public boolean isMarried() {
        return married;
    }
    public void setMarried(boolean married) {
        this.married = married;
    }
```

```
    // sid属性的getter方法
    public String getSid() {
        return sid;
    }
    // name属性的setter方法
    public void setName(String name) {
        this.name = name;
    }
    public void getInfo() {
        System.out.print("我是一个学生");
    }
}
```

在文件 7-2 中定义了一个 Student 类，该类拥有 5 个属性，分别为 age、married、name、sid 和 info。其中，age 和 married 属性是可读写属性，name 是只写属性，sid 是只读属性，它们在类中都有命名相同的成员变量，而 info 属性是只读属性，但它没有命名相同的成员变量。

7.1.3 BeanUtils 工具

大多数 Java 程序开发人员过去习惯于创建 JavaBean，然后通过调用 JavaBean 属性对应的 getter 和 setter 方法来访问属性。但是，由于各种 Java 工具和框架层出不穷，并不能保证属性对应的 getter 和 setter 方法总能被调用，因此，动态访问 Java 对象的属性是十分必要的。为此，Apache 软件基金会提供了一套简单、易用的 API——BeanUtils 工具。掌握它的使用将有助于提高程序的开发效率。本节将针对 BeanUtils 工具的相关知识进行详细的讲解。

截止到目前，BeanUtils 的最新版本为 Apache Commons BeanUtils 1.9.x，读者可以根据需要下载相应的版本。BeanUtils 工具包的官网首页地址为“http://commons.apache.org/proper/commons-beanutils”，登录到官网首页后，单击左边菜单栏【BEANUTILS】→【Download】选项，即可跳转到 BeanUtils 的下载页面，如图 7-1 所示。

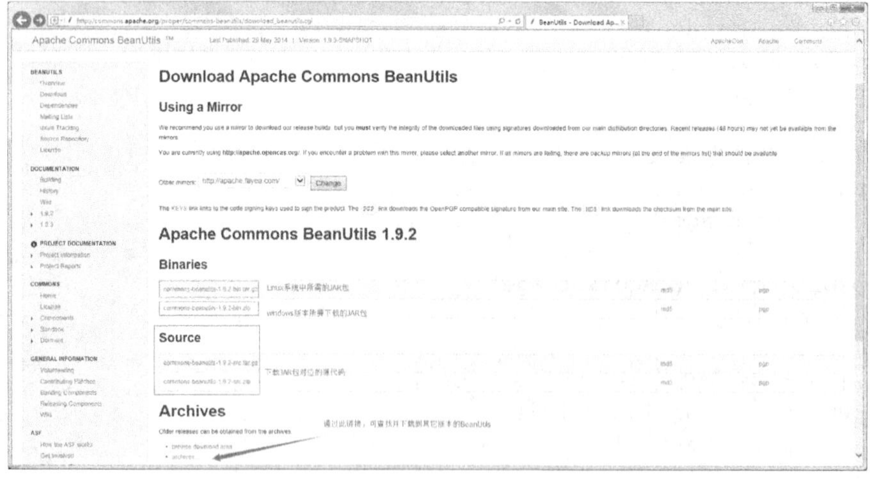

图7-1　BeanUtils下载页面

在图 7-1 中单击方框标识的链接就可以进行下载，解压下载后的文件便可获得 BeanUtils 开发所需的 JAR 包。需要注意的是，BeanUtils 工具包还需要一个 logging 包来配合使用，logging

包中包装了各种日志 API 的实现，感兴趣的读者可以进入官网（http://commons.apache.org/proper/commons-logging）下载。

BeanUtils 工具中封装了许多类，其中最核心的是 org.apache.commons.beanutils 包下的 BeanUtils 类。接下来，针对 BeanUtils 类的常用方法进行简单的介绍，具体如表 7-1 所示。

表 7-1　BeanUtils 类的常用方法

方法声明	功能描述
static void populate(Object bean, Map<String,? extends Object> properties)	根据指定的名称/值对为相应的 JavaBean 属性设置值
static void setProperty(Object bean, String name, Object value)	设置指定的属性值，传入的类型要求能转换成相应属性的类型
static String getProperty(Object bean, String name)	返回指定 bean 指定属性的值，返回值类型为 String 类型

表 7-1 中列举了 BeanUtils 类的常用方法及其功能的描述，掌握这些方法对灵活运用 BeanUtils 工具尤为重要。为了让读者熟悉 BeanUtils 类的常用方法，接下来通过一个案例来演示使用 setProperty()、getProperty()和 populate()方法访问 JavaBean 的属性。

（1）在 chapter07 项目的 lib 目录中添加已下载的 commons-beanutils-1.9.2.jar 和 Logging 的 JAR 包 commons-logging-1.2.jar，并将这两个 JAR 包发布到类路径中。

（2）在项目的 src 目录下创建一个名为 cn.itcast.chapter07.beanutils 的包，在包下创建 Person 类，Person 类中定义了 name 和 age 两个属性，并提供了对应的 getter 方法和 setter 方法供外界访问这两个属性，具体代码如文件 7-3 所示。

文件 7-3　Person.java

```
package cn.itcast.chapter07.beanutils;
public class Person {
    private String name;
    private int age;
    public String getName() {
        return name;
    }
    public void setName(String name) {
        this.name = name;
    }
    public int getAge() {
        return age;
    }
    public void setAge(int age) {
        this.age = age;
    }
}
```

（3）在 cn.itcast.chapter07.beanutils 包下创建一个 BeanUtilsDemo 类，该类中使用了 BeanUtils 类的常用方法，具体代码如文件 7-4 所示。

文件 7-4　BeanUtilsDemo.java

```
package cn.itcast.chapter07.beanutils;
```

```
2  import java.util.HashMap;
3  import java.util.Map;
4  import org.apache.commons.beanutils.BeanUtils;
5  public class BeanUtilsDemo {
6      public static void main(String[] args) throws Exception {
7          Person p = new Person();
8          // 使用 BeanUtils 为属性赋值
9          BeanUtils.setProperty(p, "name", "Jack");
10         BeanUtils.setProperty(p, "age", 10);
11         // 使用 BeanUtils 获取属性值
12         String name = BeanUtils.getProperty(p, "name");
13         String age = BeanUtils.getProperty(p, "age");
14         System.out.println("我的名字是" + name + ",我今年" + age + "岁了！");
15         // 创建 map 集合，用于存放属性及其属性值
16         Map<String, Object> map = new HashMap<String, Object>();
17         map.put("name", "张三");
18         map.put("age", 10);
19         // 使用 populate()方法为对象的属性赋值
20         BeanUtils.populate(p, map);
21         // 打印赋值后对象的信息
22         System.out.println("姓名：" + p.getName() + ", 年龄：" + p.getAge());
23     }
24 }
```

文件 7-4 实现了使用 BeanUtils 为 JavaBean 的属性先赋值，然后再取值的功能，第 9~10 行代码使用 setProperty()方法分别为 name 和 age 属性赋值为 Jack 和 10，第 12~13 行代码使用 getProperty()方法分别获取 name 和 age 属性的值，第 14 行代码打印出这些值。第 16~18 行代码创建了一个 map 集合，并将属性 name 和 age 及其对应的值以键值对的形式存放到 map 中，第 20 行代码使用 BeanUtils 类中的 populate()方法一次性为多个属性赋值，第 22 行代码打印赋值后对象的信息。

运行文件 7-4，运行结果如图 7-2 所示。

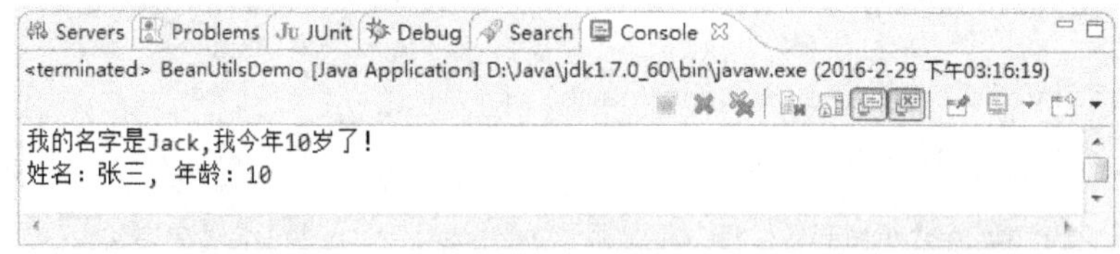

图7-2　运行结果

从图 7-2 的运行结果可以看出，已成功使用 BeanUtils 中的 setProperty()、getProperty()和 populate()方法操作了 name 和 age 两个属性，为这两个属性赋值。

7.2 EL 表达式

在 JSP 开发中，为了获取 Servlet 域对象中存储的数据，经常需要书写很多 Java 代码，这样的做法会使 JSP 页面混乱，难以维护，为此，在 JSP 2.0 规范中提供了 EL 表达式。EL 是 Expression Language 的缩写，它是一种简单的数据访问语言。本节将针对 EL 表达式进行详细的讲解。

7.2.1　初识 EL

由于 EL 可以简化 JSP 页面的书写，因此，在 JSP 的学习中，掌握 EL 是相当重要的。要使用 EL 表达式，首先要学习它的语法。EL 表达式的语法非常简单，都是以“${”开始，以“}”结束的，具体格式如下。

```
${表达式}
```

需要注意的是，“${表达式}”中的表达式必须符合 EL 语法要求。关于 EL 语法的相关知识，将在下面的小节进行详细讲解。

为了证明 EL 表达式可以简化 JSP 页面，接下来通过一个案例来对比使用 Java 代码与 EL 表达式获取信息的不同。

首先，在项目的 src 目录下创建包 cn.itcast.chapter07.servlet，在包中创建一个用于存储用户名和密码的类 MyServlet，代码如文件 7-5 所示。

文件 7-5　MyServlet.java

```
package cn.itcast.chapter07.servlet;
import java.io.*;
import javax.servlet.*;
import javax.servlet.http.*;
public class MyServlet extends HttpServlet {
    public void doGet(HttpServletRequest request,
     HttpServletResponse  response) throws ServletException, IOException {
        request.setAttribute("username", "itcast");
        request.setAttribute("password", "123");
        RequestDispatcher dispatcher = request
                .getRequestDispatcher("/myjsp.jsp");
        dispatcher.forward(request, response);
    }
    public void doPost(HttpServletRequest request,
     HttpServletResponse response) throws ServletException, IOException {
        doGet(request, response);
    }
}
```

然后，在 WebContent 目录下编写一个名为 myjsp 的 JSP 文件，使用该文件来输出 MyServlet 所存储的信息，代码如文件 7-6 所示。

文件 7-6　myjsp.jsp

```
<%@ page language="java" contentType="text/html; charset=utf-8"
    pageEncoding="utf-8"%>
<html>
<head></head>
<body>
    用户名: <%=request.getAttribute("username")%><br />
    密 码: <%=request.getAttribute("password")%><br />
</body>
</html>
```

从文件 7-6 可以看出，如果不使用 EL 表达式，在 JSP 页面获取 Servlet 中存储的数据时，需要书写大量的 Java 代码。

接下来，将文件 7-6 进行修改，在 myjsp.jsp 文件中，通过 EL 表达式来获取 MyServlet 中所存储的信息，修改后的页面代码如文件 7-7 所示。

文件 7-7　myjsp.jsp

```
<%@ page language="java" contentType="text/html; charset=utf-8"
    pageEncoding="utf-8"%>
<html>
<head></head>
<body>
    用户名：<%=request.getAttribute("username")%><br />
    密 码：<%=request.getAttribute("password")%><br />
    <hr />
    使用 EL 表达式:<br />
    用户名：${username}<br />
    密 码：${password}<br />
</body>
</html>
```

最后，部署 Web 项目 chapter07，启动 Tomcat 服务器，在浏览器的地址栏中输入地址“http://localhost:8080/chapter07/MyServlet”访问 MyServlet 页面，浏览器窗口中显示的结果如图 7-3 所示。

图7-3　MyServlet.java

从图 7-3 中可以看出，使用 EL 表达式同样可以成功获取 Servlet 中存储的数据。同时，通过文件中两种方式的比较，发现 EL 表达式明显简化了 JSP 页面的书写，从而使程序简洁易维护。另外，当域对象里面的值不存在时，使用 EL 表达式方式获取域对象里面的值时返回空字符串；而使用 Java 方式获取，返回的值是 null 时，会报空指针异常。所以，在实际开发中推荐使用 EL 表达式的方式获取域对象中存储的数据。

7.2.2　EL 中的标识符

在 EL 表达式中，经常需要使用一些符号来标记一些名称，如变量名、自定义函数名等，这些符号被称为标识符。EL 表达式中的标识符可以由任意的大小写字母、数字和下划线组成。为了避免出现非法的标识符，在定义标识符时还需要遵循以下规范。

- 不能以数字开头。
- 不能是 EL 中的保留字，如 and、or、gt。
- 不能是 EL 隐式对象，如 pageContext。

- 不能包含单引号（'）、双引号（"）、减号（–）和正斜杠（/）等特殊字符。

下面的这些标识符都是合法的。

```
username
username123
user_name
_userName
```

注意，下面的这些标识符都是不合法的。

```
123username
or
user"name
pageContext
```

7.2.3　EL 中的保留字

保留字就是编程语言里事先定义好并赋予了特殊含义的单词。和其他语言一样，EL 表达式中也定义了许多保留字，如 false、not 等，接下来就列举 EL 中所有的保留字，具体如下。

```
and     eq      gt         true       instanceof
or      ne      le         false      empty
not     lt      ge         null       div          mod
```

需要注意的是，EL 表达式中的这些保留字不能被作为标识符，以免在程序编译时发生错误。

7.2.4　EL 中的变量

EL 表达式中的变量就是一个基本的存储单元，EL 表达式可以将变量映射到一个对象上，具体示例如下所示。

```
${product}
```

在上述示例中，product 就是一个变量。EL 表达式中的变量不用事先定义就可以直接使用，例如，表达式${product}就可以访问变量 product 的值。

7.2.5　EL 中的常量

EL 表达式中的常量又称字面量，它是不能改变的数据。在 EL 表达式中包含多种常量，接下来分别对这些常量进行介绍。

1. 布尔常量

布尔常量用于区分一个事物的正反两面，它的值只有两个，分别是 true 和 false。

2. 整型常量

整型常量与 Java 中的十进制的整型常量相同，它的取值范围是 Java 语言中定义的常量 Long.MIN_VALUE 到 Long.MAX_VALUE 之间，即$(-2)^{63}$与$2^{63}-1$之间的整数。

3. 浮点数常量

浮点数常量用整数部分加小数部分表示，也可以用指数形式表示，例如，1.2E4 和 1.2 都是合法的浮点数常量。它的取值范围是 Java 语言中定义的常量 Double.MIN_VALUE 到 Double.MAX_VALUE 之间，即 4.9E–324~1.8E308 之间的浮点数。

4. 字符串常量

字符串常量是用单引号或双引号引起来的一连串字符。由于字符串常量需要用单引号或双引号引起来，所以，字符串本身包含的单引号或双引号需要用反斜杠（\）进行转义，即用“\'”表示字面意义上的单引号，用“\"”表示字面意义上的双引号。如果字符串本身包含反斜杠（\），也要进行转义，即用“\\”表示字面意义上的一个反斜杠。

需要注意的是，只有字符串常量用单引号引起来时，字符串本身包含的单引号才需要进行转义，而双引号不必进行转义；只有字符串常量用双引号引起来时，字符串本身包含的双引号才需要进行转义，而单引号不必转义，例如"ab'4c\"d5\\e"表示的字符串是 ab'4c"d5\e。

5. Null 常量

Null 常量用于表示变量引用的对象为空，它只有一个值，用 null 表示。

7.2.6 EL 中的运算符

EL 表达式支持简单的运算，例如，加（+）、减（-）、乘（*）、除（/）等。为此，在 EL 中提供了多种运算符，根据运算方式的不同，EL 中的运算符包括以下几种。

1. 点运算符（.）

EL 表达式中的点运算符，用于访问 JSP 页面中某些对象的属性，如 JavaBean 对象、List 集合、Array 数组等，其语法格式如下。

```
${customer.name}
```

在上述语法格式中，表达式${customer.name}中点运算符的作用就是访问 customer 对象中的 name 属性。

2. 方括号运算符（[]）

EL 表达式中的方括号运算符与点运算符的功能相同，都用于访问 JSP 页面中某些对象的属性。当获取的属性名中包含一些特殊符号，如“-”或“?”等并非字母或数字的符号，就只能使用方括号运算符来访问该属性，其语法格式如下。

```
${user["My-Name"]}
```

需要注意的是，在访问对象的属性时，通常情况都会使用点运算符作为简单的写法。但实际上，方括号运算符比点运算符应用更广泛。接下来就对比一下这两种运算符在实际开发中的应用，具体如下。

- 点运算符和方括号运算符在某种情况下可以互换，如${student.name}等价于${student["name"]}。
- 方括号运算符还可以访问 List 集合或数组中指定索引的某个元素，如表达式${users[0]}用于访问集合或数组中第 1 个元素。在这种情况下，只能使用方括号运算符，而不能使用点运算符。
- 方括号运算符和点运算符可以相互结合使用，例如，表达式${users[0].userName}可以访问集合或数组中的第 1 个元素的 userName 属性。

3. 算术运算符

EL 表达式中的算术运算符用于对整数和浮点数的值进行算术运算。使用这些算术运算符可以非常方便地在 JSP 页面进行算术运算，并且可以简化页面的代码量。接下来通过表 7-2 来列举 EL 表达式中所有的算术运算符。

表 7-2　算术运算符

算术运算符	说明	算术表达式	结果
+	加	${10+2}	12
–	减	${10–2}	8
*	乘	${10*2}	20
/（或 div）	除	${10/4}或${10 div 2}	2.5
%（或 mod）	取模（取余）	${10%4}或${10 mod 2}	2

表 7–2 列举了 EL 表达式中所有的算术运算符，这些运算符相对来说比较简单。在使用这些运算符时需要注意两个问题，“–”运算符既可以作为减号，也可以作为负号；“/”或“div”运算符在进行除法运算时，商为小数。

4. 比较运算符

EL 表达式中的比较运算符用于比较两个操作数的大小，操作数可以是各种常量、EL 变量或 EL 表达式，所有的运算符执行的结果都是布尔类型。接下来通过表 7–3 来列举 EL 表达式中所有的比较运算符。

表 7-3　比较运算符

比较运算符	说明	算术表达式	结果
==（或 eq）	等于	${10==2}或${10 eq 2}	false
!=（或 ne）	不等于	${10!=2}或${10 ne 2}	true
<（或 lt）	小于	${10<2}或${10 lt 2}	false
>（或 gt）	大于	${10>2}或${10 gt 2}	true
<=（或 le）	小于等于	${10<=2}或${10 le 2}	false
>=（或 ge）	大于等于	${10>=2}或${10 ge 2}	true

表 7–3 列举了 EL 表达式中所有的比较运算符，在使用这些运算符时需要注意两个问题，具体如下。

- 比较运算符中的“==”是两个等号，千万不可只写一个等号。
- 为了避免与 JSP 页面的标签产生冲突，对于后 4 种比较运算符，EL 表达式中通常使用括号内的表示方式。例如，使用“lt”代替“<”运算符，如果运算符后面是数字，在运算符和数字之间至少要有一个空格，例如${1lt 2}；但后面如果有其他符号，则可以不加空格，例如${1lt(1+1)}。

5. 逻辑运算符

EL 表达式中的逻辑运算符用于对结果为布尔类型的表达式进行运算，运算的结果仍为布尔类型。接下来通过表 7–4 来列举 EL 表达式中所有的逻辑运算符。

表 7-4　逻辑运算符

逻辑运算符	说明	算术表达式	结果
&&（and）	逻辑与	${true&&false}或${true and false}	false
||（or）	逻辑或	${false\|\|true}或${false or true}	true
!（not）	逻辑非	${!true}或${not true}	false

表 7-4 中，列出了 EL 表达式中的 3 种逻辑运算符。需要注意的是，在使用&&运算符时，如果有一个表达式结果为 false，则结果必为 false；在使用||运算符时，如果有一个表达式的结果为 true，则结果必为 true。

6. empty 运算符

EL 表达式中的 empty 运算符用于判断某个对象是否为 null 或" "，结果为布尔类型，其基本的语法格式如下所示。

```
${empty var}
```

- var 变量不存在，即没有定义，例如表达式${empty name}，如果不存在 name 变量，就返回 true；
- var 变量的值为 null，例如表达式${empty customer.name}，如果 customer.name 的值为 null，就返回 true；
- var 变量引用集合（Set、Map 和 List）类型对象，并且在集合对象中不包含任何元素时，则返回值为 true。例如，如果表达式${empty list}中 list 集合中没有任何元素，就返回 true。

7. 条件运算符

EL 表达式中条件运算符用于执行某种条件判断，它类似于 Java 语言中的 if-else 语句，其语法格式如下。

```
${A?B:C}
```

在上述语法格式中，表达式 A 的计算结果为布尔类型，如果表达式 A 的计算结果为 true，就执行表达式 B，并返回 B 的值；如果表达式 A 的计算结果为 false，就执行表达式 C，并返回 C 的值，例如表达式${(1==2)?3:4}的结果就为 4。

8. “( )”运算符

EL 表达式中的圆括号用于改变其他运算符的优先级，例如表达式${a*b+c}，正常情况下会先计算 a*b 的积，然后再将计算的结果与 c 相加，如果在这个表达式中加一个圆括号运算符，将表达式修改为${a*(b+c)}，这样则先计算 b 与 c 的和，再将计算的结果与 a 相乘。

需要注意的是，EL 表达式中的运算符都有不同的运算优先级，当 EL 表达式中包含多种运算符时，它们必须按照各自优先级的大小来进行运算。接下来，通过表 7-5 来描述这些运算符的优先级。

表 7-5　运算符的优先级

优先级	运算符
1	[]
2	()
3	-(unary)　not　!　empty
4	*　/　div　%　mod
5	+　-(binary)
6	<　>　<=　>=　lt　gt　le　ge
7	==　!=　eq　ne
8	&&　and
9	||　or
10	?:

表 7-5 列举了不同运算符各自的优先级大小。对于初学者来说，这些运算符的优先级不必刻意地去记忆。为了防止产生歧义，建议读者尽量使用“()”运算符来实现想要的运算顺序。

注意

在应用 EL 表达式取值时，没有数组的下标越界，没有空指针异常，没有字符串的拼接。

7.2.7　EL 隐式对象

在学习 JSP 技术时，提到过隐式对象的应用。在 EL 技术中，同样提供了隐式对象。EL 中的隐式对象共有 11 个，具体如表 7-6 所示。

表 7-6　EL 中的隐式对象

隐含对象名称	描　　述
pageContext	对应于 JSP 页面中的 pageContext 对象
pageScope	代表 page 域中用于保存属性的 Map 对象
requestScope	代表 request 域中用于保存属性的 Map 对象
sessionScope	代表 session 域中用于保存属性的 Map 对象
applicationScope	代表 application 域中用于保存属性的 Map 对象
param	表示一个保存了所有请求参数的 Map 对象
paramValues	表示一个保存了所有请求参数的 Map 对象，它对于某个请求参数，返回的是一个 String 类型数组
header	表示一个保存了所有 HTTP 请求头字段的 Map 对象
headerValues	表示一个保存了所有 HTTP 请求头字段的 Map 对象，返回 String 类型数组
cookie	用来取得使用者的 cookie 值，cookie 的类型是 Map
initParam	表示一个保存了所有 Web 应用初始化参数的 Map 对象

在表 7-6 列举的隐式对象中，pageContext 可以获取其他 10 个隐式对象， pageScope、requestScope、sessionScope、applicationScope 是用于获取指定域的隐式对象，param 和 paramValues 是用于获取请求参数的隐式对象，header 和 headerValues 是用于获取 HTTP 请求消息头的隐式对象，cookie 是用于获取 Cookie 信息的隐式对象，initParam 是用于获取 Web 应用初始化信息的隐式对象。本小节将针对常用的隐式对象进行详细的讲解。

1. pageContext 对象

为了获取 JSP 页面的隐式对象，可以使用 EL 表达式中的 pageContext 隐式对象。pageContext 隐式对象的示例代码如下。

```
${pageContext.response.characterEncoding}
```

在上述示例中，pageContext 对象用于获取 response 对象中的 characterEncoding 属性。接下来，通过一个案例来演示 pageContext 隐式对象的具体用法。

在项目的 WebContent 目录下创建一个名为 pageContext.jsp 的文件，代码如文件 7-8 所示。

文件 7-8　pageContext.jsp

```
<%@ page language="java" contentType="text/html; charset=utf-8"
    pageEncoding="utf-8"%>
<html>
<head></head>
<body>
    请求 URI 为：${pageContext.request.requestURI} <br />
    Content-Type 响应头：${pageContext.response.contentType} <br />
    服务器信息为：${pageContext.servletContext.serverInfo} <br />
    Servlet 注册名为：${pageContext.servletConfig.servletName} <br />
</body>
</html>
```

启动 Tomcat 服务器，在地址栏中输入“http://localhost:8080/chapter07/pageContext.jsp”访问 pageContext.jsp 页面，浏览器窗口中显示的结果如图 7-4 所示。

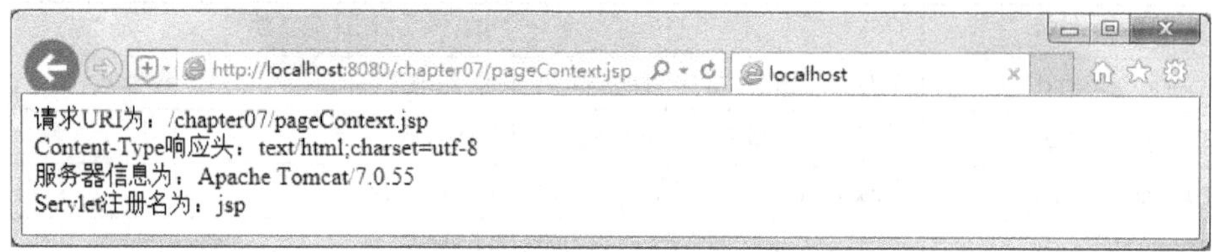

图7-4　pageContext.jsp

从图 7-4 可以看出，使用 EL 表达式中的 pageContext 对象成功地获取到了 request、response、servletContext 和 servletConfig 对象中的属性。需要注意的是，不要将 EL 表达式中的隐式对象与 JSP 中的隐式对象混淆，只有 pageContext 对象是它们所共有的，其他隐式对象则毫不相关。

2. Web 域相关对象

在 Web 开发中，PageContext、HttpServletRequest、HttpSession 和 ServletContext 这 4 个对象之所以可以存储数据，是因为它们内部都定义了一个 Map 集合，这些 Map 集合是有一定作用范围的，例如，HttpServletRequest 对象存储的数据只在当前请求中可以获取到。我们习惯把这些 Map 集合称为域，这些 Map 集合所在的对象称为域对象。在 EL 表达式中，为了获取指定域中的数据，提供了 pageScope、requestScope、sessionScope 和 applicationScope4 个隐式对象，示例代码如下。

```
${pageScope.userName}
${requestScope.userName}
${sessionScope.userName}
${applicationScope.userName}
```

需要注意的是，EL 表达式只能在这 4 个作用域中获取数据。为了让读者更好地学习这 4 个隐式对象，接下来通过一个案例来演示这 4 个隐式对象如何访问 JSP 域对象中的属性。

在项目的 WebContent 目录下，新建一个名为 scopes.jsp 的文件，代码如文件 7-9 所示。

文件 7-9　scopes.jsp

```
<%@ page language="java" contentType="text/html; charset=utf-8"
    pageEncoding="utf-8"%>
<html>
```

```
<head></head>
<body>
    <% pageContext.setAttribute("userName", "itcast"); %>
    <% request.setAttribute("bookName", "Java Web"); %>
    <% session.setAttribute("userName", "itheima"); %>
    <% application.setAttribute("bookName", "Java 基础"); %>
    表达式\${pageScope.userName}的值为：${pageScope.userName} <br />
    表达式\${requestScope.bookName}的值为：${requestScope.bookName} <br />
    表达式\${sessionScope.userName}的值为：${sessionScope.userName} <br />
    表达式\${applicationScope.bookName}的值为：${applicationScope.bookName}
    <br />
    表达式\${userName}的值为：${userName}
</body>
</html>
```

启动 Tomcat 服务器，在浏览器地址栏中输入地址“http://localhost:8080/chapter07/scopes.jsp”访问 scopes.jsp 页面，浏览器窗口中显示的结果如图 7-5 所示。

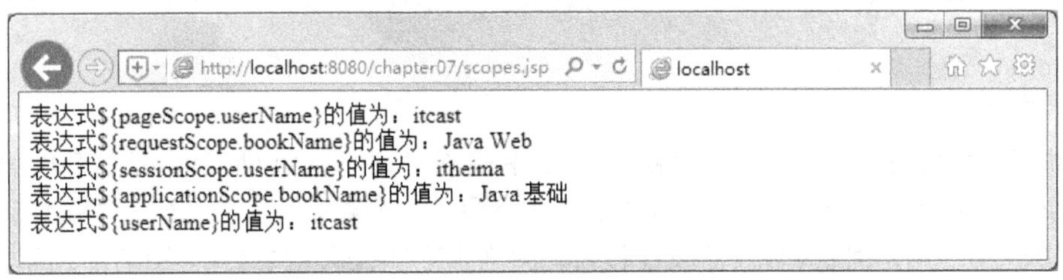

图7-5 scopes.jsp的显示结果

从图 7-5 所示可以看出，使用 pageScope、requestScope、sessionScope 和 applicationScope 这 4 个隐式对象成功地获取到了相应 JSP 域对象中的属性值。需要注意的是，使用 EL 表达式获取某个域对象中的属性时，也可以不使用这些隐式对象来指定查找域，而是直接引用域中的属性名称即可，例如表达式${userName}就是在 page、request、session、application 这 4 个作用域内按顺序依次查找 userName 属性的。

3. param 和 paramValues 对象

在 JSP 页面中，经常需要获取客户端传递的请求参数，为此，EL 表达式提供了 param 和 paramValues 两个隐式对象，这两个隐式对象专门用于获取客户端访问 JSP 页面时传递的请求参数。接下来针对这两个对象进行讲解，具体如下。

param 对象用于获取请求参数的某个值，它是 Map 类型，与 request.getParameter()方法相同，在使用 EL 获取参数时，如果参数不存在，返回的是空字符串，而不是 null。param 对象的语法格式比较简单，具体示例如下。

```
${param.num}
```

如果一个请求参数有多个值，可以使用 paramValues 对象来获取请求参数的所有值，该对象用于返回请求参数所有值组成的数组。如果要获取某个请求参数的第 1 个值，可以使用如下代码。

```
${paramValues.nums[0]}
```

为了让读者更好地学习这两个隐式对象，接下来通过一个案例来演示 param 和 paramValues 隐式对象如何获取请求参数的值。

在项目的 WebContent 目录下，新建一个名为 param.jsp 的文件，代码如文件 7-10 所示。

文件 7-10　param.jsp

```
<%@ page language="java" contentType="text/html; charset=utf-8"
    pageEncoding="utf-8"%>
<html>
<head></head>
<body style="text-align: center;">
    <form action="${pageContext.request.contextPath}/param.jsp">
        num1: <input type="text" name="num1"><br />
        num2: <input type="text" name="num"><br />
        num3: <input type="text" name="num"><br /> <br />
        <input type="submit" value="提交" />  
        <input type="submit" value="重置" /><hr />
        num1: ${param.num1}<br />
        num2: ${paramValues.num[0]}<br />
        num3: ${paramValues.num[1]}<br />
    </form>
</body>
</html>
```

启动 Tomcat 服务器，在浏览器地址栏中输入地址“http://localhost:8080/chapter07/param.jsp”访问 param.jsp 页面，浏览器窗口中会显示一个表单，在这个表单中输入 3 个数字，分别为 10、20、30，然后单击【提交】按钮，浏览器窗口中显示的结果如图 7-6 所示。

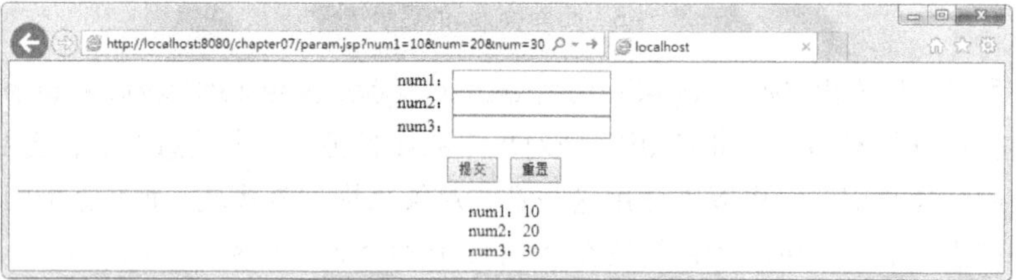

图7-6　param.jsp的显示结果

从图 7-6 可以看出，输入的 3 个数字全部都在浏览器中显示了，这是因为在文件 7-10 中使用 param 对象获取了请求参数 num1 的值为 10，使用 paramValues 对象获取了同一个请求参数 num 的两个值，分别为 20 和 30。需要注意的是，如果一个请求参数有多个值，那么在使用 param 获取请求参数时，则返回请求参数的第 1 个值。

4. Cookie 对象

在 JSP 开发中，经常需要获取客户端的 Cookie 信息，为此，在 EL 表达式中，提供了 Cookie 隐式对象，该对象是一个代表所有 Cookie 信息的 Map 集合，Map 集合中元素的键为各个 Cookie 的名称，值则为对应的 Cookie 对象，具体示例如下。

```
获取 cookie 对象的信息: ${cookie.userName}
获取 cookie 对象的名称: ${cookie.userName.name}
获取 cookie 对象的值: ${cookie.userName.value}
```

为了让读者更好地学习 Cookie 隐式对象，接下来通过一个案例来演示如何获取 Cookie 对象中的信息。

在项目的 WebContent 目录下，新建一个名为 cookie.jsp 的文件，代码如文件 7-11 所示。

文件 7-11　cookie.jsp

```
<%@ page language="java" contentType="text/html; charset=utf-8"
    pageEncoding="utf-8"%>
<html>
<head></head>
<body>
    Cookie 对象的信息：<br />
    ${cookie.userName } <br />
    Cookie 对象的名称和值：<br />
    ${cookie.userName.name }=${cookie.userName.value }
   <% response.addCookie(new Cookie("userName", "itcast")); %>
</body>
</html>
```

启动 Tomcat 服务器，在浏览器地址栏中输入地址“http://localhost:8080/chapter07/cookie.jsp”访问 cookie.jsp 页面，由于是浏览器第 1 次访问 cookie.jsp 页面，此时，服务器还没有接收到名为 userName 的 Cookie 信息，因此，浏览器窗口中不会显示。接下来刷新浏览器，第 2 次访问 cookie.jsp 页面，此时浏览器窗口中显示的结果如图 7-7 所示。

图7-7　cookie.jsp的显示结果

从图 7-7 中可以看出，浏览器窗口中显示了获取到的 Cookie 信息，这是因为第 1 次访问服务器时，服务器会向浏览器回写一个 Cookie，此时的 Cookie 信息是存储在浏览器中的。当刷新浏览器，第 2 次访问 cookie.jsp 页面时，由于浏览器中已经存储了名为 userName 的 Cookie 信息，当再次访问相同资源时，浏览器会将此 Cookie 信息一同发送给服务器，这时使用表达式 ${cookie.userName.name }和${cookie.userName.value }便可以获取 Cookie 的名称和值。

7.3 JSTL

7.3.1　什么是 JSTL

从 JSP 1.1 规范开始，JSP 就支持使用自定义标签，使用自定义标签大大降低了 JSP 页面的复杂度，同时增强了代码的重用性。为此，许多 Web 应用厂商都定制了自身应用的标签库，然而同一功能的标签由不同的 Web 应用厂商制定可能是不同的，这就导致市面上出现了很多功能相同的标签，令网页制作者无从选择。为了解决这个问题，Sun 公司制定了一套标准标签库（JavaServer Pages Standard Tag Library），简称 JSTL。

JSTL 虽然被称为标准标签库，而实际上这个标签库是由 5 个不同功能的标签库共同组成的。在 JSTL 1.1 规范中，为这 5 个标签库分别指定了不同的 URI 以及建议使用的前缀，如表 7-7 所示。

表 7-7　JSTL 包含的标签库

标签库	标签库的 URI	前缀
Core	http://java.sun.com/jsp/jstl/core	c
I18N	http://java.sun.com/jsp/jstl/fmt	fmt
SQL	http://java.sun.com/jsp/jstl/sql	sql
XML	http://java.sun.com/jsp/jstl/xml	x
Functions	http://java.sun.com/jsp/jstl/functions	fn

表 7-7 中，列举了 JSTL 中包含的所有标签库，以及 JSTL 中各个标签库的 URI 和建议使用的前缀，接下来将分别对这些标签库进行讲解。

- Core 是一个核心标签库，它包含了实现 Web 应用中通用操作的标签。例如，用于输出文本内容的<c:out>标签、用于条件判断的<c:if>标签、用于迭代循环的<c:forEach>标签。
- I18N 是一个国际化/格式化标签库，它包含实现 Web 应用程序的国际化标签和格式化标签。例如，设置 JSP 页面的本地信息、设置 JSP 页面的时区、使日期按照本地格式显示等。
- SQL 是一个数据库标签库，它包含了用于访问数据库和对数据库中的数据进行操作的标签。例如，从数据库中获得数据库连接、从数据库表中检索数据等。由于在软件分层开发模型中，JSP 页面仅作为表示层，一般不会在 JSP 页面中直接操作数据库，因此，JSTL 中提供的这套标签库不经常使用。
- XML 是一个操作 XML 文档的标签库，它包含对 XML 文档中的数据进行操作的标签。例如，解析 XML 文件、输出 XML 文档中的内容，以及迭代处理 XML 文档中的元素。XML 广泛应用于 Web 开发，使用 XML 标签库处理 XML 文档更加简单方便。
- Functions 是一个函数标签库，它提供了一套自定义 EL 函数，包含了 JSP 网页制作者经常要用到的字符串操作。例如，提取字符串中的子字符串、获取字符串的长度等。

7.3.2　JSTL 的下载和使用

通过 7.3.1 小节的学习，读者了解了 JSTL 的基本知识，要想在 JSP 页面中使用 JSTL，首先需要安装 JSTL。接下来，分步骤演示 JSTL 的安装和测试，具体如下。

1. 下载 JSTL 包

从 Apache 的网站下载 JSTL 的 JAR 包。进入“http://archive.apache.org/dist/jakarta/taglibs/standard/binaries/”网址下载 JSTL 的安装包 jakarta-taglibs-standard-1.1.2.zip，然后将下载好的 JSTL 安装包进行解压，此时，在 lib 目录下可以看到两个 JAR 文件，分别为 jstl.jar 和 standard.jar。其中，jstl.jar 文件包含 JSTL 规范中定义的接口和相关类，standard.jar 文件包含用于实现 JSTL 的.class 文件以及 JSTL 中 5 个标签库描述符文件（TLD）。

2. 导入 JSTL 包

将 jstl.jar 和 standard.jar 这两个文件复制到 chapter07 项目的 lib 目录下，如图 7-8 所示。

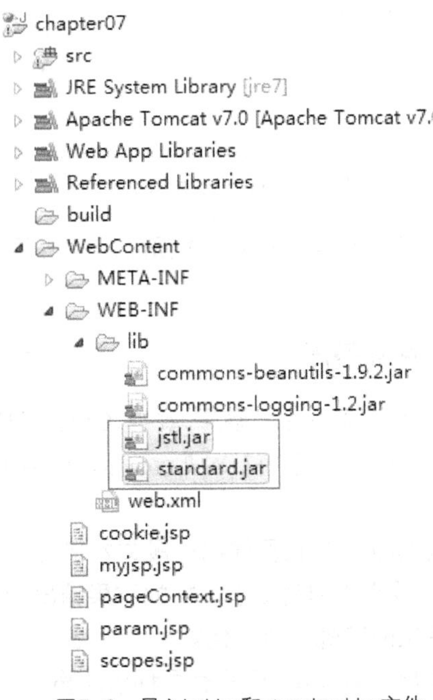

图7-8　导入jstl.jar和standard.jar文件

从图 7-8 可以看出，jstl.jar 和 standard.jar 这两个文件已经被导入到 chapter07 项目的 lib 文件夹中，此时，就可以在 JSP 文件中使用 JSTL 标签库。

3. 测试 JSTL

由于在测试的时候使用的是<c:out>标签，因此，需要使用 taglib 指令导入 Core 标签库，具体代码如下。

```
<%@ taglib uri="http://java.sun.com/jsp/jstl/core" prefix="c"%>
```

在上述代码中，taglib 指令的 uri 属性用于指定引入标签库描述符文件的 URI，prefix 属性用于指定引入标签库描述符文件的前缀，在 JSP 文件中使用这个标签库中的某个标签时，都需要使用这个前缀。

接下来编写一个简单的 JSP 文件 test.jsp，使用 taglib 指令引入 Core 标签库，在该文件中使用<c:out>标签，如文件 7-12 所示。

文件 7-12　test.jsp

```
<%@ page language="java" contentType="text/html; charset=utf-8"
    pageEncoding="utf-8"%>
<%@ taglib uri="http://java.sun.com/jsp/jstl/core" prefix="c"%>
<html>
<head></head>
<body>
    <c:out value="Hello World!"></c:out>
</body>
</html>
```

启动 Tomcat 服务器，打开浏览器，在地址栏中输入地址“http://localhost:8080/chapter07/test.jsp”访问 test.jsp 页面，此时，浏览器窗口中显示的结果如图 7-9 所示。

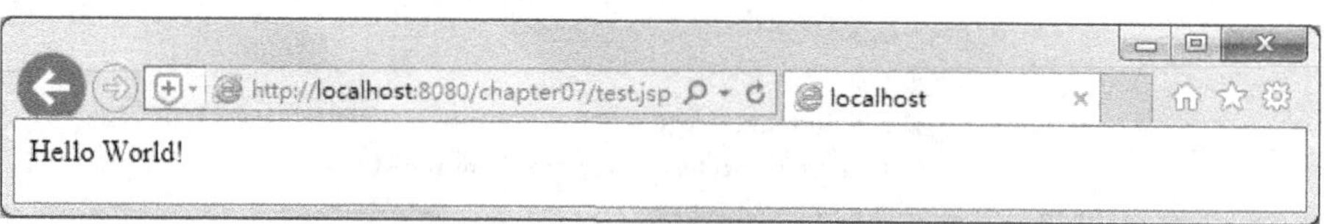

图7-9 test.jsp的显示结果

从图 7-9 可以看出，使用浏览器访问 test.jsp 页面时，输出了“Hello World!”，由此可见，已成功使用了 JSTL 标签。

7.3.3 JSTL 中的 Core 标签库

通过前面的讲解可以知道 JSTL 包含 5 个标签库，其中，Core 标签库是 JSTL 中的核心标签库，包含了 Web 应用中通用操作的标签。本小节将针对 Core 标签库中常用的标签进行详细的讲解。

1. <c:out>标签

在 JSP 页面中，最常见的操作就是向页面输出一段文本信息，为此，Core 标签库提供了一个<c:out>标签，该标签可以将一段文本内容或表达式的结果输出到客户端。如果<c:out>标签输出的文本内容中包含需要进行转义的特殊字符，例如>、<、&、'、" 等，<c:out>标签会默认对它们进行 HTML 编码转换后再输出。<c:out>标签有两种语法格式，具体如下。

语法 1：没有标签体的情况

```
<c:out value="value" [default="defaultValue"]
[escapeXml="{true|false}"]/>
```

语法 2：有标签体的情况

```
<c:out value="value" [escapeXml="{true|false}"]>
    defaultValue
</c:out>
```

在上述语法格式中，没有标签体的情况，需要使用 default 属性指定默认值；有标签体的情况，在标签体中指定输出的默认值。可以看到<c:out>标签有多个属性，接下来针对这些属性进行讲解，具体如下。

- value 属性用于指定输出的文本内容。
- default 属性用于指定当 value 属性为 null 时所输出的默认值，该属性是可选的（方括号中的属性都是可选的）。
- escapeXml 属性用于指定是否将>、<、&、'、" 等特殊字符进行 HTML 编码转换后再进行输出，默认值为 true。

需要注意的是，只有当 value 属性值为 null 时，<c:out>标签才会输出默认值，如果没有指定默认值，则默认输出空字符串。

为了使读者更好地学习<c:out>标签，接下来，通过具体的案例来学习<c:out>标签的使用。

（1）使用<c:out>标签输出默认值

使用<c:out>标签输出默认值有两种方式，一是通过使用<c:out>标签的 default 属性输出默认值，二是通过使用<c:out>标签的标签体输出默认值。接下来通过一个案例来演示这两种使用方式。

在 chapter07 项目的 WebContent 目录下创建一个名为 c_out1.jsp 的文件，代码如文件 7-13 所示。

文件 7-13　c_out1.jsp

```
<%@ page language="java" contentType="text/html;
charset=utf-8" pageEncoding="utf-8"%>
<%@ taglib uri="http://java.sun.com/jsp/jstl/core" prefix="c"%>
<html>
<head></head>
<body>
    <%--第 1 个 out 标签 --%>
    userName 属性的值为：
    <c:out value="${param.username}" default="unknown"/><br />
    <%--第 2 个 out 标签 --%>
    userName 属性的值为：
    <c:out value="${param.username}">
      unknown
   </c:out>
</body>
</html>
```

启动 Tomcat 服务器，在浏览器地址栏中输入地址 “http://localhost:8080/chapter07/c_out1.jsp” 访问 c_out1.jsp 页面，此时，浏览器窗口中的显示结果如图 7-10 所示。

图7-10　c_out1.jsp

从图 7-10 可以看出，浏览器窗口输出了两个默认值均为 unknown，这是通过使用<c:out>标签的 default 属性以及标签体两种方式来设置的默认值，这两种方式实现的效果相同。由于在客户端访问 c_out1.jsp 页面时，并没有传递 username 参数，所以表达式${param.username}的值为 null，因此，<c:out>标签就会输出默认值。

如果不想让<c:out>标签输出默认值，可以在客户端访问 c_out1.jsp 页面时传递一个参数，在浏览器地址栏中输入 “http://localhost:8080/chapter07/c_out1.jsp?username=itcast”，此时，浏览器窗口中显示的结果如图 7-11 所示。

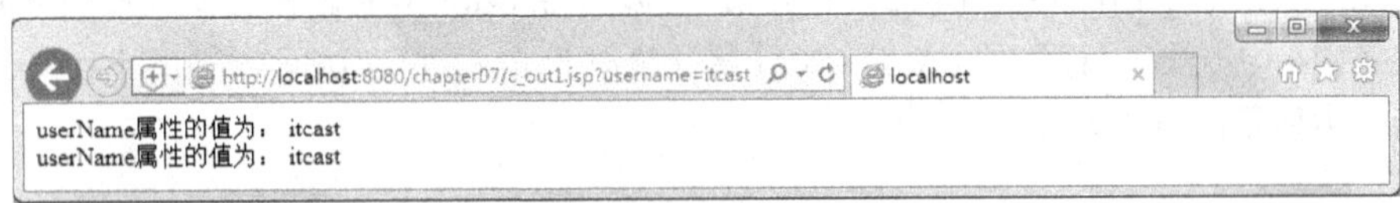

图7-11　c_out1.jsp

从图 7-11 可以看出，浏览器窗口中输出了 itcast，这是因为在客户端访问 c_out1.jsp 页面时传递了一个 username 参数，该参数的值为 itcast，因此，表达式${param.username}就会获取到这个参数值，并将其输出到 JSP 页面中。

（2）使用<c:out>标签的 escapeXml 属性对特殊字符进行转义

<c:out>标签有一个重要的属性 escapeXml，该属性可以将特殊的字符进行 HTML 编码转换后再输出。接下来通过一个案例来演示如何使用 escapeXml 属性将特殊字符进行转换。

在 WebContent 目录下创建一个名为 c_out2.jsp 的文件，代码如文件 7-14 所示。

文件 7-14　c_out2.jsp

```
<%@ page language="java" contentType="text/html; charset=utf-8"
pageEncoding="utf-8"%>
<%@ taglib uri="http://java.sun.com/jsp/jstl/core" prefix="c"%>
<html>
<head></head>
<body>
    <c:out value="${param.username }" escapeXml="false">
        <meta http-equiv="refresh"
            content="0;url=http://www.itcast.cn" />
    </c:out>
</body>
</html>
```

重启 Tomcat 服务器，在浏览器地址栏中输入地址“http://localhost:8080/chapter07/c_out2.jsp”访问 c_out2.jsp 页面，此时，浏览器窗口中显示的结果如图 7-12 所示。

图7-12　c_out2.jsp

从图 7-12 可以看到，浏览器窗口中显示的是 www.itcast.cn 网站的信息，这是因为在<c:out>标签中将 escapeXml 的属性值设置为 false，因此，<c:out>标签不会对特殊字符进行 HTML 转换，<meta>标签便可以发挥作用，在访问 c_out2.jsp 页面时就会跳转到 www.itcast.cn 网站。

如果想对页面中输出的特殊字符进行转义，可以将 escapeXml 属性的值设置为 true，接下来将文件 7-14 中<c:out>标签的 escapeXml 属性修改为 true，再次访问 c_out2.jsp 页面，此时，浏览器窗口中显示的结果如图 7-13 所示。

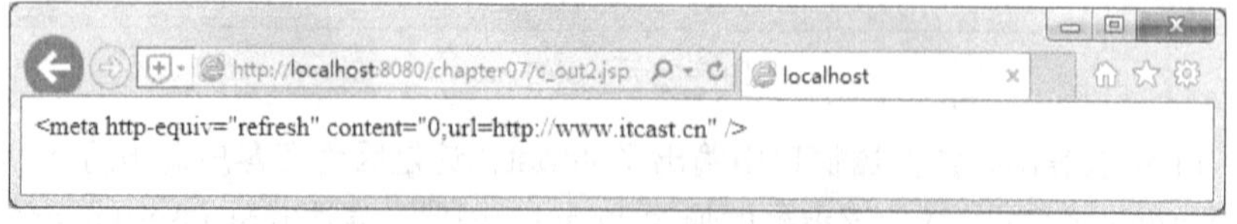

图7-13　访问结果

从图 7-13 可以看出，将<c:out>标签中 escapeXml 属性的值设置为 true 后，在 JSP 页面中输入的<meta>标签便会进行 HTML 编码转换，最终以字符串的形式输出了。需要注意的是，如果在<c:out>标签中不设置 escapeXml 属性，则该属性的默认值为 true。

2. <c:if>标签

在程序开发中，经常需要使用 if 语句进行条件判断，如果要在 JSP 页面中进行条件判断，就需要使用 Core 标签库提供的<c:if>标签，该标签专门用于完成 JSP 页面中的条件判断，它有两种语法格式，具体如下。

语法 1：没有标签体的情况

```
<c:if test="testCondition" var="result"
[scope="{page|request|session|application}"]/>
```

语法 2：有标签体的情况，在标签体中指定要输出的内容

```
<c:if test="testCondition" var="result"
[scope="{page|request|session|application}"]>
    body content
</c:if>
```

在上述语法格式中，可以看到<c:if>标签有 3 个属性，接下来将针对这 3 个属性进行讲解，具体如下。

- test 属性用于设置逻辑表达式。
- var 属性用于指定逻辑表达式中变量的名字。
- scope 属性用于指定 var 变量的作用范围，默认值为 page。如果属性 test 的计算结果为 true，那么标签体将被执行，否则标签体不会被执行。

通过前面的讲解，我们对<c:if>标签有了一个简单的认识。接下来通过一个具体的案例来演示如何在 JSP 页面中使用<c:if>标签。

在 WebContent 目录下创建一个名为 c_if.jsp 的文件，代码如文件 7-15 所示。

文件 7-15　c_if.jsp

```
<%@ page language="java" contentType="text/html; charset=utf-8"
pageEncoding="utf-8" import="java.util.*"%>
<%@ taglib uri="http://java.sun.com/jsp/jstl/core" prefix="c"%>
<html>
<head></head>
<body>
    <c:set value="1" var="visitCount" property="visitCount" />
    <c:if test="${visitCount==1 }">
        This is you first visit. Welcome to the site!
    </c:if>
</body>
</html>
```

启动 Tomcat 服务器，在浏览器地址栏中输入地址“http://localhost:8080/chapter07/c_if.jsp”访问 c_if.jsp 页面，此时，浏览器窗口中显示的结果如图 7-14 所示。

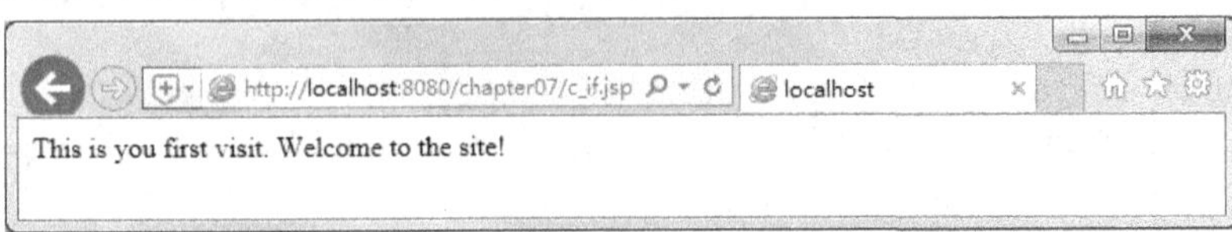

图7-14　c_if.jsp

从图 7-14 可以看出，浏览器窗口中显示了<c:if>标签体中的内容。这是因为在文件 7-15 中使用了<c:if>标签，当执行到<c:if>标签时会通过 test 属性来判断表达式${visitCount==1}是否为 true。如果为 true 就输出标签体中的内容，否则输出空字符串。由于使用了<c:set>标签将 visitCount 的值设置为 1，因此，表达式${visitCount==1}的结果为 true，便会输出<c:if>标签体中的内容。

3. <c:choose>标签

在程序开发中不仅需要使用 if 条件语句，还经常会使用 if-else 语句。为了在 JSP 页面中也可以完成同样的功能，Core 标签库提供了<c:choose>标签，该标签用于指定多个条件选择的组合边界，它必须与<c:when>、<c:otherwise>标签一起使用。

<c:choose>标签没有属性，在它的标签体中只能嵌套一个或多个<c:when>标签和零个或一个<c:otherwise>标签，并且同一个<c:choose>标签中所有的<c:when>子标签必须出现在<c:otherwise>子标签之前，其语法格式如下。

```
<c:choose>
    Body content(<when> and <otherwise> subtags)
</c:choose>
```

<c:when>标签只有一个 test 属性，该属性的值为布尔类型。test 属性支持动态值，其值可以是一个条件表达式，如果条件表达式的值为 true，就执行这个<c:when>标签体的内容，其语法格式如下。

```
<c:when test="testCondition">
    Body content
</c:when>
```

<c:otherwise>标签没有属性，它必须作为<c:choose>标签最后分支出现。当所有的<c:when>标签的 test 条件都不成立时，才执行和输出<c:otherwise>标签体的内容，其语法格式如下。

```
<c:otherwise>
    conditional block
</c:otherwise>
```

为了使读者更好地学习<c:choose>、<c:when>和<c:otherwise>这 3 个标签，接下来将通过一个具体的案例来演示这些标签的使用。

在 WebContent 目录下创建一个名为 c_choose.jsp 的文件，其代码如文件 7-16 所示。

文件 7-16　c_choose.jsp

```
<%@ page language="java" contentType="text/html; charset=utf-8"
pageEncoding="utf-8" import="java.util.*"%>
<%@ taglib uri="http://java.sun.com/jsp/jstl/core" prefix="c"%>
<html>
<head></head>
<body>
    <c:choose>
       <c:when test="${empty param.username}">
           unKnown user.
       </c:when>
       <c:when test="${param.username=='itcast' }">
           ${ param.username} is manager.
```

```
        </c:when>
        <c:otherwise>
            ${ param.username} is employee.
        </c:otherwise>
    </c:choose>
</body>
</html>
```

启动 Tomcat 服务器，在浏览器地址栏中输入地址“http://localhost:8080/chapter07/c_choose.jsp”访问 c_choose.jsp 页面，此时，浏览器窗口中的显示结果如图 7-15 所示。

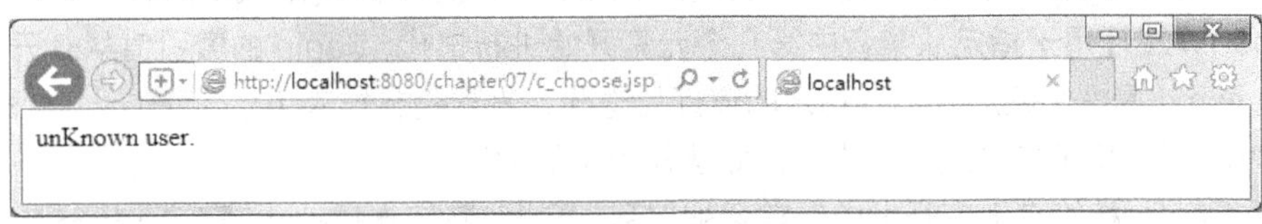

图7-15　c_choose.jsp

从图 7-15 可以看出，当使用“http://localhost:8080/chapter07/c_choose.jsp”地址直接访问 c_choose.jsp 页面时，浏览器中显示的信息为 unknown user。这是因为在访问 c_choose.jsp 页面时并没有在 URL 地址中传递参数，因此，<c:when test="${empty param.username}">标签中 test 属性的值为 true，便会输出<c:when>标签体中的内容。如果在访问 c_choose.jsp 页面时传递一个参数 username=itcast，此时浏览器窗口中的显示结果如图 7-16 所示。

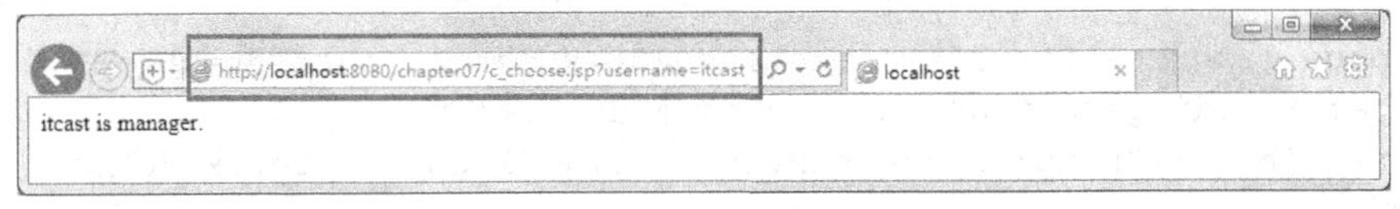

图7-16　c_choose.jsp

从图 7-16 可以看出，浏览器中显示的信息为 itcast is manager。这是因为在访问 c_choose.jsp 页面时传递了一个参数，当执行<c:when test="${empty param.username}">标签时，test 属性的值为 false，因此不会输出标签体中的内容。然后执行<c:when test="${param.username=='itcast' }">标签，当执行到该标签时，会判断 test 属性值是否为 true。由于在 URL 地址中传递了参数 username=itcast，因此，test 属性为 true，就会输出该标签体中的内容 itcast is manager；如果 test 属性为 false，那么会输出<c:otherwise>标签体中的内容。

4. <c:forEach>标签

在 JSP 页面中，经常需要对集合对象进行循环迭代操作，为此，Core 标签库提供了一个<c:forEach>标签，该标签专门用于迭代集合对象中的元素，如 Set、List、Map、数组等，并且能重复执行标签体中的内容，它有两种语法格式，具体如下。

语法 1：迭代包含多个对象的集合

```
<c:forEach [var="varName"] items="collection" [varStatus="varStatusName"]
[begin="begin"] [end="end"] [step="step"]>
    body content
</c:forEach>
```

语法 2：迭代指定范围内的集合

```
<c:forEach [var="varName"] [varStatus="varStatusName"] begin="begin"
```

```
    end="end" [step="step"]>
        body content
    </c:forEach>
```

在上述语法格式中，可以看到<c:forEach>标签有多个属性。接下来针对这些属性进行讲解，具体如下。

- var 属性用于指定将当前迭代到的元素保存到 page 域中的名称。
- items 属性用于指定将要迭代的集合对象。
- varStatus 属性用于指定当前迭代状态信息的对象保存到 page 域中的名称。
- begin 属性用于指定从集合中第几个元素开始进行迭代，begin 的索引值从 0 开始。如果没有指定 items 属性，就从 begin 指定的值开始迭代，直到迭代结束为止。
- step 属性用于指定迭代的步长，即迭代因子的增量。

<c:forEach>标签在程序开发中经常会被用到，因此，熟练掌握<c:forEach>标签是很有必要的。接下来，通过几个具体的案例来学习<c:forEach>标签的使用。

分别使用<c:forEach>标签迭代数组和 Map 集合，首先需要在数组和 Map 集合中添加几个元素，然后将数组赋值给<c:forEach>标签的 items 属性，而 Map 集合对象同样赋值给<c:forEach>标签的 items 属性，之后使用 EL 表达式就可以获取到 Map 集合中的键和值，如文件 7-17 所示。

文件 7-17　c_foreach1.jsp

```
<%@ page language="java" contentType="text/html; charset=utf-8"
    pageEncoding="utf-8" import="java.util.*"%>
<%@ taglib uri="http://java.sun.com/jsp/jstl/core" prefix="c"%>
<html>
<head></head>
<body>
    <%
        String[] fruits = { "apple", "orange", "grape", "banana" };
    %>
    String 数组中的元素:
    <br />
    <c:forEach var="name" items="<%=fruits%>">
        ${name}<br />
    </c:forEach>
    <%
        Map userMap = new HashMap();
        userMap.put("Tom", "123");
        userMap.put("Make", "123");
        userMap.put("Lina", "123");
    %>
    <hr />
    HashMap 集合中的元素:
    <br />
    <c:forEach var="entry" items="<%=userMap%>">
            ${entry.key} ${entry.value}<br />
    </c:forEach>
```

```
</body>
</html>
```

启动 Tomcat 服务器，在浏览器地址栏中输入地址“http://localhost:8080/chapter07/c_foreach1.jsp”访问 c_ foreach1.jsp 页面，此时，浏览器窗口中的显示结果如图 7-17 所示。

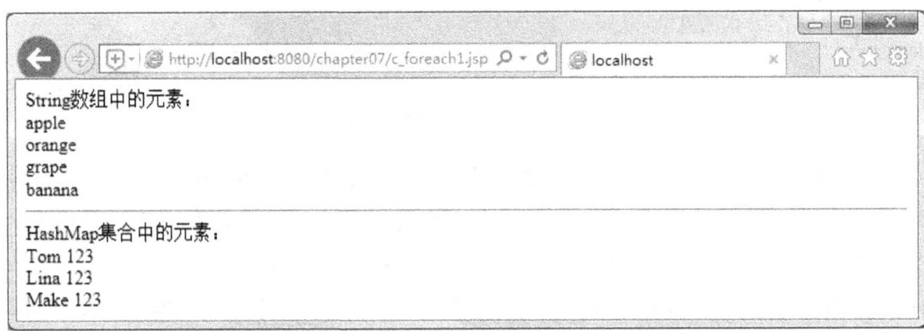

图7-17　c_foreach1.jsp

从图 7-17 可以看出，在 String 数组中存入的元素 apple、orange、grape 和 banana 全部被打印出来了，因此，可以说明使用<c:forEach>标签可以迭代数组中的元素。Map 集合中存入的用户名和密码全部被打印出来了。在使用<c:forEach>标签时，只需将 userMap 集合对象赋值给 items 属性，之后通过 entry 变量就可以获取到集合中的键和值。

<c:forEach>标签的 begin、end 和 step 属性分别用于指定循环的起始索引、结束索引和步长。使用这些属性可以迭代集合对象中某一范围内的元素。

在项目的 WebContent 目录下，创建一个名为 c_foreach2.jsp 的文件，该文件中使用了<c:forEach>标签的 begin、end 和 step 属性，代码如文件 7-18 所示。

文件 7-18　c_foreach2.jsp

```
<%@ page language="java" contentType="text/html; charset=utf-8"
pageEncoding="utf-8" import="java.util.*"%>
<%@ taglib uri="http://java.sun.com/jsp/jstl/core" prefix="c"%>
<html>
<head></head>
<body>
  colorsList 集合（指定迭代范围和步长）<br />
     <%
         List colorsList=new ArrayList();
         colorsList.add("red");
         colorsList.add("yellow");
         colorsList.add("blue");
         colorsList.add("green");
         colorsList.add("black");
     %>
     <c:forEach var="color" items="<%=colorsList%>" begin="1"
     end="3" step="2">
         ${color} 
     </c:forEach>
</body>
</html>
```

启动 Tomcat 服务器，在浏览器地址栏中输入地址“http://localhost:8080/chapter07/c_foreach2.jsp”访问 c_ foreach2.jsp 页面，此时，浏览器窗口中的显示结果如图 7-18 所示。

图7-18　c_ foreach2.jsp

从图 7-18 可以看出，浏览器窗口中显示了 colorsList 集合中的 yellow 和 green 两个元素。只显示这两个元素的原因是，在使用<c:forEach>标签迭代 List 集合时，指定了迭代的起始索引为 1，当迭代集合时首先会输出 yellow 元素。由于在<c:forEach>标签中指定了步长为 2，并且指定了迭代的结束索引为 3，因此，还会输出集合中的 green 元素，其他的元素不会再输出。

<c:forEach>标签的 varStatus 属性用于设置一个 javax.servlet.jsp.jstl.core.LoopTagStatus 类型的变量，这个变量包含了从集合中取出元素的状态信息。使用<c:forEach>标签的 varStatus 属性可以获取以下信息。

- count：表示元素在集合中的序号，从 1 开始计数。
- index：表示当前元素在集合中的索引，从 0 开始计数。
- first：表示当前是否为集合中的第 1 个元素。
- last：表示当前是否为集合中的最后一个元素。

通过上面的讲解，读者对<c:forEach>标签的 varStatus 属性已经有了基本的了解。接下来通过一个具体的案例来演示如何使用<c:forEach>标签的 varStatus 属性获取集合中元素的状态信息。

在项目的 WebContent 目录下创建一个名为 c_foreach3.jsp 的文件，代码如文件 7-19 所示。

文件 7-19　c_foreach3.jsp

```
<%@ page language="java" contentType="text/html; charset=utf-8"
pageEncoding="utf-8" import="java.util.*"%>
<%@ taglib uri="http://java.sun.com/jsp/jstl/core" prefix="c"%>
<html>
<head></head>
<body style="text-align: center;">
    <%
        List userList = new ArrayList();
        userList.add("Tom");
        userList.add("Make");
        userList.add("Lina");
    %>
    <table border="1">
        <tr>
            <td>序号</td>
            <td>索引</td>
            <td>是否为第一个元素</td>
            <td>是否为最后一个元素</td>
            <td>元素的值</td>
        </tr>
```

```
        <c:forEach var="name" items="<%=userList%>" varStatus="status">
            <tr>
                <td>${status.count}</td>
                <td>${status.index}</td>
                <td>${status.first}</td>
                <td>${status.last}</td>
                <td>${name}</td>
            </tr>
        </c:forEach>
    </table>
</body>
</html>
```

启动 Tomcat 服务器，在浏览器地址栏中输入地址“http://localhost:8080/chapter07/c_foreach3.jsp”访问 c_ foreach3.jsp 页面，此时，浏览器窗口中的显示结果如图 7-19 所示。

序号	索引	是否为第一个元素	是否为最后一个元素	元素的值
1	0	true	false	Tom
2	1	false	false	Make
3	2	false	true	Lina

图7-19　c_ foreach3.jsp

从图 7-19 可以看出，使用<c:forEach>标签迭代集合中的元素时，可以通过 varStatus 属性获取集合中元素的序号和索引，而且还可以判断集合中的元素是否为第 1 个元素以及最后一个元素。因此，可以说明使用该属性可以很方便地获取集合中元素的状态信息。

5. <c:param>标签和<c:url>标签

在开发一个 Web 应用程序时，通常会在 JSP 页面中完成 URL 的重写以及重定向等特殊功能，为了完成这些功能，在 Core 标签库中，也提供了相应功能的标签，这些标签包括<c:param>、<c:redirect>和<c:url>。其中，<c:param>标签用于获取 URL 地址中的附加参数，<c:url>标签用于按特定的规则重新构造 URL，<c:redirect>标签负责重定向。

<c:param>标签用于在 URL 地址中附加参数，它通常嵌套在<c:url>标签内使用。<c:param>标签有两种语法格式，具体如下。

语法 1：使用 value 属性指定参数的值

```
<c:param name="name" value="value">
```

语法 2：在标签体中指定参数的值

```
<c:param name="name">
    parameter value
</c:param>
```

在上述语法格式中，可以看到<c:param>中有两个属性，接下来将针对这两个属性进行讲解，具体如下。

- name 属性用于指定参数的名称。
- value 属性用于指定参数的值，当使用<c:param>标签为一个 URL 地址附加参数时，它会自动对参数值进行 URL 编码。例如，如果传递的参数值为“中国”，则将其转换为“%e4%b8%ad%e5%9b%bd”后再附加到 URL 地址后面，这也是使用<c:param>标签的最大好处。

在访问一个 JSP 页面时，通常会在 URL 中传递一些参数信息。为了方便完成这种功能，Core 标签库中提供了一个<c:url>标签，该标签可以在 JSP 页面中构造一个新的地址，实现 URL 的重写。<c:url>标签有两语法格式，具体如下。

语法 1：没有标签实体的情况

```
<c:url value="value" [context="context"] [var="varName"]
[scope="{page|request|session|application}"]>
```

语法 2：有标签实体的情况，在标签体中指定构造 URL 参数

```
<c:url value="value" [context="context"] [var="varName"]
[scope="{page|request|session|application}"]>
    <c:param>标签
</c:url>
```

在上述语法格式中，可以看到<c:url>标签中有多个属性，接下来将针对这些属性进行讲解，具体如下。

- value 属性用于指定构造的 URL。
- context 属性用于指定导入同一个服务器下其他 Web 应用的名称。
- var 属性用于指定将构造的 URL 地址保存到域对象的属性名称。
- scope 属性用于指定将构造好的 URL 保存到域对象中。

为了使读者更好地学习<c:url>标签，接下来通过一个具体的案例来演示该标签的使用。

在项目的 WebContent 目录下新建一个名为 c_url.jsp 的文件，代码如文件 7-20 所示。

文件 7-20 c_url.jsp

```
<%@ page language="java" contentType="text/html; charset=utf-8"
pageEncoding="utf-8" import="java.util.*"%>
<%@ taglib uri="http://java.sun.com/jsp/jstl/core" prefix="c"%>
<html>
<head></head>
<body>
    使用绝对路径构造 URL:<br />
    <c:url var="myURL"
    value="http://localhost:8080/chapter07/register.jsp">
        <c:param name="username" value="张三" />
        <c:param name="country" value="中国" />
    </c:url>
    <a href="${myURL}">register.jsp</a><br />
    使用相对路径构造 URL:<br />
    <c:url var="myURL"
    value="register.jsp?username=Tom&country=France" />
    <a href="${ myURL}">register.jsp</a>
</body>
</html>
```

启动 Tomcat 服务器，在浏览器地址栏中输入地址“http://localhost:8080/chapter07/c_url.jsp”访问 c_url.jsp 页面，此时，浏览器窗口中显示的结果如图 7-20 所示。

图7-20　c_url.jsp

从图 7-20 可以看出，在浏览器窗口中已经显示了 c_url.jsp 页面的内容，此时查看该页面的源文件，可以看到如下信息。

```
<html>
<head></head>
<body>
    使用绝对路径构造 URL:<br />
    <a href="http://localhost:8080/chapter07/register.jsp?
    username=%e5%bc%a0%e4%b8%89&country=%e4%b8%ad%e5%9b%bd">
        register.jsp
    </a><br />
    使用相对路径构造 URL:<br />
    <a href="register.jsp?username=Tom&country=France">register.jsp</a>
</body>
</html>
```

在上述源代码中，可以看到在 c_url.jsp 页面中构造的 URL 地址实际上会变成一个超链接，并且使用<param>标签构造的参数会进行 URL 编码，将参数张三转换为“%e5%bc%a0%e4%b8%89”，中国转换为“%e4%b8%ad%e5%9b%bd”，这样就构造了一个新的 URL 地址，完成了 URL 的重写功能。

7.4 本章小结

本章主要讲解了 JavaBean、BeanUtils 工具、EL 表达式的基本语法、常见 EL 表达式隐式对象、JSTL 的下载和使用以及 JSTL 常见标签库等知识。通过本章的学习，读者能够了解什么是 JavaBean，什么是 EL 表达式和 JSTL，可以熟练地掌握通过 BeanUtils 工具访问 JavaBean、EL 表达式的基本语法的格式、EL 的常见隐式对象以及 JSTL 中的常见 Core 标签库等操作。

【测一测】

学习完前面的内容，下面来动手测一测吧，请思考以下问题。

1. 简述 Javabean 规范都有哪些。(至少写出 2 点)
2. 简述定义 EL 标识符的规范。
3. 请按要求编写一个 c_ choose.jsp 页面，使用<c:choose>、<c:when>和<c:otherwise>这 3 个标签完成多个条件选择的程序。

要求如下。

1）访问 c_choose.jsp 页面不传递参数时，浏览器中显示的信息为 unknown user。

2）访问 c_choose.jsp 页面传递一个参数 username=itcast 时，浏览器中显示的信息为 itcast is a manager。

3）访问 c_choose.jsp 页面传递 username 参数为 itcast 以外的值时，浏览器中显示的信息为 you are a manager。

4. 使用 EL 表达式和 JSTL 实现将文本框中的内容输出到页面的功能，在此页面的文本框中输入内容，单击页面提交按钮之后，输入框以及按钮消失，文本框中输入的内容显示到页面。

5. Person 类为一个标准的 JavaBean 类，请设计一个程序，要求使用 BeanUtils 工具为 Person 对象赋值。

1）直接生成 Person 对象。

2）使用 BeanUtils 工具为 name 属性赋值“Tom”，age 赋值为 31。

3）使用 BeanUtils 工具取出属性值，并在控制台输出。

第 8 章 Servlet 高级

学习目标

- 了解什么是 Filter
- 能够使用 Filter 实现用户自动登录
- 能够使用 Filter 实现统一全站编码
- 熟悉 8 种监听器
- 掌握使用监听器监听域对象的生命周期和属性变更

Filter 和 Listener 是 Servlet 规范中的两个高级特性，不同于 Servlet，它们不用于处理客户端请求。Filter 用于对 request、response 对象进行修改，Listener 用于对 context、session、request 事件进行监听。善用 Servlet 规范中的这两个高级特性能够轻松地解决一些特殊问题。接下来，本章将针对 Filter 和 Listener 进行详细的讲解。

8.1 Filter 过滤器

8.1.1 什么是 Filter

Filter 被称作过滤器，其基本功能就是对 Servlet 容器调用 Servlet 的过程进行拦截，从而在 Servlet 进行响应处理前后实现一些特殊功能。这就好比现实中的污水净化设备，它可以看作一个过滤器，专门用于过滤污水杂质。Filter 在 Web 应用中的拦截过程如图 8-1 所示。

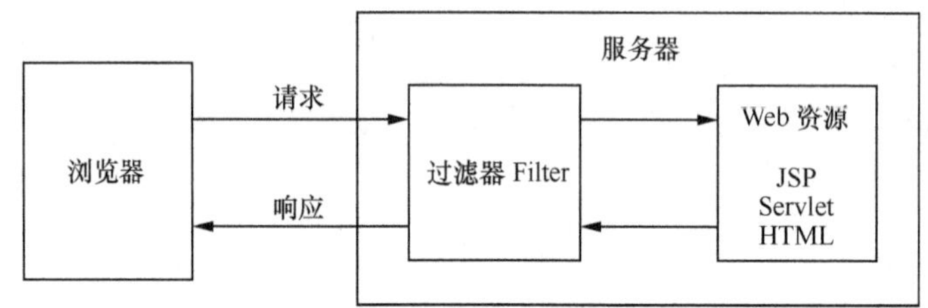

图8-1 Filter拦截过程

在图 8-1 中，当浏览器访问服务器中的目标资源时，会被 Filter 拦截，在 Filter 中进行预处理操作，然后再将请求转发给目标资源。当服务器接收到这个请求后会对其进行响应，在服务器处理响应的过程中，也需要先将响应结果发送给过滤器，在过滤器中对响应结果进行处理后，才会发送给客户端。

其实，Filter 过滤器就是一个实现了 javax.servlet.Filter 接口的类，在 javax.servlet.Filter 接口中定义了 3 个方法，具体如表 8-1 所示。

表 8-1 Filter 接口中的方法

方法声明	功能描述
init(FilterConfig filterConfig)	init()方法用来初始化过滤器，开发人员可以在 init()方法中完成与构造方法类似的初始化功能。如果初始化代码中要使用到 FilterConfig 对象，那么，这些初始化代码就只能在 Filter 的 init()方法中编写，而不能在构造方法中编写
doFilter(ServletRequest request,ServletResponse response,FilterChain chain)	doFilter()方法有多个参数，其中，参数 request 和 response 为 Web 服务器或 Filter 链中的上一个 Filter 传递过来的请求和响应对象；参数 chain 代表当前 Filter 链的对象，在当前 Filter 对象中的 doFilter()方法内部需要调用 FilterChain 对象的 doFilter()方法，才能把请求交付给 Filter 链中的下一个 Filter 或者目标程序去处理
destroy()	destroy()方法在 Web 服务器卸载 Filter 对象之前被调用，该方法用于释放被 Filter 对象打开的资源，例如关闭数据库和 IO 流

表 8-1 中的这 3 个方法都是 Filter 的生命周期方法，其中 init()方法在 Web 应用程序加载的时候调用，destroy()方法在 Web 应用程序卸载的时候调用，这两个方法都只会被调用一次，而 doFilter()方法只要有客户端请求时就会被调用，并且 Filter 所有的工作集中在 doFilter()方法中。

8.1.2 实现第一个 Filter 程序

为了帮助读者快速了解 Filter 的开发过程，接下来，分步骤实现一个 Filter 程序，演示 Filter 程序如何对 Servlet 程序的调用过程进行拦截的，具体如下。

（1）首先在 Eclipse 中创建一个名为 chapter08 的 Web 项目，然后在该项目的 src 目录下创建一个名为 cn.itcast.chapter08.filter 包，最后在该包下创建一个名为 MyServlet 的 Servlet 类，该类用于访问时在浏览器中输出“Hello MyServlet”。MyServlet 类的具体代码如文件 8-1 所示。

文件 8-1 MyServlet.java

```
package cn.itcast.chapter08.filter;
import java.io.*;
import javax.servlet.*;
import javax.servlet.http.*;
public class MyServlet extends HttpServlet {
    public void doGet(HttpServletRequest request,
    HttpServletResponse response)
            throws ServletException, IOException {
        response.getWriter().write("Hello MyServlet ");
    }
    public void doPost(HttpServletRequest request,
                        HttpServletResponse response)
            throws ServletException, IOException {
        doGet(request, response);
    }
}
```

（2）在 web.xml 文件中对 Servlet 进行如下配置。

```
<servlet>
   <servlet-name>MyServlet</servlet-name>
   <servlet-class>cn.itcast.chapter08.filter.MyServlet</servlet-class>
</servlet>
<servlet-mapping>
   <servlet-name>MyServlet</servlet-name>
   <url-pattern>/MyServlet</url-pattern>
</servlet-mapping>
```

部署 chapter08 项目到 Tomcat 服务器，启动 Tomcat 服务器，在浏览器的地址栏中输入地址“http://localhost:8080/chapter08/MyServlet”，此时，可以看到浏览器成功访问到了 MyServlet 程序，具体如图 8-2 所示。

图8-2 运行结果

（3）在 cn.itcast.chapter08.filter 包中创建一个名为 MyFilter 的 Filter 类，该类用于拦截 MyServlet 程序。MyFilter 的实现代码如文件 8-2 所示。

文件 8-2　MyFilter.java

```
package cn.itcast.chapter08.filter;
import java.io.*;
import javax.servlet.Filter;
import javax.servlet.*;
public class MyFilter implements Filter {
    public void init(FilterConfig fConfig) throws ServletException {
        // 过滤器对象在初始化时调用，可以配置一些初始化参数
    }
    public void doFilter(ServletRequest request,
    ServletResponse response,
            FilterChain chain) throws IOException, ServletException {
        // 用于拦截用户的请求，如果和当前过滤器的拦截路径匹配，该方法会被调用
        PrintWriter out=response.getWriter();
        out.write("Hello MyFilter");
    }
    public void destroy() {
        // 过滤器对象在销毁时自动调用，释放资源
    }
}
```

过滤器程序与 Servlet 程序类似，同样需要在 web.xml 文件中进行配置，从而设置它所能拦截的资源，具体代码如下。

```
<filter>
    <filter-name>MyFilter</filter-name>
    <filter-class>cn.itcast.chapter08.filter.MyFilter</filter-class>
</filter>
<filter-mapping>
    <filter-name>MyFilter</filter-name>
    <url-pattern>/MyServlet</url-pattern>
</filter-mapping>
```

在上述代码中，设置了过滤器对“/MyServlet”请求资源进行拦截，将在请求到达 MyServlet 程序前执行 MyFilter 程序。过滤器的配置信息中包含多个元素，这些元素分别具有不同的作用，具体如下。

（1）<filter>根元素用于注册一个 Filter。

（2）<filter-name>子元素用于设置 Filter 名称。

（3）<filter-class>子元素用于设置 Filter 类的完整名称。

（4）<filter-mapping>根元素用于设置一个过滤器所拦截的资源。

（5）<filter-name>子元素必须与<filter>中的<filter-name>子元素相同。

（6）<url-pattern>子元素用于匹配用户请求的 URL，例如“/MyServlet”，这个 URL 还可以使用通配符“*”来表示，例如“*.do”适用于所有以“.do”结尾的 Servlet 路径。

重新启动 Tomcat 服务器，在浏览器的地址栏中输入地址“http://localhost:8080/chapter08/MyServlet”，访问 MyServlet，此时，浏览器窗口显示的结果如图 8-3 所示。

图8-3　MyServlet.java

从图 8-3 可以看出，在使用浏览器访问 MyServlet 时，浏览器窗口中只显示了 MyFilter 的输出信息，并没有显示 MyServlet 的输出信息，说明 MyFilter 成功拦截了 MyServlet 程序。

8.1.3 Filter 映射

通过 8.1.2 小节的学习，了解到 Filter 拦截的资源需要在 web.xml 文件中进行配置，这些配置信息就是 Filter 映射。Filter 的映射方式可分为两种，具体如下。

1. 使用通配符“*”拦截用户的所有请求

Filter 的<filter-mapping>元素用于配置过滤器拦截的资源信息，如果想让过滤器拦截所有的请求访问，那么需要使用通配符“*”来实现，具体示例如下。

```
<filter>
    <filter-name>Filter1</filter-name>
    <filter-class>cn.itcast.chapter08.filter.MyFilter</filter-class>
</filter>
<filter-mapping>
    <filter-name>Filter1</filter-name>
    <url-pattern>/*</url-pattern>
</filter-mapping>
```

2. 拦截不同方式的访问请求

在 web.xml 文件中，一个<filter-mapping>元素用于配置一个 Filter 所负责拦截的资源。<filter-mapping>元素中有一个特殊的子元素<dispatcher>，该元素用于指定过滤器所拦截的资源被 Servlet 容器调用的方式，<dispatcher>元素的值共有 4 个，具体如下。

1）REQUEST

当用户直接访问页面时，Web 容器将会调用过滤器。如果目标资源是通过 Request Dispatcher 的 include()或 forward()方法访问的，那么该过滤器将不会被调用。

2）INCLUDE

如果目标资源是通过 RequestDispatcher 的 include()方法访问的，那么该过滤器将被调用。除此之外，该过滤器不会被调用。

3）FORWARD

如果目标资源是通过 RequestDispatcher 的 forward()方法访问的，那么该过滤器将被调用。除此之外，该过滤器不会被调用。

4）ERROR

如果目标资源是通过声明式异常处理机制调用的，那么该过滤器将被调用。除此之外，过滤器不会被调用。

为了让读者更好地理解上述 4 个值的作用，接下来以 FORWARD 为例，分步骤演示 Filter 对转发请求的拦截效果，具体如下。

（1）在 chapter08 项目的 cn.itcast.chapter08.filter 包中，创建一个名为 ForwardServlet 的 Servlet 类，该类用于将请求转发给 first.jsp 页面，如文件 8-3 所示。

文件 8-3 ForwardServlet.java

```
package cn.itcast.chapter08.filter;
import java.io.*;
import javax.servlet.*;
```

```
import javax.servlet.http.*;
public class ForwardServlet extends HttpServlet {
    public void doGet(HttpServletRequest request,
        HttpServletResponseresponse)throws ServletException,IOException{
            request.getRequestDispatcher("/first.jsp").forward(request,
                                                  response);
    }
    public void doPost(HttpServletRequest request,
       HttpServletResponse response)throws ServletException,IOException {
          doGet(request, response);
    }
}
```

（2）在 web.xml 文件中，配置 ForwardServlet 信息，具体代码如下。

```
<servlet>
    <servlet-name>ForwardServlet</servlet-name>
    <servlet-class>cn.itcast.chapter08.filter.ForwardServlet</servlet-class>
</servlet>
<servlet-mapping>
    <servlet-name>ForwardServlet</servlet-name>
    <url-pattern>/ForwardServlet</url-pattern>
</servlet-mapping>
```

（3）在 chapter08 项目的 WebContent 目录中创建一个 first.jsp 页面，该页面用于输出内容，如文件 8-4 所示。

文件 8-4　first.jsp

```
<%@ page language="java" contentType="text/html; charset=utf-8"
    pageEncoding="utf-8"%>
<html>
<head></head>
<body>
    first.jsp
</body>
</html>
```

（4）在 cn.itcast.chapter08.filter 包中，创建一个过滤器 ForwardFilter.java，该过滤器专门用于对 first.jsp 页面进行拦截，如文件 8-5 所示。

文件 8-5　ForwardFilter.java

```
package cn.itcast.chapter08.filter;
import java.io.*;
import javax.servlet.*;
public class ForwardFilter implements Filter {
    public void init(FilterConfig fConfig) throws ServletException {
        // 过滤器对象在初始化时调用，可以配置一些初始化参数
    }
    public void doFilter(ServletRequest request, ServletResponse response,
            FilterChain chain) throws IOException, ServletException {
```

```
        // 用于拦截用户的请求，如果和当前过滤器的拦截路径匹配，该方法会被调用
        PrintWriter out=response.getWriter();
        out.write("Hello FilterTest");
    }
    public void destroy() {
        // 过滤器对象在销毁时自动调用，释放资源
    }
}
```

（5）在 web.xml 文件中，配置过滤器的映射信息，拦截 first.jsp 页面，具体代码如下。

```
<filter>
    <filter-name>ForwardFilter</filter-name>
    <filter-class>
        cn.itcast.chapter08.filter.ForwardFilter
    </filter-class>
</filter>
<filter-mapping>
    <filter-name>ForwardFilter</filter-name>
    <url-pattern>/first.jsp</url-pattern>
</filter-mapping>
```

（6）启动 Tomcat 服务器，在浏览器中输入地址“http://localhost:8080/chapter08/ Forward Servlet”访问 ForwardServlet，浏览器显示的结果如图 8-4 所示。

图8-4 运行结果

从图 8-4 中可以看出，浏览器可以正常访问 JSP 页面，说明 ForwardFilter 没有拦截到 ForwardServlet 转发的 first.jsp 页面。

（7）为了拦截 ForwardServlet 通过 forward()方法转发的 first.jsp 页面，需要在 web.xml 文件中的对应过滤器配置信息中增加一个<dispatcher>子元素，将该元素的值设置为 FORWARD，修改后的 ForwardFilter 的映射如下所示。

```
<filter>
    <filter-name>ForwardFilter</filter-name>
    <filter-class>
        cn.itcast.chapter08.filter.ForwardFilter
    </filter-class>
</filter>
<filter-mapping>
    <filter-name>ForwardFilter</filter-name>
    <url-pattern>/first.jsp</url-pattern>
    <dispatcher>FORWARD</dispatcher>
</filter-mapping>
```

（8）重新启动 Tomcat 服务器，在浏览器的地址栏中再次输入地址“http://localhost:8080/chapter08/ForwardServlet”访问 ForwardServlet，浏览器显示的结果如图 8-5 所示。

图8-5 运行结果

从图 8-5 中可以看出，浏览器窗口显示的是 ForwardFilter 类中的内容，而 first.jsp 页面的输出内容没有显示。由此可见，ForwardServlet 中通过 forward()方法转发的 first.jsp 页面被成功拦截了。

8.1.4 Filter 链

在一个 Web 应用程序中可以注册多个 Filter 程序，每个 Filter 程序都可以针对某一个 URL 进行拦截。如果多个 Filter 程序都对同一个 URL 进行拦截，那么这些 Filter 就会组成一个 Filter 链（也叫过滤器链）。Filter 链用 FilterChain 对象来表示，FilterChain 对象中有一个 doFilter()方法，该方法的作用就是让 Filter 链上的当前过滤器放行，使请求进入下一个 Filter。接下来通过一个图例来描述 Filter 链的拦截过程，如图 8-6 所示。

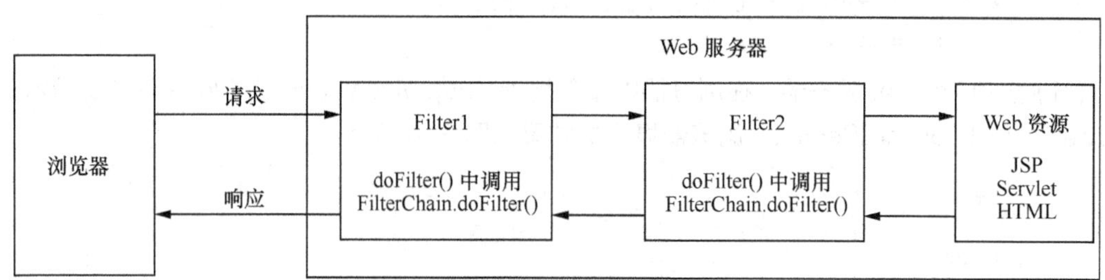

图8-6 Filter链

在图 8-6 中，当浏览器访问 Web 服务器中的资源时需要经过两个过滤器 Filter1 和 Filter2。首先 Filter1 会对这个请求进行拦截，在 Filter1 过滤器中处理好请求后，通过调用 Filter1 的 doFilter()方法将请求传递给 Filter2，Filter2 将用户请求处理后同样调用 doFilter()方法，最终将请求发送给目标资源。当 Web 服务器对这个请求做出响应时，也会被过滤器拦截，这个拦截顺序与之前相反，最终将响应结果发送给客户端。

为了让读者更好地学习 Filter 链，接下来，通过一个案例，分步骤演示如何使用 Filter 链拦截 MyServlet 的同一个请求，具体如下。

（1）在 chapter08 项目的 cn.itcast.chapter08.filter 包中新建两个过滤器 MyFilter01 和 MyFilter02，如文件 8-6 和文件 8-7 所示。

文件 8-6 MyFilter01.java

```
package cn.itcast.chapter08.filter;
import java.io.*;
import javax.servlet.*;
public class MyFilter01 implements Filter {
    public void init(FilterConfig fConfig) throws ServletException {
        // 过滤器对象在初始化时调用，可以配置一些初始化参数
    }
    public void doFilter(ServletRequest request, ServletResponse response,
```

```
            FilterChain chain) throws IOException, ServletException {
        // 用于拦截用户的请求，如果和当前过滤器的拦截路径匹配，该方法会被调用
        PrintWriter out=response.getWriter();
        out.write("Hello MyFilter01<br />");
        chain.doFilter(request, response);
    }
    public void destroy() {
        // 过滤器对象在销毁时自动调用，释放资源
    }
}
```

文件 8-7　MyFilter02.java

```
package cn.itcast.chapter08.filter;
import java.io.*;
import javax.servlet.Filter;
import javax.servlet.*;
public class MyFilter02 implements Filter {
    public void init(FilterConfig fConfig) throws ServletException {
        // 过滤器对象在初始化时调用，可以配置一些初始化参数
    }
    public void doFilter(ServletRequest request, ServletResponse response,
            FilterChain chain) throws IOException, ServletException {
        // 用于拦截用户的请求，如果和当前过滤器的拦截路径匹配，该方法会被调用
        PrintWriter out=response.getWriter();
        out.write("MyFilter02 Before<br />");
        chain.doFilter(request, response);
        out.write("<br />MyFilter02 After<br />");
    }
    public void destroy() {
        // 过滤器对象在销毁时自动调用，释放资源
    }
}
```

（2）为了防止其他过滤器影响此次 Filter 链的演示效果，请先在 web.xml 文件中注释掉其他过滤器的配置信息。然后，将 MyFilter01 和 MyFilter02 过滤器的映射信息配置在 MyServlet 配置信息前面，具体如下所示。

```
<filter>
    <filter-name>MyFilter01</filter-name>
    <filter-class>cn.itcast.chapter08.filter.MyFilter01</filter-class>
</filter>
<filter-mapping>
    <filter-name>MyFilter01</filter-name>
    <url-pattern>/MyServlet</url-pattern>
</filter-mapping>
<filter>
    <filter-name>MyFilter02</filter-name>
    <filter-class>cn.itcast.chapter08.filter.MyFilter02</filter-class>
</filter>
<filter-mapping>
```

```
        <filter-name>MyFilter02</filter-name>
        <url-pattern>/MyServlet</url-pattern>
    </filter-mapping>
    <servlet>
        <servlet-name>MyServlet</servlet-name>
        <servlet-class>cn.itcast.chapter08.filter.MyServlet</servlet-class>
    </servlet>
    <servlet-mapping>
        <servlet-name>MyServlet</servlet-name>
        <url-pattern>/MyServlet</url-pattern>
    </servlet-mapping>
```

（3）重新启动 Tomcat 服务器，在浏览器地址栏中输入“http://localhost:8080/chapter08/MyServlet”，此时，浏览器窗口中的显示结果如图 8-7 所示。

图8-7　运行结果

从图 8-7 中可以看出，MyServlet 首先被 MyFilter01 拦截了，打印出 MyFilter01 中的内容，然后被 MyFilter02 拦截，直到 MyServlet 被 MyFilter02 放行后，浏览器才显示出 MyServlet 中的输出内容。

需要注意的是，Filter 链中各个 Filter 的拦截顺序与它们在 web.xml 文件中<filter-mapping>元素的映射顺序一致。由于 MyFilter01 的<filter-mapping>元素位于 MyFilter02 的<filter-mapping>元素前面，因此，用户的访问请求首先会被 MyFilter01 拦截，然后再被 MyFilter02 拦截。

8.1.5　FilterConfig 接口

为了获取 Filter 程序在 web.xml 文件中的配置信息，Servlet API 提供了一个 FilterConfig 接口，该接口封装了 Filter 程序在 web.xml 中的所有注册信息，并且提供了一系列获取这些配置信息的方法，具体如表 8-2 所示。

表 8-2　FilterConfig 接口中的方法

方法声明	功能描述
String getFilterName()	getFilterName()方法用于返回在 web.xml 文件中为 Filter 所设置的名称，也就是返回<filter-name>元素的设置值
String getInitParameter(String name)	getInitParameter(String name)方法用于返回在 web.xml 文件中为 Filter 所设置的某个名称的初始化参数值，如果指定名称的初始化参数不存在，则返回 null
Enumeration getInitParameterNames()	getInitParameterNames()方法用于返回一个 Enumeration 集合对象，该集合对象中包含在 web.xml 文件中为当前 Filter 设置的所有初始化参数的名称
ServletContext getServletContext()	getServletContext()方法用于返回 FilterConfig 对象中所包装的 ServletContext 对象的引用

表 8-2 列举了 FilterConfig 接口中的一系列方法，为了让读者更好地掌握这些方法，接下来，以 getInitParameter(String name)方法为例，通过一个案例来演示 FilterConfig 接口的作用。

（1）在 chapter08 项目的 cn.itcast.chapter08.filter 包中创建过滤器 MyFilter03，使用该过滤器来获取 web.xml 中设置的参数，如文件 8-8 所示。

文件 8-8　MyFilter03.java

```
package cn.itcast.chapter08.filter;
import java.io.*;
import javax.servlet.*;
public class MyFilter03 implements Filter {
    private String characterEncoding;
    FilterConfig fc;
    public void init(FilterConfig fConfig) throws ServletException {
        // 获取 FilterConfig 对象
        this.fc = fConfig;
    }
    public void doFilter(ServletRequest request, ServletResponse response,
            FilterChain chain) throws IOException, ServletException {
        // 输出参数信息
        characterEncoding=fc.getInitParameter("encoding");
        System.out.println("encoding 初始化参数的值为: "+characterEncoding);
        chain.doFilter(request, response);
    }
    public void destroy() {
    }
}
```

（2）在 web.xml 文件中配置过滤器信息。由于 Filter 链中各个 Filter 的拦截顺序与它们在 web.xml 文件中<filter-mapping>元素的映射顺序一致，因此，为了防止其他 Filter 影响 MyFilter03 的拦截效果，这里将 MyFilter03 映射信息配置在 web.xml 文件最前端，具体如下所示。

```
<filter>
    <filter-name>MyFilter03</filter-name>
    <filter-class>cn.itcast.chapter08.filter.MyFilter03</filter-class>
    <init-param>
        <param-name>encoding</param-name>
        <param-value>GBK</param-value>
    </init-param>
</filter>
<filter-mapping>
    <filter-name>MyFilter03</filter-name>
    <url-pattern>/MyServlet</url-pattern>
</filter-mapping>
```

重新启动 Tomcat 服务器，在浏览器地址栏中输入“http://localhost:8080/chapter08/ MyServlet”访问 MyServlet，控制台窗口中显示的结果如图 8-8 所示。

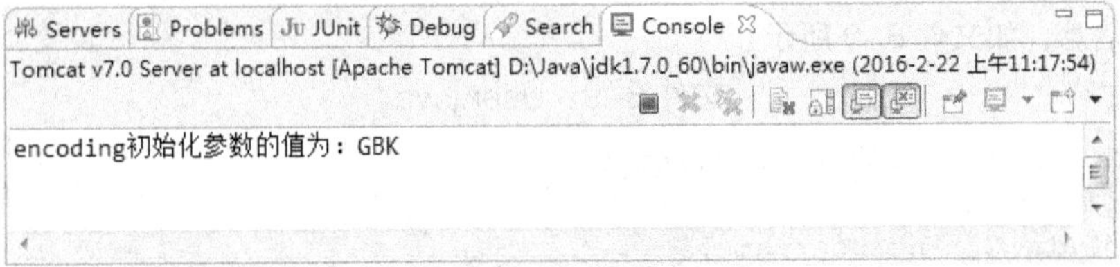

图8-8　控制台窗口

从图 8-8 中可以看出，使用 Filter 获取到了配置文件中的初始化参数。当 Tomcat 服务器启动时，会加载所有的 Web 应用，当加载到 chapter08 这个 Web 应用时，MyFilter03 就会被初始化调用 init()方法，从而可以得到 FilterConfig 对象。然后在 doFilter()方法中通过调用 FilterConfig 对象的 getInitParameter()方法便可以获取在 web.xml 文件中配置的某个参数信息。

【任务 8-1】使用 Filter 实现用户自动登录

【任务目标】

通过前面的学习，了解到 Cookie 可以实现用户自动登录的功能。当用户第 1 次访问服务器时，服务器会发送一个包含用户信息的 Cookie。之后，当客户端再次访问服务器时，会向服务器回送 Cookie。这样，服务器就可以从 Cookie 中获取用户信息，从而实现用户的自动登录功能，具体如图 8-9 所示。

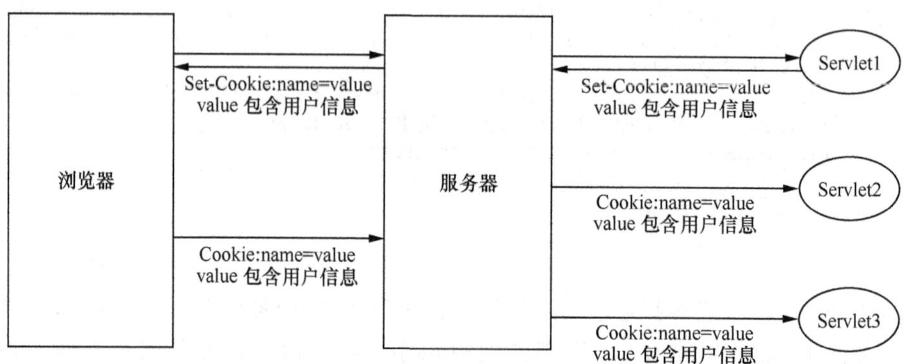

图8-9　Cookie实现用户登录

从图 8-9 中可以看出，使用 Cookie 实现用户自动登录后，当客户端访问服务器的 Servlet 时，所有的 Servlet 都需要对用户的 Cookie 信息进行校验，这样势必会导致在 Servlet 程序中书写大量重复的代码。

为了解决上面的问题，可以在 Filter 程序中实现 Cookie 的校验。由于 Filter 可以对服务器的所有请求进行拦截，因此，一旦请求通过 Filter 程序，就相当于用户信息校验通过，Servlet 程序根据获取到的用户信息，就可以实现自动登录了。通过本任务的学习，读者将学会使用 Filter 实现用户的自动登录功能。

【实现步骤】

1. 编写 User 类

在 chapter08 项目中创建 cn.itcast.chapter08.entity 包，在该包中编写 User 类，该类用于封装用户的信息，如文件 8-9 所示。

文件 8-9　User.java

```
package cn.itcast.chapter08.entity;
public class User {
    private String username;
    private String password;
```

```
    public String getUsername() {
        return username;
    }
    public void setUsername(String username) {
        this.username = username;
    }
    public String getPassword() {
        return password;
    }
    public void setPassword(String password) {
        this.password = password;
    }
}
```

2. 实现登录页面和首页

（1）在 chapter08 项目的 WebContent 根目录中，编写 login.jsp 页面，该页面用于创建一个用户登录的表单，这个表单需要填写用户名和密码，以及用户自动登录的时间，如文件 8-10 所示。

文件 8-10　login.jsp

```
<%@ page language="java" contentType="text/html; charset=utf-8"
pageEncoding="utf-8" import="java.util.*"%>
<html>
<head></head>
<center><h3>用户登录</h3></center>
<body style="text-align: center;">
<form action="${pageContext.request.contextPath }/LoginServlet"
method="post">
<table border="1" width="600px" cellpadding="0" cellspacing="0"
align="center" >
    <tr>
        <td height="30" align="center">用户名: </td>
        <td>  
       <input type="text" name="username" />${errerMsg }</td>
    </tr>
    <tr>
        <td height="30" align="center">密     码: </td>
        <td>  
         <input type="password" name="password" /></td>
    </tr>
    <tr>
        <td height="35" align="center">自动登录时间</td>
        <td><input type="radio" name="autologin"
                value="${60*60*24*31 }" />一个月
            <input type="radio" name="autologin"
                value="${60*60*24*31*3 }" />三个月
            <input type="radio" name="autologin"
                value="${60*60*24*31*6 }" />半年
            <input type="radio" name="autologin"
                value="${60*60*24*31*12 }" />一年
```

```
            </td>
        </tr>
        <tr>
            <td height="30" colspan="2" align="center">
                     <input type="submit" value="登录" />
                    
                <input type="reset" value="重置" />
            </td>
        </tr>
    </table>
    </form>
    </body>
    <html>
```

（2）在 chapter08 项目的 WebContent 根目录中，编写 index.jsp 页面，该页面用于显示用户的登录信息。如果没有用户登录，在 index.jsp 页面中就显示一个用户登录的超链接。如果用户已经登录，在 index.jsp 页面中显示登录的用户名，以及一个注销的超链接，如文件 8-11 所示。

文件 8-11　index.jsp

```
<%@ page language="java" contentType="text/html; charset=utf-8"
pageEncoding="utf-8" import="java.util.*"
%>
<%@ taglib prefix="c" uri="http://java.sun.com/jsp/jstl/core"%>
<html>
<head>
<title>显示登录的用户信息</title>
</head>
<body>
    <br />
    <center>
        <h3>欢迎光临</h3>
    </center>
    <br />
    <br />
    <c:choose>
        <c:when test="${sessionScope.user==null }">
     <a href="${pageContext.request.contextPath }/login.jsp">用户登录</a>
        </c:when>
        <c:otherwise>
      欢迎你，${sessionScope.user.username }!
     <a href="${pageContext.request.contextPath }/LogoutServlet">注销</a>
        </c:otherwise>
    </c:choose>
    <hr />
</body>
</html>
```

需要注意的是，在上述 JSP 文件中使用了 JSTL 标签库，因此，项目中应添加 JSTL 标签库的支持 JAR 包（jstl.jar 和 standard.jar）。

3. 创建 Servlet

（1）编写 LoginServlet 类

在 chapter08 项目的 cn.itcast.chapter08.filter 包中，编写 LoginServlet 类，该类用于处理用户的登录请求。如果输入的用户名和密码正确，则发送一个用户自动登录的 Cookie，并跳转到首页；否则会提示输入的用户名或密码错误，并跳转至登录页面 login.jsp 让用户重新登录，如文件 8-12 所示。

文件 8-12 LoginServlet.java

```
package cn.itcast.chapter08.filter;
import java.io.IOException;
import javax.servlet.*;
import javax.servlet.http.*;
import cn.itcast.chapter08.entity.User;
public class LoginServlet extends HttpServlet {
    public void doGet(HttpServletRequest request,
           HttpServletResponse response)
            throws ServletException, IOException {
        // 获得用户名和密码
        String username = request.getParameter("username");
        String password = request.getParameter("password");
        // 检查用户名和密码
        if ("itcast".equals(username) && "123456".equals(password)) {
            // 登录成功
            // 将用户状态 user 对象存入 session 域
            User user = new User();
            user.setUsername(username);
            user.setPassword(password);
            request.getSession().setAttribute("user", user);
            // 发送自动登录的 cookie
            String autoLogin = request.getParameter("autologin");
            if (autoLogin != null) {
                // 注意 cookie 中的密码要加密
                Cookie cookie = new Cookie("autologin", username + "-"
                        + password);
                cookie.setMaxAge(Integer.parseInt(autoLogin));
                cookie.setPath(request.getContextPath());
                response.addCookie(cookie);
            }
        // 跳转至首页
        response.sendRedirect(request.getContextPath()+"/index.jsp");
        } else {
            request.setAttribute("errerMsg", "用户名或密码错误");
            request.getRequestDispatcher("/login.jsp")
            .forward(request,response);
        }
    }
    public void doPost(HttpServletRequest request,
         HttpServletResponse response)
            throws ServletException, IOException {
```

```
            doGet(request, response);
        }
}
```

（2）编写 LogoutServlet 类

在 chapter08 项目的 cn.itcast.chapter08.filter 包中，编写 LogoutServlet 类，该类用于注销用户登录的信息。在这个程序中首先会将 Session 会话中保存的 User 对象删除，然后将自动登录的 Cookie 删除，最后跳转到 index.jsp，如文件 8-13 所示。

文件 8-13 LogoutServlet.java

```
package cn.itcast.chapter08.filter;
import java.io.IOException;
import javax.servlet.*;
import javax.servlet.http.*;
public class LogoutServlet extends HttpServlet {
    public void doGet(HttpServletRequest request,
            HttpServletResponse response)
             throws ServletException, IOException {
        // 用户注销
        request.getSession().removeAttribute("user");
        // 从客户端删除自动登录的 cookie
        Cookie cookie = new Cookie("autologin", "msg");
        cookie.setPath(request.getContextPath());
        cookie.setMaxAge(0);
        response.addCookie(cookie);
        response.sendRedirect(request.getContextPath()+"/index.jsp");
    }
    public void doPost(HttpServletRequest request,
        HttpServletResponse response)
            throws ServletException, IOException {
        doGet(request, response);
    }
}
```

4. 创建过滤器

在 chapter08 项目的 cn.itcast.chapter08.filter 包中，编写 AutoLoginFilter 类，该类用于拦截用户登录的访问请求，判断请求中是否包含用户自动登录的 Cookie。如果包含，则获取 Cookie 中的用户名和密码，并验证用户名和密码是否正确。如果正确，则将用户的登录信息封装到 User 对象存入 Session 域中，完成用户自动登录，如文件 8-14 所示。

文件 8-14 AutoLoginFilter.java

```
package cn.itcast.chapter08.filter;
import java.io.IOException;
import javax.servlet.*;
import javax.servlet.http.*;
import cn.itcast.chapter08.entity.User;
public class AutoLoginFilter implements Filter {
    public void init(FilterConfig filterConfig) throws ServletException {
    }
```

```
    public void doFilter(ServletRequest req, ServletResponse response,
            FilterChain chain) throws IOException, ServletException {
        HttpServletRequest request = (HttpServletRequest) req;
        // 获得一个名为 autologin 的 cookie
        Cookie[] cookies = request.getCookies();
        String autologin = null;
        for (int i = 0; cookies != null && i < cookies.length; i++) {
            if ("autologin".equals(cookies[i].getName())) {
                // 找到了指定的 cookie
                autologin = cookies[i].getValue();
                break;
            }
        }
        if (autologin != null) {
            // 做自动登录
            String[] parts = autologin.split("-");
            String username = parts[0];
            String password = parts[1];
            // 检查用户名和密码
            if ("itcast".equals(username)&& ("123456").equals(password)) {
                // 登录成功,将用户状态 user 对象存入 session 域
                User user = new User();
                user.setUsername(username);
                user.setPassword(password);
                request.getSession().setAttribute("user", user);
            }
        }
        // 放行
        chain.doFilter(request, response);
    }
    public void destroy() {
    }
}
```

5. 配置映射信息

在 web.xml 文件中，配置所有相关 Servlet 及 AutoLoginFilter 过滤器信息。由于要拦截用户访问资源的所有请求，因此，将过滤器<filter-mapping>元素拦截的路径设置为“/*”，具体代码如下。

```
<filter>
    <filter-name>AutoLoginFilter</filter-name>
    <filter-class>
        cn.itcast.chapter08.filter.AutoLoginFilter
    </filter-class>
</filter>
<filter-mapping>
    <filter-name>AutoLoginFilter</filter-name>
    <url-pattern>/*</url-pattern>
</filter-mapping>
<servlet>
    <servlet-name>LoginServlet</servlet-name>
    <servlet-class>
```

```
            cn.itcast.chapter08.filter.LoginServlet
        </servlet-class>
    </servlet>
    <servlet-mapping>
        <servlet-name>LoginServlet</servlet-name>
        <url-pattern>/LoginServlet</url-pattern>
    </servlet-mapping>
    <servlet>
        <servlet-name>LogoutServlet</servlet-name>
        <servlet-class>
            cn.itcast.chapter08.filter.LogoutServlet
        </servlet-class>
    </servlet>
    <servlet-mapping>
        <servlet-name>LogoutServlet</servlet-name>
        <url-pattern>/LogoutServlet</url-pattern>
    </servlet-mapping>
```

6. 运行项目，查看结果

（1）访问 login.jsp 页面

重启服务器，打开 IE 浏览器在地址栏中输入“http://localhost:8080/chapter08/login.jsp”，此时，浏览器窗口中会显示一个用户登录的表单，在这个表单中输入用户名“itcast”、密码“123456”，并选择用户自动登录的时间，如图 8-10 所示。

图8-10 运行结果

（2）实现用户登录

单击图 8-10 中的【登录】按钮，便可完成用户自动登录，此时，在浏览器窗口中会显示登录的用户名，如图 8-11 所示。

图8-11 运行结果

从图 8-11 可以看出，用户已经登录成功了，此时再开启一个 IE 浏览器，在地址栏中直接输入“http://localhost:8080/chapter08/index.jsp”仍可以看到用户的登录信息，因此可以说明完成了用户自动登录的功能。

（3）注销用户

单击图 8-11 中的【注销】超链接，就可以注销当前的用户，然后显示 index.jsp 页面，如

图 8-12 所示。

图8-12　运行结果

从图 8-12 中可以看出，用户已经注销成功。此时，如果再开启一个新的浏览器窗口，输入首页网址后，页面仍会显示图 8-12 的页面内容。这说明用户自动登录功能只有在用户登录期间才可用。至此，使用 Filter 实现用户自动登录功能已经完成。

【任务 8-2】使用 Filter 实现统一全站编码

【任务目标】

在 Web 开发中，经常会遇到中文乱码问题，按照前面所学的知识，解决乱码的通常做法都是在 Servlet 程序中设置编码方式，但是，如果多个 Servlet 程序都需要设置编码方式，势必会书写大量重复的代码。为了解决上面的问题，可以在 Filter 中对获取到的请求和响应消息进行编码，从而统一全站的编码方式。通过本任务的学习，读者将学会如何使用 Filter 统一全站编码。

【实现步骤】

1. 编写 form.jsp 页面

在 chapter08 项目的 WebContent 目录中，编写一个 form.jsp 页面，该页面用于提交用户登录的表单信息，如文件 8-15 所示。

文件 8-15　form.jsp

```
<%@ page language="java" contentType="text/html; charset=utf-8"
pageEncoding="utf-8" import="java.util.*"
%>
<html>
<head></head>
<center>
    <h3>用户登录</h3>
</center>
<body style="text-align: center;">
    <a href="<%=request.getContextPath()%>/CharacterServlet?name=
传智播客&password=123456">单击超链接登录</a>
    <form action="<%=request.getContextPath()%>/CharacterServlet"
        method="post">
        <table border="1" width="600px" cellpadding="0" cellspacing="0"
            align="center">
            <tr>
```

```
17                  <td height="30" align="center">用户名：</td>
18                  <td> <input type="text" name="name" /></td>
19              </tr>
20              <tr>
21                  <td height="30" align="center">密   码：</td>
22                  <td> <input type="password" name="password" /></td>
23              </tr>
24              <tr>
25             <td height="30" colspan="2" align="center">
26              <input type="submit" value="登录" />
27                    
28              <input type="reset" value="重置" />
29             </td>
30              </tr>
31          </table>
32      </form>
33 </body>
34 <html>
```

在文件 8-15 中，第 10~11 行代码是一个超链接，请求方式为 GET 方式；第 12~32 行代码是一个 Form 表单，它的提交方式被设置为 POST 方式。

2. 创建 Servlet

在 chapter08 项目的 cn.itcast.chapter08.filter 包中，编写一个 CharacterServlet 类，该类用于获取用户输入的请求参数，并将参数输出到控制台，如文件 8-16 所示。

文件 8-16 CharacterServlet.java

```
package cn.itcast.chapter08.filter;
import java.io.IOException;
import javax.servlet.*;
import javax.servlet.http.*;
public class CharacterServlet extends HttpServlet {
    public void doGet(HttpServletRequest request,
      HttpServletResponse response)throws ServletException, IOException {
        System.out.println(request.getParameter("name"));
        System.out.println(request.getParameter("password"));
    }
    public void doPost(HttpServletRequest request,
    HttpServletResponse response)throws ServletException, IOException {
        doGet(request, response);
    }
}
```

3. 创建过滤器

在 chapter08 项目的 cn.itcast.chapter08.filter 包中，编写一个 CharacterFilter 类，CharacterFilter 类用于拦截用户的请求访问，实现统一全站编码的功能。只是针对请求的方式不同，解决乱码的方式也不相同。其中，POST 方式的请求参数存放在消息体中，可以通过 setCharacterEncoding()方法进行设置；而 GET 方式的请求参数存放在消息头中，必须得通过获取 URI 参数才能进行设置。如果每次单独对 GET 请求方式进行处理，势必会很麻烦。为此，可以通过 HttpServletRequestWrapper 类对 HttpServletRequest 类进行包装，通过重写 get Parameter()

的方式来设置 GET 方式提交参数的编码，CharacterFilter 类的实现代码如文件 8-17 所示。

文件 8-17 CharacterFilter.java

```
package cn.itcast.chapter08.filter;
import java.io.*;
import javax.servlet.*;
import javax.servlet.http.*;
public class CharacterFilter implements Filter {
    public void init(FilterConfig filterConfig) throws ServletException {
    }
    public void doFilter(ServletRequest req, ServletResponse resp,
            FilterChain chain) throws IOException, ServletException {
        HttpServletRequest request = (HttpServletRequest) req;
        HttpServletResponse response = (HttpServletResponse) resp;
        // 拦截所有的请求 解决全站中文乱码
        // 指定 request 和 response 的编码
        request.setCharacterEncoding("utf-8"); // 只对消息体有效
        response.setContentType("text/html;charset=utf-8");
        // 对 request 进行包装
        CharacterRequest characterRequest = new CharacterRequest(request);
        chain.doFilter(characterRequest, response);
    }
    public void destroy() {
    }
}
// 继承 默认包装类 HttpServletRequestWrapper
class CharacterRequest extends HttpServletRequestWrapper {
    private HttpServletRequest request;
    public CharacterRequest(HttpServletRequest request) {
        super(request);
        this.request = request;
    }
    // 子类继承父类一定会覆写一些方法，此处用于重写 getParamter()方法
    public String getParameter(String name) {
        // 调用被包装对象的 getParameter()方法，获得请求参数
        String value = super.getParameter(name);
        if (value == null)
            return null;
        // 判断请求方式
        String method = super.getMethod();
        if ("get".equalsIgnoreCase(method)) {
            try {
                value = new String(value.getBytes("iso-8859-1"), "utf-8");
                } catch (UnsupportedEncodingException e) {
                throw new RuntimeException(e);
            }
        }
        // 解决乱码后返回结果
        return value;
    }
```

```
}
```

4．配置映射信息

在 web.xml 文件中，配置 CharacterServlet 和 CharacterFilter 的映射信息。由于要拦截用户访问资源的所有请求，因此，将 CharacterFilter 映射信息中<filter-mapping>元素拦截的路径设置为“/*”，具体代码如下。

```
<servlet>
    <servlet-name>CharacterServlet</servlet-name>
    <servlet-class>cn.itcast.chapter08.filter.CharacterServlet
        cn.itcast.chapter08.filter.CharacterServlet
    </servlet-class>
</servlet>
<servlet-mapping>
    <servlet-name>CharacterServlet</servlet-name>
    <url-pattern>/CharacterServlet</url-pattern>
</servlet-mapping>
<filter>
    <filter-name>CharacterFilter</filter-name>
    <filter-class>cn.itcast.chapter08.filter.CharacterFilter</filter-class>
</filter>
<filter-mapping>
    <filter-name>CharacterFilter</filter-name>
    <url-pattern>/*</url-pattern>
</filter-mapping>
```

5．启动项目，测试结果

启动 Tomcat 服务器，打开 IE 浏览器，在地址栏中输入地址“http://localhost:8080/chapter08/form.jsp”，此时，浏览器窗口中会显示一个用户登录的表单，在这个表单中输入用户名“传智播客”、密码“123456”，如图 8-13 所示。

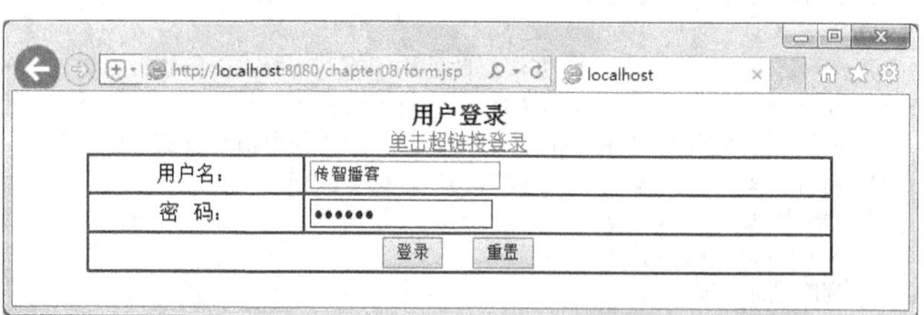

图8-13 运行结果

单击图 8-13 界面中的【登录】按钮来提交表单，此时，控制台窗口显示的结果如图 8-14 所示。

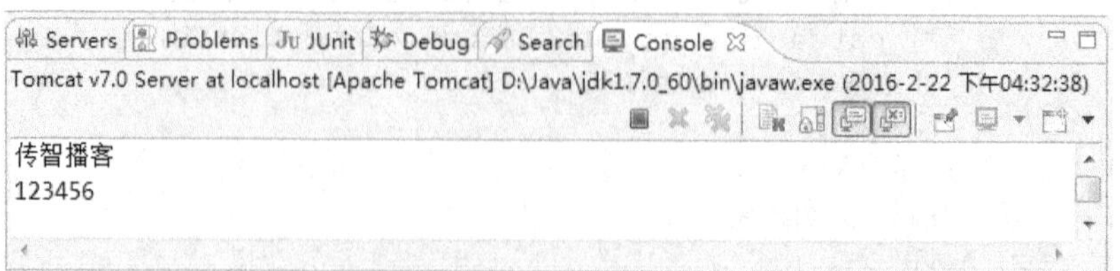

图8-14 控制台窗口

从图 8-14 可以看出，在 form.jsp 表单中输入的用户名和密码都正确的显示在控制台窗口，而且中文的用户名也没有出现乱码问题。需要注意的是，form.jsp 表单的提交方式是 POST。因此，可以说明使用 POST 提交表单可以解决中文乱码的问题。表单的提交方式还有一种是 GET，接下来就验证 GET 方式提交表单的乱码问题能否解决。

单击图 8-13 中的"单击超链接登录"链接来提交表单，这种提交方式相当于 GET 方式提交表单，此时，控制台窗口显示的结果如图 8-15 所示。

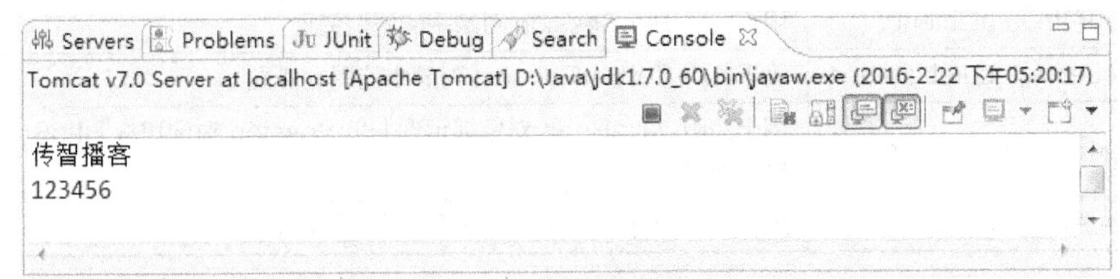

图8-15　控制台窗口

从图 8-15 可以看出，GET 方式提交表单与 POST 方式提交表单的效果是一样的，同样不会出现乱码问题。因此，可以说明使用 Filter 过滤器可以方便地完成统一全站编码的功能。

至此，使用 Filter 实现统一全站编码任务已经完成。需要注意的是，针对 response 对象，Servlet API 也提供了对应的包装类 HttpServletResponseWrapper，它的用法与 HttpServletRequest Wrapper 类似，在此不再进行举例介绍了。

8.2 Listener 监听器——Servlet 事件监听器概述

在程序开发中，经常需要对某些事件进行监听，如监听鼠标单击事件、监听键盘按下事件等，此时就需要使用监听器，监听器在监听的过程中会涉及几个重要组成部分，具体如下。

（1）事件（Event）：用户的一个操作，如单击一个按钮、调用一个方法、创建一个对象等。

（2）事件源：产生事件的对象。

（3）事件监听器（Listener）：负责监听发生在事件源上的事件。

（4）事件处理器：监听器的成员方法，当事件发生的时候会触发对应的处理器（成员方法）。

当用户进行一个操作触发事件源上的事件时，就会被事件监听器监听到。当监听器监听到事件发生时，相应的事件处理器就会对发生的事件进行处理。

事件监听器在进行工作时，可分为几个步骤，具体如下。

（1）将监听器绑定到事件源，也就是注册监听器。

（2）事件发生时会触发监听器的成员方法，即事件处理器，传递事件对象。

（3）事件处理器通过事件对象获得事件源，并对事件源进行处理。

在开发 Web 应用程序时，也经常会使用监听器，这个监听器也被称为 Servlet 事件监听器。Servlet 事件监听器就是一个实现了特定接口的 Java 程序，专门用于监听 Web 应用程序中 ServletContext、HttpSession 和 ServletRequest 等域对象的创建和销毁过程，监听这些域对象属性的修改以及感知绑定到 HttpSession 域中某个对象的状态。

Servlet 规范中共有 8 种监听器，具体如表 8-3 所示。

表 8-3 Servlet 事件监听器

类型	描述
ServletContextListener	用于监听 ServletContext 对象的创建与销毁过程
HttpSessionListener	用于监听 HttpSession 对象的创建和销毁过程
ServletRequestListener	用于监听 ServletRequest 对象的创建和销毁过程
ServletContextAttributeListener	用于监听 ServletContext 对象中的属性变更
HttpSessionAttributeListener	用于监听 HttpSession 对象中的属性变更
ServletRequestAttributeListener	用于监听 ServletRequest 对象中的属性变更
HttpSessionBindingListener	用于监听 JavaBean 对象绑定到 HttpSession 对象和从 HttpSession 对象解绑的事件
HttpSessionActivationListener	用于监听 HttpSession 中对象活化和钝化的过程

表8–3列举了全部8种Servlet事件监听器，并对它们分别进行了简单的描述。在描述HttpSessionActivationListener 时涉及到了活化和钝化的概念。HttpSession 对象从内存中转移至硬盘的过程称为钝化。HttpSession 对象从持久化的状态变为运行状态的过程被称为活化。

上述监听器根据监听事件的不同可以将其分为 3 类，具体如下。

（1）用于监听域对象创建和销毁的事件监听器（ServletContextListener 接口、HttpSessionListener 接口、ServletRequestListener 接口）。

（2）用于监听域对象属性增加和删除的事件监听器（ServletContextAttributeListener 接口、HttpSessionAttributeListener 接口、ServletRequestAttributeListener 接口）。

（3）用于监听绑定到 HttpSession 域中某个对象状态的事件监听器（HttpSessionBindingListener 接口、HttpSessionActivationListener 接口）。

在 Servlet 规范中，这 3 类事件监听器都定义了相应的接口，在编写事件监听器程序时只需实现对应的接口就可以。Web 服务器会根据监听器所实现的接口，把它注册到被监听的对象上，当触发了某个对象的监听事件时，Web 容器将会调用 Servlet 监听器与之相关的方法对事件进行处理。

【任务 8–3】监听域对象的生命周期

【任务目标】

要想对 Servlet 域对象的生命周期进行监听，首先需要实现域对应的 ServletContextListener、HttpSessionListener 和 ServletRequestListener 接口，这些接口中的方法和执行过程非常类似。可以为每一个监听器编写一个单独的类，也可以用一个类来实现这 3 个接口，从而让这个类具有 3 个事件监听器的功能。通过本任务的学习，读者将学会如何监听 3 个域对象的生命周期。

【实现步骤】

1. 创建监听器

在 chapter08 项目中创建一个 cn.itcast.chapter08.listener 包，在该包中编写一个 MyListener 类，这个类实现了 ServletContextListener、HttpSessionListener 和 ServletRequestListener 3 个监听器接口，并实现了这些接口中的所有方法，如文件 8–18 所示。

文件 8-18　MyListener.java

```
package cn.itcast.chapter08.listener;
import javax.servlet.*;
import javax.servlet.http.*;
public class MyListener implements
    ServletContextListener, HttpSessionListener,ServletRequestListener {
    public void contextInitialized(ServletContextEvent arg0) {
        System.out.println("ServletContext 对象被创建了");
    }
    public void contextDestroyed(ServletContextEvent arg0) {
        System.out.println("ServletContext 对象被销毁了");
    }
    public void requestInitialized(ServletRequestEvent arg0) {
        System.out.println("ServletRequest 对象被创建了");
    }
    public void requestDestroyed(ServletRequestEvent arg0) {
        System.out.println("ServletRequest 对象被销毁了");
    }
    public void sessionCreated(HttpSessionEvent arg0) {
        System.out.println("HttpSession 对象被创建了");
    }
    public void sessionDestroyed(HttpSessionEvent arg0) {
        System.out.println("HttpSession 对象被销毁了");
    }
}
```

2. 添加监听器类信息

在 chapter08 项目下的 web.xml 文件中，添加 MyListener 事件监听器信息，具体代码如下。

```
<listener>
    <listener-class>
      cn.itcast.chapter08.listener.MyListener
    </listener-class>
</listener>
```

需要注意的是，对于 Servlet 2.3 规范，web.xml 文件中的<listener>元素必须位于所有的<servlet>元素之前以及所有<filter-mapping>元素之后，否则 Web 容器在启动时将会提示错误信息。对于 Servlet 2.4 及以后的规范，这些同级元素之间的顺序可以任意。

一个完整的 Servlet 事件监听器包括 Listener 类和<listener>配置信息，而一个 web.xml 中可以配置多个监听器。同一种类型的监听器也可以配置多个，触发的时候服务器会顺序执行各个监听器的相应方法。

3. 启动项目，查看 ServletContext 对象创建信息

启动 Tomcat 服务器，此时，控制台窗口显示的结果如图 8-16 所示。

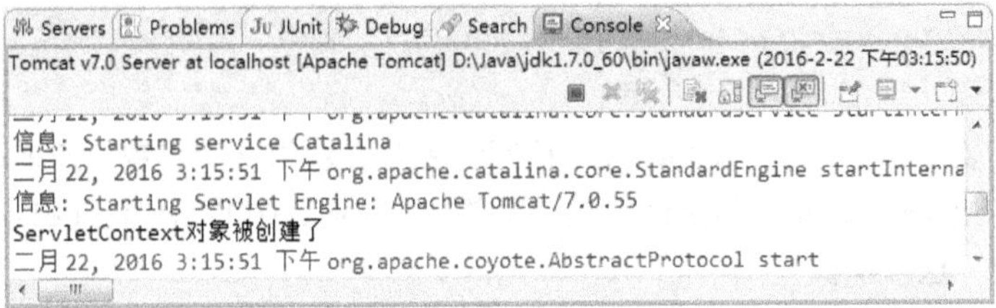

图8-16　控制台窗口

从图 8-16 所示的控制台窗口可以看出，ServletContext 对象被创建了，这是由于 Web 服务器在启动时会自动加载 chapter08 这个 Web 应用，并创建其对应的 ServletContext 对象，而在 chapter08 应用的 web.xml 文件中配置了用于监听 ServletContext 对象被创建和销毁事件的监听器 MyListener，所以 Web 服务器创建 ServletContext 对象后就将调用 MyListener 监听器中的 contextInitialized()方法，从而输出"ServletContext 对象被创建了"这行信息。

4. 关闭项目，查看 ServletContext 对象销毁信息

为了观察 ServletContext 对象的销毁信息，可以将已经启动的 Web 服务器关闭，此时，控制台窗口显示的结果如图 8-17 所示。

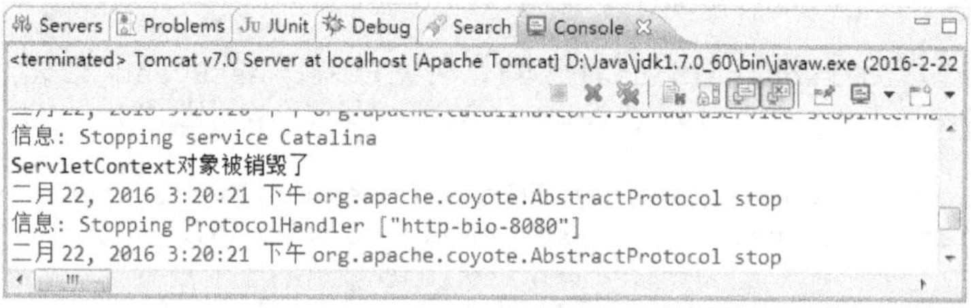

```
Servers  Problems  JUnit  Debug  Search  Console
<terminated> Tomcat v7.0 Server at localhost [Apache Tomcat] D:\Java\jdk1.7.0_60\bin\javaw.exe (2016-2-22
信息: Stopping service Catalina
ServletContext对象被销毁了
二月 22, 2016 3:20:21 下午 org.apache.coyote.AbstractProtocol stop
信息: Stopping ProtocolHandler ["http-bio-8080"]
二月 22, 2016 3:20:21 下午 org.apache.coyote.AbstractProtocol stop
```

图8-17　控制台窗口

从图 8-17 可以看出，Web 服务器在关闭之前 ServletContext 对象就被销毁了，并调用了 MyListener 监听器中的 contextDestroyed()方法。

5. 创建测试页面

为了查看 HttpSessionListener 和 ServletRequestListener 监听器的运行效果，在 chapter08 项目的 WebContent 目录中编写一个简单的页面文件 myjsp.jsp，如文件 8-19 所示。

文件 8-19　myjsp.jsp

```
<%@ page language="java" contentType="text/html; charset=utf-8"
    pageEncoding="utf-8"%>
<html>
<head>
<title>this is MyJsp.jsp page</title>
</head>
<body>
这是一个测试监听器的页面
</body>
</html>
```

6. 设置监听超时信息

为了尽快地查看到 HttpSession 对象销毁的过程，可以在 chapter08 应用的 web.xml 文件中设置 session 的超时时间为 2min，具体代码如下。

```
<session-config>
    <session-timeout>2</session-timeout>
</session-config>
```

在上述配置中，<session-timeout>标签指定的超时必须为一个整数。如果这个整数为 0 或负整数，则 session 永远不会超时；如果这个数是正整数，则项目中的 session 将在指定分钟后超时。

7. 重启项目，查看结果

重新启动 Web 服务器，打开 IE 浏览器，在地址栏中输入"http://localhost:8080/chapter08/

myjsp.jsp"，访问 myjsp.jsp 页面，此时，控制台窗口中显示的结果如图 8–18 所示。

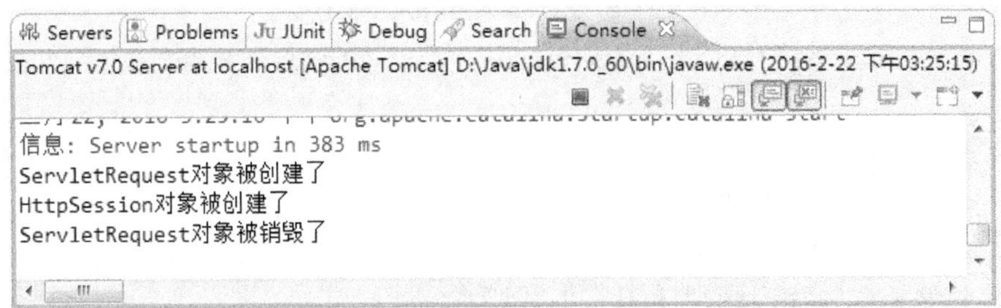

图8–18　控制台窗口

从图 8–18 可以看出，当浏览器第 1 次访问 myjsp.jsp 页面时，Web 容器除了为这次请求创建了 ServletRequest 对象外，还创建了与这个浏览器对应的 HttpSession 对象。当这两个对象在被创建时，Web 容器会调用监听器 MyListener 中的相应方法。当 Web 服务器完成这次请求后，ServletRequest 对象会随之销毁。因此，在控制台窗口中输出了"ServletRequest 对象被销毁了"。

需要注意的是，如果此时单击浏览器窗口的中【刷新】按钮，再次访问 myjsp.jsp 页面，在控制台窗口中会再次输出 ServletRequest 对象被创建与被销毁的信息，但不会创建新的 HttpSession 对象。这是因为 Web 容器会为每次访问请求都创建一个新的 ServletRequest 对象，而对于同一个浏览器在会话期间的后续访问是不会再创建新的 HttpSession 对象的。

关闭访问 myjsp.jsp 页面的浏览器窗口或保持浏览器窗口不刷新，与之对应的 HttpSession 对象将在 2min 之后被销毁，此时，控制台窗口显示的结果如图 8–19 所示。

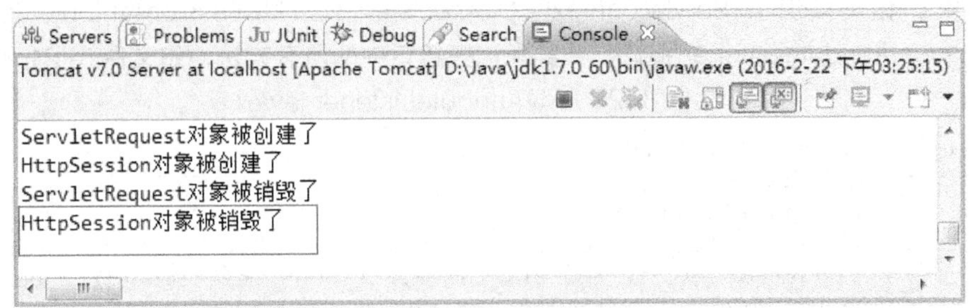

图8–19　控制台窗口

从图 8–19 可以看出，HttpSession 对象被销毁了，Web 服务器调用了监听器对象的 session Destroyed()方法。

【任务 8–4】监听域对象的属性变更

【任务目标】

通过所学监听器知识，读者应学会使用监听器监听域对象的属性变更。

【实现步骤】

1. 创建测试页面

在 chapter08 项目的 WebContext 根目录中，编写一个 testattribute.jsp 页面，以观察各个

域对象属性事件监听器的作用，具体代码如文件 8-20 所示。

文件 8-20 testattribute.jsp

```
<%@ page language="java" contentType="text/html; charset=utf-8"
 pageEncoding="utf-8"%>
<html>
<head>
<title>Insert title here</title>
</head>
<body>
     <h3>这是一个测试对象属性信息监听器的页面</h3>
     <%
          getServletContext().setAttribute("username", "itcast");
          getServletContext().setAttribute("username", "itheima");
          getServletContext().removeAttribute("username");
          session.setAttribute("username", "itcast");
          session.setAttribute("username", "itheima");
          session.removeAttribute("username");
          request.setAttribute("username", "itcast");
          request.setAttribute("username", "itheima");
          request.removeAttribute("username");
     %>
</body>
</html>
```

2. 创建监听器

在 chapter08 项目的 cn.itcast.chapter08.listener 包中，编写一个名称为 MyAttributeListener 的监听器类，该类实现了 ServletContextAttributeListener、HttpSessionAttributeListener 和 ServletRequestAttributeListener 接口，并实现这些接口中的所有方法，如文件 8-21 所示。

文件 8-21 MyAttributeListener.java

```
package cn.itcast.chapter08.listener;
import javax.servlet.*;
import javax.servlet.http.*;
public class MyAttributeListener implements
          ServletContextAttributeListener,HttpSessionAttributeListener,
          ServletRequestAttributeListener {
     public void attributeAdded(ServletContextAttributeEvent sae) {
          String name = sae.getName();
          System.out.println("ServletContext 添加属性: " + name + "="
                    + sae.getServletContext().getAttribute(name));
     }
     public void attributeRemoved(ServletContextAttributeEvent sae) {
          String name = sae.getName();
          System.out.println("ServletContext 移除属性: " + name);
     }
     public void attributeReplaced(ServletContextAttributeEvent sae) {
          String name = sae.getName();
          System.out.println("ServletContext 替换属性: " + name + "="
                    + sae.getServletContext().getAttribute(name));
     }
     public void attributeAdded(HttpSessionBindingEvent hbe) {
          String name = hbe.getName();
          System.out.println("HttpSession 添加属性: " + name + "="
```

```
                + hbe.getSession().getAttribute(name));
    }
    public void attributeRemoved(HttpSessionBindingEvent hbe) {
        String name = hbe.getName();
        System.out.println("HttpSession 移除属性: " + name);
    }
    public void attributeReplaced(HttpSessionBindingEvent hbe) {
        String name = hbe.getName();
        System.out.println("HttpSession 替换属性: " + name + "="
                + hbe.getSession().getAttribute(name));
    }
    public void attributeAdded(ServletRequestAttributeEvent sra) {
        String name = sra.getName();
        System.out.println("ServletRequest 添加属性: " + name + "="
                + sra.getServletRequest().getAttribute(name));
    }
    public void attributeRemoved(ServletRequestAttributeEvent sra) {
        String name = sra.getName();
        System.out.println("ServletRequest 移除属性: " + name);
    }
    public void attributeReplaced(ServletRequestAttributeEvent sra) {
        String name = sra.getName();
        System.out.println("ServletRequest 替换属性: " + name + "="
                + sra.getServletRequest().getAttribute(name));
    }
}
```

3. 添加监听信息

在 web.xml 文件中，添加 MyAttributeListener 事件监听器信息，具体代码如下。

```
<listener>
    <listener-class>
        cn.itcast.chapter08.listener.MyAttributeListener
    </listener-class>
</listener>
```

4. 启动项目，查看结果

启动Tomcat服务器,在浏览器地址栏中输入地址“http://localhost:8080/chapter08/ testattribute.jsp”，访问 testattribute.jsp 页面，此时，控制台窗口中显示的结果如图 8-20 所示。

```
Servers  Problems  JUnit  Debug  Search  Console
Tomcat v7.0 Server at localhost [Apache Tomcat] D:\Java\jdk1.7.0_60\bin\javaw.exe (2016-2-22 下午03:48:32)
ServletRequest对象被创建了
ServletRequest替换属性: org.apache.catalina.ASYNC_SUPPORTED=false
HttpSession对象被创建了
HttpSession添加属性: user=cn.itcast.chapter08.entity.User@efef89
ServletContext添加属性: org.apache.jasper.runtime.JspApplicationContextImpl=or
ServletContext添加属性: org.apache.jasper.compiler.ELInterpreter=org.apache.ja
ServletContext添加属性: username=itcast
ServletContext替换属性: username=itheima
ServletContext移除属性: username
HttpSession添加属性: username=itcast
HttpSession替换属性: username=itheima
HttpSession移除属性: username
ServletRequest添加属性: username=itcast
ServletRequest替换属性: username=itheima
ServletRequest移除属性: username
ServletRequest对象被销毁了
```

图8-20 控制台窗口

从图 8-20 可以看出，在 ServletContext、HttpSession 和 ServletRequest 3 个域对象中，分别完成了增加、替换和删除 username 属性值的操作。

8.3 本章小结

本章主要讲解了 Filter 过滤器和 Listener 监听器的相关知识及其应用，首先依次讲解了什么是 Filter，如何开发一个 Filter 程序、Filter 映射、Filter 链和 FilterConfig 接口。然后讲解了 Filter 在实际开发中的具体应用。接着讲解了什么是监听器，使读者了解了 8 种监听器的分类及其作用。最后讲解了监听器在实际开发中的具体应用。通过本章的学习，读者能够掌握 Filter 过滤器和 Listener 监听器在开发中的具体应用。

【测一测】

学习完前面的内容，下面来动手测一测吧，请思考以下问题。

1. 简述过滤器的作用。

2. 简述 Servlet 事件监听器的作用。（写出 3 点）

3. 已知有一个名为 MyServlet 的程序，程序可向浏览器输出“Hello MyServlet”。请编写一个用于拦截 MyServlet 程序的 MyFilter 拦截器。

要求如下。

1）编写名为 MyFilter 的过滤器，过滤器可向浏览器输出“Hello MyFilter”。

2）编写 web.xml 文件，配置 MyFilter 对 MyServlet 的拦截。

4. 如何对 ServletContext、HttpSession 和 ServletRequest 这 3 个域对象属性的变更进行监听？请用代码展示。

Java Web

9 Chapter

第 9 章
JDBC

学习目标

- 了解什么是 JDBC
- 熟悉 JDBC 的常用 API
- 掌握 JDBC 操作数据库的步骤

在 Web 开发中，不可避免地要使用数据库来存储和管理数据。为了在 Java 语言中提供对数据库访问的支持，SUN 公司于 1996 年提供了一套访问数据库的标准 Java 类库，即 JDBC。本章将主要围绕 JDBC 常用的 API、JDBC 基本操作等知识进行详细的讲解。

9.1 什么是 JDBC

JDBC 的全称是 Java 数据库连接（Java Database Connectivity），它是一套用于执行 SQL 语句的 Java API。应用程序可通过这套 API 连接到关系型数据库，并使用 SQL 语句来完成对数据库中数据的查询、更新、新增和删除的操作。

不同种类的数据库（如 MySQL、Oracle 等）在其内部处理数据的方式是不同的。如果直接使用数据库厂商提供的访问接口操作数据库，应用程序的可移植性就会变得很差。例如，用户当前在程序中使用的是 MySQL 提供的接口操作数据库，如果换成 Oracle 数据库，则需要重新使用 Oracle 数据库提供的接口，这样代码的改动量会非常大。有了 JDBC 后，这种情况就不复存在了，因为它要求各个数据库厂商按照统一的规范来提供数据库驱动，而在程序中是由 JDBC 和具体的数据库驱动联系，所以用户就不必直接与底层的数据库交互，这使得代码的通用性更强。

应用程序使用 JDBC 访问数据库的方式如图 9-1 所示。

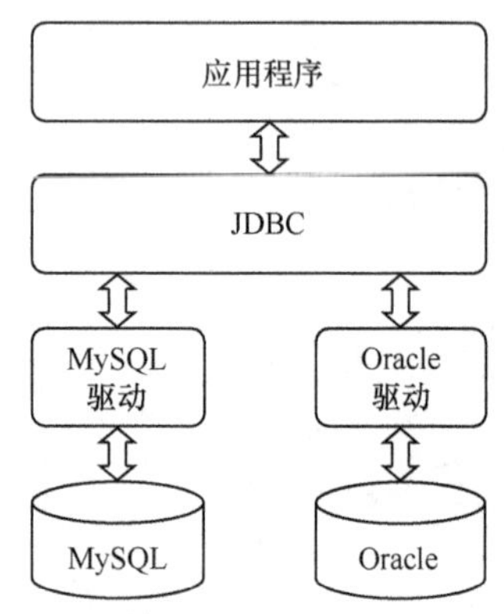

图9-1 应用程序使用JDBC访问数据库的方式

从图 9-1 中可以看出，JDBC 在应用程序与数据库之间起到了一个桥梁作用。当应用程序使用 JDBC 访问特定的数据库时，需要通过不同数据库驱动与不同的数据库进行连接，连接后即可对该数据库进行相应的操作。

9.2 JDBC 常用的 API

在开发 JDBC 程序前，首先了解一下 JDBC 常用的 API。JDBC API 主要位于 java.sql 包中，该包定义了一系列访问数据库的接口和类。本节中，将对该包内常用的接口和类进行详细讲解。

9.2.1 Driver 接口

Driver 接口是所有 JDBC 驱动程序必须实现的接口，该接口专门提供给数据库厂商使用。需要注意的是，在编写 JDBC 程序时，必须要把所使用的数据库驱动程序或类库加载到项目的 classpath 中（这里指 MySQL 驱动 JAR 包）。

9.2.2 DriverManager 类

DriverManager 类用于加载 JDBC 驱动并且创建与数据库的连接。在 DriverManager 类中，定义了两个比较重要的静态方法，如表 9-1 所示。

表 9-1 DriverManager 类的方法

方法名称	功能描述
registerDriver(Driver driver)	该方法用于向 DriverManager 中注册给定的 JDBC 驱动程序
getConnection(String url,String user,String pwd)	该方法用于建立和数据库的连接，并返回表示连接的 Connection 对象

9.2.3 Connection 接口

Connection 接口代表 Java 程序和数据库的连接，只有获得该连接对象后才能访问数据库，并操作数据表。在 Connection 接口中，定义了一系列方法，其常用方法如表 9-2 所示。

表 9-2 Connection 接口中的常用方法

方法名称	功能描述
getMetaData()	该方法用于返回表示数据库的元数据的 DatabaseMetaData 对象
createStatement()	用于创建一个 Statement 对象并将 SQL 语句发送到数据库
prepareStatement(String sql)	用于创建一个 PreparedStatement 对象并将参数化的 SQL 语句发送到数据库
prepareCall(String sql)	用于创建一个 CallableStatement 对象来调用数据库的存储过程

9.2.4 Statement 接口

Statement 接口用于执行静态的 SQL 语句，并返回一个结果对象，该接口的对象通过 Connection 实例的 createStatement()方法获得。利用该对象把静态的 SQL 语句发送到数据库编译执行，然后返回数据库的处理结果。在 Statement 接口中，提供了 3 个常用的执行 SQL 语句的方法，具体如表 9-3 所示。

表 9-3 Statement 接口中的方法

方法名称	功能描述
execute(String sql)	用于执行各种 SQL 语句，该方法返回一个 boolean 类型的值，如果为 true，表示所执行的 SQL 语句有查询结果，可通过 Statement 的 getResultSet()方法获得查询结果
executeUpdate(String sql)	用于执行 SQL 中的 INSERT、UPDATE 和 DELETE 语句。该方法返回一个 int 类型的值，表示数据库中受该 SQL 语句影响的记录条数
executeQuery(String sql)	用于执行 SQL 中的 SELECT 语句，该方法返回一个表示查询结果的 ResultSet 对象

9.2.5 PreparedStatement 接口

Statement 接口封装了 JDBC 执行 SQL 语句的方法，可以完成 Java 程序执行 SQL 语句的操作。然而，在实际开发过程中往往需要将程序中的变量作为 SQL 语句的查询条件，而使用 Statement 接口操作这些 SQL 语句会过于繁琐，并且存在安全方面的问题。针对这一问题，JDBC API 提供了扩展的 PreparedStatement 接口。

PreparedStatement 是 Statement 的子接口，用于执行预编译的 SQL 语句。该接口扩展了带有参数 SQL 语句的执行操作，应用该接口中的 SQL 语句可以使用占位符“?”来代替其参数，然后通过 setXxx()方法为 SQL 语句的参数赋值。在 PreparedStatement 接口中，提供了一些常用方法，具体如表 9-4 所示。

表 9-4 PreparedStatement 接口中的方法

方法名称	功能描述
executeUpdate()	在此 PreparedStatement 对象中执行 SQL 语句，该语句必须是一个 DML 语句或者是无返回内容的 SQL 语句，比如 DDL 语句
executeQuery()	在此 PreparedStatement 对象中执行 SQL 查询，该方法返回的是 ResultSet 对象
setInt(int parameterIndex, int x)	将指定参数设置为给定的 int 值
setFloat(int parameterIndex, float x)	将指定参数设置为给定的 float 值
setString(int parameterIndex, String x)	将指定参数设置为给定的 String 值
setDate(int parameterIndex, Date x)	将指定参数设置为给定的 Date 值
addBatch()	将一组参数添加到此 PreparedStatement 对象的批处理命令中
setCharacterStream(int parameterIndex, java.io.Reader reader, int length)	将指定的输入流写入数据库的文本字段
setBinaryStream(int parameterIndex, java.io.InputStream x, int length)	将二进制的输入流数据写入到二进制字段中

需要注意的是，表 9-4 中的 setDate()方法可以设置日期内容，但参数 Date 的类型是 java.sql.Date，而不是 java.util.Date。

在通过 setXxx()方法为 SQL 语句中的参数赋值时，可以通过参数与 SQL 类型相匹配的方法（例如，如果参数类型为 Integer，那么应该使用 setInt 方法），也可以通过 setObject()方法设置多种类型的输入参数。具体如下所示。

```
String sql = "INSERT INTO users(id,name,email) VALUES(?,?,?)";
PreparedStatement  preStmt = conn.prepareStatement(sql);
preStmt.setInt(1, 1);//使用参数与 SQL 类型相匹配的方法
preStmt.setString(2, "zhangsan");//使用参数与 SQL 类型相匹配的方法
preStmt.setObject(3, "zs@sina.com");//使用 setObject()方法设置参数
preStmt.executeUpdate();
```

9.2.6 ResultSet 接口

ResultSet 接口用于保存 JDBC 执行查询时返回的结果集，该结果集封装在一个逻辑表格中。在 ResultSet 接口内部有一个指向表格数据行的游标（或指针），ResultSet 对象初始化时，游标在表格的第 1 行之前，调用 next()方法可将游标移动到下一行。如果下一行没有数据，则返回 false。在应用程序中经常使用 next()方法作为 WHILE 循环的条件来迭代 ResultSet 结果集。

ResultSet 接口中的常用方法如表 9-5 所示。

表 9-5 ResultSet 接口中的常用方法

方法名称	功能描述
getString(int columnIndex)	用于获取指定字段的 String 类型的值，参数 columnIndex 代表字段的索引
getString(String columnName)	用于获取指定字段的 String 类型的值，参数 columnName 代表字段的名称
getInt(int columnIndex)	用于获取指定字段的 int 类型的值，参数 columnIndex 代表字段的索引

续表

方法名称	功能描述
getInt(String columnName)	用于获取指定字段的 int 类型的值，参数 columnName 代表字段的名称
getDate(int columnIndex)	用于获取指定字段的 Date 类型的值，参数 columnIndex 代表字段的索引
getDate(String columnName)	用于获取指定字段的 Date 类型的值，参数 columnName 代表字段的名称
next()	将游标从当前位置向下移一行
absolute(int row)	将游标移动到此 ResultSet 对象的指定行
afterLast()	将游标移动到此 ResultSet 对象的末尾，即最后一行之后
beforeFirst()	将游标移动到此 ResultSet 对象的开头，即第 1 行之前
previous()	将游标移动到此 ResultSet 对象的上一行
last()	将游标移动到此 ResultSet 对象的最后一行

从表 9-5 中可以看出，ResultSet 接口中定义了大量的 getXxx()方法，而采用哪种 getXxx()方法取决于字段的数据类型。程序既可以通过字段的名称来获取指定数据，也可以通过字段的索引来获取指定的数据，字段的索引是从 1 开始编号的。例如，数据表的第 1 列字段名为 id，字段类型为 int，那么既可以使用 getInt(1)字段索引的方式获取该列的值，也可以使用 getInt("id")字段名称的方式获取该列的值。

这些 JDBC 常用的 API 方法的使用，将在下面小结中进行详细的讲解。

9.3 实现第一个 JDBC 程序

通过前两个小节的学习，读者对 JDBC 及其常用的 API 已经有了大致的了解。接下来本节将讲解如何使用 JDBC 的常用 API 实现一个 JDBC 程序。

通常，JDBC 的使用可以按照以下几个步骤进行。

（1）加载并注册数据库驱动

注册数据库驱动的具体方式如下。

```
DriverManager.registerDriver(Driver driver);
或
Class.forName("DriverName");
```

（2）通过 DriverManager 获取数据库连接

获取数据库连接的具体方式如下。

```
Connection conn = DriverManager.getConnection(String url, String user, String pwd);
```

从上述代码可以看出，getConnection()方法中有 3 个参数，它们分别表示连接数据库的 URL 地址、登录数据库的用户名和密码。以 MySQL 数据库为例，其 URL 地址的书写格式如下。

```
jdbc:mysql://hostname:port/databasename
```

上面代码中，jdbc:mysql:是固定的写法，mysql 指的是 MySQL 数据库。hostname 指的是主机的名称（如果数据库在本机中，hostname 可以为 localhost 或 127.0.0.1；如果要连接的数据库在其他电脑上 hostname 为所要连接电脑的 IP），port 指的是连接数据库的端口号（MySQL

端口号默认为 3306），而 databasename 指的是 MySQL 中相应数据库的名称。

（3）通过 Connection 对象获取 Statement 对象

Connection 创建 Statement 的方式有如下 3 种。

- createStatement()：创建基本的 Statement 对象。
- prepareStatement()：创建 PreparedStatement 对象。
- prepareCall()：创建 CallableStatement 对象。

以创建基本的 Statement 对象为例，创建方式如下。

```
Statement stmt = conn.createStatement();
```

（4）使用 Statement 执行 SQL 语句

所有的 Statement 都有如下 3 种执行 SQL 语句的方法。

- execute()：可以执行任何 SQL 语句。
- executeQuery()：通常执行查询语句，执行后返回代表结果集的 ResultSet 对象。
- executeUpdate()：主要用于执行 DML 和 DDL 语句。执行 DML 语句，如 INSERT、UPDATE 或 DELETE 时，返回受 SQL 语句影响的行数，执行 DDL 语句返回 0。

以 executeQuery()方法为例，其使用方式如下。

```
// 执行 SQL 语句，获取结果集 ResultSet
ResultSet rs = stmt.executeQuery(sql);
```

（5）操作 ResultSet 结果集

如果执行的 SQL 语句是查询语句，执行结果将返回一个 ResultSet 对象，该对象里保存了 SQL 语句查询的结果。程序可以通过操作该 ResultSet 对象来取出查询结果。

（6）关闭连接，释放资源

每次操作数据库结束后都要关闭数据库连接，释放资源，包括关闭 ResultSet、Statement 和 Connection 等资源。

至此，JDBC 程序的大致实现步骤已经讲解完成。接下来，依照上面所讲解的步骤来演示 JDBC 的使用。该程序从 users 表中读取数据，并将结果打印在控制台，具体步骤如下所示。

1. 搭建数据库环境

在 MySQL 中创建一个名称为 jdbc 的数据库，然后在该数据库中创建一个 users 表，创建数据库和表的 SQL 语句如下所示。

```
CREATE DATABASE jdbc;
USE jdbc;
CREATE TABLE users(
    id INT PRIMARY KEY AUTO_INCREMENT,
    name VARCHAR(40),
    password VARCHAR(40),
    email VARCHAR(60),
    birthday DATE
)CHARACTER SET utf8 COLLATE utf8_general_ci;
```

数据库和表创建成功后，再向 users 表中插入 3 条数据，插入的 SQL 语句如下所示。

```
INSERT INTO users(NAME,PASSWORD,email,birthday)
VALUES('zs','123456','zs@sina.com','1980-12-04');
```

```
INSERT INTO users(NAME,PASSWORD,email,birthday)
VALUES('lisi','123456','lisi@sina.com','1981-12-04');
INSERT INTO users(NAME,PASSWORD,email,birthday)
VALUES('wangwu','123456','wangwu@sina.com','1979-12-04');
```

为了查看数据是否添加成功，使用 SELECT 语句查询 users 表中的数据，执行结果如图 9-2 所示。

```
MySQL 5.5 Command Line Client
mysql> select * from users;
+----+--------+----------+-----------------+------------+
| id | name   | password | email           | birthday   |
+----+--------+----------+-----------------+------------+
|  1 | zs     | 123456   | zs@sina.com     | 1980-12-04 |
|  2 | lisi   | 123456   | lisi@sina.com   | 1981-12-04 |
|  3 | wangwu | 123456   | wangwu@sina.com | 1979-12-04 |
+----+--------+----------+-----------------+------------+
3 rows in set (0.00 sec)
```

图9-2 users表中的数据

2. 创建项目环境，导入数据库驱动

在 Eclipse 中新建一个名称为 chapter09 的 Web 项目，将下载好的 MySQL 的数据库驱动文件 mysql-connector-java-5.0.8-bin.jar 复制到项目的 lib 目录中，并发布到类路径下（MySQL 驱动文件可以在其官网地址：http://dev.mysql.com/downloads/connector/j/页面中下载，在浏览器中输入该地址后即可进入下载页面，单击页面 Generally Available (GA) Releases 窗口中的 Looking for previous GA versions 超链接后，在显示出的下拉框中下载所需的驱动版本即可）。加入驱动后的项目结构如图 9-3 所示。

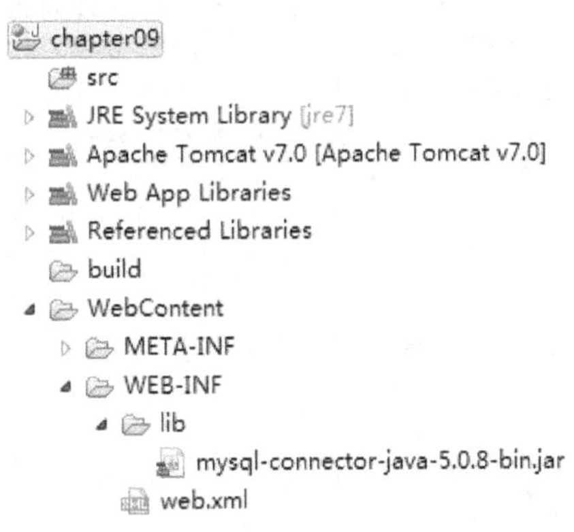

图9-3 项目结构

3. 编写 JDBC 程序

在项目 chapter09 的 src 目录下，新建一个名称为 cn.itcast.jdbc.example 的包，在该包中创建类 Example01，该类用于读取数据库中的 users 表，并将结果输出到控制台，如文件 9-1 所示。

文件 9-1 Example01.java

```
package cn.itcast.jdbc.example;
import java.sql.Connection;
import java.sql.DriverManager;
import java.sql.ResultSet;
import java.sql.SQLException;
```

```
import java.sql.Statement;
import java.sql.Date;
public class Example01 {
    public static void main(String[] args) throws SQLException {
        Statement stmt = null;
        ResultSet rs = null;
        Connection conn = null;
        try {
            // 1. 注册数据库的驱动
            Class.forName("com.mysql.jdbc.Driver");
            // 2.通过 DriverManager 获取数据库连接
            String url = "jdbc:mysql://localhost:3306/jdbc";
            String username = "root";
            String password = "itcast";
            conn = DriverManager.getConnection (url, username,
                        password);
            // 3.通过 Connection 对象获取 Statement 对象
             stmt = conn.createStatement();
            // 4.使用 Statement 执行 SQL 语句。
            String sql = "select * from users";
            rs = stmt.executeQuery(sql);
            // 5. 操作 ResultSet 结果集
            System.out.println("id | name   | password | email  |
                                    birthday");
            while (rs.next()) {
                int id = rs.getInt("id"); // 通过列名获取指定字段的值
                String name = rs.getString("name");
                String psw = rs.getString("password");
                String email = rs.getString("email");
                Date birthday = rs.getDate("birthday");
                System.out.println(id + " | " + name + " | " + psw + " | "
                                    + email + " | " + birthday);
            }
        } catch (ClassNotFoundException e) {
            e.printStackTrace();
        } finally{
            // 6.回收数据库资源
            if(rs!=null) {
                try {
                    rs.close();
                } catch (SQLException e) {
                    e.printStackTrace();
                }
                rs = null;
            }
            if(stmt!=null) {
                try {
                    stmt.close();
                } catch (SQLException e) {
                    e.printStackTrace();
                }
```

```
                stmt = null;
            }
            if(conn!=null) {
                try {
                    conn.close();
                } catch (SQLException e) {
                    e.printStackTrace();
                }
                conn = null;
            }
        }
    }
}
```

文件 9-1 中，首先注册了 MySQL 数据库驱动，通过 DriverManager 获取一个 Connection 对象，然后使用 Connection 对象创建一个 Statement 对象，Statement 对象通过 executeQuery() 方法执行 SQL 语句，并返回结果集 ResultSet。接下来，通过遍历 ResultSet 得到最终的查询结果，最后关闭连接，回收了数据库资源。

程序执行成功后，控制台的打印结果如图 9-4 所示。

```
Servers | Problems | JUnit | Console
<terminated> Example01 [Java Application] D:\Java\jdk1.7.0_60\bin\javaw.exe (2015-12-29 下午04:12:02)
id | name    | password | email    | birthday
1 | zs | 123456 | zs@sina.com | 1980-12-04
2 | lisi | 123456 | lisi@sina.com | 1981-12-04
3 | wangwu | 123456 | wangwu@sina.com | 1979-12-04
```

图9-4 运行结果

从图 9-4 中可以看到，users 表中的数据已被打印在了控制台。至此，第一个 JDBC 程序实现成功。在实现第 1 个 JDBC 程序时，还有两个地方需要注意，具体如下。

- **注册驱动**

虽然使用 DriverManager.registerDriver(new com.mysql.jdbc.Driver())方法也可以完成注册，但此方式会使数据库驱动被注册两次。这是因为 Driver 类的源码已经在静态代码块中完成了数据库驱动的注册。所以，为了避免数据库驱动被重复注册，只需在程序中使用 Class.forName() 方法加载驱动类即可。

- **释放资源**

由于数据库资源非常宝贵，数据库允许的并发访问连接数量有限，因此，当数据库资源使用完毕后，一定要记得释放资源。为了保证资源的释放，在 Java 程序中，应该将最终必须要执行的操作放在 finally 代码块中。

9.4 PreparedStatement 对象

在 9.3 小节的第一个 JDBC 程序中，SQL 语句的执行是通过 Statement 对象实现的。Statement 对象每次执行 SQL 语句时，都会对其进行编译。当相同的 SQL 语句执行多次时，Statement 对象就会使数据库频繁编译相同的 SQL 语句，从而降低数据库的访问效率。

为了解决上述问题，Statement 提供了一个子类 PreparedStatement。PreparedStatement 对象可以对 SQL 语句进行预编译，预编译的信息会存储在 PreparedStatement 对象中。当相同的 SQL 语句再次执行时，程序会使用 PreparedStatement 对象中的数据，而不需要对 SQL 语句再次编译去查询数据库，这样就大大地提高了数据的访问效率。为了使读者快速了解 Prepared Statement 对象，接下来，通过一个案例来演示 PreparedStatement 对象的使用。

在 chapter09 项目的 cn.itcast.jdbc.example 包中创建一个名称为 Example02 的类，在该类中使用 PreparedStatement 对象对数据库进行插入数据的操作，如文件 9-2 所示。

文件 9-2　Example02.java

```
package cn.itcast.jdbc.example;
import java.sql.Connection;
import java.sql.DriverManager;
import java.sql.PreparedStatement ;
import java.sql.SQLException;
public class Example02 {
    public static void main(String[] args) throws SQLException {
        Connection conn = null;
        PreparedStatement  preStmt = null;
        try {
           // 加载数据库驱动
            Class.forName("com.mysql.jdbc.Driver");
            String url = "jdbc:mysql://localhost:3306/jdbc";
            String username = "root";
            String password = "itcast";
           // 创建应用程序与数据库连接的 Connection 对象
            conn = DriverManager.getConnection(url, username, password);
            // 执行的 SQL 语句
            String sql = "INSERT INTO users(name,password,email,birthday)"
                    + "VALUES(?,?,?,?)";
            // 1.创建执行 SQL 语句的 PreparedStatement 对象
            preStmt = conn.prepareStatement(sql);
            // 2.为 SQL 语句中的参数赋值
            preStmt.setString(1, "zl");
            preStmt.setString(2, "123456");
            preStmt.setString(3, "zl@sina.com");
            preStmt.setString(4, "1789-12-23");
            // 3.执行 SQL
            preStmt.executeUpdate();
        } catch (ClassNotFoundException e) {
            e.printStackTrace();
        } finally {    // 释放资源
            if (preStmt != null) {
                try {
                    preStmt.close();
                } catch (SQLException e) {
                    e.printStackTrace();
                }
                preStmt = null;
```

```
            }
            if (conn != null) {
                try {
                    conn.close();
                } catch (SQLException e) {
                    e.printStackTrace();
                }
                conn = null;
            }
        }
    }
}
```

文件9-2中,首先通过Connection对象的prepareStatement()方法生成PreparedStatement对象，然后调用 PreparedStatement 对象的 setXxx()方法，给 SQL 语句中的参数赋值，最后通过调用 executeUpdate()方法执行 SQL 语句。

文件 9-2 运行成功后，会在 users 表中插入一条数据。进入 MySQL 数据库，使用 SELECT 语句查看 users 表，查询结果如图 9-5 所示。

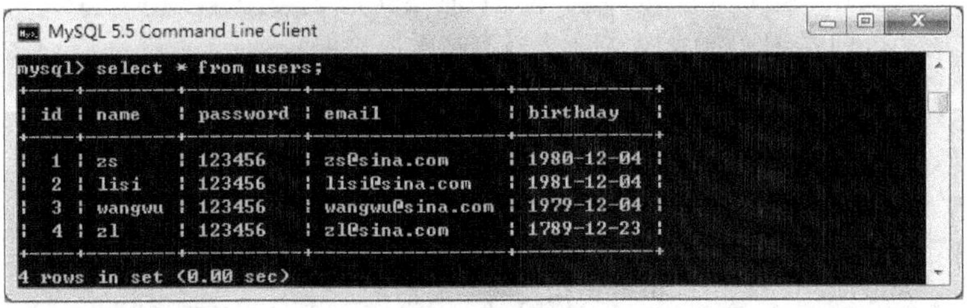

```
MySQL 5.5 Command Line Client
mysql> select * from users;
+----+--------+----------+-------------------+------------+
| id | name   | password | email             | birthday   |
+----+--------+----------+-------------------+------------+
|  1 | zs     | 123456   | zs@sina.com       | 1980-12-04 |
|  2 | lisi   | 123456   | lisi@sina.com     | 1981-12-04 |
|  3 | wangwu | 123456   | wangwu@sina.com   | 1979-12-04 |
|  4 | zl     | 123456   | zl@sina.com       | 1789-12-23 |
+----+--------+----------+-------------------+------------+
4 rows in set (0.00 sec)
```

图9-5 查询结果

从图 9-5 中可以看出,users 表中多了一条 name 为 zl 的数据,说明使用 PreparedStatement 对象对数据库插入数据的操作执行成功。

9.5 ResultSet 对象

ResultSet 主要用于存储结果集，可以通过 next()方法由前向后逐个获取结果集中的数据。如果想获取结果集中任意位置的数据，则需要在创建 Statement 对象时，设置两个 ResultSet 定义的常量，具体设置方式如下。

```
Statement st = conn.createStatement(ResultSet.TYPE_SCROLL_INSENITIVE, ResultSet.
                                    CONCUR_READ_ONLY);
ResultSet rs = st.excuteQuery(sql);
```

在上述方式中，常量“ResultSet.TYPE_SCROLL_INSENITIVE”表示结果集可滚动，常量“ResultSet. CONCUR_READ_ONLY”表示以只读形式打开结果集。

为了使读者更好地学习 ResultSet 对象的使用，接下来，通过一个案例来演示如何使用 ResultSet 对象滚动读取结果集中的数据。

在 chapter09 项目的 cn.itcast.jdbc.example 包中创建一个名称为 Example03 的类，该类中使用 ResultSet 对象取出指定数据的信息，如文件 9-3 所示。

文件 9-3 Example03.java

```
package cn.itcast.jdbc.example;
import java.sql.Connection;
import java.sql.DriverManager;
import java.sql.ResultSet;
import java.sql.SQLException;
import java.sql.Statement;
public class Example03 {
    public static void main(String[] args) {
        Connection conn = null;
        Statement stmt = null;
        try {
          Class.forName("com.mysql.jdbc.Driver");
          String url = "jdbc:mysql://localhost:3306/jdbc";
          String username = "root";
          String password = "itcast";
          //1.获取 Connection 对象
          conn = DriverManager.getConnection(url, username, password);
          String sql = "select * from users";
          //2.创建 Statement 对象并设置常量
          stmt =conn.createStatement(
                   ResultSet.TYPE_SCROLL_INSENSITIVE,
                   ResultSet.CONCUR_READ_ONLY);
           //3.执行 SQL 并将获取的数据信息存放在 ResultSet 中
           ResultSet rs = stmt. executeQuery(sql);
           //4.取出 ResultSet 中指定数据的信息
           System.out.print("第 2 条数据的 name 值为:");
           rs.absolute(2);        //将指针定位到结果集中第 2 行数据
           System.out.println(rs.getString("name"));
           System.out.print("第 1 条数据的 name 值为:");
           rs.beforeFirst();      //将指针定位到结果集中第 1 行数据之前
           rs.next();             //将指针向后滚动
           System.out.println(rs.getString("name"));
           System.out.print("第 4 条数据的 name 值为:");
           rs.afterLast();        //将指针定位到结果集中最后一条数据之后
           rs.previous();         //将指针向前滚动
           System.out.println(rs.getString("name"));
        } catch (Exception e) {
           e.printStackTrace();
        } finally { // 释放资源
           if (stmt != null) {
               try {
                   stmt.close();
               } catch (SQLException e) {
                   e.printStackTrace();
               }
               stmt = null;
           }
           if (conn != null) {
```

```
                    try {
                        conn.close();
                    } catch (SQLException e) {
                        e.printStackTrace();
                    }
                    conn = null;
                }
            }
        }
}
```

在文件 9-3 中，首先获取 Connection 对象连接数据库，然后通过 Connection 对象创建 Statement 对象并设置所需的两个常量，接下来执行 SQL 语句，将获取的数据信息存放在 ResultSet 中，最后通过 ResultSet 对象的 absolute()方法取出 ResultSet 中指定数据的信息并输出。程序的运行结果如图 9-6 所示。

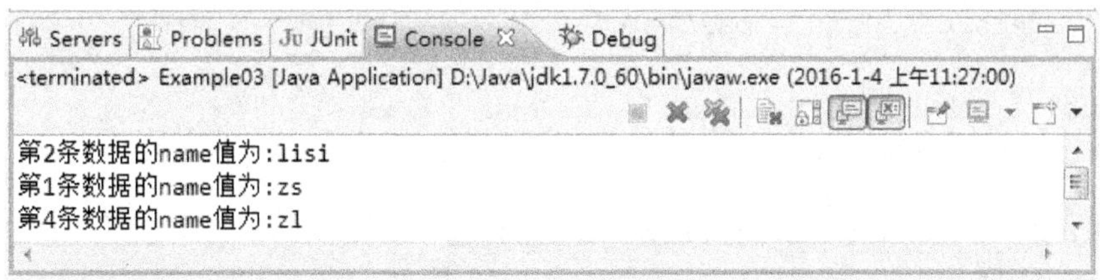

图9-6 运行结果

从图 9-6 可以看出，程序输出了结果集中指定的数据。由此可见，ResultSet 结果集中的数据不仅可以按照顺序取出，而且可以指定取出的数据。

【任务 9】使用 JDBC 完成数据的增删改查

【任务目标】

通过本章中所学的 JDBC 知识，完成对数据库中数据表的增删改查操作。

【实现步骤】

1. 创建 JavaBean

在 chapter09 项目的 src 目录下，创建包 cn.itcast.jdbc.example.domain，并在该包下创建一个用于保存用户数据的 User 类，User 类的具体实现方式如文件 9-4 所示。

文件 9-4 User.java

```
package cn.itcast.jdbc.example.domain;
import java.util.Date;
public class User {
    private int id;
    private String username;
    private String password;
    private String email;
    private Date birthday;
```

```
    public int getId() {
        return id;
    }
    public void setId(int id) {
        this.id = id;
    }
    public String getUsername() {
        return username;
    }
    public void setUsername(String username) {
        this.username = username;
    }
    public String getPassword() {
        return password;
    }
    public void setPassword(String password) {
        this.password = password;
    }
    public String getEmail() {
        return email;
    }
    public void setEmail(String email) {
        this.email = email;
    }
    public Date getBirthday() {
        return birthday;
    }
    public void setBirthday(Date birthday) {
        this.birthday = birthday;
    }
}
```

2. 创建工具类

由于每次操作数据库时，都需要加载数据库驱动、建立数据库连接以及关闭数据库连接，为了避免代码的重复书写，下面建立一个专门用于数据库相关操作的工具类。

在 src 下新建一个包 cn.itcast.jdbc.example.utils，在包中创建一个封装了上述操作的工具类 JDBCUtils，JDBCUtils 的具体实现方式如文件 9-5 所示。

文件 9-5 JDBCUtils.java

```
package cn.itcast.jdbc.example.utils;
import java.sql.Connection;
import java.sql.DriverManager;
import java.sql.ResultSet;
import java.sql.SQLException;
import java.sql.Statement;
public class JDBCUtils {
    // 加载驱动，并建立数据库连接
    public static Connection getConnection() throws SQLException,
            ClassNotFoundException {
```

```
        Class.forName("com.mysql.jdbc.Driver");
        String url = "jdbc:mysql://localhost:3306/jdbc";
        String username = "root";
        String password = "itcast";
        Connection conn = DriverManager.getConnection(url, username,
                password);
        return conn;
    }
    // 关闭数据库连接，释放资源
    public static void release(Statement stmt, Connection conn) {
        if (stmt != null) {
            try {
                stmt.close();
            } catch (SQLException e) {
                e.printStackTrace();
            }
            stmt = null;
        }
        if (conn != null) {
            try {
                conn.close();
            } catch (SQLException e) {
                e.printStackTrace();
            }
            conn = null;
        }
    }
    public static void release(ResultSet rs, Statement stmt,
            Connection conn){
        if (rs != null) {
            try {
                rs.close();
            } catch (SQLException e) {
                e.printStackTrace();
            }
            rs = null;
        }
        release(stmt, conn);
    }
}
```

3. 创建 DAO

在 src 下新建一个名称为 cn.itcast.jdbc.example.dao 的包，在包中创建一个名称为 UsersDao 的类，该类中封装了对表 users 的添加、查询、删除和更新等操作，具体实现方式如文件 9-6 所示。

文件 9-6 UsersDao.java

```
package cn.itcast.jdbc.example.dao;
import java.sql.Connection;
import java.sql.ResultSet;
```

```
import java.sql.Statement;
import java.text.SimpleDateFormat;
import java.util.ArrayList;
import cn.itcast.jdbc.example.domain.User;
import cn.itcast.jdbc.example.utils.JDBCUtils;
public class UsersDao {
    // 添加用户的操作
    public boolean insert(User user) {
        Connection conn = null;
        Statement stmt = null;
        ResultSet rs = null;
        try {
        // 获得数据的连接
        conn = JDBCUtils.getConnection();
        // 获得 Statement 对象
        stmt = conn.createStatement();
        // 发送 SQL 语句
        SimpleDateFormat sdf = new SimpleDateFormat("yyyy-MM-dd");
        String birthday = sdf.format(user.getBirthday());
        String sql = "INSERT INTO users(id,name,password,email,birthday) "+
                    "VALUES("
                    + user.getId()
                    + ",'"
                    + user.getUsername()
                    + "','"
                    + user.getPassword()
                    + "','"
                    + user.getEmail()
                    + "','"
                    + birthday + "')";
            int num = stmt.executeUpdate(sql);
            if (num > 0) {
                return true;
            }
            return false;
        } catch (Exception e) {
            e.printStackTrace();
        } finally {
            JDBCUtils.release(rs, stmt, conn);
        }
        return false;
    }
    // 查询所有的 User 对象
    public ArrayList<User> findAll() {
        Connection conn = null;
        Statement stmt = null;
        ResultSet rs = null;
        ArrayList<User> list = new ArrayList<User>();
        try {
            // 获得数据的连接
```

```
            conn = JDBCUtils.getConnection();
            // 获得 Statement 对象
            stmt = conn.createStatement();
            // 发送 SQL 语句
            String sql = "SELECT * FROM users";
            rs = stmt.executeQuery(sql);
            // 处理结果集
            while (rs.next()) {
                User user = new User();
                user.setId(rs.getInt("id"));
                user.setUsername(rs.getString("name"));
                user.setPassword(rs.getString("password"));
                user.setEmail(rs.getString("email"));
                user.setBirthday(rs.getDate("birthday"));
                list.add(user);
            }
            return list;
        } catch (Exception e) {
            e.printStackTrace();
        } finally {
            JDBCUtils.release(rs, stmt, conn);
        }
        return null;
    }
    // 根据 id 查找指定的 user
    public User find(int id) {
        Connection conn = null;
        Statement stmt = null;
        ResultSet rs = null;
        try {
            // 获得数据的连接
            conn = JDBCUtils.getConnection();
            // 获得 Statement 对象
            stmt = conn.createStatement();
            // 发送 SQL 语句
            String sql = "SELECT * FROM users WHERE id=" + id;
            rs = stmt.executeQuery(sql);
            // 处理结果集
            while (rs.next()) {
                User user = new User();
                user.setId(rs.getInt("id"));
                user.setUsername(rs.getString("name"));
                user.setPassword(rs.getString("password"));
                user.setEmail(rs.getString("email"));
                user.setBirthday(rs.getDate("birthday"));
                return user;
            }
            return null;
        } catch (Exception e) {
            e.printStackTrace();
```

```
        } finally {
            JDBCUtils.release(rs, stmt, conn);
        }
        return null;
    }
    // 删除用户
    public boolean delete(int id) {
        Connection conn = null;
        Statement stmt = null;
        ResultSet rs = null;
        try {
            // 获得数据的连接
            conn = JDBCUtils.getConnection();
            // 获得 Statement 对象
            stmt = conn.createStatement();
            // 发送 SQL 语句
            String sql = "DELETE FROM users WHERE id=" + id;
            int num = stmt.executeUpdate(sql);
            if (num > 0) {
                return true;
            }
            return false;
        } catch (Exception e) {
            e.printStackTrace();
        } finally {
            JDBCUtils.release(rs, stmt, conn);
        }
        return false;
    }
    // 修改用户
    public boolean update(User user) {
        Connection conn = null;
        Statement stmt = null;
        ResultSet rs = null;
        try {
            // 获得数据的连接
            conn = JDBCUtils.getConnection();
            // 获得 Statement 对象
            stmt = conn.createStatement();
            // 发送 SQL 语句
            SimpleDateFormat sdf = new SimpleDateFormat("yyyy-MM-dd");
            String birthday = sdf.format(user.getBirthday());
            String sql = "UPDATE users set name='" + user.getUsername()
                    + "',password='" + user.getPassword() + "',email='"
                    + user.getEmail() + "',birthday='" + birthday
                    + "' WHERE id=" + user.getId();
            int num = stmt.executeUpdate(sql);
            if (num > 0) {
                return true;
            }
```

```
            return false;
        } catch (Exception e) {
            e.printStackTrace();
        } finally {
            JDBCUtils.release(rs, stmt, conn);
        }
        return false;
    }
}
```

4. 创建测试类

（1）在 cn.itcast.jdbc.example 包中编写测试类 JdbcInsertTest，实现向 users 表中添加数据的操作，如文件 9-7 所示。

文件 9-7 JdbcInsertTest.java

```
package cn.itcast.jdbc.example;
import java.util.Date;
import cn.itcast.jdbc.example.dao.UsersDao;
import cn.itcast.jdbc.example.domain.User;
public class JdbcInsertTest{
    public static void main(String[] args) {
        // 向 users 表插入一个用户信息
        UsersDao ud = new UsersDao();
        User user=new User();
        user.setId(5);
        user.setUsername("hl");
        user.setPassword("123");
        user.setEmail("hl@sina.com");
        user.setBirthday(new Date());
        boolean b=ud.insert(user);
        System.out.println(b);
    }
}
```

运行文件 9-7，程序执行后，如果控制台的打印结果为 true，说明添加用户信息的操作执行成功了。这时，进入 MySQL 数据库，使用 SELECT 语句查询 users 表，查询结果如图 9-7 所示。

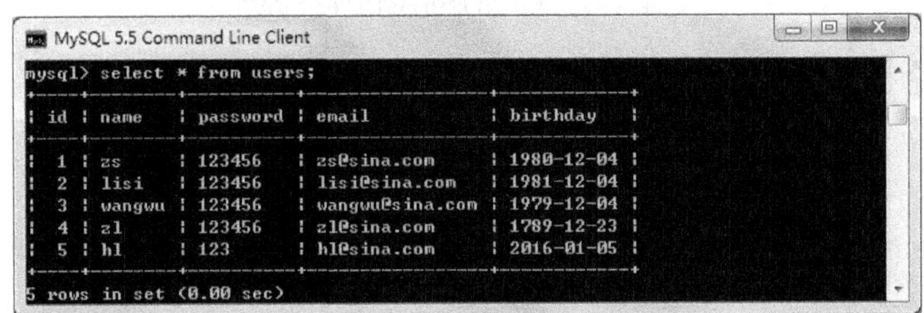

图9-7 查询结果

从图 9-7 的查询结果可以看出，users 表中添加了一条 name 为 h1 的数据，该数据正是文件 9-7 JdbcInsertTest.java 中所插入的数据。

（2）在 cn.itcast.jdbc.example 包中编写测试类 FindAllUsersTest，该类用于实现读取 users

表中所有的数据，如文件 9-8 所示。

文件 9-8　FindAllUsersTest.java

```
package cn.itcast.jdbc.example;
import java.util.ArrayList;
import cn.itcast.jdbc.example.dao.UsersDao;
import cn.itcast.jdbc.example.domain.User;
public class FindAllUsersTest{
    public static void main(String[] args) {
        //创建一个名称为 usersDao 的对象
        UsersDao usersDao = new UsersDao();
        //将 UsersDao 对象的 findAll()方法执行后的结果放入 list 集合
        ArrayList<User> list = usersDao.findAll();
        //循环输出集合中的数据
        for (int i = 0; i < list.size(); i++) {
            System.out.println("第" + (i + 1) + "条数据的 username 值为:"
                    + list.get(i).getUsername());
        }
    }
}
```

运行文件 9-8，程序执行后，控制台会打印出 users 表中所有的 username 值，结果如图 9-8 所示。

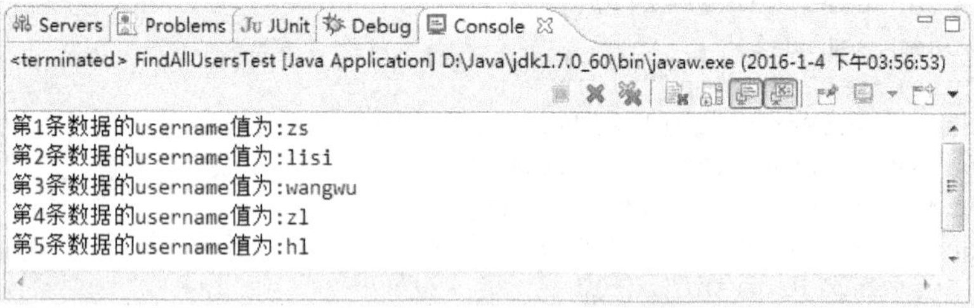

```
Servers  Problems  JUnit  Debug  Console
<terminated> FindAllUsersTest [Java Application] D:\Java\jdk1.7.0_60\bin\javaw.exe (2016-1-4 下午03:56:53)
第1条数据的username值为:zs
第2条数据的username值为:lisi
第3条数据的username值为:wangwu
第4条数据的username值为:zl
第5条数据的username值为:hl
```

图9-8　运行结果

（3）在 cn.itcast.jdbc.example 包中编写测试类 FindUserByIdTest，在该类中实现读取 users 表中指定的数据，如文件 9-9 所示。

文件 9-9　FindUserByIdTest.java

```
package cn.itcast.jdbc.example;
import cn.itcast.jdbc.example.dao.UsersDao;
import cn.itcast.jdbc.example.domain.User;
public class FindUserByIdTest{
    public static void main(String[] args) {
        UsersDao usersDao = new UsersDao();
        User user = usersDao.find(1);
        System.out.println("id 为 1 的 User 对象的 name 值为: "+user.getUsername());
    }
}
```

运行文件 9-9，程序执行后，控制台会将 id 为 1 的 User 对象的 name 值打印出来，结果如图 9-9 所示。

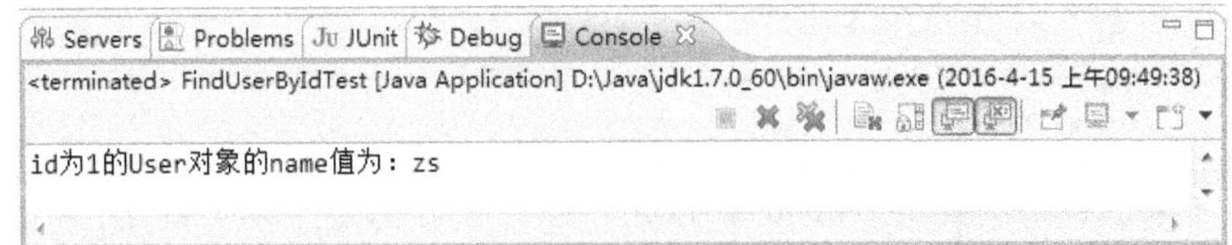

图9-9　运行结果

（4）在 cn.itcast.jdbc.example 包中编写测试类 UpdateUserTest，在该类中实现修改 users 表中数据的操作，具体代码如文件 9-10 所示。

文件 9-10　UpdateUserTest.java

```
package cn.itcast.jdbc.example;
import java.util.Date;
import cn.itcast.jdbc.example.dao.UsersDao;
import cn.itcast.jdbc.example.domain.User;
public class UpdateUserTest{
    public static void main(String[] args) {
        // 修改User对象的数据
        UsersDao usersDao = new UsersDao();
        User user = new User();
        user.setId(4);
        user.setUsername("zhaoxiaoliu");
        user.setPassword("456");
        user.setEmail("zhaoxiaoliu@sina.com");
        user.setBirthday(new Date());
        boolean b = usersDao.update(user);
        System.out.println(b);
    }
}
```

运行文件 9-10 中的方法后，如果控制台打印结果为 true，说明修改用户信息的操作执行成功，这时，进入 MySQL 数据库，使用 SELECT 语句查看 users 表，查询结果如图 9-10 所示。

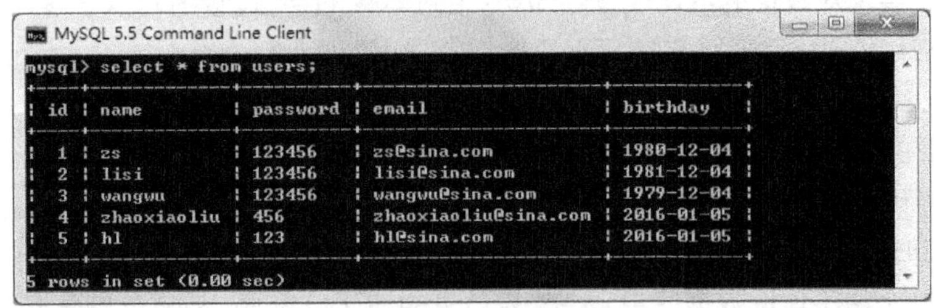
MySQL 5.5 Command Line Client

mysql> select * from users;

id	name	password	email	birthday
1	zs	123456	zs@sina.com	1980-12-04
2	lisi	123456	lisi@sina.com	1981-12-04
3	wangwu	123456	wangwu@sina.com	1979-12-04
4	zhaoxiaoliu	456	zhaoxiaoliu@sina.com	2016-01-05
5	hl	123	hl@sina.com	2016-01-05

5 rows in set (0.00 sec)

图9-10　查询结果

从图 9-10 的查询结果可以看出，id 为 4 的 User 对象的信息已经发生了变化。

（5）在 cn.itcast.jdbc.example 包中编写测试类 DeleteUserTest，该类实现了删除 users 表中数据的操作，如文件 9-11 所示。

文件 9-11　DeleteUserTest.java

```
package cn.itcast.jdbc.example;
import cn.itcast.jdbc.example.dao.UsersDao;
```

```
public class DeleteUserTest{
    public static void main(String[] args) {
        // 删除操作
        UsersDao usersDao = new UsersDao();
        boolean b = usersDao.delete(4);
        System.out.println(b);
    }
}
```

运行文件 9-11 中的方法后，如果控制台打印结果为 true，说明删除用户信息的操作执行成功，这时，进入 MySQL 数据库，使用 SELECT 语句查看 users 表中的数据，结果如图 9-11 所示。

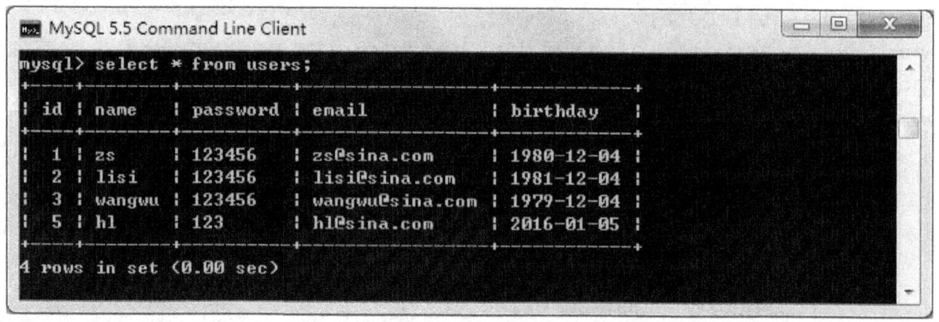

图9-11　查询结果

从图 9-11 可以看出，users 表中 id 为 4 的 User 对象已被成功删除了。至此，使用 JDBC 对数据库中数据进行增删改查的操作已经完成。

9.6 本章小结

本章主要讲解了 JDBC 的基本知识，包括什么是 JDBC、JDBC 的常用 API、如何使用 JDBC，以及使用 JDBC 实现对数据的增删改查等知识。通过本章的学习，读者可以了解到什么是 JDBC，熟悉 JDBC 的常用 API，并能够掌握 JDBC 操作数据库的步骤。

【测一测】

学习完前面的内容，下面来动手测一测吧，请思考以下问题。

1. 请简述什么是 JDBC。

2. 简述 JDBC 的实现步骤。

3. 请编写一个用于读取数据库中 users 表信息的 JDBC 程序，要求分别获取字段 id、name、password 和 email 字段的值。

4. 请按照以下要求设计实现 PreparedStatement 对象的相关批处理操作。

要求如下。

1）指定所要执行的 SQL 语句如下。

String sql = "INSERT INTO users(name,password) VALUES(?,?)";

2）编写 JDBCUtils 工具类，类中要包含获取连接和释放资源的方法。

3）编写 Example02 类，要求在类中使用 JDBCUtils 工具类获取连接和释放资源，并使用 PreparedStatement 对象批量添加 5 条记录。

Java Web

10 Chapter

第 10 章 数据库连接池与 DBUtils 工具

学习目标

- 了解什么是数据库连接池，会使用 DBCP 和 C3P0 数据源
- 了解 DBUtils 工具中常见的 API
- 学会用 DBUtils 工具对数据库进行增删改查的操作

上一章讲解了 JDBC 的基本用法和操作，由于每操作一次数据库，都会执行一次创建和断开 Connection 对象的操作，这种频繁的操作 Connection 对象十分影响数据库的访问效率，并且增加了代码量，所以在实际开发中，开发人员通常会使用数据库连接池来解决这些问题。Apache 组织还提供了一个 DBUtils 工具类库，该类库实现了对 JDBC 的简单封装，能在不影响性能的情况下极大地简化 JDBC 的编码工作。本章将针对数据库连接池和 DBUtils 工具进行详细的讲解。

10.1 数据库连接池

10.1.1 什么是数据库连接池

在 JDBC 编程中，每次创建和断开 Connection 对象都会消耗一定的时间和 IO 资源。这是因为在 Java 程序与数据库之间建立连接时，数据库端要验证用户名和密码，并且要为这个连接分配资源，Java 程序则要把代表连接的 java.sql.Connection 对象等加载到内存中，所以建立数据库连接的开销很大，尤其是在大量的并发访问时。假如某网站一天的访问量是 10 万，那么，该网站的服务器就需要创建、断开连接 10 万次，频繁地创建、断开数据库连接势必会影响数据库的访问效率，甚至导致数据库崩溃。

为了避免频繁地创建数据库连接，数据库连接池技术应运而生。数据库连接池负责分配、管理和释放数据库连接，它允许应用程序重复使用现有的数据库连接，而不是重新建立。接下来，通过一张图来简单描述应用程序如何通过连接池连接数据库，如图 10-1 所示。

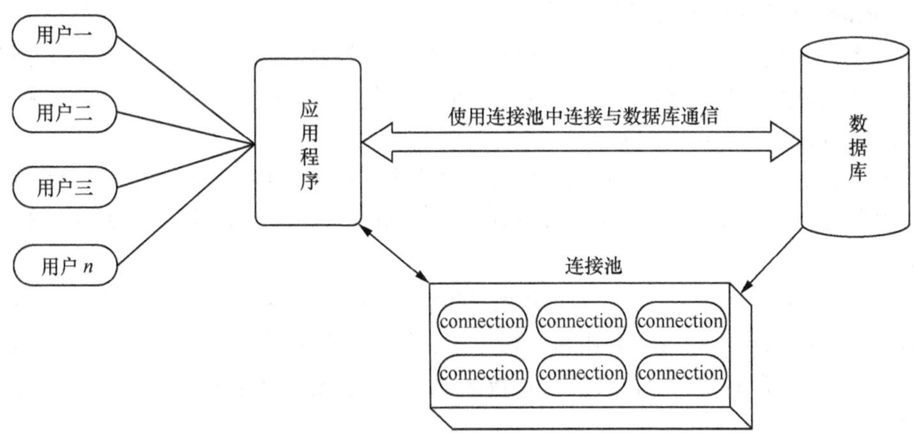

图10-1　采用数据库连接池操作数据库的示意图

从图 10-1 中可以看出，数据库连接池在初始化时将创建一定数量的数据库连接放到连接池中，当应用程序访问数据库时并不是直接创建 Connection，而是向连接池“申请”一个 Connection。如果连接池中有空闲的 Connection，则将其返回，否则创建新的 Connection。使用完毕后，连接池会将该 Connection 回收，并交付其他的线程使用，以减少创建和断开数据库连接的次数，提高数据库的访问效率。

10.1.2 DataSource 接口

为了获取数据库连接对象（Connection），JDBC 提供了 javax.sql.DataSource 接口，它负责与数据库建立连接，并定义了返回值为 Connection 对象的方法，具体如下。

- Connection getConnection()
- Connection getConnection(String username, String password)

上述两个重载的方法都能用来获取 Connection 对象。不同的是，第 1 个方法是通过无参的方式建立与数据库的连接，第 2 个方法是通过传入登录信息的方式建立与数据库的连接。

接口通常都会有其实现类，javax.sql.DataSource 接口也不例外，通常习惯性地把实现了 javax.sql.DataSource 接口的类称为数据源，顾名思义，数据源即数据的来源。在数据源中存储了所有建立数据库连接的信息。就像通过指定文件名称可以在文件系统中找到文件一样，通过提供正确的数据源名称，也可以找到相应的数据库连接。

数据源中包含数据库连接池。如果数据是水，数据库就是水库，数据源就是连接到水库的管道，终端用户看到的数据集是管道里流出来的水。一些开源组织提供了数据源的独立实现，常用的有 DBCP 数据源和 C3P0 数据源。接下来的小节中，将会对这两种数据源进行详细的讲解。

10.1.3 DBCP 数据源

DBCP 是数据库连接池（DataBase Connection Pool）的简称，是 Apache 组织下的开源连接池实现，也是 Tomcat 服务器使用的连接池组件。单独使用 DBCP 数据源时，需要在应用程序中导入两个 JAR 包，具体如下。

1. commons-dbcp.jar 包

commons-dbcp.jar 包是 DBCP 数据源的实现包，包含所有操作数据库连接信息和数据库连接池初始化信息的方法，并实现了 DataSource 接口的 getConnection()方法。

2. commons-pool.jar 包

commons-pool.jar 包是 DBCP 数据库连接池实现包的依赖包，为 commons-dbcp.jar 包中的方法提供了支持。可以这么说，没有该依赖包，commons-dbcp.jar 包中的很多方法就没有办法实现。

这两个 JAR 包可以在 Apache 官网地址“http://commons.apache.org/proper/”中查询下载到。其中，commons-dbcp.jar 中包含两个核心的类，分别是 BasicDataSourceFactory 和 BasicDataSource，它们都包含获取 DBCP 数据源对象的方法。接下来，针对这两个类的方法进行详细的讲解。

BasicDataSource 是 DataSource 接口的实现类，主要包括设置数据源对象的方法，该类的常用方法介绍如表 10-1 所示。

表 10-1 BasicDataSource 类的常用方法

方法名称	功能描述
void setDriverClassName(String driverClassName)	设置连接数据库的驱动名称
void setUrl(String url)	设置连接数据库的路径
void setUsername(String username)	设置数据库的登录账号

续表

方法名称	功能描述
void setPassword(String password)	设置数据库的登录密码
void setInitialSize(int initialSize)	设置数据库连接池初始化的连接数目
void setMaxActive (int maxIdle)	设置数据库连接池最大活跃的连接数目
void setMinIdle(int minIdle)	设置数据库连接池最小闲置的连接数目
Connection getConnection()	从连接池中获取一个数据库连接

在表 10-1 中，列举了 BasicDataSource 对象的常用方法，其中，setDriverClassName()、setUrl()、setUsername()、setPassword()等方法都是设置数据库连接信息的方法，setInitialSize()、setMaxActive()、setMinIdle()等方法都是设置数据库连接池初始化值的方法，getConnection()方法表示从 DBCP 数据源中获取一个数据库连接。

BasicDataSourceFactory 是创建 BasicDataSource 对象的工厂类，它包含一个返回值为 BasicDataSource 对象的方法 createDataSource()，该方法通过读取配置文件的信息生成数据源对象并返回给调用者。这种把数据库的连接信息和数据源的初始化信息提取出来写进配置文件的方式，让代码看起来更加简洁，思路也更加清晰。

当使用 DBCP 数据源时，首先要创建数据源对象，数据源对象的创建方式有两种，具体如下。

1. 通过 BasicDataSource 类直接创建数据源对象

在使用 BasicDataSource 类创建一个数据源对象时，需要手动给数据源对象设置属性值，然后获取数据库连接对象。接下来，通过一个案例来演示 BasicDataSource 类的使用，具体步骤如下。

（1）在 Eclipse 中创建一个名称为 chapter10 的 Web 项目，在项目 chapter10 中导入 mysql-connector-java-5.0.8-bin.jar、commons-dbcp-1.4.jar 以及 commons-pool-1.6.jar 3 个 JAR 包，并发布到类路径下，然后在项目的 src 目录下创建包 cn.itcast.chapter10.example，并在该包下创建一个 Example01 类，该类采用手动方式获取数据库的连接信息和数据源的初始化信息，如文件 10-1 所示。

文件 10-1　Example01.java

```
package cn.itcast.chapter10.example;
import java.sql.Connection;
import java.sql.DatabaseMetaData;
import java.sql.SQLException;
import javax.sql.DataSource;
import org.apache.commons.dbcp.BasicDataSource;
public class Example01 {
    public static DataSource ds = null;
    static {
        // 获取 DBCP 数据源实现类对象
        BasicDataSource bds = new BasicDataSource();
        // 设置连接数据库需要的配置信息
        bds.setDriverClassName("com.mysql.jdbc.Driver");
        bds.setUrl("jdbc:mysql://localhost:3306/jdbc");
        bds.setUsername("root");
```

```
        bds.setPassword("itcast");
        // 设置连接池的参数
        bds.setInitialSize(5);
        bds.setMaxActive(5);
        ds = bds;
    }
    public static void main(String[] args) throws SQLException {
        // 获取数据库连接对象
        Connection conn = ds.getConnection();
        //获取数据库连接信息
        DatabaseMetaData metaData = conn.getMetaData();
        //打印数据库连接信息
        System.out.println(metaData.getURL()
            +",UserName="+metaData.getUserName()
            +","+metaData.getDriverName());
    }
}
```

（2）运行 main()方法后，程序的运行结果如图 10-2 所示。

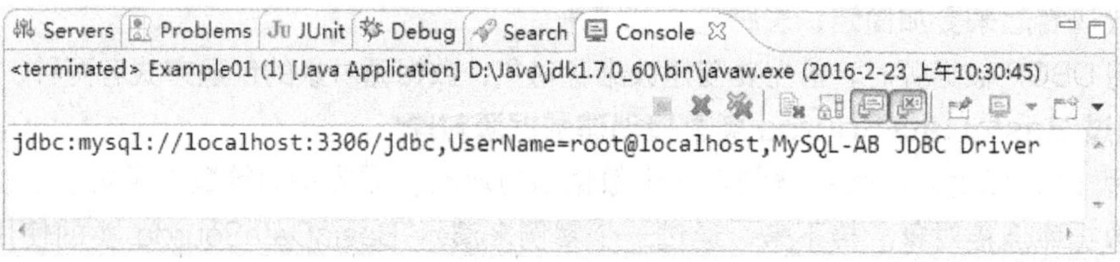

图10-2　运行结果

从图 10-2 中可以看出，BasicDataSource 成功创建了一个数据源对象，然后获取到了数据库连接对象。

2. 通过读取配置文件创建数据源对象

除了使用 BasicDataSource 直接创建数据源对象外，还可以使用 BasicDataSourceFactory 工厂类读取配置文件，创建数据源对象，然后获取数据库连接对象。接下来，通过一个案例来演示，具体步骤如下。

（1）在 chapter10 项目的 src 目录下创建 dbcpconfig.properties 文件，该文件用于设置数据库的连接信息和数据源的初始化信息，如文件 10-2 所示。

文件 10-2　dbcpconfig.properties

```
#连接设置
driverClassName=com.mysql.jdbc.Driver
url=jdbc:mysql://localhost:3306/jdbc
username=root
password=itcast
#初始化连接
initialSize=5
#最大连接数量
maxActive=10
#最大空闲连接
maxIdle=10
```

（2）在 cn.itcast.chapter10.example 包下创建一个 Example02 类，该类中采用了从配置文件中获取数据库的连接信息和数据源的初始化信息的方式，如文件 10-3 所示。

文件 10-3　Example02.java

```
package cn.itcast.chapter10.example;
import java.io.InputStream;
import java.sql.Connection;
import java.sql.DatabaseMetaData;
import java.sql.SQLException;
import java.util.Properties;
import javax.sql.DataSource;
import org.apache.commons.dbcp.BasicDataSourceFactory;
public class Example02 {
    public static DataSource ds = null;
    static {
        // 新建一个配置文件对象
        Properties prop = new Properties();
        try {
            // 通过类加载器找到文件路径，读配置文件
            InputStream in = new Example02().getClass().getClassLoader()
                    .getResourceAsStream("dbcpconfig.properties");
            // 把文件以输入流的形式加载到配置对象中
            prop.load(in);
            // 创建数据源对象
            ds = BasicDataSourceFactory.createDataSource(prop);
        } catch (Exception e) {
            throw new ExceptionInInitializerError(e);
        }
    }
    public static void main(String[] args) throws SQLException {
        // 获取数据库连接对象
        Connection conn = ds.getConnection();
        //获取数据库连接信息
        DatabaseMetaData metaData = conn.getMetaData();
        //打印数据库连接信息
        System.out.println(metaData.getURL()
            +",UserName="+metaData.getUserName()
            +","+metaData.getDriverName());
    }
}
```

（3）运行 main()方法后，程序的运行结果如图 10-3 所示。

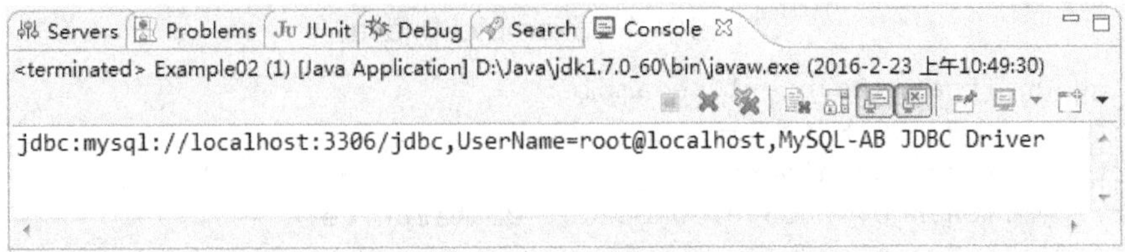

图10-3　运行结果

从图 10-3 中可以看出，BasicDataSourceFactory 工厂类成功读取了配置文件并创建了数据源对象，然后获取到了数据库连接对象。

10.1.4 C3P0 数据源

C3P0 是目前最流行的开源数据库连接池之一，它实现了 DataSource 数据源接口，支持 JDBC2 和 JDBC3 的标准规范，易于扩展并且性能优越，著名的开源框架 Hibernate 和 Spring 都支持该数据源。在使用 C3P0 数据源开发时，需要了解 C3P0 中 DataSource 接口的实现类 ComboPooledDataSource，它是 C3P0 的核心类，提供了数据源对象的相关方法，该类的常用方法介绍如表 10-2 所示。

表 10-2 ComboPooledDataSource 类的常用方法

方法名称	功能描述
void setDriverClass()	设置连接数据库的驱动名称
void setJdbcUrl()	设置连接数据库的路径
void setUser()	设置数据库的登录账号
void setPassword()	设置数据库的登录密码
void setMaxPoolSize()	设置数据库连接池最大的连接数目
void setMinPoolSize()	设置数据库连接池最小的连接数目
void setInitialPoolSize()	设置数据库连接池初始化的连接数目
Connection getConnection()	从数据库连接池中获取一个连接

通过表 10-1 和表 10-2 的比较，发现 C3P0 和 DBCP 数据源所提供的方法大部分功能相同，都包含了设置数据库连接信息的方法和数据库连接池初始化的方法，以及 DataSource 接口中的 getConnection()方法。

当使用 C3P0 数据源时，首先需要创建数据源对象，创建数据源对象可以使用 ComboPooledDataSource 类，该类有两个构造方法，分别是 ComboPooledDataSource()和 ComboPooledDataSource(String configName)。接下来，通过两个案例来讲解如何通过上述构造方法创建数据源对象，具体如下。

1. 通过 ComboPooledDataSource()构造方法创建数据源对象

使用 ComboPooledDataSource()构造方法创建数据源对象，需要手动给数据源对象设置属性值，然后获取数据库连接对象，具体步骤如下。

（1）在项目 chapter10 中导入 JAR 包 c3p0-0.9.1.2.jar，然后在 cn.itcast.chapter10.example 包下创建一个 Example03 类，该类采用 C3P0 数据源手动代码的方式获取 Connection 对象，如文件 10-4 所示。

文件 10-4 Example03.java

```
package cn.itcast.chapter10.example;
import java.sql.SQLException;
import javax.sql.DataSource;
import com.mchange.v2.c3p0.ComboPooledDataSource;
public class Example03 {
    public static DataSource ds = null;
```

```
    // 初始化 C3P0 数据源
    static {
        ComboPooledDataSource cpds = new ComboPooledDataSource();
        // 设置连接数据库需要的配置信息
        try {
            cpds.setDriverClass("com.mysql.jdbc.Driver");
            cpds.setJdbcUrl("jdbc:mysql://localhost:3306/jdbc");
            cpds.setUser("root");
            cpds.setPassword("itcast");
            // 设置连接池的参数
            cpds.setInitialPoolSize(5);
            cpds.setMaxPoolSize(15);
            ds = cpds;
        } catch (Exception e) {
            throw new ExceptionInInitializerError(e);
        }
    }
    public static void main(String[] args) throws SQLException {
        // 获取数据库连接对象
        System.out.println(ds.getConnection());
    }
}
```

（2）执行 main()方法，程序的运行结果如图 10-4 所示。

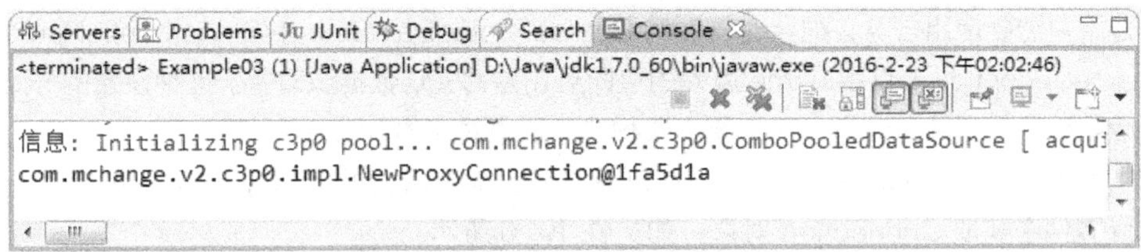

图10-4 运行结果

从图 10-4 中可以看出，C3P0 数据源对象成功获取到了数据库连接对象。

2. 通过读取配置文件创建数据源对象

使用 ComboPooledDataSource（String configName）构造方法读取 c3p0-config.xml 配置文件，从而创建数据源对象，然后获取数据库连接对象。下面通过一个案例来演示读取配置文件创建数据源对象的使用，具体步骤如下。

（1）在 src 根目录下创建一个 c3p0-config.xml 文件，用于设置数据库的连接信息和数据源的初始化信息，如文件 10-5 所示。

文件 10-5 c3p0-config.xml

```
<?xml version="1.0" encoding="UTF-8"?>
<c3p0-config>
    <default-config>
        <property name="driverClass">com.mysql.jdbc.Driver</property>
        <property name="jdbcUrl">
            jdbc:mysql://localhost:3306/jdbc
        </property>
```

```
        <property name="user">root</property>
        <property name="password">itcast</property>
        <property name="checkoutTimeout">30000</property>
        <property name="initialPoolSize">10</property>
        <property name="maxIdleTime">30</property>
        <property name="maxPoolSize">100</property>
        <property name="minPoolSize">10</property>
        <property name="maxStatements">200</property>
    </default-config>
    <named-config name="itcast">
        <property name="driverClass">com.mysql.jdbc.Driver</property>
        <property name="jdbcUrl">
            jdbc:mysql://localhost:3306/jdbc
        </property>
        <property name="user">root</property>
        <property name="password">itcast</property>
        <property name="initialPoolSize">5</property>
        <property name="maxPoolSize">15</property>
    </named-config>
</c3p0-config>
```

在文件 10-5 中，c3p0-config.xml 配置了两套数据源，<default-config>…< /default-config >中的信息是默认配置，在没有指定配置时默认使用该配置创建 C3p0 数据源对象；<named-config>…</ named-config >中的信息是自定义配置，一个配置文件中可以有零个或多个自定义配置，当用户需要使用自定义配置时，调用 ComboPooledDataSource(String configName)方法，传入<named-config>节点中 name 属性的值即可创建 C3P0 数据源对象。这种设置的好处是，当程序在后期更换数据源配置时，只需要修改构造方法中对应的 name 值即可。

（2）在 cn.itcast.chapter10.example 包下创建一个 Example04 类，该类中使用 C3P0 数据源从配置文件中获取 Connection 对象，如文件 10-6 所示。

文件 10-6　Example04.java

```
package cn.itcast.chapter10.example;
import java.sql.SQLException;
import javax.sql.DataSource;
import com.mchange.v2.c3p0.ComboPooledDataSource;
public class Example04 {
    public static DataSource ds = null;
    // 初始化 C3P0 数据源
    static {
        // 使用 c3p0-config.xml 配置文件中的 named-config 节点中 name 属性的值
        ComboPooledDataSource cpds = new ComboPooledDataSource("itcast");
        ds = cpds;
    }
    public static void main(String[] args) throws SQLException {
        System.out.println(ds.getConnection());
    }
}
```

（3）执行 main()方法，程序的运行结果如图 10-5 所示。

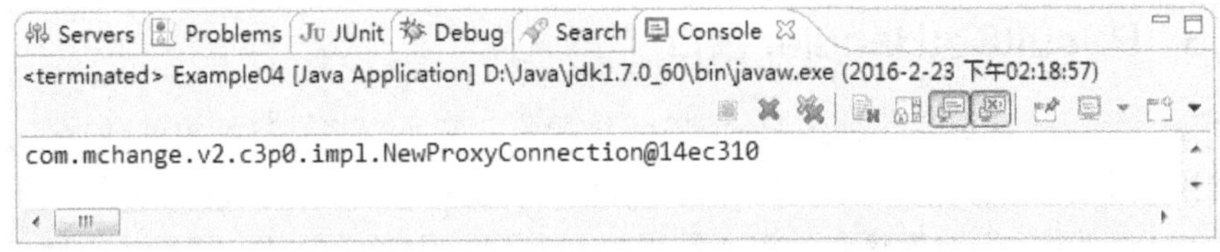

图10-5　运行结果

从图 10-5 中可以看出，C3P0 数据源对象成功获取到了数据库连接对象。需要注意的是，在使用 ComboPooledDataSource(String configName)方法创建对象时必须遵循以下两点。

1）配置文件名称必须为 c3p0-config.xml 或者 c3p0.properties，并且位于该项目的 src 根目录下。

2）当传入的 configName 值为空或者不存在时，则使用默认的配置方式创建数据源。

10.2 DBUtils 工具

10.2.1　DBUtils 工具介绍

为了更加简单地使用 JDBC，Apache 组织提供了一个 DBUtils 工具，它是操作数据库的一个组件，实现了对 JDBC 的简单封装，可以在不影响性能的情况下极大地简化 JDBC 的编码工作量。

DBUtils 工具可以在"http://commons.apache.org/proper/commons-dbutils/index.html"下载到，截止到目前它的最新版本为 Apache Commons DbUtils 1.6，本节也是针对该版本进行讲解的。

DBUtils 工具的核心是 org.apache.commons.dbutils.QueryRunner 类和 org.apache.commons.dbutils.ResultSetHandler 接口，了解它们对于 DBUtils 工具的学习和使用非常重要。在接下来的小节中，将对 DBUtils 工具的 QueryRunner 类、ResultSetHandler 接口以及接口的实现类进行详细的讲解。

10.2.2　QueryRunner 类

QueryRunner 类简化了执行 SQL 语句的代码，它与 ResultSetHandler 组合在一起就能完成大部分的数据库操作，大大地减少了编码量。

QueryRunner 类提供了带有一个参数的构造方法，该方法以 javax.sql.DataSource 作为参数传递到 QueryRunner 的构造方法中来获取 Connection 对象。针对不同的数据库操作，QueryRunner 类提供了几种常见的方法，具体如下。

- query(String sql, ResultSetHandler rsh, Object... params)方法

该方法用于执行查询操作，它可以从提供给构造方法的数据源 DataSource 或使用的 setDataSource()方法中获得连接。

- update(String sql, Object... params)方法

该方法用于执行插入、更新或者删除操作，其中，参数 params 表示 SQL 语句中的置换参数。

- update(String sql)方法

该方法用来执行插入、更新或者删除操作，它不需要置换参数。

10.2.3 ResultSetHandler 接口

ResultSetHandler 接口用于处理 ResultSet 结果集，它可以将结果集中的数据转为不同的形式。根据结果集中数据类型的不同，ResultSetHandler 提供了几种常见的实现类，具体如下。

- BeanHandler：将结果集中的第 1 行数据封装到一个对应的 JavaBean 实例中。
- BeanListHandler：将结果集中的每一行数据都封装到一个对应的 JavaBean 实例中，并存放到 List 里。
- ScalarHandler：将结果集中某一条记录的其中某一列的数据存储成 Object 对象。

另外，在 ResultSetHandler 接口中，提供了一个单独的方法 handle (java.sql.ResultSet rs)，如果上述实现类没有提供想要的功能，可以通过自定义一个实现 ResultSetHandler 接口的类，然后通过重写 handle()方法，实现结果集的处理。

10.2.4 ResultSetHandler 实现类

在 10.2.3 小节中介绍了 ResultSetHandler 接口中常见实现类的作用。接下来，通过案例的形式，针对常见实现类的使用进行详细的讲解。

1. BeanHandler 和 BeanListHandler

BeanHandler 和 BeanListHandler 实现类是将结果集中的数据封装到对应的 JavaBean 实例中，这也是实际开发中最常用的结果集处理方法。接下来，通过代码实现来学习如何使用 BeanHandler 和 BeanListHandler 以及两者的区别。具体步骤如下。

（1）在名为 jdbc 的数据库中创建数据表 user，创建语句如下。

```
USE jdbc;
CREATE TABLE user(
    id INT(3) PRIMARY KEY AUTO_INCREMENT,
    name VARCHAR(20) NOT NULL,
    password VARCHAR(20) NOT NULL
);
```

向 user 表插入 3 条数据，具体语句如下。

```
INSERT INTO user(name,password) VALUES ('zhangsan','123456');
INSERT INTO user(name,password) VALUES ('lisi','123456');
INSERT INTO user(name,password) VALUES ('wangwu','123456');
```

为了查看数据是否添加成功，使用 SELECT 语句查询 user 表，执行结果如图 10-6 所示。

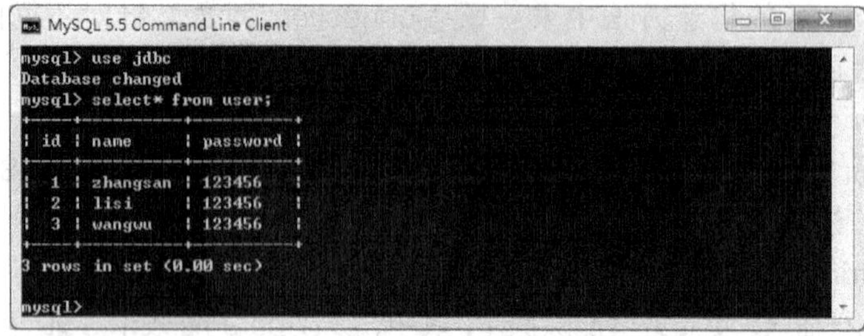

图10-6 查询结果

从图 10-6 中可以看出，向 user 表添加数据成功。

（2）将下载的 DBUtils 工具的 JAR 包 commons-dbutils-1.6.jar 添加到项目的 lib 目录中，并将第 9 章中文件 9-5 JDBCUtils.java 复制到 cn.itcast.chapter10.example 包下。

（3）在 chapter10 项目的 cn.itcast.chapter10.example 包中创建一个名为 BaseDao 的类，该类中编写了一个通用的查询方法，具体实现方式如文件 10-7 所示。

文件 10-7　BaseDao.java

```
import java.sql.Connection;
import java.sql.PreparedStatement;
import java.sql.ResultSet;
import java.sql.SQLException;
import org.apache.commons.dbutils.ResultSetHandler;
public class BaseDao {
    // 优化查询
    public static Object query(String sql, ResultSetHandler<?> rsh,
                            Object... params) throws SQLException {
        Connection conn = null;
        PreparedStatement pstmt = null;
        ResultSet rs = null;
        // 定义一个返回结果
        Object obj = null;
        try {
            // 获得连接
            conn = JDBCUtils.getConnection();
            // 预编译 sql
            pstmt = conn.prepareStatement(sql);
        // 将参数设置进去
            for (int i = 0; params != null && i < params.length; i++)
              {
                pstmt.setObject(i + 1, params[i]);
            }
            // 发送 sql
            rs = pstmt.executeQuery();
            // 让调用者去实现对结果集的处理
            obj = rsh.handle(rs);
        } catch (Exception e) {
            // 出现异常，返回封装的异常信息
            return new Exception(e.getMessage());
        }finally {
            // 释放资源
            JDBCUtils.release(rs, pstmt, conn);
        }
        return obj;
    }
}
```

（4）在 cn.itcast.chapter10.example 包下创建实体类 User，使用该类来封装 User 对象，具体实现方式如文件 10-8 所示。

文件 10-8　User.java

```
package cn.itcast.chapter10.example;
public class User {
    private int id;
```

```
    private String name;
    private String password;
    public int getId() {
        return id;
    }
    public void setId(int id) {
        this.id = id;
    }
    public String getName() {
        return name;
    }
    public void setName(String name) {
        this.name = name;
    }
    public String getPassword() {
        return password;
    }
    public void setPassword(String password) {
        this.password = password;
    }
}
```

（5）在 cn.itcast.chapter10.example 包下创建类 ResultSetTest1，该类用于演示 BeanHandler 类对结果集的处理，具体代码如文件 10-9 所示。

文件 10-9　ResultSetTest1.java

```
import java.sql.SQLException;
import org.apache.commons.dbutils.handlers.BeanHandler;
public class ResultSetTest1 {
    public static void testBeanHandler() throws SQLException {
        BaseDao basedao = new BaseDao();
        String sql = "select * from user where id=?";
        // 获取查询结果
        Object object = basedao.query(sql, new BeanHandler(User.class), 1);
        // 判断查询结果，如果是 User 类就进行打印，否则打印查询的结果信息
        if (object!=null && object instanceof User){
            User user= (User) object;
           System.out.print("id为1的User对象的name值为:" + user.getName());
        }else {
            System.out.println("查询结果为空: "+object);
        }
    }
    public static void main(String[] args) throws SQLException {
        testBeanHandler();
    }
}
```

（6）执行类 ResultSetTest1 中的 main()方法，执行结果如图 10-7 所示。

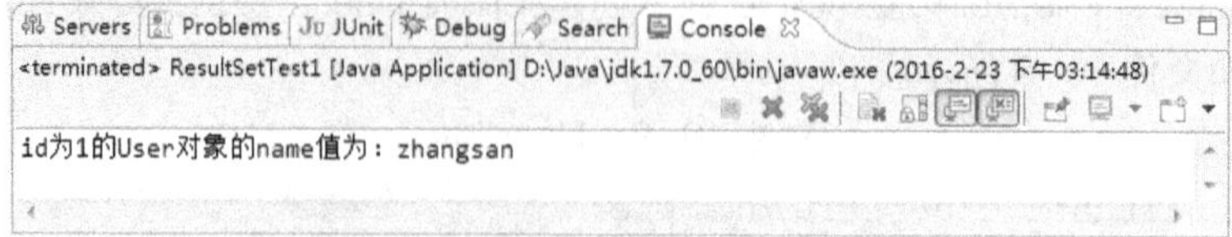

图10-7　运行结果

由图 10-7 所示的输出结果可以看出，BeanHandler 已成功将 id 为 1 的数据存入到了实体对象 user 中。

（7）在 cn.itcast.chapter10.example 包下创建类 ResultSetTest2，该类用于演示 BeanListHandler 类对结果集的处理，具体代码如文件 10-10 所示。

文件 10-10 ResultSetTest2.java

```
package cn.itcast.chapter10.example;
import java.sql.SQLException;
import java.util.ArrayList;
import org.apache.commons.dbutils.handlers.BeanListHandler;
public class ResultSetTest2 {
    public static void testBeanListHandler() throws SQLException {
        BaseDao basedao = new BaseDao();
        String sql = "select * from user ";
        ArrayList<User> list = (ArrayList<User>) basedao.query(sql,
                new BeanListHandler(User.class));
        for (int i = 0; i < list.size(); i++) {
            System.out.println("第" + (i + 1) + "条数据的 username 值为:"
                    + list.get(i).getName());
        }
    }
    public static void main(String[] args) throws SQLException {
        testBeanListHandler();
    }
}
```

（8）执行类 ResultSetTest2 中的 main()方法，执行结果如图 10-8 所示。

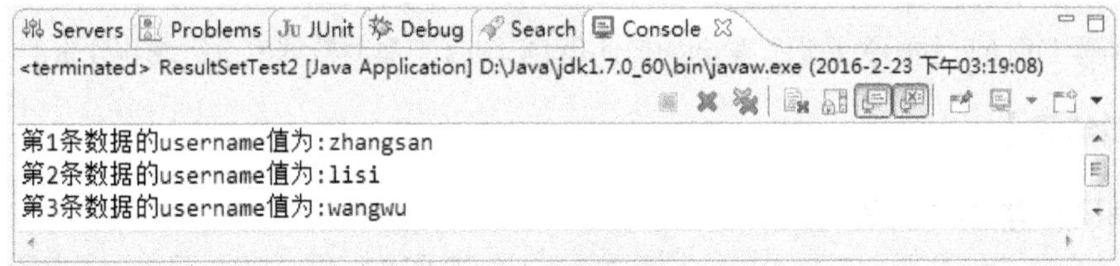

图10-8 运行结果

由图 10-8 所示的输出结果可以看出，testBeanListHandler()方法可以将每一行的数据都封装到 user 实体对象中，并将其存放到 list 中。

2. ScalarHandler

在使用 DBUtils 工具操作数据库时，如果需要输出结果集中一行数据的指定字段值，可以使用 ScalarHandler 类。接下来，通过一个案例来演示 ScalarHandler 类的使用。

（1）在 cn.itcast.chapter10.example 包下创建类 ResultSetTest3，该类用于演示 ScalarHandler 类的使用方法，如文件 10-11 所示。

文件 10-11 ResultSetTest3.java

```
package cn.itcast.chapter10.example;
import java.sql.SQLException;
import org.apache.commons.dbutils.handlers.ScalarHandler;
```

```
public class ResultSetTest3 {
    public static void testScalarHandler() throws SQLException {
        BaseDao basedao = new BaseDao();
        String sql = "select * from user where id=?";
        Object arr = (Object) basedao.query(sql,
                         new ScalarHandler("name"), 1);
        System.out.println(arr);
    }
    public static void main(String[] args) throws SQLException {
        testScalarHandler();
    }
}
```

（2）执行 ResultSetTest3 类中的 main()方法，控制台的输出结果如图 10-9 所示。

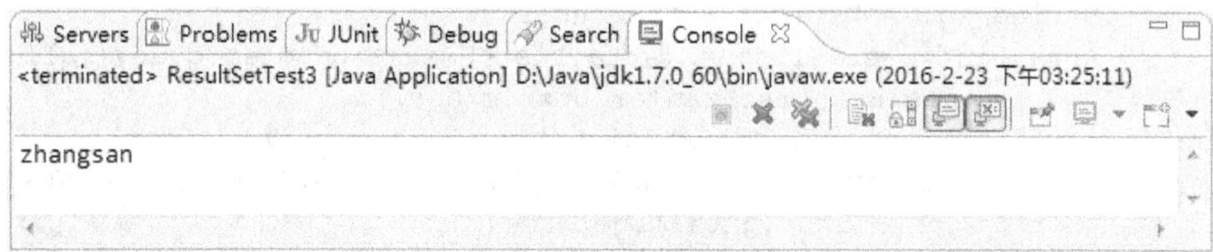

图10-9　运行结果

由输出结果可以看出，ScalarHandler 类成功地将 id 为 1 的用户的 name 列存成一个对象 arr。

【任务 10】使用 DBUtils 实现增删改查

【任务目标】

通过所学 DBUtils 的相关知识，学会如何使用 DBUtils 工具对数据库进行增删改查的基本操作。

【实现步骤】

1. 创建 C3p0Utils 类

在项目 chapter10 的 src 目录下，创建一个名为 cn.itcast.jdbc.utils 的包，然后在该包下创建 C3p0Utils 类，该类用于创建数据源，具体如文件 10-12 所示。

文件 10-12　C3p0Utils.java

```
package cn.itcast.jdbc.utils;
import javax.sql.DataSource;
import com.mchange.v2.c3p0.ComboPooledDataSource;
public class C3p0Utils {
    private static DataSource ds;
    static {
        ds = new ComboPooledDataSource();
    }
    public static DataSource getDataSource() {
        return ds;
    }
}
```

2. 创建 DBUtilsDao 类

在项目 chapter10 的 src 目录下，创建一个名为 cn.itcast.jdbc.demo 的包，然后在该包下创建一个 DBUtilsDao 类，该类实现了对 user 表增删改查的基本操作。该类的具体代码如文件 10-13 所示。

文件 10-13　DBUtilsDao.java

```
package cn.itcast.jdbc.demo;
import java.sql.SQLException;
import java.util.List;
import org.apache.commons.dbutils.QueryRunner;
import org.apache.commons.dbutils.handlers.BeanHandler;
import org.apache.commons.dbutils.handlers.BeanListHandler;
import cn.itcast.chapter10.example.User;
import cn.itcast.jdbc.utils.C3p0Utils;
public class DBUtilsDao {
    // 查询所有，返回 List 集合
    public List findAll() throws SQLException {
        // 创建 QueryRunner 对象
        QueryRunner runner = new QueryRunner(C3p0Utils.getDataSource());
        // 写 SQL 语句
        String sql = "select * from user";
        // 调用方法
        List list = (List) runner.query(sql,
                  new BeanListHandler(User.class));
        return list;
    }
    // 查询单个，返回对象
    public User find(int id) throws SQLException {
        // 创建 QueryRunner 对象
        QueryRunner runner = new QueryRunner(C3p0Utils.getDataSource());
        // 写 SQL 语句
        String sql = "select * from user where id=?";
        // 调用方法
        User user = (User) runner.query(sql,
              new BeanHandler(User.class), new Object[] { id });
        return user;
    }
    // 添加用户的操作
    public Boolean insert(User user) throws SQLException {
        // 创建 QueryRunner 对象
        QueryRunner runner = new QueryRunner(C3p0Utils.getDataSource());
        // 写 SQL 语句
        String sql = "insert into user (name,password) values (?,?)";
        // 调用方法
        int num = runner.update(sql,
                new Object[] { user.getName(), user.getPassword() });
        if (num > 0)
            return true;
        return false;
```

```
    }
    // 修改用户的操作
    public Boolean update(User user) throws SQLException {
        // 创建 QueryRunner 对象
        QueryRunner runner = new QueryRunner(C3p0Utils.getDataSource());
        // 写 SQL 语句
        String sql = "update  user set name=?,password=? where id=?";
        // 调用方法
        int num = runner.update(sql, new Object[] { user.getName(),
                    user.getPassword(),user.getId() });
        if (num > 0)
            return true;
        return false;
    }
    // 删除用户的操作
    public Boolean delete(int id) throws SQLException {
        // 创建 QueryRunner 对象
        QueryRunner runner = new QueryRunner(C3p0Utils.getDataSource());
        // 写 SQL 语句
        String sql = "delete from user where id=?";
        // 调用方法
        int num = runner.update(sql, id);
        if (num > 0)
            return true;
        return false;
    }
}
```

上述代码中，使用了 QueryRunner 类中带参的方法，将数据源传给 QueryRunner 对象，并使用 QueryRunner 对象创建和关闭了数据库连接。

这样，就实现了用 DBUtils 工具对数据库的基本操作。需要注意的是，在查询方法中，用到了 BeanHandler 和 BeanListHandler 实现类来处理结果集，查询一条数据用的是能够处理一行数据的 BeanHandler 类，查询所有数据时用的是能处理所有行数据的 BeanListHandler 类，切勿错误使用，否则会造成程序报错。

3. 测试 DBUtilsDao 类中的增删改查操作

（1）增加数据。在 cn.itcast.jdbc.demo 包中创建类 DBUtilsDaoTest1 对增加操作进行测试，具体代码如文件 10-14 所示。

文件 10-14　DBUtilsDaoTest1.java

```
package cn.itcast.jdbc.demo;
import java.sql.SQLException;
import cn.itcast.chapter10.example.User;
public class DBUtilsDaoTest1 {
    private static DBUtilsDao dao = new DBUtilsDao();
    public static void testInsert() throws SQLException {
        User user = new User();
        user.setName("zhaoliu");
        user.setPassword("666666");
```

```
        boolean b = dao.insert(user);
        System.out.println(b);
    }
    public static void main(String[] args) throws SQLException {
        testInsert();
    }
}
```

DBUtilsDaoTest1 的控制台执行结果如图 10-10 所示。

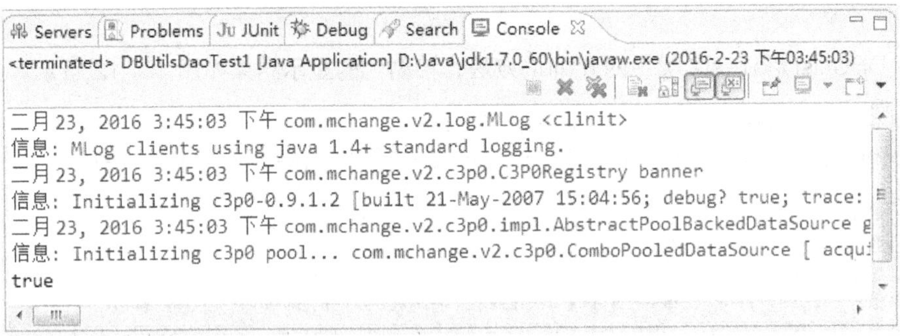

```
Servers  Problems  JUnit  Debug  Search  Console
<terminated> DBUtilsDaoTest1 [Java Application] D:\Java\jdk1.7.0_60\bin\javaw.exe (2016-2-23 下午03:45:03)
二月 23, 2016 3:45:03 下午 com.mchange.v2.log.MLog <clinit>
信息: MLog clients using java 1.4+ standard logging.
二月 23, 2016 3:45:03 下午 com.mchange.v2.c3p0.C3P0Registry banner
信息: Initializing c3p0-0.9.1.2 [built 21-May-2007 15:04:56; debug? true; trace:
二月 23, 2016 3:45:03 下午 com.mchange.v2.c3p0.impl.AbstractPoolBackedDataSource g
信息: Initializing c3p0 pool... com.mchange.v2.c3p0.ComboPooledDataSource [ acqui
true
```

图10-10　运行结果

从图 10-10 中可以看到，控制台的输出结果为 true，这说明执行插入操作成功。此时在数据库中查询 user 表中的数据，查询结果如图 10-11 所示。

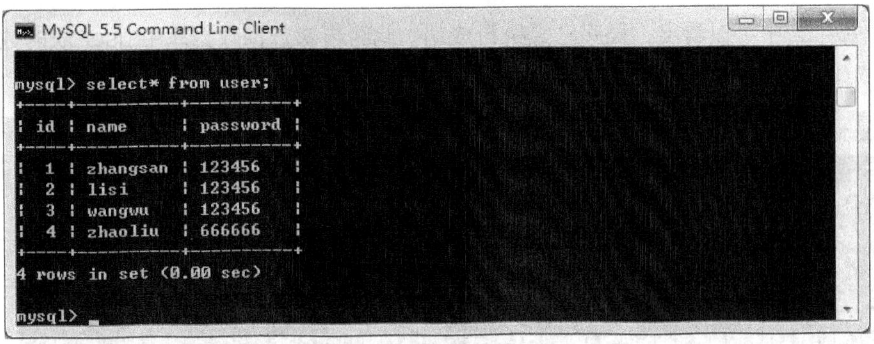

```
MySQL 5.5 Command Line Client
mysql> select* from user;
+----+----------+----------+
| id | name     | password |
+----+----------+----------+
|  1 | zhangsan | 123456   |
|  2 | lisi     | 123456   |
|  3 | wangwu   | 123456   |
|  4 | zhaoliu  | 666666   |
+----+----------+----------+
4 rows in set (0.00 sec)

mysql> _
```

图10-11　查询结果

从图 10-11 中可以看出，添加方法执行成功。

（2）修改数据。在 cn.itcast.jdbc.demo 包下创建测试类 DBUtilsDaoTest2，具体如文件 10-15 所示。

文件 10-15　DBUtilsDaoTest2.java

```
package cn.itcast.jdbc.demo;
import java.sql.SQLException;
import cn.itcast.chapter10.example.User;
public class DBUtilsDaoTest2 {
    private static DBUtilsDao dao = new DBUtilsDao();
    public static void testupdate() throws SQLException {
        User user = new User();
```

```
        user.setName("zhaoliu");
        user.setPassword("666777");
        user.setId(4);
        boolean b = dao.update(user);
        System.out.println(b);
    }
    public static void main(String[] args) throws SQLException {
        testupdate();
    }
}
```

执行 DBUtilsDaoTest2 类中的 main()方法，控制台的显示结果如图 10-12 所示。

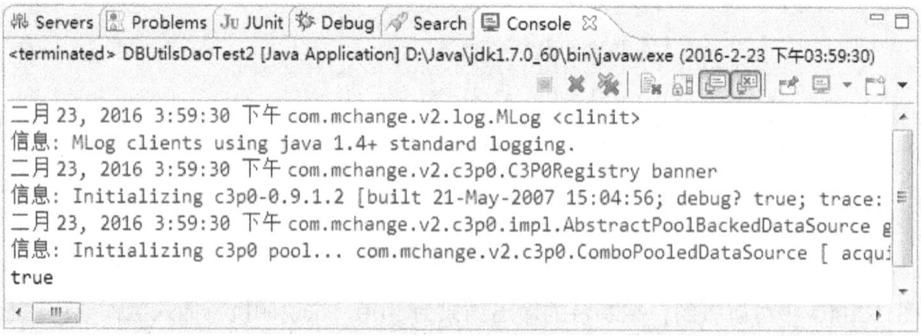

```
Servers  Problems  JUnit  Debug  Search  Console
<terminated> DBUtilsDaoTest2 [Java Application] D:\Java\jdk1.7.0_60\bin\javaw.exe (2016-2-23 下午03:59:30)
二月 23, 2016 3:59:30 下午 com.mchange.v2.log.MLog <clinit>
信息: MLog clients using java 1.4+ standard logging.
二月 23, 2016 3:59:30 下午 com.mchange.v2.c3p0.C3P0Registry banner
信息: Initializing c3p0-0.9.1.2 [built 21-May-2007 15:04:56; debug? true; trace:
二月 23, 2016 3:59:30 下午 com.mchange.v2.c3p0.impl.AbstractPoolBackedDataSource g
信息: Initializing c3p0 pool... com.mchange.v2.c3p0.ComboPooledDataSource [ acqui
true
```

图10-12　运行结果

从图 10-12 中可以看出，程序已经执行成功。此时再次查询数据库中 user 表的数据，查询结果如图 10-13 所示。

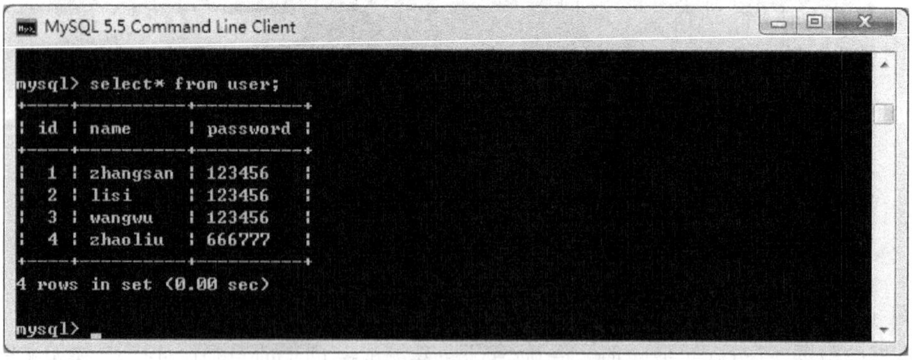

```
MySQL 5.5 Command Line Client
mysql> select* from user;
+----+----------+----------+
| id | name     | password |
+----+----------+----------+
|  1 | zhangsan | 123456   |
|  2 | lisi     | 123456   |
|  3 | wangwu   | 123456   |
|  4 | zhaoliu  | 666777   |
+----+----------+----------+
4 rows in set (0.00 sec)

mysql> _
```

图10-13　查询结果

从图 10-13 中可以看出，修改方法执行成功。

（3）删除数据。在 cn.itcast.jdbc.demo 包下创建测试类 DBUtilsDaoTest3，具体如文件 10-16 所示。

文件 10-16　DBUtilsDaoTest3.java

```
package cn.itcast.jdbc.demo;
import java.sql.SQLException;
public class DBUtilsDaoTest3 {
    private static DBUtilsDao dao = new DBUtilsDao();
```

```
    public static void testdelete() throws SQLException {
        boolean b = dao.delete(4);
        System.out.println(b);
    }
    public static void main(String[] args) throws SQLException {
        testdelete();
    }
}
```

执行上述代码后，控制台的显示结果如图 10-14 所示。

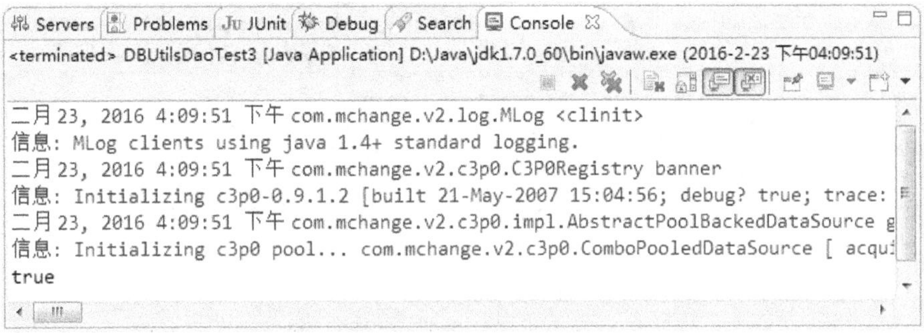

```
<terminated> DBUtilsDaoTest3 [Java Application] D:\Java\jdk1.7.0_60\bin\javaw.exe (2016-2-23 下午04:09:51)
二月 23, 2016 4:09:51 下午 com.mchange.v2.log.MLog <clinit>
信息: MLog clients using java 1.4+ standard logging.
二月 23, 2016 4:09:51 下午 com.mchange.v2.c3p0.C3P0Registry banner
信息: Initializing c3p0-0.9.1.2 [built 21-May-2007 15:04:56; debug? true; trace:
二月 23, 2016 4:09:51 下午 com.mchange.v2.c3p0.impl.AbstractPoolBackedDataSource g
信息: Initializing c3p0 pool... com.mchange.v2.c3p0.ComboPooledDataSource [ acqu
true
```

图10-14　运行结果

从图 10-14 中可以看到，控制台显示的输出结果为 true，此时查询数据库中 user 表的数据，查询结果如图 10-15 所示。

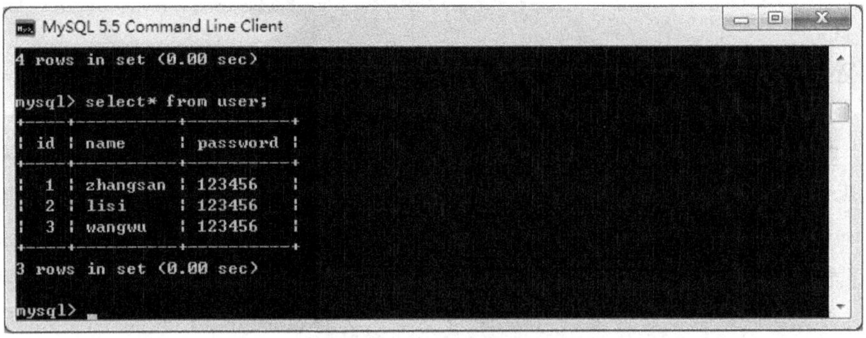

```
4 rows in set (0.00 sec)

mysql> select* from user;
+----+----------+----------+
| id | name     | password |
+----+----------+----------+
|  1 | zhangsan | 123456   |
|  2 | lisi     | 123456   |
|  3 | wangwu   | 123456   |
+----+----------+----------+
3 rows in set (0.00 sec)

mysql>
```

图10-15　查询结果

从图 10-15 中可以看出，已成功删除 user 表中 id 为 4 的数据。

（4）查询数据。在 cn.itcast.jdbc.demo 包下创建测试类 DBUtilsDaoTest4，具体代码如文件 10-17 所示。

文件 10-17　DBUtilsDaoTest4.java

```
package cn.itcast.jdbc.demo;
import java.sql.SQLException;
import cn.itcast.chapter10.example.User;
public class DBUtilsDaoTest4 {
    private static DBUtilsDao dao = new DBUtilsDao();
    public static void testfind() throws SQLException {
        User user = dao.find(2);
```

```
            System.out.println(user.getId() + "," + user.getName() + ","
                    + user.getPassword());
        }
        public static void main(String[] args) throws SQLException {
            testfind();
        }
}
```

执行 DBUtilsDaoTest4 类中的 main()方法，控制台的显示结果如图 10-16 所示。

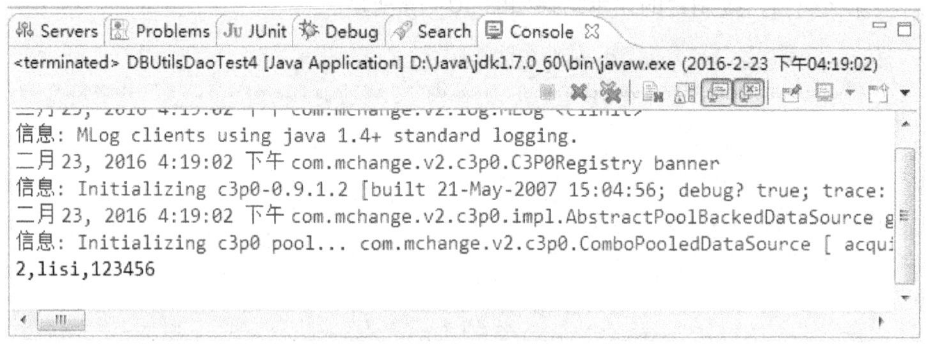

图10-16 运行结果

从图 10-16 中可以看出，控制台已经成功显示出了 id 为 2 的数据信息，这说明查询方法也成功执行了。至此，已经完成了使用 DBUtils 工具对数据库进行的基本操作。从代码上可以看出，DBUtils 工具在减少代码量的同时，还增强了代码的规整性和易读性。

10.3 本章小结

本章主要讲解了数据库连接池和 DBUtils 工具的使用，首先讲解了什么是数据库连接池，并介绍了两种常用的数据源：DBCP 数据源和 C3P0 数据源。然后讲解了 DBUtils 工具中 QueryRunner 类和 ResultSetHandler 接口及其实现类的常见操作。最后通过一个具体的任务，详细讲解了如何使用 DBUtils 实现对数据的增删改查等基本操作。通过本章的学习，读者应该熟悉如何通过数据源获取数据库连接的方法，并需要重点掌握 QueryRunner 类和 ResultSetHandler 接口的实现类的使用。

【测一测】

学习完前面的内容，下面来动手测一测吧，请思考以下问题。

1. 请思考数据库连接池的工作机制是什么?
2. 简述 DriverManager 和 DataSource 中的 getConnection()方法的区别。
3. 请按照以下要求设计一个程序，用于将表中的第 1 条记录相关数据封装到对象数组中。

要求如下。

1）首先向 user 表中插入一条记录：INSERT INTO user(id,name,password)VALUES (1,'zhangsan','123456');

2）已知存在 BaseDao 类，且类中存在查询的 query(String sql, ResultSetHandler<?> rsh, Object... params)方法。

3）编写 ResultSetTest 类，使用 ResultSetHandler 的相关实现类将查询结果封装到对象数组，并在控制台输出结果。

4. 请按照以下要求设计一个程序，用于将表中的所有数据封装到对象数组中。

要求如下。

1）已知表中的相关记录

```
mysql> SELECT * FROM user;
+----+----------+----------+
| id | name     | password |
+----+----------+----------+
|  1 | zhangsan | 123456   |
|  2 | lisi     | 123456   |
|  3 | wangwu   | 123456   |
+----+----------+----------+
```

2）已知 BaseDao 类中存在查询的 query(String sql, ResultSetHandler<?> rsh, Object... params)方法。

3）编写 ResultSetTest2 类，使用 ResultSetHandler 的相关实现类将表中的所有记录封装到对象数组，并在控制台输出结果。

11 Chapter

第 11 章 JSP 开发模型

Java Web

学习目标

- 了解什么是 JSP 开发模型
- 熟悉 MVC 设计模式的原理
- 熟悉 JSP Model1 和 JSP Model2 模型的原理
- 掌握 JSP Model2 模型的实际使用

JSP 技术在 Web 应用程序的开发过程中运用十分广泛，它功能强大，是当前流行的动态网页技术标准之一。使用 JSP 技术开发 Web 应用程序，有两种开发模型可供选择，通常我们称为 JSP Model1 和 JSP Model2。本章将主要针对 JSP 的两种开发模型以及 MVC 模式进行详细的讲解。

11.1 JSP 开发模型

JSP 的开发模型即 JSP Model，在 Web 开发中，为了更方便地使用 JSP 技术，SUN 公司为 JSP 技术提供了两种开发模型：JSP Model1 和 JSP Model2。JSP Model1 简单轻便，适合小型 Web 项目的快速开发；JSP Model2 模型是在 JSP Model1 的基础上提出的，它提供了更清晰的代码分层，更适用于多人合作开发的大型 Web 项目，实际开发过程中可以根据项目需求，选择合适的模型。接下来就针对这两种开发模型分别进行详细介绍。

1. JSP Model1

在讲解 JSP Model1 前，先来了解一下 JSP 开发的早期模型。在早期使用 JSP 开发的 Java Web 应用中，JSP 文件是一个独立的、能自主完成所有任务的模块，它负责处理业务逻辑、控制网页流程和向用户展示页面等，接下来通过一张图来描述 JSP 早期模型的工作原理，如图 11-1 所示。

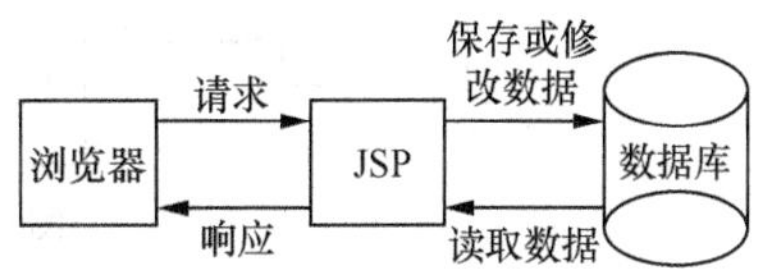

图11-1 早期模型的工作原理图

从图 11-1 中可以看出，首先浏览器会发送请求给 JSP，然后 JSP 会直接对数据库进行读取、保存或修改等操作，最后 JSP 会将操作结果响应给浏览器。但是在程序中，JSP 页面功能的“过于复杂”会给开发带来一系列的问题，比如 JSP 页面中 HTML 代码和 Java 代码强耦合在一起，使得代码的可读性很差；数据、业务逻辑、控制流程混合在一起，使得程序难以修改和维护。为了解决上述问题，SUN 公司提供了一种 JSP 开发的架构模型：JSP Model1。

JSP Model1 采用 JSP+JavaBean 的技术，将页面显示和业务逻辑分开。其中，JSP 实现流程控制和页面显示，JavaBean 对象封装数据和业务逻辑。接下来通过一张图来描述 JSP Model1 的工作原理，如图 11-2 所示。

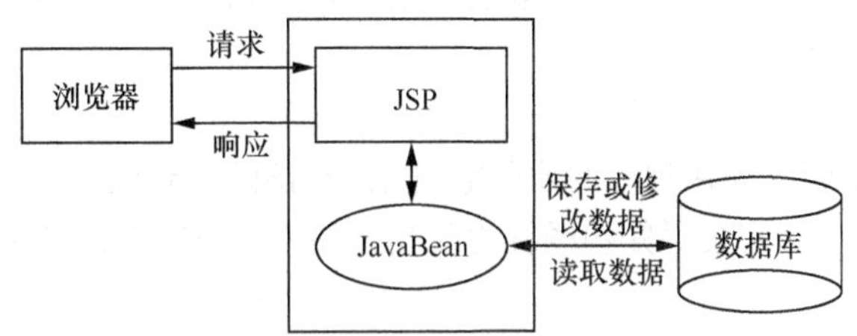

图11-2 JSP Model1模型的工作原理图

从图 11-2 中可以看出，JSP Model1 模型将封装数据和处理数据的业务逻辑交给了 JavaBean 组件，JSP 只负责接收用户请求和调用 JavaBean 组件来响应用户的请求。这种设计实现了数据、业务逻辑和页面显示的分离，在一定程度上实现了程序开发的模块化，降低了程序修改和维护的难度。

2. JSP Model2

JSP Model1 虽然将数据和部分的业务逻辑从 JSP 页面中分离出去，但是 JSP 页面仍然需要负责流程控制和产生用户界面。对于一个业务流程复杂的大型应用程序来说，在 JSP 页面中依旧会嵌入大量的 Java 代码，这样会给项目管理带来很大的麻烦。为了解决这样的问题，SUN 公司在 Model1 的基础上又提出了 JSP Model2 架构模型。

JSP Model2 架构模型采用 JSP+Servlet+ JavaBean 的技术，此技术将原本 JSP 页面中的流程控制代码提取出来，封装到 Servlet 中，从而实现了整个程序页面显示、流程控制和业务逻辑的分离。实际上，JSP Model2 模型就是 MVC（模型 Model–视图 View–控制器 Controller）设计模式。其中，控制器的角色是由 Servlet 实现的，视图的角色是由 JSP 页面实现的，模型的角色是由 JavaBean 实现的。接下来通过一张图来描述 JSP Model2 的工作原理，如图 11–3 所示。

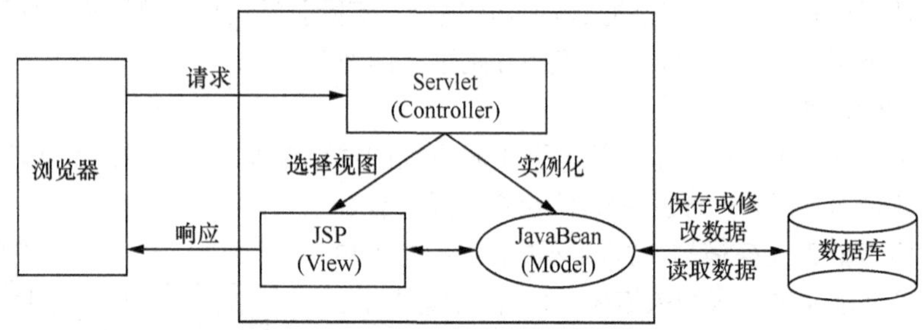

图11–3　JSP Model2模型的工作原理图

从图 11–3 中可以看出，Servlet 充当了控制器的角色，它首先接收浏览器发送的请求，然后根据请求信息实例化 JavaBean 对象来封装操作数据库后返回的数据，最后选择相应的 JSP 页面将响应结果显示在浏览器中。

11.2 MVC 设计模式

在学习 11.1 节时，提到了 MVC 设计模式，它是施乐帕克研究中心在 20 世纪 80 年代为编程语言 Smalltalk–80 发明的一种软件设计模式，提供了一种按功能对软件进行模块划分的方法。MVC 设计模式将软件程序分为 3 个核心模块：模型（Model）、视图（View）和控制器（Controller），这 3 个模块的作用如下所示。

1. 模型

模型（Model）负责管理应用程序的业务数据、定义访问控制以及修改这些数据的业务规则。当模型的状态发生改变时，它会通知视图发生改变，并为视图提供查询模型状态的方法。

2. 视图

视图（View）负责与用户进行交互，它从模型中获取数据向用户展示，同时也能将用户请求传递给控制器进行处理。当模型的状态发生改变时，视图会对用户界面进行同步更新，从而保持与模型数据的一致性。

3. 控制器

控制器（Controller）是负责应用程序中处理用户交互的部分，它负责从视图中读取数据，控制用户输入，并向模型发送数据。

为了帮助读者更加清晰直观地看到这 3 个模块之间的关系，接下来通过一张图来描述它们之间的关系和功能，如图 11-4 所示。

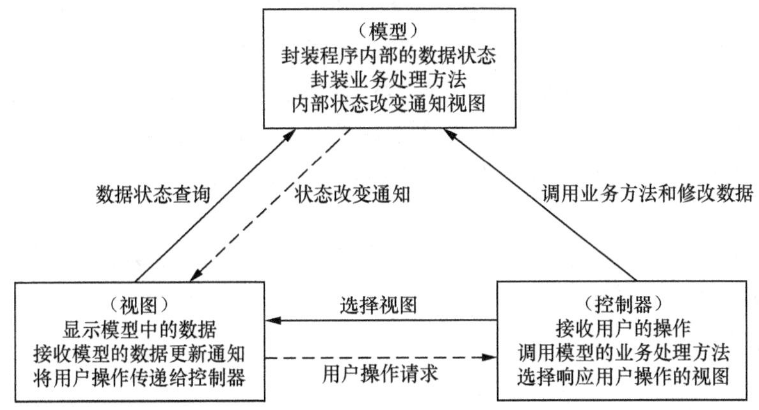

图11-4 MVC 3个模型的关系和功能图

在图 11-4 中，当控制器接收到用户的请求后，会根据请求信息调用模型组件的业务方法，对业务方法处理完毕后，再根据模型的返回结果选择相应的视图组件来显示处理结果和模型中的数据。

【任务 11】按照 Model2 思想实现用户注册功能

【任务目标】

学会使用 JSP Model2 模型开发程序。

JSP Model2 模型是一种 MVC 设计模式，由于 MVC 模式中的功能模块相互独立，并且使用该模式的软件具有极高的可维护性、可扩展性和可复用性，因此，使用 MVC 开发模式的 Web 应用越来越受到欢迎。接下来，本任务将按照 JSP Model2 的模型思想编写一个用户注册程序。该程序中包含两个 JSP 页面 register.jsp 和 loginSuccess.jsp、一个 Servlet 类 ControllerServlet、两个 JavaBean 类 RegisterFormBean 和 UserBean，以及一个访问数据库的辅助类 DBUtil，这些组件的关系如图 11-5 所示。

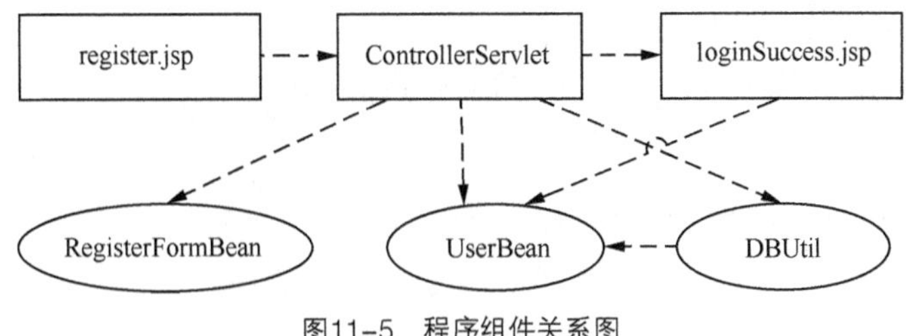

图11-5 程序组件关系图

关于各个程序组件的功能和相互之间的工作关系介绍如下。

（1）UserBean 是代表用户信息的 JavaBean，ControllerServlet 根据用户注册信息创建出一个 UserBean 对象，并将对象添加到 DBUtil 对象中，loginSuccess.jsp 页面从 UserBean 对象中提取用户信息进行显示。

（2）RegisterFormBean 是封装注册表单信息的 JavaBean，用于对从 ControllerServlet 中获取到的注册表单信息中的各个属性（也就是注册表单内的各个字段中所填写的数据）进行校验。

（3）DBUtil 是用于访问数据库的辅助类，它相当于一个 DAO（数据访问对象）。DBUtil 类中封装了一个 HashMap 对象，用于模拟数据库，HashMap 对象中的每一个元素即为一个 UserBean 对象。

（4）ControllerServlet 是控制器，它负责处理用户注册的请求。如果注册成功，就会跳到 loginSuccess.jsp 页面；如果注册失败，重新跳回到 register.jsp 页面并显示错误信息。

（5）register.jsp 是显示用户注册表单的页面，它将注册请求提交给 ControllerServlet 程序处理。

（6）loginSuccess.jsp 是用户登录成功后进入的页面，新注册成功的用户自动完成登录，直接进入 loginSuccess.jsp 页面。

【实现步骤】

1. 创建项目，编写 JavaBean

（1）编写 UserBean 类

在 Eclipse 中创建一个名称为 chapter11 的 Web 项目，在项目的 src 目录下创建包 cn.itcast.chapter11.model2.domain，在包中定义 UserBean 类，用于封装用户信息，代码如文件 11-1 所示。

文件 11-1 UserBean.java

```
package cn.itcast.chapter11.model2.domain;
public class UserBean {
    private String name;              //定义用户名
    private String password;          //定义密码
    private String email;             //定义邮箱
    public String getName() {
        return name;
    }
    public void setName(String name) {
        this.name = name;
    }
    public String getPassword() {
        return password;
    }
    public void setPassword(String password) {
        this.password = password;
    }
    public String getEmail() {
        return email;
    }
    public void setEmail(String email) {
        this.email = email;
    }
}
```

（2）编写 RegisterFormBean 类

在 cn.itcast.chapter11.model2.domain 包中定义 RegisterFormBean 类，用于封装注册表单

信息。代码如文件 11-2 所示。

文件 11-2 RegisterFormBean.java

```
package cn.itcast.chapter11.model2.domain;
import java.util.HashMap;
import java.util.Map;
public class RegisterFormBean {
    private String name;           //定义用户名
    private String password;       //定义密码
    private String password2;      //定义确认密码
    private String email;          //定义邮箱
    // 定义成员变量errors,用于封装表单验证时的错误信息
    private Map<String, String> errors = new HashMap<String, String>();
    public String getName() {
        return name;
    }
    public void setName(String name) {
        this.name = name;
    }
    public String getPassword() {
        return password;
    }
    public void setPassword(String password) {
        this.password = password;
    }
    public String getPassword2() {
        return password2;
    }
    public void setPassword2(String password2) {
        this.password2 = password2;
    }
    public String getEmail() {
        return email;
    }
    public void setEmail(String email) {
        this.email = email;
    }
    public boolean validate() {
        boolean flag = true;
        if (name == null || name.trim().equals("")) {
            errors.put("name", "请输入姓名.");
            flag = false;
        }
        if (password == null || password.trim().equals("")) {
            errors.put("password", "请输入密码.");
            flag = false;
        } else if (password.length() > 12 || password.length() < 6) {
            errors.put("password", "请输入6-12个字符.");
            flag = false;
        }
```

```
        if (password != null && !password.equals(password2)) {
            errors.put("password2", "两次输入的密码不匹配.");
            flag = false;
        }
        // 对 email 格式的校验采用了正则表达式
        if (email == null || email.trim().equals("")) {
            errors.put("email", "请输入邮箱.");
            flag = false;
        } else if (!email
        .matches("[a-zA-Z0-9_-]+@[a-zA-Z0-9_-]+(\\.[a-zA-Z0-9_-]+)+")) {
            errors.put("email", "邮箱格式错误.");
            flag = false;
        }
        return flag;
    }
    // 向 Map 集合 errors 中添加错误信息
    public void setErrorMsg(String err, String errMsg) {
        if ((err != null) && (errMsg != null)) {
            errors.put(err, errMsg);
        }
    }
    // 获取 errors 集合
    public Map<String, String> getErrors() {
        return errors;
    }
}
```

从文件 11-2 中可以看出，该 JavaBean 中除了定义了一些属性和成员变量外，还定义了 3 个方法。其中，setErrorMsg()方法用于向 errors 集合中存放错误信息，getErrors()方法用于获取封装错误信息的 errors 集合，validate()方法用于对注册表单内各字段所填写的数据进行校验。

2. 创建工具类

在 chapter11 项目的 src 下创建包 cn.itcast.chapter11.model2.util，在包中定义 DBUtil 类。代码如文件 11-3 所示。

文件 11-3　DBUtil.java

```
package cn.itcast.chapter11.model2.util;
import java.util.HashMap;
import cn.itcast.chapter11.model2.domain.UserBean;
public class DBUtil {
    private static DBUtil instance = new DBUtil();
    // 定义 users 集合，用于模拟数据库
private HashMap<String,UserBean> users = new HashMap<String,UserBean>();
    private DBUtil() {
        // 向数据库(users)中存入两条数据
        UserBean user1 = new UserBean();
        user1.setName("Jack");
        user1.setPassword("12345678");
        user1.setEmail("jack@it315.org");
        users.put("Jack ",user1);
```

```

        UserBean user2 = new UserBean();
        user2.setName("Rose");
        user2.setPassword("abcdefg");
        user2.setEmail("rose@it315.org");
        users.put("Rose ",user2);
    }
    public static DBUtil getInstance() {
        return instance;
    }
    // 获取数据库(users)中的数据
    public UserBean getUser(String userName) {
        UserBean user = (UserBean) users.get(userName);
        return user;
    }
    // 向数据库(users)插入数据
    public boolean insertUser(UserBean user) {
        if(user == null) {
            return false;
        }
        String userName = user.getName();
        if(users.get(userName) != null) {
            return false;
        }
        users.put(userName,user);
        return true;
    }
}
```

在文件 11-3 中定义的 DBUtil 是一个单例类，它实现了两个功能。第 1 个功能是定义一个 HashMap 集合 users，用于模拟数据库，并向数据库中存入了两条学生的信息。第 2 个功能是定义 getUser()方法和 insertUser()方法来操作数据库。其中，getUser()方法用于获取数据库中的用户信息，insertUser()方法用于向数据库中插入用户信息。需要注意的是，在 insertUser()方法进行信息插入操作之前，会判断数据库中是否存在同名的学生信息。如果存在，则不执行插入操作，方法返回 false；反之表示插入操作成功，方法返回 true。

3. 创建 Servlet

在 chapter11 项目下创建包 cn.itcast.chapter11.model2.web，在包中定义 ControllerServlet 类，使用该类来处理用户请求，代码如文件 11-4 所示。

文件 11-4　ControllerServlet.java

```
package cn.itcast.chapter11.model2.web;
import java.io.IOException;
import javax.servlet.ServletException;
import javax.servlet.http.HttpServlet;
import javax.servlet.http.HttpServletRequest;
import javax.servlet.http.HttpServletResponse;
import cn.itcast.chapter11.model2.domain.RegisterFormBean;
import cn.itcast.chapter11.model2.domain.UserBean;
```

```java
import cn.itcast.chapter11.model2.util.DBUtil;
public class ControllerServlet extends HttpServlet {
    public void doGet(HttpServletRequest request,
    HttpServletResponse response) throws ServletException, IOException {
        this.doPost(request, response);
    }
    public void doPost(HttpServletRequest request,
    HttpServletResponse response) throws ServletException, IOException {
        response.setHeader("Content-type", "text/html;charset=GBK");
        response.setCharacterEncoding("GBK");
        // 获取用户注册时表单提交的参数信息
        String name = request.getParameter("name");
        String password=request.getParameter("password");
        String password2=request.getParameter("password2");
        String email=request.getParameter("email");
        // 将获取的参数封装到注册表单相关的 RegisterFormBean 类中
        RegisterFormBean formBean = new RegisterFormBean();
        formBean.setName(name);
        formBean.setPassword(password);
        formBean.setPassword2(password2);
        formBean.setEmail(email);
        // 验证参数填写是否符合要求，如果不符合，转发到 register.jsp 重新填写
        if(!formBean.validate()){
            request.setAttribute("formBean", formBean);
            request.getRequestDispatcher("/register.jsp")
                                        .forward(request, response);
            return;
        }
        // 参数填写符合要求，则将数据封装到 UserBean 类中
        UserBean userBean = new UserBean();
        userBean.setName(name);
        userBean.setPassword(password);
        userBean.setEmail(email);
        // 调用 DBUtil 的 insertUser()方法执行添加操作，并返回一个 boolean 类型的标志
        boolean b = DBUtil.getInstance().insertUser(userBean);
        // 如果返回为 false，表示注册的用户已存在，则重定向到 register.jsp 重新填写
        if(!b){
            request.setAttribute("DBMes", "你注册的用户已存在");
            request.setAttribute("formBean", formBean);
            request.getRequestDispatcher("/register.jsp")
                                           .forward(request, response);
            return;
        }
        response.getWriter().print("恭喜你注册成功，3 秒钟自动跳转");
        // 将成功注册的用户信息添加到 Session 中
        request.getSession().setAttribute("userBean", userBean);
        // 注册成功后，3 秒跳转到登录成功页面 loginSuccess.jsp
        response.setHeader("refresh", "3;url=loginSuccess.jsp");
    }
}
```

在文件 11-4 中，创建的 RegisterFormBean 对象用于封装表单提交的信息。当对 RegisterFormBean 对象进行校验时，如果校验失败，程序就会跳转到 register.jsp 注册页面，让用户重新填写注册信息。如果校验通过，那么注册信息就会封装到 UserBean 对象中，并通过 DBUtil 的 insertUser()方法将 UserBean 对象插入到数据库。insertUser()方法有一个 boolean 类型的返回值，如果返回 false，表示插入操作失败，程序跳转到 register.jsp 注册页面；反之，程序跳转到 loginSuccess.jsp 页面，表示用户登录成功。需要注意的是，编写完 ControllerServlet 类之后，读者不要忘记在 web.xml 文件中配置其映射信息。

4. 创建 JSP 页面

（1）编写 register.jsp 文件

在项目的 WebContent 目录下创建 register.jsp 文件，该文件是用户注册的表单页面，用于接收用户的注册信息。代码如文件 11-5 所示。

文件 11-5　register.jsp

```
<%@ page language="java" pageEncoding="GBK"%>
<!DOCTYPE html PUBLIC "-//W3C//DTD HTML 4.01
Transitional//EN" "http://www.w3.org/TR/html4/loose.dtd">
<html>
    <head>
    <title>用户注册</title>
    <style type="text/css">
        h3 {
            margin-left: 100px;
        }
        #outer {
            width: 750px;
        }
        span {
            color: #ff0000
        }
        div {
            height:20px;
            margin-bottom: 10px;
        }
        .ch {
            width: 80px;
            text-align: right;
            float: left;
        }
        .ip {
            width: 500px;
            float: left
        }
        .ip>input {
            margin-right: 20px
        }
        #bt {
            margin-left: 50px;
```

```
        }
        #bt>input {
            margin-right: 30px;
        }
    </style>
</head>
<body>
        <form action="ControllerServlet" method="post">
            <h3>用户注册</h3>
            <div id="outer">
                <div>
                    <div class="ch">姓名:</div>
                    <div class="ip">
                <input type="text" name="name" value="${formBean.name }" />
                        <span>${formBean.errors.name}${DBMes}</span>
                    </div>
                </div>
                <div>
                    <div class="ch">密码:</div>
                    <div class="ip">
                        <input type="text" name="password">
                        <span>${formBean.errors.password}</span>
                    </div>
                </div>
                <div>
                    <div class="ch">确认密码:</div>
                    <div class="ip">
                        <input type="text" name="password2">
                        <span>${formBean.errors.password2}</span>
                    </div>
                </div>
                <div>
                    <div class="ch">邮箱:</div>
                    <div class="ip">
            <input type="text" name="email" value="${formBean.email }" >
                        <span>${formBean.errors.email}</span>
                    </div>
                </div>
                <div id="bt">
                    <input type="reset" value="重置 " />
                    <input type="submit" value="注册" />
                </div>
            </div>
        </form>
</body>
</html>
```

（2）编写 loginSuccess.jsp 文件

在 WebContent 目录下创建 loginSuccess.jsp 文件，该文件是用户登录成功的页面，代码如文件 11-6 所示。

文件 11-6　loginSuccess.jsp

```
<%@ page language="java" pageEncoding="GBK"
    import="cn.itcast.chapter11.model2.domain.UserBean"%>
<!DOCTYPE html PUBLIC "-//W3C//DTD HTML 4.01
Transitional//EN" "http://www.w3.org/TR/html4/loose.dtd">
<html>
<head>
<title>login successfully</title>
   <style type="text/css">
      #main {
          width: 500px;
          height: auto;
      }
      #main div {
          width: 200px;
          height: auto;
      }
      ul {
          padding-top: 1px;
          padding-left: 1px;
          list-style: none;
      }
   </style>
</head>
<body>
       <%
           if (session.getAttribute("userBean") == null) {
       %>
       <jsp:forward page="register.jsp" />
       <%
           return;
           }
       %>
       <div id="main">
           <div id="welcome">恭喜你，登录成功</div>
           <hr />
           <div>您的信息</div>
           <div>
               <ul>
                   <li>您的姓名:${userBean.name }</li>
                   <li>您的邮箱:${userBean.email }</li>
               </ul>
           </div>
       </div>
</body>
</html>
```

在文件 11-6 中，程序首先判断 session 域中是否存在以“userBean”为名称的属性，如果不存在，说明用户没有注册而直接访问这个页面，程序会跳转到 register.jsp 注册页面；否则表示用户注册成功，在页面中会显示注册用户的信息。

5. 运行程序，测试结果

将 chapter11 项目发布到 Tomcat 服务器，并启动服务器，然后在浏览器地址栏中输入地址“http://localhost:8080/chapter11/register.jsp”访问 register.jsp 页面，浏览器的显示结果如图 11-6 所示。

http://localhost:8080/chapter11/register.jsp
用户注册
用户注册
姓名:
密码:
确认密码:
邮箱:
重置 注册

图11-6 访问注册页面

在图 11-6 所示的表单中填写用户信息进行注册，如果注册的信息不符合表单验证规则，那么当单击【注册】按钮后，程序会再次跳回到注册页面，提示注册信息错误。例如，用户填写注册信息时，如果两次填写的密码不一致，并且邮箱格式错误，那么当单击【注册】按钮后，页面的显示结果如图 11-7 所示。

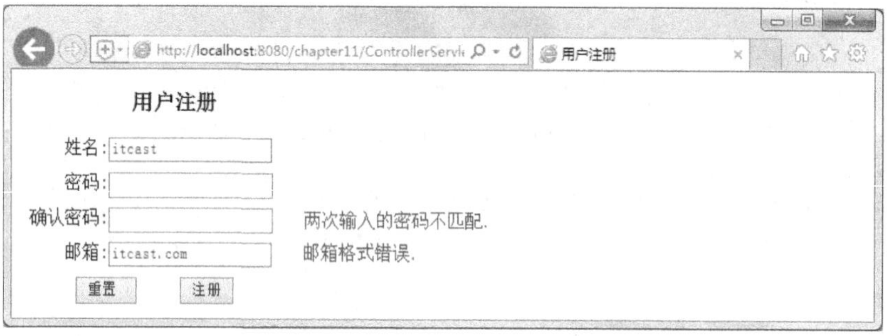

http://localhost:8080/chapter11/ControllerServl
用户注册
用户注册
姓名: itcast
密码:
确认密码: 两次输入的密码不匹配.
邮箱: itcast.com 邮箱格式错误.
重置 注册

图11-7 信息填写错误时的页面显示

重新填写用户信息，如果用户信息全部填写正确，当单击【注册】按钮后，可以看到 “恭喜你注册成功，3 秒钟自动跳转”的提示信息，如图 11-8 所示。

图11-8 注册成功提示信息

等待 3 秒钟后，页面会自动跳转到用户成功登录页面，并显示出用户信息，如图 11-9 所示。

图11-9　运行结果

需要注意的是，在用户名为“itcast”的用户注册成功后，如果再次以“itcast”为用户名进行注册，程序同样会跳转到 register.jsp 注册页面，并提示“你注册的用户已存在”，提示信息如图 11-10 所示。

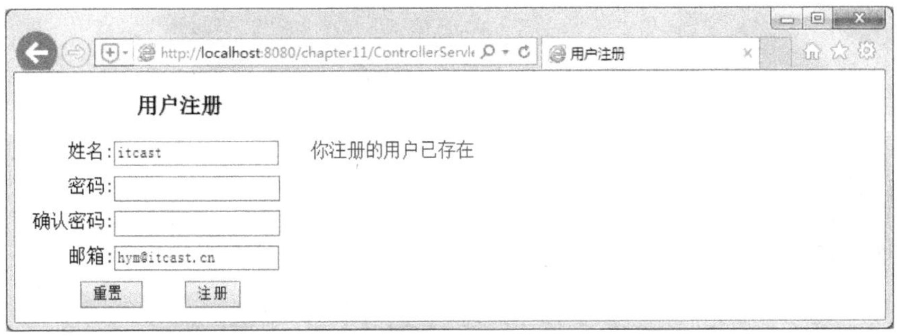

图11-10　运行结果

11.3 本章小结

本章首先讲解了 JSP 的两种开发模型 JSP Model1 和 JSP Model2，然后介绍了 MVC 设计模式的思想，最后通过用户注册案例帮助大家掌握 JSP 开发模型中 JSP Model2 的应用。通过本章的学习，大家应该对 JSP 开发模型的工作原理有所了解，学会使用 JSP Model2 的思想开发程序，并对 MVC 设计模式的思想有所了解。

【测一测】

学习完前面的内容，下面来动手测一测吧，请思考以下问题。

1. 简述什么是 MVC 设计模式。
2. 简述 MVC 设计模式中模型（Model）模块的作用。

12 Chapter

Java Web

第 12 章 文件上传和下载

学习目标

- 了解如何实现文件上传及其相关 API
- 学会使用 Commons-FileUpload 组件实现文件上传
- 熟悉文件下载的原理
- 掌握文件下载的实现

很多 Web 应用都为用户提供了文件上传和下载的功能，例如，图片的上传与下载、邮件附件的上传与下载等。接下来，本章将围绕文件的上传和下载功能进行详细的讲解。

12.1 如何实现文件上传

要实现 Web 开发中的文件上传功能，通常需完成两步操作：一是在 Web 页面中添加上传输入项；二是在 Servlet 中读取上传文件的数据，并保存到本地硬盘中。接下来，本节将对这两步操作内容进行详细讲解。

由于大多数文件的上传都是通过表单的形式提交给服务器的，因此，要想在程序中实现文件上传的功能，首先要创建一个用于提交上传文件的表单页面。在页面中，需要使用<input type="file">标签在 Web 页面中添加文件上传输入项。

<input type="file">标签的使用需要注意以下两点。

- 必须要设置 input 输入项的 name 属性，否则浏览器将不会发送上传文件的数据。
- 必须将表单页面的 method 属性设置为 post 方式，enctype 属性设置为“multipart/form-data”类型。

示例代码如下。

```
<%--指定表单数据的 enctype 属性以及提交方式--%>
<form enctype="multipart/form-data" method="post">
    <%--指定标记的类型和文件域的名称--%>
    选择上传文件：<input type="file" name="myfile"/><br />
</form>
```

当浏览器通过表单提交上传文件时，由于文件数据都附带在 HTTP 请求消息体中，并且采用 MIME 类型（多用途互联网邮件扩展类型）进行描述，在后台使用 request 对象提供的 getInputStream()方法可以读取到客户端提交过来的数据。但由于用户可能会同时上传多个文件，而在 Servlet 端直接读取上传数据，并分别解析出相应的文件数据是一项非常麻烦的工作。为了方便处理用户上传数据，Apache 组织提供了一个开源组件 Commons- FileUpload。该组件可以方便地将“multipart/form-data”类型请求中的各种表单域解析出来，并实现一个或多个文件的上传，同时也可以限制上传文件的大小等内容。其性能十分优异，使用极其简单。

需要注意的是，在使用 FileUpload 组件时，要导入 commons-fileupload.jar 和 commons-io.jar 两个 JAR 包，这两个 JAR 包可以去 Apache 官网“http://commons.apache.org/”下载（进入该网址页面后，在 Apache Commons Proper 下方表格的 Components 列中找到 FileUpload 和 IO，单击进入后即可找到下载链接）。

FileUpload 组件是通过 Servlet 来实现文件上传功能的。其工作流程如图 12-1 所示。

从图 12-1 中可以看出，实现文件的上传会涉及到几个陌生类，这些类都是 Apache 组件上传文件的核心类。关于这些核心类的相关知识，将在下面的小节进行详细讲解。

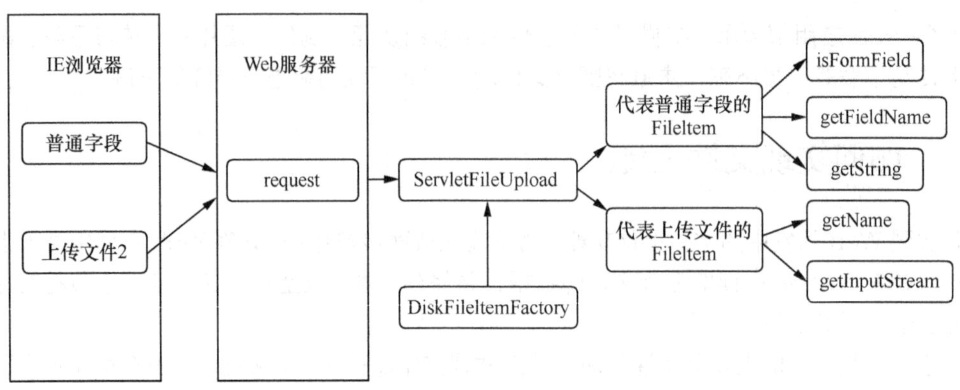

图12-1　FileUpload组件实现文件上传的工作流程

12.2 文件上传的相关 API

12.2.1 FileItem 接口

FileItem 接口在 Commons-FileUpload 组件中被实现，其主要用于封装单个表单字段元素的数据，一个表单字段元素对应一个 FileItem 对象。Commons-FileUpload 组件在处理文件上传的过程中，将每一个表单域（包括普通的文本表单域和文件域）封装在一个 FileItem 对象中。

为了便于讲解，在此将 FileItem 接口的实现类称为 FileItem 类，FileItem 类实现了 Serializable 接口，因此，支持序列化操作。在 FileItem 类中定义了许多获取表单字段元素的方法，具体如下。

（1）boolean isFormField()方法

isFormField()方法用于判断 FileItem 类对象封装的数据是一个普通文本表单字段，还是一个文件表单字段，如果是普通文本表单字段，则返回 true，否则返回 false。

（2）String getName()方法

getName()方法用于获得文件上传字段中的文件名。如果 FileItem 类对象对应的是普通文本表单字段，getName()方法将返回 null；否则，只要浏览器将文件的字段信息传递给服务器，getName()方法就会返回一个字符串类型的结果，如："C:\Sunset.jpg"。

需要注意的是，通过不同浏览器上传的文件，获取到的完整路径和名称都是不一样的。例如，用户使用 IE 浏览器上传文件，获取到的就是完整的路径"C:\Sunset.jpg"；如果使用其他浏览器，比如火狐，获取到的仅仅是文件名，没有路径，如"Sunset.jpg"。

（3）String getFieldName()方法

getFieldName()方法用于获得表单字段元素描述头的 name 属性值，也是表单标签 name 属性的值。例如"name=file1"中的"file1"。

（4）void write(File file)方法

write()方法用于将 FileItem 对象中保存的主体内容保存到某个指定的文件中。如果 FileItem 对象中的主体内容是保存在某个临时文件中，那么该方法顺利完成后，临时文件有可能会被清除。另外，该方法也可将普通表单字段内容写入到一个文件中，但它主要用于将上传的文件内容保存到本地文件系统中。

（5）String getString()方法

getString()方法用于将 FileItem 对象中保存的数据流内容以一个字符串返回，它有两个重载的定义形式。

- public String getString()
- public String getString(java.lang.String encoding)

在上面重载的两个方法中，前者使用默认的字符集编码将主体内容转换成字符串，后者使用参数指定的字符集编码将主体内容转换成字符串。需要注意的是，如果在读取普通表单字段元素内容时出现中文乱码现象，请调用第 2 个 getString()方法，并为之传递正确的字符集编码名称。

（6）String getContentType()方法

getContentType()方法用于获得上传文件的类型，即表单字段元素描述头属性"Content-Type"的值，如"image/jpeg"。如果 FileItem 类对象对应的是普通表单字段，该方法将返回 null。

（7）boolean isInMemory()方法

isInMemory()方法用来判断 FileItem 对象封装的数据内容是存储在内存中，还是存储在临时文件中，如果存储在内存中则返回 true，否则返回 false。

（8）void delete()方法

delete()方法用来清空 FileItem 类对象中存放的主体内容，如果主体内容被保存在临时文件中，delete()方法将删除该临时文件。需要注意的是，尽管 FileItem 对象被垃圾收集器收集时会自动清除临时文件，但应该及时调用 delete()方法清除临时文件，从而释放系统存储资源，以防系统出现异常，导致临时文件被永久地保存在硬盘中。

（9）InputStream getInputStream()方法

getInputStream()方法以流的形式返回上传文件的数据内容。

（10）long getSize()方法

getSize()方法返回该上传文件的大小（以字节为单位）。

12.2.2　DiskFileItemFactory 类

DiskFileItemFactory 类用于将请求消息实体中的每一个文件封装成单独的 FileItem 对象。如果上传的文件比较小，将直接保存在内存中，如果上传的文件比较大，则会以临时文件的形式，保存在磁盘的临时文件夹中。默认情况下，文件保存在内存还是硬盘临时文件夹的临界值是 10240，即 10KB。DiskFileItemFactory 类中包含两个构造方法，如表 12-1 所示。

表 12-1　DiskFileItemFactory 类的构造方法

方法声明	功能描述
DiskFileItemFactory()	采用默认临界值和系统临时文件夹构造文件项工厂对象
DiskFileItemFactory(int sizeThreshold，File repository)	采用参数指定临界值和系统临时文件夹构造文件项工厂对象

表 12-1 列举了 DiskFileItemFactory 类的两个构造方法。其中，第 2 个构造方法需要传递两个参数，参数 sizeThreshold 代表文件保存在内存还是磁盘临时文件夹的临界值，参数 repository

表示临时文件的存储路径。

接下来，针对 DiskFileItemFactory 类的常用方法进行详细讲解，具体如下所示。

（1）FileItem createItem(String fieldName, String contentType, boolean isFormField, String fileName) 方法

该方法用于将请求消息实体创建成 FileItem 类型的实例对象。需要注意的是，该方法是 FileUpload 组件在解析请求时内部自动调用，无需我们管理。

（2）setSizeThreshold(int sizeThreshold)和 getSizeThreshold()方法

setSizeThreshold()方法用于设置是否将上传文件以临时文件的形式保存在磁盘的临界值。当 Apache 文件上传组件解析上传的数据时，需要将解析后的数据临时保存，以便后续对数据进一步处理。由于 Java 虚拟机可使用的内存空间是有限的，因此，需要根据上传文件的大小决定文件的保存位置。例如，一个 800MB 的文件是无法在内存中临时保存的，这时，Apache 文件上传组件可以采用临时文件的方式来保存这些数据。但是，如果上传的文件很小，只有 600KB，显然将其保存在内存中是比较好的选择。另外，对应的 getSizeThreshold()方法用来获取此临界值。

（3）setRepository(File repository)和 getRepository()方法

如果上传文件的大小大于 setSizeThreshold()方法设置的临界值，这时，可以采用 setRepository()方法，将上传的文件以临时文件的形式保存在指定的目录下。在默认情况下，采用的是系统默认的临时文件路径，可以通过以下方式获取。

```
System.getProperty("java.io.tmpdir")
```

另外，对应的 getRepository()方法用于获取临时文件。

12.2.3 ServletFileUpload 类

ServletFileUpload 类是 Apache 组件处理文件上传的核心高级类，通过使用 parseRequest(HttpServletRequest) 方法可以将 HTML 中每个表单提交的数据封装成一个 FileItem 对象，然后以 List 列表的形式返回。ServletFileUpload 类中包含两个构造方法，如表 12-2 所示。

表 12-2 ServletFileUpload 类的构造方法

方法声明	功能描述
ServletFileUpload()	构造一个未初始化的 ServletFileUpload 实例对象
ServletFileUpload(FileItemFactory fileItemFactory)	根据参数指定的 FileItemFactory 对象创建一个 ServletFileUpload 对象

表 12-2 列举了 ServletFileUpload 类的两个构造方法。由于在文件上传过程中，FileItem Factory 类必须设置，因此，在使用第一个构造方法创建 ServletFileUpload 对象时，首先需要在解析请求之前调用 setFileItemFactory()方法设置 fileItemFactory 属性。

ServletFileUpload 类的常用方法如下所示。

（1）setSizeMax(long sizeMax)和 getSizeMax()方法

setSizeMax()方法继承自 FileUploadBase 类，用于设置请求消息实体内容（即所有上传数据）的最大尺寸限制，以防止客户端恶意上传超大文件来浪费服务器端的存储空间。其中，参数

sizeMax 是以字节为单位。另外，对应的 getSizeMax()方法用于读取请求消息实体内容所允许的最大值。

（2）setFileSizeMax(long fileSizeMax) 和 getFileSizeMax()方法

setFileSizeMax()方法继承自 FileUploadBase 类，用于设置单个上传文件的最大尺寸限制，以防止客户端恶意上传超大文件来浪费服务器端的存储空间。其中，参数 fileSizeMax 是以字节为单位。另外，对应的 getFileSizeMax()方法用于获取单个上传文件所允许的最大值。

（3）parseRequest(javax.servlet.http.HttpServletRequest req)

parseRequest()方法是 ServletFileUpload 类的重要方法，它是对 HTTP 请求消息体内容进行解析的入口。它解析出 Form 表单中的每个字段的数据，并将它们分别包装成独立的 FileItem 对象，然后将这些 FileItem 对象加入进一个 List 类型的集合对象中返回。

（4）getItemIterator(HttpServletRequest request)

getItemIterator()方法和 parseRequest()方法的作用基本相同，但 getItemIterator()方法返回的是一个迭代器，该迭代器中保存的不是 FileItem 对象，而是 FileItemStream 对象，如果读者希望进一步提高性能，可以采用 getItemIterator()方法，直接获得每一个文件项的数据输入流，作底层处理；如果性能不是问题，希望代码简单，则采用 parseRequest()方法即可。

（5）isMultipartContent(HttpServletRequest req)

isMultipartContent()方法用于判断请求消息中的内容是否是"multipart/form-data"类型，如果是，则返回 true，否则返回 false。需要注意的是，isMultipartContent()方法是一个静态方法，不用创建 ServletFileUpload 类的实例对象即可被调用。

（6）getFileItemFactory()和 setFileItemFactory(FileItemFactory factory)

这两个方法继承自 FileUpload 类，分别用于读取和设置 fileItemFactory 属性。

（7）setHeaderEncoding(String encoding)方法和 getHeaderEncoding()方法

这两个方法继承自 FileUploadBase 类，用于设置和读取字符编码。需要注意的是，如果没有使用 setHeaderEncoding()设置字符编码，则 getHeaderEncoding()方法返回 null，上传组件会采用 HttpServletRequest 设置的字符编码。但是，如果 HttpServletRequest 的字符编码也为 null，这时，上传组件将采用系统默认的字符编码。获取系统默认字符编码的方式如下所示。

```
System.getProperty("file.encoding"));
```

【任务 12-1】实现文件上传

【任务目标】

使用文件上传的相关知识，实现文件的上传功能。

【实现步骤】

1. 创建项目，导入 JAR 包

在 Eclipse 中创建一个名称为 chapter12 的 Web 项目，在项目的 WEB-INF/lib 目录下导入 JAR 包 commons-fileupload-1.3.1.jar 和 commons-io-2.4.jar，并发布到类路径下。导入 JAR 包的项目结构如图 12-2 所示。

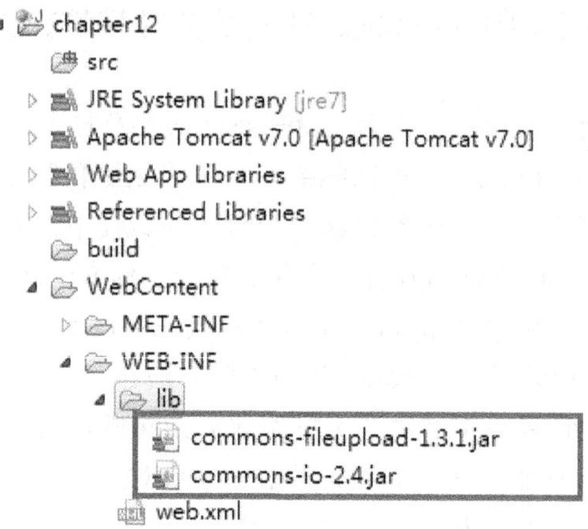

图12-2　项目结构

2. 创建上传页面

在 chapter12 项目的 WebContent 目录下创建一个名称为 form 的 jsp 页面，该页面用于提供文件上传的 Form 表单，需要注意的是，Form 表单的 enctype 属性值要设置为“multipart/form-data”，method 属性值要设置为“post”，并将其 action 的属性值设置为“UploadServlet”。form.jsp 的代码如文件 12-1 所示。

文件 12-1　form.jsp

```
<%@ page language="java" contentType="text/html; charset=UTF-8"
    pageEncoding="UTF-8"%>
<!DOCTYPE html PUBLIC "-//W3C//DTD HTML 4.01 Transitional//EN"
                        "http://www.w3.org/TR/html4/loose.dtd">
<html>
<head>
<meta http-equiv="Content-Type" content="text/html; charset=UTF-8">
<title>文件上传</title>
</head>
<body>
    <form action="UploadServlet" method="post"
                                 enctype="multipart/form-data">
        <table width="600px">
            <tr>
                <td>上传者</td>
                <td><input type="text" name="name" /></td>
            </tr>
            <tr>
                <td>上传文件</td>
                <td><input type="file" name="myfile"></td>
            </tr>
            <tr>
                <td colspan="2"><input type="submit" value="上传" /></td>
            </tr>
        </table>
    </form>
```

```
</body>
</html>
```

3. 创建 Servlet

在项目的 src 目录下创建一个名称为 cn.itcast.fileupload 的包，在该包中编写一个名称为 UploadServlet 的类，该类主要用于获取表单及其上传文件的信息，其具体实现代码如文件 12-2 所示。

文件 12-2 UploadServlet.java

```
package cn.itcast.fileupload;
import java.io.*;
import java.util.*;
import javax.servlet.*;
import javax.servlet.http.*;
import org.apache.commons.fileupload.*;
import org.apache.commons.fileupload.disk.DiskFileItemFactory;
import org.apache.commons.fileupload.servlet.ServletFileUpload;
//上传文件的 Servlet 类
public class UploadServlet extends HttpServlet {
    private static final long serialVersionUID = 1L;
    public void doGet(HttpServletRequest request,
       HttpServletResponse response)throws ServletException, IOException {
        try {
            //设置 ContentType 字段值
            response.setContentType("text/html;charset=utf-8");
            // 创建 DiskFileItemFactory 工厂对象
            DiskFileItemFactory factory = new DiskFileItemFactory();
            //设置文件缓存目录，如果该目录不存在则新创建一个
            File f = new File("E:\\TempFolder");
            if (!f.exists()) {
                f.mkdirs();
            }
            // 设置文件的缓存路径
            factory.setRepository(f);
            // 创建 ServletFileUpload 对象
            ServletFileUpload fileupload = new ServletFileUpload(factory);
            //设置字符编码
            fileupload.setHeaderEncoding("utf-8");
            // 解析 request，得到上传文件的 FileItem 对象
            List<FileItem> fileitems = fileupload.parseRequest(request);
            //获取字符流
            PrintWriter writer = response.getWriter();
            // 遍历集合
            for (FileItem fileitem : fileitems) {
                // 判断是否为普通字段
                if (fileitem.isFormField()) {
                    // 获得字段名和字段值
                    String name = fileitem.getFieldName();
                    if(name.equals("name")){
                        //如果文件不为空，将其保存在 value 中
                        if(!fileitem.getString().equals("")){
```

```
                                String value = fileitem.getString("utf-8");
                                writer.print("上传者: " + value + "<br />");
                            }
                        }
            } else {
                // 获取上传的文件名
                String filename = fileitem.getName();
                //处理上传文件
                if(filename != null && !filename.equals("")){
                writer.print("上传的文件名称是: " + filename + "<br />");
                // 截取出文件名
                filename = filename.substring(filename.lastIndexOf("\\") + 1);
                // 文件名需要唯一
                filename = UUID.randomUUID().toString() + "_" + filename;
                // 在服务器创建同名文件
                String webPath = "/upload/";
                //将服务器中文件夹路径与文件名组合成完整的服务器端路径
                String filepath = getServletContext()
                                          .getRealPath(webPath + filename);
                // 创建文件
                File file = new File(filepath);
                file.getParentFile().mkdirs();
                file.createNewFile();
                // 获得上传文件流
                InputStream in = fileitem.getInputStream();
                // 使用 FileOutputStream 打开服务器端的上传文件
                FileOutputStream out = new FileOutputStream(file);
                // 流的对拷
                byte[] buffer = new byte[1024];//每次读取 1 个字节
                int len;
                //开始读取上传文件的字节，并将其输出到服务端的上传文件输出流中
                while ((len = in.read(buffer)) > 0)
                    out.write(buffer, 0, len);
                    // 关闭流
                    in.close();
                    out.close();
                    // 删除临时文件
                    fileitem.delete();
                    writer.print("上传文件成功! <br />");
                }
                }
              }
            } catch (Exception e) {
                throw new RuntimeException(e);
            }
        }
    public void doPost(HttpServletRequest request,
        HttpServletResponse response)throws ServletException, IOException {
            doGet(request, response);
        }
```

```
93 }
```

4．启动项目，查看运行结果

将chapter12项目发布到Tomcat服务器中，并启动服务器，通过浏览器访问地址“http://localhost:8080/chapter12/form.jsp”，浏览器显示的结果如图 12-3 所示。

图12-3　访问界面

在图 12-3 所示的 Form 表单中，填写上传者信息“itcast”，并且选择好需要上传的文件后，浏览器的显示界面如图 12-4 所示。

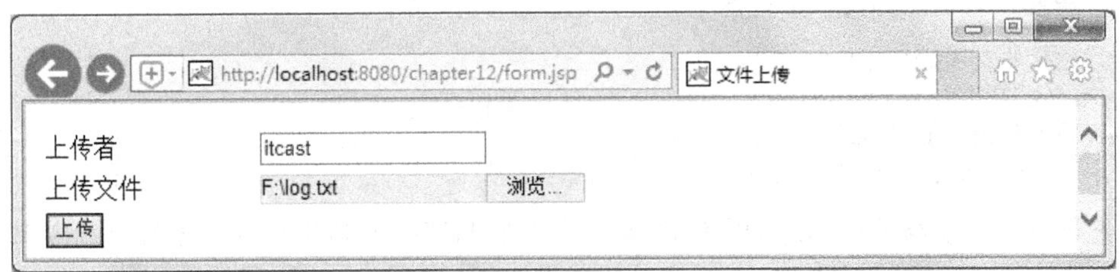

图12-4　显示界面

单击【上传】按钮，进行文件上传，文件成功上传后，浏览器的界面如图 12-5 所示。

图12-5　运行结果

至此，将文件上传到服务器的功能已经实现了。此时，进入项目发布目录，可以看到刚才上传的文件，如图 12-6 所示。

图12-6　上传的文件

从图 12-6 中可以看出，在发布目录中，chapter12 项目的 upload 文件夹内，已经多了一个以“_log.txt”结尾的文件，这就是刚才所上传的文件。该文件名称之所以如图 12-6 中显示的那样，是因为在代码中为了防止文件名重复，上传文件时，在其名称前面添加了前缀（文件名采用的是“UUID+文件名”的方式，中间用“_”连接）。

需要注意的是，此图中显示的目录是 Eclipse 默认发布的路径目录。如果读者将项目发布目录配置在 Tomcat 的 webapps 中，可以去 webapps 中的 chapter12 项目中查看。

12.3 文件下载

对于文件下载，相信读者并不会陌生，因为通常在上网时所下的图片、文档和影片等都是文件下载的范畴。现在很多网站都提供了下载各类资源的功能，因此，在学习 Web 开发过程中，有必要学习文件下载的实现方式。

实现文件下载功能比较简单，通常情况下，不需要使用第三方组件实现，而是直接使用 Servlet 类和输入/输出流实现。与访问服务器文件不同的是，要实现文件的下载，不仅需要指定文件的路径，还需要在 HTTP 协议中设置两个响应消息头，具体如下。

```
//设定接收程序处理数据的方式
Content-Disposition: attachment; filename =
//设定实体内容的 MIME 类型
Content-Type: application/x-msdownload
```

浏览器通常会直接处理响应的实体内容，需要在 HTTP 响应消息中设置两个响应消息头字段，用来指定接收程序处理数据内容的方式为下载方式。当单击【下载】超链接时，系统将请求提交到对应的 Servlet。在该 Servlet 中，首先获取下载文件的地址，并根据该地址创建文件字节输入流，然后通过该流读取下载的文件内容，最后将读取的内容通过输出流写到目标文件中。

【任务 12-2】实现文件下载

【任务目标】

通过文件上传知识及文件下载原理的学习，实现文件的下载功能。

【实现步骤】

1. 创建下载页面

在 chapter12 项目的 WebContent 目录下创建下载页面 download.jsp，该页面中编写了一个用于下载的链接。其代码如文件 12-3 所示。

文件 12-3 download.jsp

```
<%@ page language="java" contentType="text/html; charset=UTF-8"
    pageEncoding="UTF-8"%>
<!DOCTYPE html PUBLIC "-//W3C//DTD HTML 4.01 Transitional//EN"
                        "http://www.w3.org/TR/html4/loose.dtd">
<html>
<head>
<meta http-equiv="Content-Type" content="text/html; charset=UTF-8">
<title>文件下载</title>
```

```
</head>
<body>
  <a href="/chapter12/DownloadServlet?filename=1.jpg"}>文件下载</a>
</body>
</html>
```

2. 创建 Servlet

在 cn.itcast.fileupload 包中创建 DownloadServlet 类，该类主要用于设置所要下载的文件以及文件在浏览器中的打开方式。DownloadServlet 类的实现代码如文件 12-4 所示。

文件 12-4 DownloadServlet.java

```
package cn.itcast.fileupload;
import java.io.*;
import javax.servlet.*;
import javax.servlet.http.*;
public class DownloadServlet extends HttpServlet {
    private static final long serialVersionUID = 1L;
    public void doGet(HttpServletRequest request, HttpServletResponse
        response) throws ServletException, IOException {
        //设置 ContentType 字段值
        response.setContentType("text/html;charset=utf-8");
        //获取所要下载的文件名称
        String filename = request.getParameter("filename");
        //下载文件所在目录
        String folder = "/download/";
        // 通知浏览器以下载的方式打开
        response.addHeader("Content-Type", "application/octet-stream");
        response.addHeader("Content-Disposition",
            "attachment;filename="+filename);
        // 通过文件流读取文件
        InputStream in = getServletContext().getResourceAsStream(
                folder+filename);
        // 获取 response 对象的输出流
        OutputStream out = response.getOutputStream();
        byte[] buffer = new byte[1024];
        int len;
        //循环取出流中的数据
        while ((len = in.read(buffer)) != -1) {
            out.write(buffer, 0, len);
        }
    }
    public void doPost(HttpServletRequest request, HttpServletResponse
        response) throws ServletException, IOException {
        doGet(request, response);
    }
}
```

3. 创建下载目录及文件

在项目的 WebContent 目录下创建一个名称为 download 的文件夹（Folder），在该文件夹中放置一个名称为“1.jpg”的图片文件。

4. 启动项目，查看结果

启动 Tomcat 服务器，通过浏览器访问地址“http://localhost:8080/chapter12/download.jsp”成功后，浏览器的显示界面如图 12-7 所示。

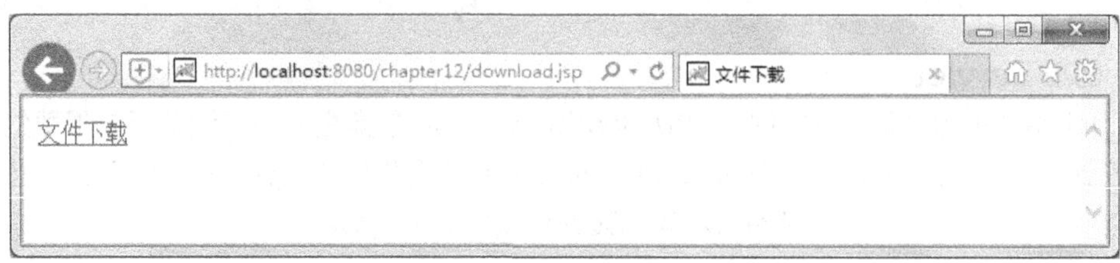

图12-7　下载页面

单击图 12-7 中的【文件下载】链接，浏览器的显示结果如图 12-8 所示。

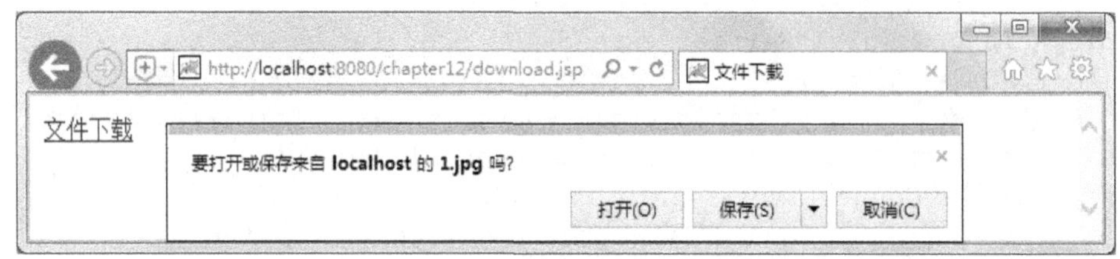

图12-8　单击链接后的页面

从图 12-8 中可以看出，浏览器窗口弹出一个文件下载的提示框，单击该对话框的【保存】按钮即可完成文件的下载。

需要注意的是，如果浏览器中安装了某些特殊插件，可能不会弹出文件下载的对话框，而是直接开始下载文件。

【任务 12-3】解决下载中文文件乱码问题

【任务目标】

在操作服务器中的资源时，资源文件名的中文乱码问题一直是需要解决的问题。在上一小节中，如果将文件的名称“1.jpg”重命名为“风景.jpg”，通过浏览器再次下载文件，此时浏览器的显示结果如图 12-9 所示。

图12-9　运行结果

从图 12-9 可以看出，当文件名为中文时，下载的文件名称没有显示出来，这是因为在下载时，程序没有对中文进行处理，在输出中文字符串时出现了乱码。

为了解决上述出现的乱码问题，ServletAPI 中提供了一个 URLEncoder 类，该类定义的

encode (String s, String enc) 方法可以将 URL 中的字符串以指定的编码形式输出，通常这种编码方式称为 URL 编码。HTTP 消息头的数据只有经过 URL 编码成世界通用的符号后，才不会在传输过程中出现乱码问题。

通过本任务的学习，读者将学会如何解决下载中文文件时的乱码问题。

【实现步骤】

1. 修改 Servlet 类

使用 URLEncoder 类的 encode(String s, String enc)方法对文件 12-4 DownloadServlet.java 进行改写，改写后的代码如文件 12-5 所示。

文件 12-5 DownloadServlet.java

```
package cn.itcast.fileupload;
import java.io.*;
import java.net.URLEncoder;
import javax.servlet.*;
import javax.servlet.http.*;
public class DownloadServlet extends HttpServlet {
    private static final long serialVersionUID = 1L;
    public void doGet(HttpServletRequest request, HttpServletResponse
        response) throws ServletException, IOException {
        //设置 ContentType 字段值
        response.setContentType("text/html;charset=utf-8");
        //设置相应消息编码
        response.setCharacterEncoding("utf-8");
        //设置请求消息编码
        request.setCharacterEncoding("utf-8");
        //获取所要下载的文件名称
        String filename = request.getParameter("filename");
        //对文件名称编码
        filename = new String(filename.trim()
                                .getBytes("iso8859-1"),"UTF-8");
        //下载文件所在目录
        String folder = "/download/";
        // 通知浏览器以下载的方式打开
        response.addHeader("Content-Type", "application/octet-stream");
        response.addHeader("Content-Disposition",
            "attachment;filename="+URLEncoder.encode(filename,"utf-8"));
        // 通过文件流读取文件
        InputStream in = getServletContext().getResourceAsStream(
                folder+filename);
        // 获取 response 对象的输出流
        OutputStream out = response.getOutputStream();
        byte[] buffer = new byte[1024];
        int len;
        //循环取出流中的数据
        while ((len = in.read(buffer)) != -1) {
            out.write(buffer, 0, len);
        }
```

```
    }
    public void doPost(HttpServletRequest request, HttpServletResponse
        response) throws ServletException, IOException {
        doGet(request, response);
    }
}
```

2. 修改下载页面

在文件 12-3 download.jsp 中，同样使用 URLEncoder 类的 encode(String s, String enc)方法对下载地址中的中文进行编码，其代码如文件 12-6 所示。

文件 12-6 Download.jsp

```
<%@ page language="java" contentType="text/html; charset=UTF-8"
    pageEncoding="UTF-8"%>
<%@page import="java.net.URLEncoder"%>
<!DOCTYPE html PUBLIC "-//W3C//DTD HTML 4.01 Transitional//EN"
                        "http://www.w3.org/TR/html4/loose.dtd">
<html>
<head>
<meta http-equiv="Content-Type" content="text/html; charset=UTF-8">
<title>文件下载</title>
</head>
<body>
 <a href="/chapter12/DownloadServlet?filename=<%=URLEncoder.encode("风景.jpg",
         "utf-8")%>">文件下载 </a>
</body>
</html>
```

3. 运行项目，查看结果

重新启动 Tomcat 服务器，再次访问 download.jsp 页面，单击【文件下载】链接后，浏览器显示的界面如图 12-10 所示。

图12-10 Download.jsp

从图 12-10 中可以看出，文件名称已正确显示出，并没有出现乱码问题，因此，说明使用 encode(String s, String enc)方法可以成功地解决文件下载过程中的乱码问题。

12.4 本章小结

本章主要介绍了文件上传和下载功能的实现。在实现文件上传时，使用了 Apache 组织提供的 Commons-FileUpload 组件，该组件提供了文件上传的相关接口和类。文件下载的功能是通过设置 HTTP 响应消息头和 IO 流的方式实现的。通过本章的学习，读者可以了解到如何实现文件上传，以及文件上传 API 的相关知识，能够熟练使用 FileUpload 组件实现文件上传，并能学会如何实现文件下载和解决下载文件的中文乱码问题。由于文件上传和下载在实际开发中经常会用到，因此，要求读者对其实现原理要深入掌握。

【测一测】

学习完前面的内容，下面来动手测一测吧，请思考以下问题。

1. 请编写一个用于实现文件下载的程序，并且保证下载文件的文件名不能出现中文乱码问题。

2. 请按照以下要求设计一个实现文件上传的类 UploadServlet。

要求如下。

1）已知 form.html 文件中 Form 表单内定义了一个名为 name 的文本框及名为 myfile 的文件域，具备文件上传的前提条件。

2）在 doPost()方法中，写出文件上传的相关代码。

3）上传的文件保存在当前应用程序的 upload 文件夹下。

3. 实现文件上传的表单页面都需要哪些配置？

4. 简述文件下载的实现原理。

13 Chapter

第 13 章 传智书城项目设计

Java Web

学习目标

- 了解传智书城的项目需求和功能结构
- 学会通过 E-R 图设计数据表
- 学会搭建项目环境

通过前面章节的学习，读者应该已经掌握了 Web 开发的基础知识，学习这些基础知识就是为开发 Web 网站奠定基础。如今，互联网早已融入了社会生活的各个领域。在大量网民的推动下，中国的网上购物迅速发展，网上购物具有价格透明，足不出户就能货比三家等优点。那么，网络购物平台是如何实现的呢？从本章开始，将针对传智书城项目设计进行详细的讲解。

13.1 项目概述

13.1.1 需求分析

近年来，随着 Internet 的迅速崛起，互联网已成为收集信息的最佳渠道并逐步进入传统的流通领域。于是电子商务开始流行起来，越来越多的商家在网上建起在线商店，向消费者展示出一种新颖的购物理念。网上购物系统作为 B2B（Business to Business，即企业对企业）、B2C（Business to Customer，即企业对消费者），C2C（Customer to Customer，即消费者对消费者）电子商务的前端商务平台，在其商务活动全过程中起着举足轻重的作用。在传智书城项目中主要讲解的是如何建设 B2C 的网上购物系统。该项目应满足以下需求。

- 统一友好的操作界面，具有良好的用户体验。
- 商品分类详尽，可按不同类别查看商品信息。
- 公告栏、本周热卖商品的展示。
- 网站首页轮播图满足图书广告的需要。
- 用户信息的注册和验证、用户登录功能。
- 通过图书名模糊搜索相关图书。
- 通过购物车一次购买多件商品。
- 提供简单的安全模型，用户必须登录后购买图书。
- 用户选择商品后可以在线提交订单。
- 用户可以查看自己的订单信息。
- 设计网站后台，用来管理网站的各项基本数据。
- 系统运行安全稳定且响应及时。

13.1.2 功能结构

传智书城项目分为前台和后台两个部分，那么前台和后台分别具有哪些功能模块？接下来，通过两张图来描述项目前台和后台的功能结构，具体如图 13-1 和图 13-2 所示。

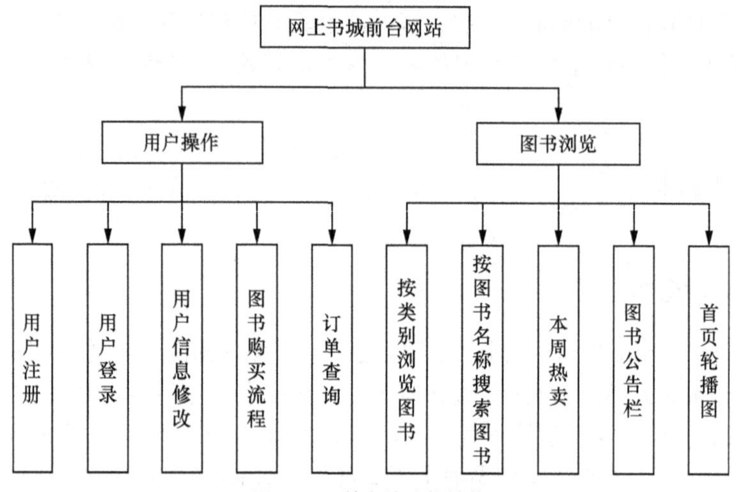

图13-1 前台的功能结构

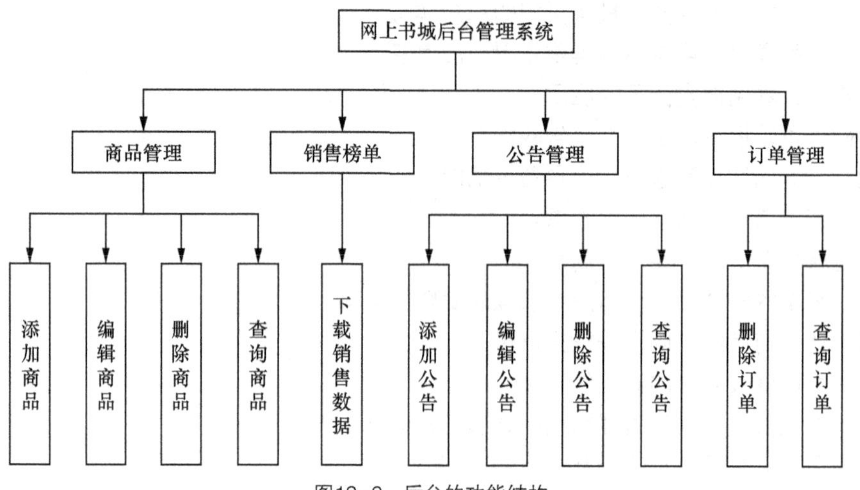

图13-2 后台的功能结构

13.1.3 项目预览

传智书城项目由多个页面组成，但是本教材篇幅有限，只能给出几个核心的页面。项目的全部页面读者可以运行项目源代码进行访问。

首先进入传智书城的首页，首页主要展示图书的类别信息，以及广告页轮播图、公告板、本周热卖等内容，如图 13-3 所示。

图13-3　传智书城首页

单击某本书的图片或书名即可进入本书的详细介绍页面，如图 13-4 所示。

图13-4　商品详细页面

如果是注册成功的用户，登录传智书城前台系统，即可直接选购商品。当用户在商品详细页面中单击【购买】按钮后，会将该商品放入到购物车中。用户也可以使用购物车选购多本图书，购物车可以保存用户采购的多种图书信息，购物车页面如图 13-5 所示。

图13-5　购物车页面

当用户按照书城购物流程一步步执行后，系统将自动生成订单。用户可以通过单击【我的账户】→【订单查询】超链接查看自己的订单信息，如图 13-6 所示。

图13-6　订单查询页面

13.2 数据库设计

开发应用程序时，对数据库的操作是必不可少的，数据库设计是根据程序的需求及其实现功能所制定的，数据库设计的合理性将直接影响到程序的开发过程。本节将讲解传智书城项目数据库设计的相关知识。

13.2.1 E-R 图设计

在设计数据库之前，首先需要明确在传智书城项目中都有哪些实体对象。根据实体对象间的关系来设计数据库。接下来介绍一种能描述实体对象关系的模型——E-R 图。E-R 图也称实体-联系图（Entity Relationship Diagram），它能够直观地表示实体类型和属性之间的关联关系。

下面根据传智书城项目的需求以及参考线上大型购物网站，为本项目的核心实体对象设计 E-R 图，具体如下。

（1）用户实体（user）的 E-R 图，如图 13-7 所示。

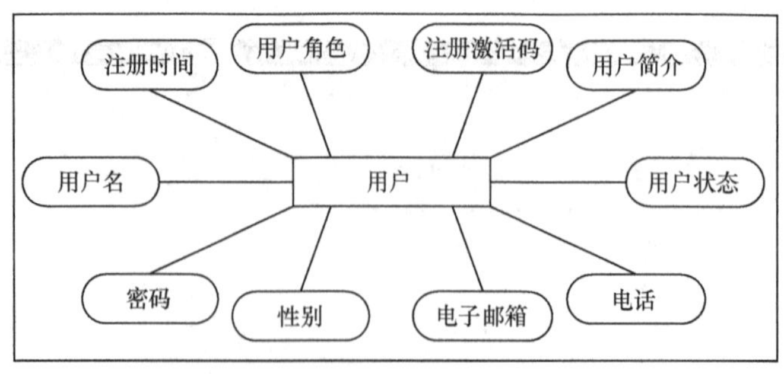

图13-7　用户实体

（2）商品实体（products）的 E–R 图，如图 13–8 所示。

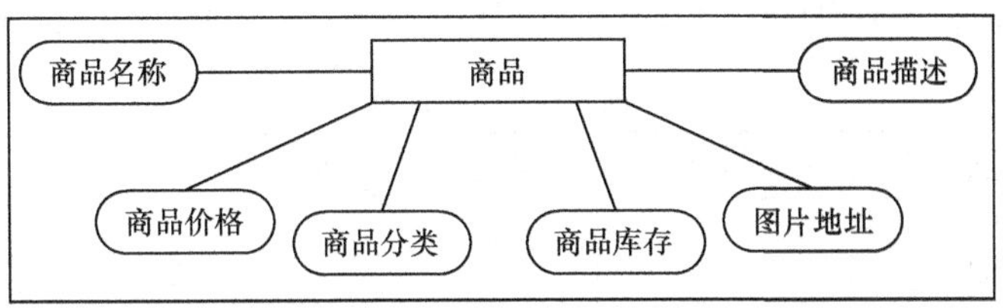

图13–8　商品实体

（3）订单实体（orders）的 E–R 图，如图 13–9 所示。

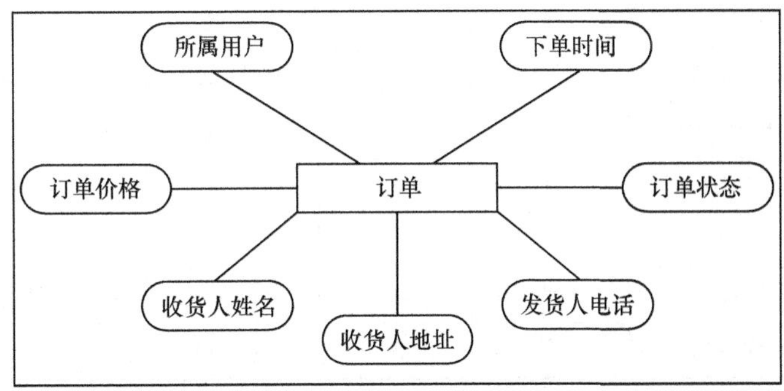

图13–9　订单实体

（4）订单项（orderitem）的 E–R 图，如图 13–10 所示。

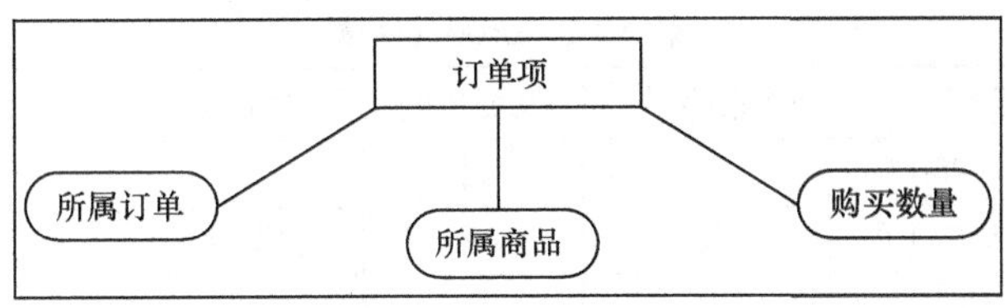

图13–10　订单项

（5）公告栏实体（notice）的 E–R 图，如图 13–11 所示。

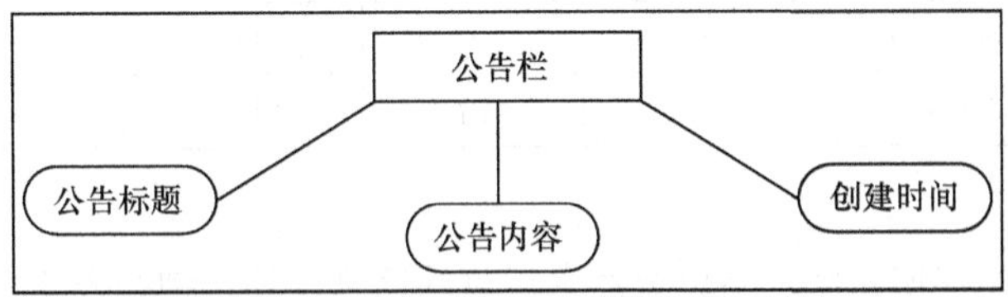

图13–11　公告栏实体

13.2.2　数据表结构

了解了实体类的 E–R 图结构后，接下来，本节将根据 13.2.1 小节中的 E–R 图来设计数据表。在教材中，只提供数据表的表结构，读者可根据表结构自行编写 SQL 创建表，也可以执行配套的项目源码中的 SQL 语句创建表。

根据上一小节中的 E–R 图结构，项目中需要创建以下 5 个表，具体如下。

（1）user 表

该表用于保存传智书城系统前台以及后台用户的信息，其结构如表 13-1 所示。

表 13-1　user 表

字段名	数据类型	是否为空	是否主键	默认值	描述
id	INT(11)	否	是	NULL	系统自动编号、自增
username	VARCHAR(20)	否	否	NULL	用户名称
password	VARCHAR(20)	否	否	NULL	用户密码
gender	VARCHAR(2)	是	否	NULL	性别
email	VARCHAR(50)	是	否	NULL	邮箱地址
telephone	VARCHAR(20)	是	否	NULL	电话号码
introduce	VARCHAR(100)	是	否	NULL	用户简介
activeCode	VARCHAR(50)	是	否	NULL	注册激活码
state	INT(11)	是	否	0	用户状态，1：激活 0：未激活
role	VARCHAR(10)	是	否	普通用户	用户角色：普通用户、超级用户
registTime	TIMESTAMP	否	否	NULL	注册时间

（2）products 表

该表用于保存传智书城系统前台以及后台商品的信息，其结构如表 13-2 所示。

表 13-2　products 表

字段名	数据类型	是否为空	是否主键	默认值	描述
id	VARCHAR(100)	否	是	NULL	商品 ID
name	VARCHAR(40)	是	否	NULL	商品名称
price	DOUBLE	是	否	NULL	商品价格
category	VARCHAR(40)	是	否	NULL	商品分类
pnum	INT(11)	是	否	NULL	商品库存量
imgurl	VARCHAR(100)	是	否	NULL	商品图片地址
description	VARCHAR(255)	是	否	NULL	商品描述

（3）orders 表

该表用于保存传智书城系统前台以及后台订单的信息，其结构如表 13-3 所示。

表 13-3　orders 表

字段名	数据类型	是否为空	是否主键	默认值	描述
id	VARCHAR(100)	否	是	NULL	订单 ID
money	DOUBLE	是	否	NULL	订单价格
receiverAddress	VARCHAR(255)	是	否	NULL	收货地址
receiverName	VARCHAR(20)	是	否	NULL	收货人姓名
receiverPhone	VARCHAR(20)	是	否	NULL	收货人电话

续表

字段名	数据类型	是否为空	是否主键	默认值	描述
paystate	INT(11)	是	否	0	订单状态，1：已支付 0：未支付
ordertime	TIMESTAMP	是	否	NULL	订单生成时间
user_id	INT(11)	是	否	NULL	用户 ID，关联 user 表中的主键

（4）orderitem 表

该表用于保存传智书城系统前台以及后台订单的条目信息，其结构如表 13-4 所示。

表 13-4 orderitem 表

字段名	数据类型	是否为空	是否主键	默认值	描述
order_id	VARCHAR(100)	否	是	NULL	订单 ID，关联 orders 表中的主键
product_id	VARCHAR(100)	否	是	NULL	商品 ID，关联 products 表中的主键，且与字段 order_id 组合构成联合主键
buynum	INT(11)	是	否	NULL	单个商品的购买数量

（5）notice 表

该表用于保存传智书城系统前台以及后台公告栏的信息，其结构如表 13-5 所示。

表 13-5 notice 表

字段名	数据类型	是否为空	是否主键	默认值	描述
n_id	INT	否	是	NULL	系统自动编号、自增
title	VARCHAR(10)	是	否	NULL	公告标题
details	VARCHAR(255)	是	否	NULL	公告内容
n_time	VARCHAR(18)	是	否	NULL	公告的创建时间

13.3 项目环境搭建

在开发功能模块之前，应该先进行项目环境及项目框架的搭建等工作，接下来分步骤讲解，在正式开发功能模块前应做的准备工作，具体如下。

（1）确定项目开发环境

- 操作系统：Windows XP、Windows 7 或更高的 Windows 版本。
- Web 服务器：Tomcat 7.0。
- Java 开发包：JDK 1.7。
- 数据库：MySQL 5.5。
- 开发工具：Eclipse Java EE IDE for Web Developers。
- 浏览器：IE 8.0 或更高版本。

（2）创建数据库表

在 MySQL 数据库中创建一个名称为 itcaststore 的数据库，并根据表结构在 itcaststore 数据库中创建相应的表。

（3）创建项目，引入 JAR 包

在 Eclipse 中创建一个名称为 itcaststore 的 Dynamic Web Project，将项目所需 JAR 包导入到项目的 WEB-INF/lib 文件夹下。

- 本项目使用 C3p0 数据源连接数据库，需要 C3p0 数据源的 JAR 包。
- 项目的 JSP 页面使用了 JSTL 标签库，需要 jstl.jar 和 standard.jar 两个包。
- 项目中使用 DBUtils 工具处理数据的持久化操作，需要导入 DBUtils 工具包。
- 由于在注册时系统还会给注册用户填写的邮箱发送一封激活邮件，因此需要导入 mail.jar 包。

本项目所需的所有 JAR 包具体如图 13-12 所示。

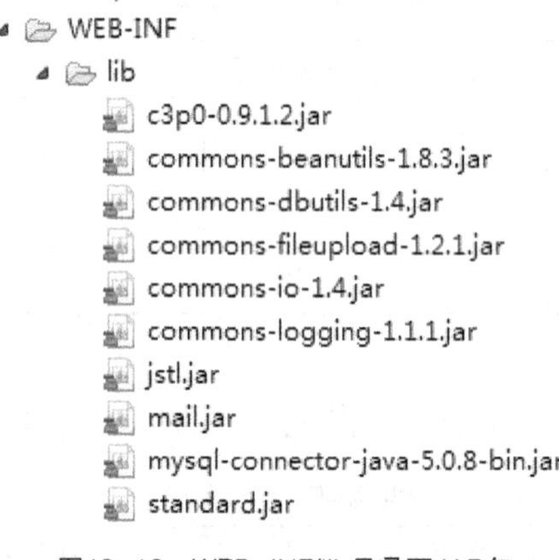

图13-12　WEB-INF/lib目录下JAR包

（4）配置 c3p0-config.xml

将 JAR 包导入到项目中并发布到类路径后，在 src 根目录下编写 c3p0-config.xml 文件，该文件用于配置数据库连接参数，具体代码如文件 13-1 所示。

文件 13-1　c3p0-config.xml

```
<?xml version="1.0" encoding="UTF-8"?>
<c3p0-config>
    <default-config>
        <property name="user">root</property>
        <property name="password">itcast</property>
        <property name="driverClass">com.mysql.jdbc.Driver</property>
        <property name="jdbcUrl">jdbc:mysql:///itcaststore</property>
    </default-config>
</c3p0-config>
```

（5）编写 filter 过滤器

为了防止项目中请求和响应时出现乱码情况，在 src 下创建一个名称为 cn.itcast.itcaststore.web.filter 的包，在该包下编写一个过滤器 EncodingFilter 来统一全站的编码，防止出现乱码的情况，具体如文件 13-2 所示。

文件 13-2　EncodingFilter.java

```
public class EncodingFilter implements Filter {
    public void init(FilterConfig filterConfig) throws ServletException {
    }
```

```
    public void doFilter(ServletRequest request, ServletResponse response,
    FilterChain chain) throws IOException, ServletException {
        // 处理请求乱码
        HttpServletRequest httpServletRequest =
       (HttpServletRequest) request;
        HttpServletRequest myRequest = new MyRequest(httpServletRequest);
        // 处理响应乱码
        response.setContentType("text/html;charset=utf-8");
        chain.doFilter(myRequest, response);
    }
    public void destroy() {
    }
}
// 自定义 request 对象
class MyRequest extends HttpServletRequestWrapper {
    private HttpServletRequest request;
    private boolean hasEncode;
    public MyRequest(HttpServletRequest request) {
        super(request);// super 必须写
        this.request = request;
    }
    // 对需要增强方法 进行覆盖
    @Override
    public Map getParameterMap() {
        // 先获得请求方式
        String method = request.getMethod();
        if (method.equalsIgnoreCase("post")) {
            // post 请求
            try {
                // 处理 post 乱码
                request.setCharacterEncoding("utf-8");
                return request.getParameterMap();
            } catch (UnsupportedEncodingException e) {
                e.printStackTrace();
            }
        } else if (method.equalsIgnoreCase("get")) {
            // get 请求
    Map<String, String[]> parameterMap = request.getParameterMap();
            if (!hasEncode) { // 确保 get 手动编码逻辑只运行一次
                for (String parameterName : parameterMap.keySet()) {
                    String[] values = parameterMap.get(parameterName);
                    if (values != null) {
                        for (int i = 0; i < values.length; i++) {
                        try {
    values[i] = new String(values[i].getBytes("ISO-8859-1"),"utf-8");
                        } catch (UnsupportedEncodingException e) {
                                e.printStackTrace();
                            }
```

```
52                     }
53                 }
54             }
55             hasEncode = true;
56         }
57         return parameterMap;
58     }
59     return super.getParameterMap();
60 }
61 @Override
62 public String getParameter(String name) {
63     Map<String, String[]> parameterMap = getParameterMap();
64     String[] values = parameterMap.get(name);
65     if (values == null) {
66         return null;
67     }
68     return values[0]; // 取回参数的第一个值
69 }
70 @Override
71 public String[] getParameterValues(String name) {
72     Map<String, String[]> parameterMap = getParameterMap();
73     String[] values = parameterMap.get(name);
74     return values;
75 }
76 }
```

在文件 13-2 中，第 1~16 行代码用于自定义一个过滤器 EncodingFilter，该过滤器可以用来处理请求和响应的编码，将编码统一成“utf-8”，本项目所有的请求都会执行这个过滤器；第 18~76 行代码用于自定义一个 MyRequest 类，该类继承自 HttpServletRequestWrapper，并重写了 getParameterMap()、getParameter()和 getParameterValues()这 3 个用于获取请求参数的方法。

在 web.xml 文件中配置过滤器映射信息，代码如文件 13-3 所示。

文件 13-3　web.xml

```
<filter>
    <filter-name>encodingFilter</filter-name>
    <filter-class>cn.itcast.itcaststore.web.filter.EncodingFilter
    </filter-class>
</filter>
<filter-mapping>
    <filter-name>encodingFilter</filter-name>
    <url-pattern>/*</url-pattern>
</filter-mapping>
```

上述代码是 EncodingFilter 过滤器的映射配置，从代码中可以看出本项目中所有的请求都会经过 EncodingFilter 过滤器，从而实现全站统一编码。

（6）编写工具类 DataSourceUtils

在 src 下创建一个名称为 cn.itcast.itcaststore.utils 的包，在该包下编写 DataSourceUtils 类，该类用于获取数据源和数据库连接。由于在使用 DBUtils 工具处理事务时需要自己创建连接，所以该类还创建了处理事务的一系列方法，具体如文件 13-4 所示。

文件 13-4　DataSourceUtils.java

```
package cn.itcast.itcaststore.utils;
import java.sql.Connection;
import java.sql.SQLException;
import javax.sql.DataSource;
import com.mchange.v2.c3p0.ComboPooledDataSource;
public class DataSourceUtils {
private static DataSource dataSource = new ComboPooledDataSource();
private static ThreadLocal<Connection> tl = new ThreadLocal<Connection>();
    public static DataSource getDataSource() {
        return dataSource;
    }
    /**
     * 当 DBUtils 需要手动控制事务时，调用该方法获得一个连接
     *
     * @return
     * @throws SQLException
     */
    public static Connection getConnection() throws SQLException {
        Connection con = tl.get();
        if (con == null) {
            con = dataSource.getConnection();
            tl.set(con);
        }
        return con;
    }
    /**
     * 开启事务
     *
     * @throws SQLException
     */
    public static void startTransaction() throws SQLException {
        Connection con = getConnection();
        if (con != null)
            con.setAutoCommit(false);
    }
    /**
     * 从 ThreadLocal 中释放并且关闭 Connection,并结束事务
     *
     * @throws SQLException
     */
    public static void releaseAndCloseConnection() throws SQLException {
```

```
        Connection con = getConnection();
        if (con != null) {
            con.commit();
            tl.remove();
            con.close();
        }
    }
    /**
     * 事务回滚
     * @throws SQLException
     */
    public static void rollback() throws SQLException {
        Connection con = getConnection();
        if (con != null) {
            con.rollback();
        }
    }
}
```

到此，项目前期准备就已经完成了，在本教材的第 14 和 15 章将会针对前台和后台的不同功能模块进行讲解。由于项目代码量大，而本教材篇幅有限，在针对功能模块讲解时，只会展示出关键性的代码，详细代码请参见项目配套的源代码。

itcaststore 项目源代码在 Eclipse 资源管理器中的结构如图 13-13、图 13-14 所示。

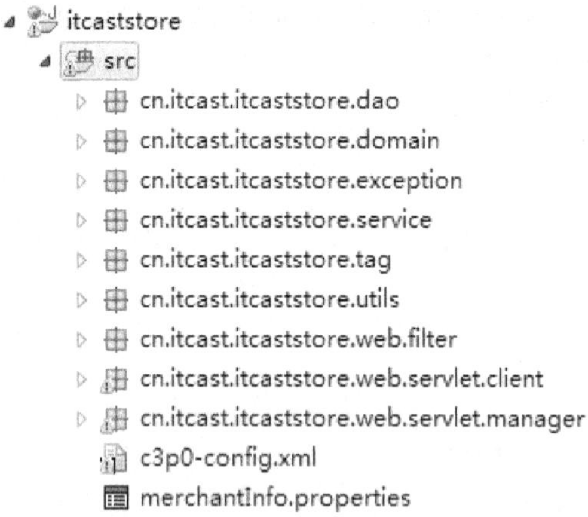

itcaststore
src
cn.itcast.itcaststore.dao
cn.itcast.itcaststore.domain
cn.itcast.itcaststore.exception
cn.itcast.itcaststore.service
cn.itcast.itcaststore.tag
cn.itcast.itcaststore.utils
cn.itcast.itcaststore.web.filter
cn.itcast.itcaststore.web.servlet.client
cn.itcast.itcaststore.web.servlet.manager
c3p0-config.xml
merchantInfo.properties

图13-13 src目录下文件

接下来，详细描述图 13-13 中各个包下的文件归类，具体如下。

- dao 包下的 java 文件为与数据库进行交互的类。
- domain 包下的 java 文件为实体类。
- exception 包中为自定义异常。
- service 包中的类主要用于编写业务逻辑，并调用 dao 操作数据库。
- tag 包中的类为自定义标签类，该包中只有一个类 PrivilegeTag 用于判断用户是否登录。
- utils 包中的类为项目中所用到的工具类。

- web.filter 包中有两个过滤器类，分别用于过滤全站编码和判断用户权限。
- web.servlet.client 包中的类为项目前台的 servlet 类。
- web.servlet.manager 包中的类为项目后台的 servlet 类。

```
WebContent
  admin
  bookcover
  client
  error
  META-INF
  productImg
  temp
  WEB-INF
    lib
    new_words.txt
    userPrivilegeTag.tld
    web.xml
  index.jsp
```

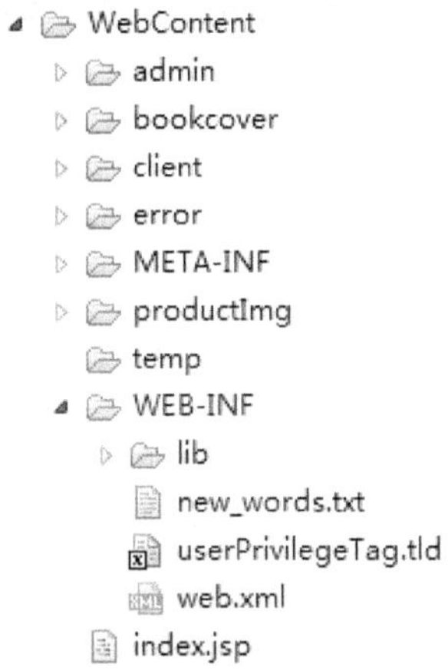

图 13-14　WebContent 目录下文件

接下来，详细描述 WebContent 目录下主要文件夹的作用，具体如下。

- admin 文件中的文件包括后台管理平台的所有页面以及 css、js 和图片等。
- bookcover 文件夹中存放了图书封面图片。
- client 文件夹中包含了前台的所有页面和 js 代码。
- error 文件夹中包含了所有错误页面。
- productImg 上传的图书图片存储目录。

13.4 本章小结

本章主要针对传智书城项目的前期准备工作进行了讲解。首先介绍了项目需求、功能结构，并给出了部分项目预览页面，使读者对传智书城项目有个大体的了解；然后讲解书城项目中的 E-R 图以及相关数据表结构的设计；最后针对项目的环境搭建，进行了详细的讲解。通过本章的学习，读者可以了解传智书城项目的需求、功能结构及其数据库和数据表是如何设计的，并可以搭建项目的基础环境。

【测一测】

学习完前面的内容，下面来动手测一测吧，请思考以下问题。

1. 请描述传智书城项目的开发环境。
2. 请写出传智书城项目搭建所需要导入的 JAR 包。
3. 请按照以下要求写出 c3p0-config.xml 文件的配置。

信息如下。

1）数据库名 itcaststore。

2）用户名 root。

3）密码 itcast。

4. 请按照要求写出数据源工具类。

要求如下。

1）工具类名为 DataSourceUtils。

2）工具类提供获取 Connection 对象、开启事务、提交事务、回滚事务。

14 Chapter

第 14 章 传智书城前台程序设计

Java Web

学习目标

- 掌握用户注册和登录模块的开发
- 掌握购物车模块的开发
- 掌握图书信息查询模块的开发

通过上一章的学习，读者应该已经对传智书城的项目需求、功能结构以及数据库设计等有了一定的了解。传智书城项目包括了前台和后台程序，其中，前台程序也就是前台网站，用于用户选购商品，它主要提供了用户注册和登录、购物车和图书信息查询等功能。接下来本章将针对传智书城前台程序设计进行详细的讲解。

14.1 用户注册和登录模块

用户注册是用户参与网站活动最直接的桥梁。通过用户注册可以有效地采集用户信息，并将合法的用户信息保存到指定的数据表中。成功注册并激活的用户登录后，可以使用网站的更多功能，例如购物车、提交和支付订单、查看个人账户等。接下来本节将针对用户注册和登录模块进行详细的讲解。

【任务 14-1】实现用户注册功能

【任务目标】

在传智书城网站上，用户只有注册账号并登录后才可以购买图书，那么首次进入网站的用户就需要先注册账号。传智书城项目的用户注册页面预览如图 14-1 所示。

图14-1　用户注册页面

从图 14-1 中可以看出，新用户注册需要填写的信息有邮箱、用户名、密码、重复密码、性别、联系电话、个人介绍以及验证码。其中，密码和重复密码表单输入的内容必须一致；输入的邮箱地址应该是合法的，且需要是本人拥有的邮箱，注册时系统会自动向此邮箱发送一封邮件，用于注册用户的激活操作。需要注意的是，由于在进行激活操作时需要登录邮箱查看激活邮件，因此，整个激活操作都需要在有外网的情况下进行。

通过本任务的学习，读者将学会如何实现传智书城用户注册功能。

【实现步骤】

1. 编写注册页面

在本教材的第 6 章中，已经讲解过传智书城注册页面的编写，从图 14-1 中可以看出，与第 6 章注册页面内容所不同的是，这里的注册页面增加了注册验证功能。将第 6 章中的 client 文件夹复制到本项目的 WebContent 目录下，并完善编写 register.jsp 文件中的内容，其主要代码如文件 14-1 所示。

文件 14-1 register.jsp

```
<%@ page language="java" import="java.util.*" pageEncoding="UTF-8"%>
<!DOCTYPE HTML PUBLIC "-//W3C//DTD HTML 4.01 Transitional//EN">
<html>
<head>
<title>传智书城注册页面</title>
<%--导入 css 和 js --%>
<link rel="stylesheet"
      href="${pageContext.request.contextPath}/client/css/main.css"
     type="text/css"/>
<script type="text/javascript"
        src="${pageContext.request.contextPath}/client/js/form.js">
</script>
<script type="text/javascript">
    function changeImage() {
        // 改变验证码图片中的文字
     document.getElementById("img")
          .src = "${pageContext.request.contextPath}/imageCode?time="
           + new Date().getTime();
    }
</script>
</head>
<body class="main">
<!-- 1.网上书城顶部 start -->
<%@include file="head.jsp"%>
<!-- 网上书城顶部  end -->
<!--2. 网上书城菜单列表  start -->
<%@include file="menu_search.jsp" %>
<!-- 网上书城菜单列表  end -->
<!-- 3.网上书城用户注册  start -->
<div id="divcontent">
    <form action="${pageContext.request.contextPath}/register"
          method="post" onsubmit="return checkForm();">
     <table width="850px" border="0" cellspacing="0">
        <tr>
         <td style="padding: 30px"><h1>新用户注册</h1>
        ... //此处省略部分代码
    <h1>注册验证</h1>
     <table width="80%" border="0" cellspacing="2" class="upline">
        <tr>
        <td style="text-align: right; width: 20%">输入验证码: </td>
        <td style="width: 50%">
```

```
42            <input type="text" class="textinput" />
43          </td>
44          <td> </td>
45          </tr>
46          <tr>
47              <td style="text-align: right; width: 20%;"> </td>
48              <td rowspan="2" style="width: 50%">
49      <img src="${pageContext.request.contextPath}/imageCode" width="180"
50          height="30" class="textinput" style="height: 30px;" id="img" />
51            
52      <a href="javascript:void(0);" onclick="changeImage()">看不清换一张</a>
53              </td>
54              </tr>
55        </table>
56      <table width="70%" border="0" cellspacing="0">
57          <tr>
58            <td style="padding-top: 20px; text-align: center">
59             <input type="image" src="images/signup.gif" name="submit"
60                      border="0" width="140" height="35"/>
61            </td>
62          </tr>
63       </table>
64      </td>
65      </tr>
66    </table>
67   </form>
68 </div>
69  <!-- 网上书城用户注册  end -->
70 <!--4. 网上书城下方显示 start -->
71 <%@ include file="foot.jsp" %>
72 <!-- 网上书城下方显示 start -->
73 </body>
74 </html>
```

从文件 14-1 中可以看出，注册功能页面的核心代码是一个 form 表单，在代码第 37 行有一个“注册验证”的功能，这里使用了验证码生成的工具类 CheckImageServlet（具体代码可查看项目源代码），每次单击【看不清换一张】图片链接时，会触发一次 changeImage()方法，将请求发送给 CheckImageServlet 来实现对验证码进行更换。信息填写完成后，当单击【同意并提交】链接时，表单信息会提交到以地址/register 结尾的链接中，它在 web.xml 文件中映射的是 RegisterServlet 类。

2. 创建 Servlet

在 cn.itcast.itcaststore.web.servlet.client 包中编写 RegisterServlet 类，该类用于完成注册操作，其实现代码如文件 14-2 所示。

文件 14-2 RegisterServlet.java

```
public class RegisterServlet extends HttpServlet {
    private static final long serialVersionUID = 1L;
    public void doGet(HttpServletRequest request,
      HttpServletResponse response)throws ServletException, IOException {
        doPost(request, response);
```

```
6      }
7      public void doPost(HttpServletRequest request,
8       HttpServletResponse response) throws ServletException, IOException {
9          // 将表单提交的数据封装到 javaBean
10         User user = new User();
11         try {
12             BeanUtils.populate(user, request.getParameterMap());
13             // 封装激活码
14             user.setActiveCode(ActiveCodeUtils.createActiveCode());
15         } catch (IllegalAccessException e) {
16             e.printStackTrace();
17         } catch (InvocationTargetException e) {
18             e.printStackTrace();
19         }
20         // 调用 service 完成注册操作
21         UserService service = new UserService();
22         try {
23             service.register(user);
24         } catch (RegisterException e) {
25             e.printStackTrace();
26             response.getWriter().write(e.getMessage());
27             return;
28         }
29         // 注册成功，跳转到 registersuccess.jsp
30         response.sendRedirect(request.getContextPath() +
31                                     "/client/registersuccess.jsp");
32     }
33 }
```

在文件 14-2 中，第 12 行代码使用 BeanUtils 第三方工具类的 populate()方法，将所有注册信息封装到 user 对象中；第 14 行代码用于向 user 对象中封装激活码；第 20~31 行代码用于调用 service 层的方法完成注册操作。如果注册成功，则跳转到 registersuccess.jsp 页面；如果失败，则输出错误信息。在代码第 23 行，调用 UserService 类中的 register()方法完成注册操作时，该方法不仅将用户注册信息保存到数据库 user 表中，还向用户发送一个用于激活用户账号的邮件。

3. 编写 Service 层方法

在 cn.itcast.itcaststore.service 包中的 UserService 类中编写 register()方法，该方法的主要代码如下所示。

```
package cn.itcast.itcaststore.service;
...
public class UserService {
    private UserDao dao = new UserDao();
    // 注册操作
    public void register(User user) throws RegisterException {
        // 调用 dao 完成注册操作
        try {
            dao.addUser(user);
            // 发送激活邮件
            String emailMsg = "感谢您注册网上书城，单击"+
```

```
12         "<a href='http:// 127.0.0.1:8080/itcaststore/activeUser?activeCode="
13                 + user.getActiveCode() + "'> 激活 </a>后使用。"
14                 + "<br />为保障您的账户安全，请在 24 小时内完成激活操作";
15                 MailUtils.sendMail(user.getEmail(), emailMsg);
16             } catch (Exception e) {
17                 e.printStackTrace();
18                 throw new RegisterException("注册失败");
19             }
20         }
21 }
```

在上述代码中，第 9 行代码用于调用 DAO 层方法，将用户注册信息保存到数据库 user 表中，代码第 11~15 行用于向用户邮箱发送激活邮件。其中，由于 User 实体类内无逻辑代码，在此不展示其代码。DAO 层代码将在讲解用户登录时一并展示。

4. 创建邮件工具类

在 cn.itcast.itcaststore.utils 包中编写 MailUtils 类，该类用于用户注册后，向用户邮箱中发送激活信息。在向用户账户发送激活邮件时，程序调用了 MailUtils 类中的 sendMail()方法。MailUtils 类是发送邮件的工具类，它的具体代码如文件 14-3 所示。

文件 14-3　MailUtils.java

```
/**
 * 发送邮件的工具类
 */
public class MailUtils {
    public static void sendMail(String email, String emailMsg)
            throws AddressException, MessagingException {
        //1.创建 Properties 对象，并设置邮件服务器的基本信息
        Properties props = new Properties();
        // 1.1 设置邮件传输协议为 SMTP
        props.setProperty("mail.transport.protocol", "SMTP");
        // 1.2 设置 SMTP 服务器地址
        props.setProperty("mail.host", "smtp.sohu.com");
        // 1.3 设置 SMTP 服务器是否需要用户验证，需要验证设置为 true
        props.setProperty("mail.smtp.auth", "true");
        // 1.4 创建验证器
        Authenticator auth = new Authenticator() {
            public PasswordAuthentication getPasswordAuthentication() {
      return new PasswordAuthentication("itcast_duhong", "1234567890");
            }
        };
        //实例化邮件会话 Session
        Session session = Session.getInstance(props, auth);
        //2.创建一个 Message,该对象相当于邮件内容
        Message message = new MimeMessage(session);
        //2.1 设置发送者
        message.setFrom(new InternetAddress("itcast_duhong@sohu.com"));
        //2.2 设置发送方式与接收者，邮件接收者在调用 sendMail()方法时通过参数传递进来
        message.setRecipient(RecipientType.TO,new InternetAddress(email));
        //2.3 设置发出的邮件主题
```

```
29          message.setSubject("用户激活");
30          message.setContent(emailMsg, "text/html;charset=utf-8");
31          //3.发送邮件
32          Transport.send(message);
33      }
34 }
```

从文件 14-3 中可以看出，MailUtils 类中只定义了一个 sendMail()方法。在该方法中，第 7~21 行代码用于设置邮件服务器的一些基本信息，并创建程序与邮件服务器的会话对象 Session；第 23~30 行代码用于创建一个 Message 对象，使用该对象设置邮件发送者、接收者和邮件主题；第 32 行代码用于调用 Transport 类的 send()方法发出邮件。

【任务 14-2】实现用户登录功能

【任务目标】

用户注册并成功激活之后，便可以在传智书城前台网站进行登录操作。接下来通过一个流程图来描述传智书城前台系统登录模块的流程，如图 14-2 所示。

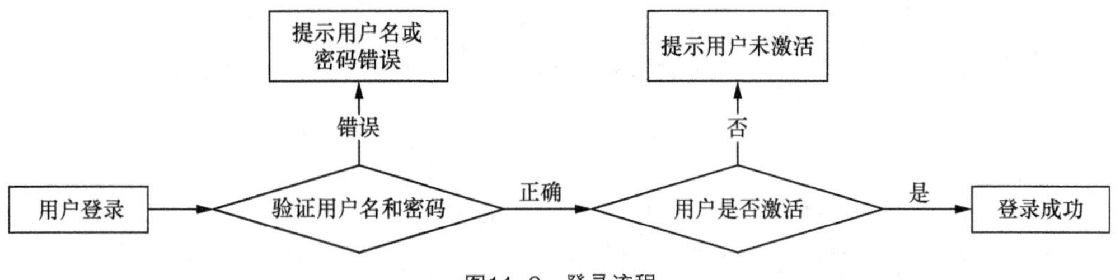

图14-2　登录流程

在图 14-2 中，用户登录过程中不仅要验证用户名和密码是否正确，还要验证该用户是否激活。只有用户名、密码都正确，并且该用户已激活才能够登录成功。

下面看一下传智书城前台系统的登录页面，如图 14-3 所示。

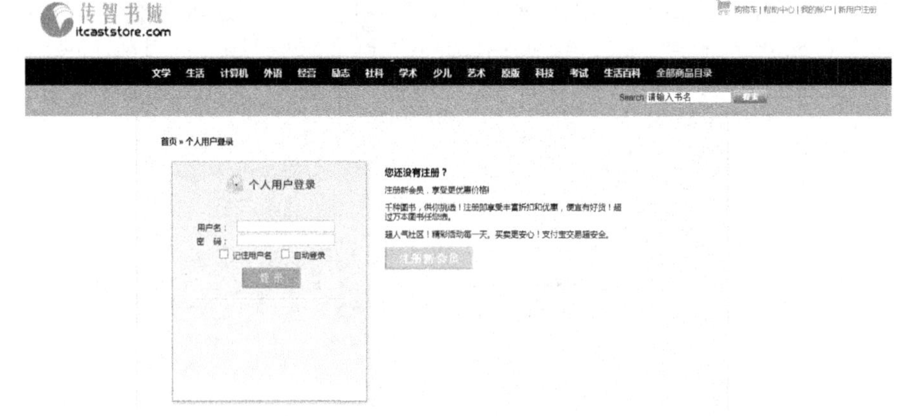

图14-3　登录页面

从图 14-3 中可以看出，登录时需要输入用户名和密码。通过本任务的学习，读者将学会如何实现传智书城用户登录功能。

【实现步骤】

1. 编写登录页面

在 client 文件夹中创建登录页面 login.jsp，该页面文件的关键代码如下所示。

```
<form action="${pageContext.request.contextPath}/login" method="post">
  ...
  <tr>
  <td style="text-align:right; padding-top:5px; width:25%">用户名: </td>
    <td style="text-align:left">
           <input name="username" type="text" class="textinput" />
      </td>
      </tr>
       <tr>
          <td style="text-align:right; padding-top:5px">
             密    码:
            </td>
        <td style="text-align:left">
        <input name="password" type="password" class="textinput" />
        </td>
        </tr>
        <tr>
        <td colspan="2" style="text-align:center">
         <input type="checkbox" name="checkbox" value="checkbox01" />
             记住用户名  
         <input type="checkbox" name="checkbox" value="checkbox02" />
             自动登录
           </td>
          </tr>
          <tr>
         <td colspan="2" style="padding-top:10px; text-align:center">
         <input name="image" type="image" onclick="return formcheck()"
          src="${pageContext.request.contextPath }/client/images/
          loginbutton.gif"width="83".height="22" />
        </td>
        </tr>
        <tr>
        <td colspan="2" style="padding-top:10px">
        <img src="${pageContext.request.contextPath }/client/images/
         loginline.gif"width="241" height="10" />
        </td>
      </tr>
      ...
     <td style="text-align:left; padding-top:30px; width:60%">
       <h1>您还没有注册? </h1>
       <p>注册新用户，享受更优惠价格!</p>
```

```
        <p>千种图书，供你挑选！注册即享受丰富折扣和优惠，便宜有好货！
        超过万本图书任您选。</p>
        <p>超人气社区！精彩活动每一天。买卖更安心！支付宝交易超安全。</p>
        <p style="text-align:left">
         <a href="${pageContext.request.contextPath }/client/register.jsp">
        <img src="${pageContext.request.contextPath }/client/images/
         signupbutton.gif"width="135"height="33" />
    </a>
      ...
</form>
```

在登录的过程中，将页面中获取的用户名和密码作为查询条件，在用户信息表中查找条件匹配的用户信息。如果返回的结果不为空，说明用户名和密码输入正确，反之输入错误。需要注意的是，用户名和密码输入正确后，还需要判断该用户是否为激活用户。当单击【登录】按钮时，表单信息会提交到以“/login”为结尾的 URL 中，它在 web.xml 文件中映射的是 LoginServlet 类。

2. 创建 Servlet

在 cn.itcast.itcaststore.web.servlet.client 包中创建 LoginServlet 类，该类用于完成登录操作，其实现代码如文件 14-4 所示。

文件 14-4　LoginServlet.java

```
public class LoginServlet extends HttpServlet {
    private static final long serialVersionUID = 1L;
    public void doGet(HttpServletRequest request,
     HttpServletResponse response)throws ServletException, IOException {
        doPost(request, response);
    }
    public void doPost(HttpServletRequest request,
     HttpServletResponse response)throws ServletException, IOException {
        // 1.获取登录页面输入的用户名与密码
        String username = request.getParameter("username");
        String password = request.getParameter("password");
        // 2.调用 service 完成登录操作。
        UserService service = new UserService();
        try {
            User user = service.login(username, password);
            // 3.登录成功，将用户存储到 session 中.
            request.getSession().setAttribute("user", user);
            // 获取用户的角色，其中用户的角色分普通用户和超级用户两种
            String role = user.getRole();
            // 如果是超级用户，就进入到传智书城的后台管理系统；否则进入我的账户页面
            if ("超级用户".equals(role)) {
              response.sendRedirect(request.getContextPath() +
                                        "/admin/login/home.jsp");
                return;
            } else {
               response.sendRedirect(request.getContextPath() +
                                         "/client/myAccount.jsp");
```

```
28                  return;
29              }
30          } catch (LoginException e) {
31              // 如果出现问题，将错误信息存储到 request，并跳转回登录页面显示错误信息
32              e.printStackTrace();
33              request.setAttribute("register_message", e.getMessage());
34              request.getRequestDispatcher("/client/login.jsp").
35                                  forward(request, response);
36              return;
37          }
38      }
39 }
```

在文件 14-4 中，第 15 行代码调用了 UserService 类中的 login()方法来完成登录操作。

3. 编写 Service 层方法

在 UserService 类中编写 login()方法，使用该方法验证用户名、密码以及是否为激活用户，其实现代码如文件 14-5 所示。

文件 14-5　UserService.java

```
1  // 登录操作
2  public User login(String username, String password)
3                  throws LoginException {
4      try {
5          //根据登录时表单输入的用户名和密码，查找用户
6          User user = dao.findUserByUsernameAndPassword(username, password);
7          //如果找到，还需要确定用户是否为激活用户
8          if (user != null) {
9              // 只有是激活用户才能登录成功，否则提示“用户未激活”
10             if (user.getState() == 1) {
11                 return user;
12             }
13             throw new LoginException("用户未激活");
14         }
15         throw new LoginException("用户名或密码错误");
16     } catch (SQLException e) {
17         e.printStackTrace();
18         throw new LoginException("登录失败");
19     }
20 }
```

在文件 14-5 中，第 6 行代码用于根据登录时表单输入的用户名和密码，查找用户；第 8~14 行代码用于判断用户是否存在，如果存在，则继续判断用户是否激活，只有是激活才能登录成功，否则提示“用户未激活”；如果用户不存在，则提示“用户名或密码错误”。需要注意的是，注册用户时已经保证了系统前台用户名的唯一性，所以根据登录时表单输入的用户名和密码查找的用户，只能返回一个 User 对象。

4. 创建 DAO

在 cn.itcast.itcaststore.dao 包中创建 UserDao 类。该类用来添加、查找和验证用户，UserDao 类的部分关键代码如文件 14-6 所示。

文件 14-6 UserDao.java

```
public class UserDao {
  // 添加用户
  public void addUser(User user) throws SQLException {
    String sql = "insert intouser(username,password,gender,email,
                 telephone,introduce,activecode) values(?,?,?,?,?,?,?)";
    QueryRunner runner = new QueryRunner(DataSourceUtils.getDataSource());
    int row = runner.update(sql, user.getUsername(), user.getPassword(),
              user.getGender(), user.getEmail(), user.getTelephone(),
              user.getIntroduce(), user.getActiveCode());
        if (row == 0) {
            throw new RuntimeException();
     }
  }
  // 根据激活码查找用户
  public User findUserByActiveCode(String activeCode)
                                   throws SQLException {
    String sql = "select * from user where activecode=?";
    QueryRunner runner = new QueryRunner(DataSourceUtils
                                             .getDataSource());
    return runner.query(sql,
                 new BeanHandler<User>(User.class), activeCode);
  }
  // 激活用户
  public void activeUser(String activeCode) throws SQLException {
     String sql = "update user set state=? where activecode=?";
    QueryRunner runner = new QueryRunner(DataSourceUtils
                                             .getDataSource());
    runner.update(sql, 1, activeCode);
  }
    //根据用户名与密码查找用户
  public User findUserByUsernameAndPassword(String username,
                              String password) throws SQLException {
    String sql="select * from user where username=? and password=?";
    QueryRunner runner = new QueryRunner(DataSourceUtils
                                             .getDataSource());
    return runner.query(sql,
                 new BeanHandler<User>(User.class),username,password);
  }
  }
```

在 UserDao 中，实现了 4 个方法，作用分别为添加用户、根据激活码查找用户、激活用户、根据用户名与密码查找用户。至此，就已经展示完了用户注册和登录的核心代码。

14.2 购物车模块

在电子商务网站中购物车模块是必不可少的，也是最重要的模块之一。本节中将学习如何实现传智书城项目的购物车模块。在开发购物车模块之前，首先应该熟悉该模块实现的功能以及整个功能模块的处理流程。下面通过一幅图来展示购物车模块实现的所有功能，具体如图 14-4 所示。

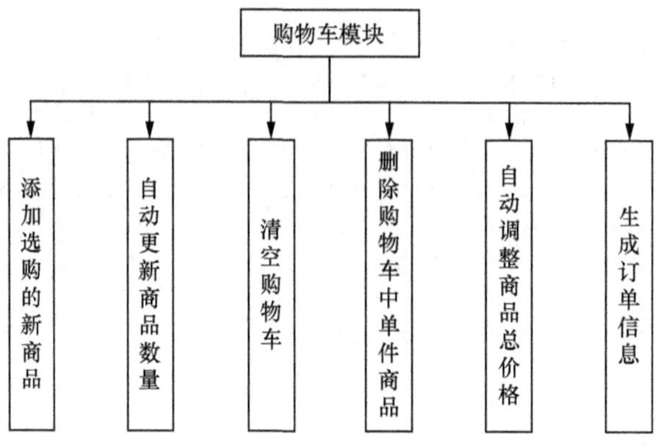

图14-4　购物车功能结构

从图 14-4 中可以看出，购物车模块包括管理购物车中的商品和生成订单信息的功能。那么，项目中整个的购物流程是怎样实现的？下面通过一幅图来描述购物车的功能流程，如图 14-5 所示。

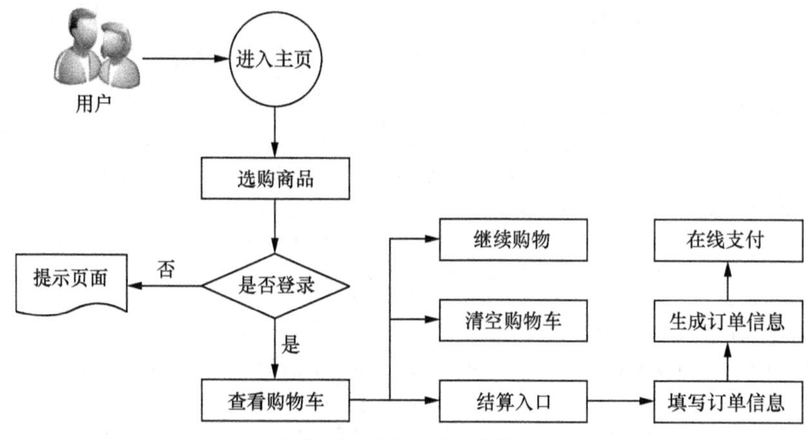

图14-5　购物车功能流程图

图 14-5 清楚地描述了整个购物流程。需要注意的是，购物车的功能是基于 Session 实现的，Session 充当了一个临时信息存储平台。当其失效后，保存的购物车信息也将全部丢失。

【任务 14-3】实现购物车的基本功能

【任务目标】

通过所学知识和购物车功能及流程的描述，实现在购物车中添加商品和删除购物车中指定商品的功能。

已登录用户浏览商品详细信息并单击页面的【购买】按钮后，会将该商品放入购物车内。如果想删除购物车中的商品，单击购物车中某个商品后面的【 X 】（删除）图标，便可以清除该商品的订单条目信息。商品详细信息页面和购物车页面如图 14-6 和图 14-7 所示。

图14-6　商品详细信息页

图14-7　放入购物车内的商品信息

【实现步骤】

1. 向购物车中添加商品

（1）创建 Servlet

在 cn.itcast.itcaststore.web.servlet.client 包中创建一个名称为 AddCartServlet 的 Servlet 类，该类用于封装添加到购物车中的商品，代码如文件 14-7 所示。

文件 14-7 AddCartServlet.java

```
public class AddCartServlet extends HttpServlet {
    public void doGet(HttpServletRequest request,
      HttpServletResponse response)throws ServletException, IOException {
        doPost(request, response);
    }
    public void doPost(HttpServletRequest request,
     HttpServletResponse response)throws ServletException, IOException {
        // 1.得到商品id
        String id = request.getParameter("id");
        ProductService service = new ProductService();
        try {
            // 2.调用service层方法，根据id查找商品
            Product p = service.findProductById(id);
            //3. 将商品添加到购物车
            //3.1 获得session对象
            HttpSession session = request.getSession();
            //3.2 从session中获取购物车对象
            Map<Product, Integer> cart =
                  (Map<Product, Integer>)session.getAttribute("cart");
            //3.3 如果购物车为null,说明没有商品存储在购物车中，创建出购物车
            if (cart == null) {
                cart = new HashMap<Product, Integer>();
            }
            //3.4 向购物车中添加商品数量信息
            Integer count = cart.put(p, 1);
            //3.5 如果商品数量不为空，则商品数量+1，否则添加新的商品信息
            if (count != null) {
                cart.put(p, count + 1);
            }
            session.setAttribute("cart", cart);
            response.sendRedirect(request
                              .getContextPath() + "/client/cart.jsp");
            return;
        } catch (FindProductByIdException e) {
            e.printStackTrace();
        }
    }
}
```

在文件 14-7 的代码中，将商品添加到购物车时，首先要获取 Session 对象，再从 Session 对象中获得购物车。接下来判断购物车是否为空，如果为空，则说明没有商品存储在购物车对象中，需要创建购物车对象。如果不为空，则向购物车中添加商品数量信息，如果之前已添加过该商品，则修改购物车中该商品的数量，自动加 1；否则添加新的商品购买信息。

由于篇幅有限，此处就不详细介绍 Service 层和 DAO 层通过 id 查询商品的代码了，这里只重点介绍购物车的功能的实现。

（2）编写购物车页面

AddCartServlet 执行成功后会重定向到 cart.jsp 页面，在 client 文件夹下创建一个名称为

cart.jsp 的文件，其部分关键代码如文件 14-8 所示。

文件 14-8 cart.jsp

```
<table width="100%" border="0" cellspacing="0">
<tr>
    <td>
       <div style="text-align:right; margin:5px 10px 5px 0px">
        <a href="${pageContext.request.contextPath }/index.jsp">首页</a>
                &gt;    
            购物车
        </div>
<table cellspacing="0" class="infocontent">
    <tr>
        <td>
    <img src="${pageContext.request.contextPath}/client/ad/page_ad.jpg"
          width="900" height="89" />
     <table width="100%" border="0" cellspacing="0">
        <tr>
         <td>
     <img src="${pageContext.request.contextPath}/client/images/buy1.gif"
          width="635" height="38" />
                 </td>
             </tr>
             <tr>
            <td>
     <table cellspacing="1" class="carttable">
             <tr>
                 <td width="10%">序号</td>
                 <td width="30%">商品名称</td>
                 <td width="10%">价格</td>
                 <td width="20%">
                        
                 数量
                 </td>
                 <td width="10%">库存</td>
                 <td width="10%">小计</td>
                 <td width="10%">取消</td>
             </tr>
     </table>
     <!-- 循环输出商品信息 -->
     <c:set var="total" value="0" />
      <c:forEach items="${cart}" var="entry" varStatus="vs">
             <table width="100%" border="0" cellspacing="0">
              <tr>
               <td width="10%">${vs.count}</td>
               <td width="30%">${entry.key.name }</td>
               <td width="10%">${entry.key.price }</td>
               <td width="20%">
```

```
          <!-- 减少商品数量 -->
          <input type="button" value='-' style="width:20px"
                 onclick="changeProductNum('${entry.value-1}',
                        '${entry.key.pnum}','${entry.key.id}')">
          <!-- 商品数量显示 -->
          <input name="text" type="text" value="${entry.value}"
                  style="width:40px;text-align:center" />
          <!-- 添加商品数量 -->
          <input type="button" value='+' style="width:20px"
                  onclick="changeProductNum('${entry.value+1}',
                 '${entry.key.pnum}','${entry.key.id}')">
               </td>
               <td width="10%">${entry.key.pnum}</td>
               <td width="10%">${entry.key.price*entry.value}</td>
               <td width="10%">
       <!-- 删除商品 -->
     <a href="${pageContext.request.contextPath}/changeCart?
        id=${entry.key.id}&count=0"style="color:#FF0000; font-weight:bold"
        onclick="javascript:return cart_del()">X</a>
                </td>
                </tr>
              </table>
       <c:set value="${total+entry.key.price*entry.value}" var="total" />
       </c:forEach>
       <!-- 合计信息 -->
       <table cellspacing="1" class="carttable">
          <tr>
          <td style="text-align:right; padding-right:40px;">
          <font style="color:#FF6600; font-weight:bold">
           合计：  ${total}元</font>
           </td>
           </tr>
           </table>
           <div style="text-align:right; margin-top:10px">
        <!--继续购物 -->
         <a href="${pageContext.request.contextPath}/showProductByPage">
              <img src="images/gwc_jx.gif" border="0" />
         </a>
               
         <!--结账 -->
         <a href="${pageContext.request.contextPath}/client/order.jsp">
    <img src="${pageContext.request.contextPath}/client/images/gwc_buy.gif"
         border="0" />
          </a>
          </div>
          </td>
          </tr>
       </table>
     </td>
     </tr>
```

```
96 </table>
97 </td>
98 </tr>
99 </table>
```

在文件 14-8 中，第 39~69 行代码通过 EL 表达式${cart}的方式获取购物车中的信息，得到的结果是一个 Map 集合，并使用 c 标签遍历 Map 集合，然后通过“entry.key”和“entry.value”分别获取商品的各种信息。

2. 删除购物车中的指定商品

单击购物车中某个商品后面的【X】(删除)图标后，首先会触发 js 方法 cart_del()弹出确认提示框，当用户单击【确定】按钮后，会发送一个以“/changeCart”结尾的链接，该链接会将商品 id 和商品数量 count 信息通过 web.xml 文件映射到 ChangeCartServlet 类。

在 cn.itcast.itcaststore.web.servlet.client 包中创建 ChangeCartServlet 类，该类主要用于实现更改购物车中商品的操作，其主要代码如文件 14-9 所示。

文件 14-9　ChangeCartServlet.java

```
public class ChangeCartServlet extends HttpServlet {
    public void doGet(HttpServletRequest request,
     HttpServletResponse response)throws ServletException, IOException {
        doPost(request, response);
    }
    public void doPost(HttpServletRequest request,
     HttpServletResponse response)throws ServletException, IOException {
        // 1.得到商品 id
        String id = request.getParameter("id");
        // 2.得到要修改的数量
        int count = Integer.parseInt(request.getParameter("count"));
        // 3.从 session 中获取购物车.
        HttpSession session = request.getSession();
        Map<Product, Integer> cart =
            (Map<Product, Integer>) session.getAttribute("cart");
        Product p = new Product();
        p.setId(id);
        // 修改购物车中指定的商品数量，如果 count 为 0，表示删除该商品
        if (count != 0) {
            cart.put(p, count);
        } else {
            cart.remove(p);
        }
    response.sendRedirect(request.getContextPath() + "/client/cart.jsp");
        return;
    }
}
```

在文件 14-9 中，ChangeCartServlet 类首先获得商品 id 和要修改的数量 count，然后从 session 中获取到当前用户的购物车。如果要修改的数量为 0，就从购物车中删除该商品；如果要修改的数量不为 0，则修改该商品的数量。

【任务 14-4】实现订单的相关功能

【任务目标】

要结算选购的商品，首先要生成一个订单，其中应该包括结算的商品信息、收货地址、收货人、联系方式等。用户在购物车页面单击【结算】按钮后会进入结算中心页面，填写完页面信息后，效果如图 14-8 所示。

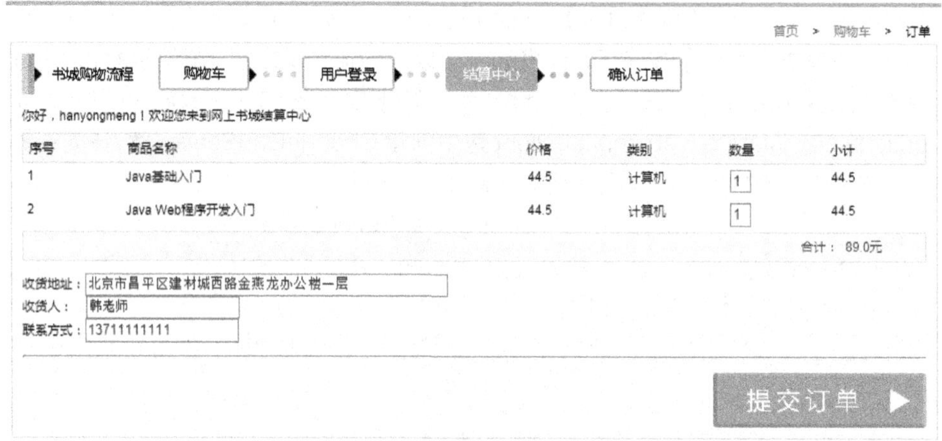

图14-8　结算中心

图 14-8 所示为订单信息页面。该页面根据购物车中的商品名称和数量生成了订单，并可以填写收货人姓名、联系电话和收获地址，其中，收货人和联系电话默认显示为用户注册时填写的用户名和联系电话，这两个信息在提交订单前均可以进行修改。本任务将实现提交订单的功能。

【实现步骤】

1. 创建订单页面

在 client 文件夹中编写 order.jsp 文件，页面的部分关键代码如文件 14-10 所示。

文件 14-10　order.jsp

```
<form id="orderForm"
  action="${pageContext.request.contextPath}/createOrder" method="post">
<table cellspacing="0" class="infocontent">
<tr>
<td>
<table width="100%" border="0" cellspacing="0">
        <tr>
            <td><img src="images/buy2.gif" width="635" height="38" />
                <p>你好，${user.username}！欢迎您来到网上书城结算中心</p>
            </td>
        </tr>
        <tr>
            <td>
                 <table cellspacing="1" class="carttable">
```

```
                <tr>
                    <td width="10%">序号</td>
                    <td width="40%">商品名称</td>
                    <td width="10%">价格</td>
                    <td width="10%">类别</td>
                    <td width="10%">数量</td>
                    <td width="10%">小计</td>
                </tr>
            </table>
            <c:set value="0" var="totalPrice"/>
            <c:forEach items="${cart}" var="entry" varStatus="vs">
                <table width="100%" border="0" cellspacing="0">
                    <tr>
                        <td width="10%">${vs.count}</td>
                        <td width="40%">${entry.key.name }</td>
                        <td width="10%">${entry.key.price }</td>
                        <td width="10%">${entry.key.category}</td>
                        <td width="10%">
             <input name="text" type="text" value="${entry.value}"
                     style="width:20px" readonly="readonly"/>
                        </td>
                    <td width="10%">${entry.key.price*entry.value}</td>
                   </tr>
                </table>
            <c:set var="totalPrice"
                    value="${totalPrice+entry.key.price*entry.value}"/>
            </c:forEach>
            <table cellspacing="1" class="carttable">
                <tr>
                 <td style="text-align:right; padding-right:40px;">
                    <font style="color:#FF0000">
                        合计：  ${totalPrice}元
                    </font>
               <input type="hidden" name="money" value="${totalPrice}">
                    </td>
                </tr>
            </table>
            <p>
收货地址：<input id="receiverAddress" name="receiverAddress" type="text"
      value=""style="width:350px" onkeyup="checkReceiverAddress();" />
              
<span id="receiverAddressMsg"></span><br/>
收货人：    
      <input id="receiverName" name="receiverName" type="text"
              value="${user.username}" style="width:150px"
               onkeyup="checkReceiverName();"/>
<span id="receiverNameMsg"></span>    <br/>
联系方式：<input type="text" id="receiverPhone" name="receiverPhone"
                value="${user.telephone}" style="width:150px"
                onkeyup="checkReceiverPhone();" />
```

```
    <span id="receiverPhoneMsg"></span>    
              </p>
              <hr />
              <p style="text-align:right">
        <img src="images/gif53_029.gif" width="204" height="51" border="0"
            onclick="checkOnSubmit();"/>
              </p>
           </td>
        </tr>
    </table>
</td>
</tr>
</table>
</form>
```

文件 14-10 中，在单击【提交订单】时，会触发 checkOnSubmit ()方法，该方法由 JavaScript 编写，用于鼠标单击时触发表单验证。表单验证通过后，信息会提交到 form 表单中以/createOrder 结尾的地址中，它在 web.xml 文件中映射的是 CreateOrderServlet 类。

2. 创建 Servlet

在 cn.itcast.itcaststore.web.servlet.client 包中创建一个 Servlet 类 CreateOrderServlet，该类用于把订单信息保存到数据库。该类的核心代码如文件 14-11 所示。

文件 14-11　CreateOrderServlet.java

```
//生成订单
public class CreateOrderServlet extends HttpServlet {
    public void doGet(HttpServletRequest request,
     HttpServletResponse response)throws ServletException, IOException {
        doPost(request, response);
    }
    public void doPost(HttpServletRequest request,
     HttpServletResponse response)throws ServletException, IOException {
        // 1.得到当前用户
        HttpSession session = request.getSession();
        User user = (User) session.getAttribute("user");
        // 2.从购物车中获取商品信息
        Map<Product, Integer> cart =
                (Map<Product, Integer>)session.getAttribute("cart");
        // 3.将数据封装到订单对象中
        Order order = new Order();
        try {
            BeanUtils.populate(order, request.getParameterMap());
        } catch (IllegalAccessException e) {
            e.printStackTrace();
        } catch (InvocationTargetException e) {
            e.printStackTrace();
        }
        order.setId(IdUtils.getUUID());// 封装订单 id
        order.setUser(user);// 封装用户信息到订单.
        for (Product p : cart.keySet()) {
```

```
            OrderItem item = new OrderItem();
            item.setOrder(order);
            item.setBuynum(cart.get(p));
            item.setP(p);
            order.getOrderItems().add(item);
        }
        // 4.调用 service 中添加订单操作.
        OrderService service = new OrderService();
        service.addOrder(order);
        response.sendRedirect(request.getContextPath() +
                                "/client/createOrderSuccess.jsp");
    }
}
```

在上述代码中，首先得到了当前用户的信息，然后从购物车中获取商品信息，再将购物车中的信息封装到订单对象中，最后调用 Service 层的 addOrder()方法，将订单信息存储到数据库并重定向到 createOrderSuccess.jsp 页面。需要注意的是，在进行【提交订单】操作时，不仅需要把订单信息保存到订单表 orders，还需要向订单条目表 orderitem 中添加数据，并且修改商品表中该商品的库存数量。

14.3 图书信息查询模块

图书根据其题材和内容的不同，可以分为不同的类型，单击商品分类导航栏的指定分类，可以展示该分类下的所有图书。而搜索功能用于根据书名模糊查询图书，满足用户快速搜寻心仪图书的需要。接下来本节将对商品分类导航栏和搜索模块的实现进行详细的讲解。

【任务 14-5】实现商品分类导航栏

【任务目标】

根据商品类型的不同，将图书分为文学类、生活类、计算机类等。单击导航栏上不同的类型，显示该类型下所有的图书，当单击【全部商品目录】时，查询的是所有的图书。

商品分类导航栏和搜索栏的预览如图 14-9 所示。

图14-9　商品分类导航栏和搜索模块

通过本任务的学习，读者将学会如何实现传智书城商品分类导航栏功能。

【实现步骤】

1. 编写页面功能代码

编写商品分类导航栏页面，商品分类导航栏位于 menu_search.jsp 页面中，编辑后的代码如下所示。

```
<div id="divmenu">
```

```
    <a href="${pageContext.request.contextPath}/showProductByPage?
      category=文学">文学</a>
    <a href="${pageContext.request.contextPath}/showProductByPage?
      category=生活">生活</a>
    <a href="${pageContext.request.contextPath}/showProductByPage?
      category=计算机">计算机</a>
    <a href="${pageContext.request.contextPath}/showProductByPage?
      category=外语">外语</a>
    <a href="${pageContext.request.contextPath}/showProductByPage?
      category=经营">经营</a>
    <a href="${pageContext.request.contextPath}/showProductByPage?
      category=励志">励志</a>
    <a href="${pageContext.request.contextPath}/showProductByPage?
      category=社科">社科</a>
    <a href="${pageContext.request.contextPath}/showProductByPage?
      category=学术">学术</a>
    <a href="${pageContext.request.contextPath}/showProductByPage?
      category=少儿">少儿</a>
    <a href="${pageContext.request.contextPath}/showProductByPage?
      category=艺术">艺术</a>
    <a href="${pageContext.request.contextPath}/showProductByPage?
      category=原版">原版</a>
    <a href="${pageContext.request.contextPath}/showProductByPage?
      category=科技">科技</a>
    <a href="${pageContext.request.contextPath}/showProductByPage?
      category=考试">考试</a>
    <a href="${pageContext.request.contextPath}/showProductByPage?
      category=生活百科">生活百科</a>
    <a href="${pageContext.request.contextPath}/showProductByPage"
      style="color:#b4d76d">全部商品目录</a>
  </div>
```

从上述代码中可以看出，不同分类图书的链接请求地址均为“/showProductByPage”，而且都带了 category 参数，只是其参数值不一样。需要注意的是，商品分类导航栏中在查询“全部商品目录”时，没有带 category 参数。“/showProductByPage”在 web.xml 中映射到 ShowProductByPageServlet 类。

2. 创建 Servlet

在 cn.itcast.itcaststore.web.servlet.client 包中创建一个名称为 ShowProductByPageServlet 的 Servlet 类，该类用于分页显示查询的数据，其部分关键代码如文件 14-12 所示。

文件 14-12　ShowProductByPageServlet.java

```
//分页显示数据
public class ShowProductByPageServlet extends HttpServlet {
    public void doGet(HttpServletRequest request,
     HttpServletResponse response)throws ServletException, IOException {
        doPost(request, response);
    }
    public void doPost(HttpServletRequest request,
     HttpServletResponse response)throws ServletException, IOException {
        // 1.定义当前页码，默认为1
```

```
10         int currentPage = 1;
11         String _currentPage = request.getParameter("currentPage");
12         if (_currentPage != null) {
13             currentPage = Integer.parseInt(_currentPage);
14         }
15         // 2.定义每页显示条数,默认为 4
16         int currentCount = 4;
17         String _currentCount = request.getParameter("currentCount");
18         if (_currentCount != null) {
19             currentCount = Integer.parseInt(_currentCount);
20         }
21         // 3.获取查找的分类
22         String category = "全部商品";
23         String _category = request.getParameter("category");
24         if (_category != null) {
25             category = _category;
26         }
27         // 4.调用 service，完成获取当前页分页 Bean 数据.
28         ProductService service = new ProductService();
29         PageBean bean = service.findProductByPage(currentPage,
30                                             currentCount,category);
31         // 将数据存储到 request 范围，跳转到 product_list.jsp 页面展示
32         request.setAttribute("bean", bean);
33         request.getRequestDispatcher("/client/product_list.jsp")
34                                     .forward(request, response);
35         return;
36     }
37 }
```

在文件 14-12 中，第 10~20 行代码用于对查询的结果进行分页显示；第 22~26 行代码用于获取查找的分类 category 参数值，当分类 category 参数值不为 null 时，将获取的值赋给 category 变量，查询指定分类下的商品，否则就查找全部商品；第 28~35 行代码用于调用 service，来获取当前页分页数据，并将数据存储到 request 范围，跳转到 product_list.jsp 页面展示。

【任务 14-6】实现图书搜索功能

【任务目标】

用户在浏览商品时，可以通过导航栏选择查看不同分类的图书，或者单击【全部商品目录】查看所有的图书，但是由于传智书城的图书数量众多，并不方便用户快速查找和购买心仪的图书，因此提供了图书搜索功能，如图 14-9 所示的分类导航栏中右侧的搜索框。在一个成熟的电子商务网站搜索功能是很有必要的，同时这也是网站人性化和操作界面友好的一种体现。

通过本任务的学习，读者将学会实现传智书城商品搜索功能。

【实现步骤】

1. 实现页面代码

编写 menu_search.jsp 文件，搜索功能同样位于 menu_search.jsp 页面中，其对应代码如文件 14-13 所示。

文件 14–13　menu_search.jsp

```
<form action="${pageContext.request.contextPath }/MenuSearchServlet"
      id="searchform">
    <table width="100%" border="0" cellspacing="0">
        <tr>
            <td style="text-align:right; padding-right:220px">
                Search
                <input type="text" name="textfield" class="inputtable"
                id="textfield" value="请输入书名"
                onmouseover="this.focus();"
                onclick="my_click(this, 'textfield');"
                onBlur="my_blur(this, 'textfield');"/>
                <a href="#">
             <img src="${pageContext.request.contextPath}/client/images/
                  serchbutton.gif" border="0" style="margin-bottom:-4px"
                  onclick="search()"/>
                </a>
            </td>
        </tr>
    </table>
</form>
```

从上述代码可以看出，搜索功能由一个用于输入搜索关键字的输入框和一个搜索链接组成。值得一提的是，输入框使用了几段简单的 JavaScript 代码，用于处理输入框中的效果。单击搜索链接时也使用了 JavaScript 代码，触发的是单击事件，执行 search()函数对表单进行提交。单击搜索链接提交表单，请求的地址是“/MenuSearchServlet”，在 web.xml 文件中映射到 MenuSearchServlet 类。

2. 创建 Servlet

在 cn.itcast.itcaststore.web.servlet.client 包中编写 MenuSearchServlet 类，其具体代码如文件 14–14 所示。

文件 14–14　MenuSearchSerlvet.java

```
/**
 * 前台页面，用于导航栏下面搜索功能的 servlet
 */
public class MenuSearchServlet extends HttpServlet {
    private static final long serialVersionUID = 1L;
    public void doGet(HttpServletRequest req, HttpServletResponse resp)
            throws ServletException, IOException {
        this.doPost(req, resp);
    }
    public void doPost(HttpServletRequest req, HttpServletResponse resp)
            throws ServletException, IOException {
        // 1.定义当前页码，默认为 1
        int currentPage = 1;
        String _currentPage = req.getParameter("currentPage");
        if (_currentPage != null) {
            currentPage = Integer.parseInt(_currentPage);
        }
```

```
18          // 2.定义每页显示条数,默认为 4
19          int currentCount = 4;
20          //获取前台页面搜索框输入的值
21          String searchfield = req.getParameter("textfield");
22          //如果搜索框中没有输入值，则表单传递的为默认值，此时默认查询全部商品目录
23          if("请输入书名".equals(searchfield)){
24      req.getRequestDispatcher("/showProductByPage").forward(req, resp);
25              return;
26          }
27          //调用 service 层的方法，通过书名模糊查询，查找相应的图书
28          ProductService service = new ProductService();
29          PageBean bean = service
30                  .findBookByName(currentPage,currentCount,searchfield);
31          // 将数据存储到 request 范围，跳转到 product_search_list.jsp 页面展示
32          req.setAttribute("bean", bean);
33          req.getRequestDispatcher("/client/product_search_list.jsp")
34                                              .forward(req, resp);
35      }
36  }
```

在文件 14-14 中，第 12~19 行代码用于对查询出来的结果进行分页显示。第 21 行代码用于获取输入框中输入的值。第 23~26 行代码用于判断搜索框中是否有输入值，如果没有，则表单传递的为默认值，重定向到“/showProductByPage”，这种情况下会查询出所有的图书；如果有输入值，首先调用 service 层的方法，通过书名模糊查询，查找相应的图书，然后将数据存储到 request 范围，跳转到 product_search_list.jsp 页面展示。

【任务 14-7】实现公告板和本周热卖功能

【任务目标】

公告板和本周热卖模块位于首页广告轮播图下面，在访问网站首页时进行动态显示。公告板用于发布与网站相关的信息，本周热卖用于展示本周内销售数量最多的两本图书。公告板和本周热卖模块具体如图 14-10 所示。

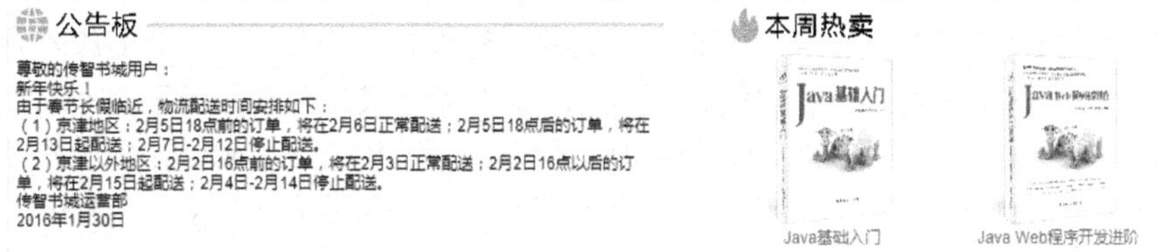

图14-10 公告板和本周热卖

通过本任务的学习，读者将学会实现传智书城公告板和本周热卖功能。

【实现步骤】

1. 创建 Servlet

访问网站首页时，根目录下的 index.jsp 文件中通过<jsp:forward>标签配置将请求转发到

“ShowIndexServlet”，代码片段如下所示。

```
<jsp:forward page="ShowIndexServlet"></jsp:forward>
```

在web.xml文件中“ShowIndexServlet”请求映射到ShowIndexServlet类，ShowIndexServlet类是用于前台页面展示的 servlet，动态展示最新添加或修改的一条公告，以及本周热卖商品，其实现代码如文件 14-15 所示。

文件 14-15　ShowIndexServlet.java

```
1  /**
2   *   前台页面展示的servlet
3   *   1.展示最新添加或修改的一条公告
4   *    2.展示本周热卖商品
5   */
6  public class ShowIndexServlet extends HttpServlet{
7      public void doGet(HttpServletRequest req, HttpServletResponse resp)
8              throws ServletException, IOException {
9          this.doPost(req, resp);
10     }
11     public void doPost(HttpServletRequest req, HttpServletResponse resp)
12             throws ServletException, IOException {
13         // 1.查询最近一条公告，放入request域中，传递到index.jsp页面进行展示
14         NoticeService nService = new NoticeService();
15         Notice notice = nService.getRecentNotice();
16         req.setAttribute("n", notice);
17         // 2.查询本周热卖的两条商品，放入request域中，传递到index.jsp页面进行展示
18         ProductService pService = new ProductService();
19         List<Object[]> pList =  pService.getWeekHotProduct();
20         req.setAttribute("pList", pList);
21         // 请求转发
22         req.getRequestDispatcher("/client/index.jsp").forward(req, resp);
23     }
24 }
```

在文件 14-15 中，第 14~16 行代码用于查询最新添加或编辑过的公告放入 request 域中，传递到 index.jsp 页面进行展示；第 18~20 行代码用于查询本周热卖的两条商品放入 request 域中，传递到 index.jsp 页面进行展示；第 22 行代码用于将请求转发到根路径下的 client 文件夹下的 index.jsp 中。需要注意的是，在第 15 行和 19 行代码分别调用了 Service 层的方法，而 Service 层又调用了 DAO 层的同名方法，DAO 层是数据访问层，负责和数据库打交道，进行数据持久化操作。

2. 编写 DAO 层代码

由于这两个功能较为简单，它们核心的代码都在 DAO 层，所以这里分别对公告板和本周热卖的 DAO 层方法进行详细介绍，具体如下。

（1）公告板

公告板所对应的 DAO 层方法为 getRecentNotice()方法，其代码如下所示。

```
//前台系统，查询最新添加或修改的一条公告
```

```
public Notice getRecentNotice() throws SQLException {
    String sql = "select * from notice order by n_time desc limit 0,1";
    QueryRunner runner = new QueryRunner(DataSourceUtils.getDataSource());
    return runner.query(sql, new BeanHandler<Notice>(Notice.class));
}
```

上述代码中，由于公告板里的公告信息只取公告板表中最新添加或编辑的一条公告，所以在查询时需要根据 notice 表中的 n_time 字段来进行倒序排序，并取一条进行显示，那么这条公告就一定是最新的。

（2）本周热卖

本周热卖所对应的 DAO 层方法为 getWeekHotProduct()方法，其代码如下所示。

```
//前台，获取本周热卖商品
public List<Object[]> getWeekHotProduct() throws SQLException {
    String sql = "SELECT products.id,products.name, "+
                 " products.imgurl,SUM(orderitem.buynum) totalsalnum "+
                 " FROM orderitem,orders,products "+
                 " WHERE orderitem.order_id = orders.id "+
                        " AND products.id = orderitem.product_id "+
                        " AND orders.paystate=1 "+
                " AND orders.ordertime > DATE_SUB(NOW(), INTERVAL 7 DAY) "+
                 " GROUP BY products.id,products.name,products.imgurl "+
                 " ORDER BY totalsalnum DESC "+
                 " LIMIT 0,2 ";
    QueryRunner runner = new QueryRunner(DataSourceUtils.getDataSource());
    return runner.query(sql, new ArrayListHandler());
}
```

需要获取本周热卖的商品时需要统计的是，订单时间相对于当前时间 7 天内的已支付的订单中，图书销售数量最多的两本图书，并查询出图书的相关信息。由于本周热卖中的 SQL 语句较为复杂，接下来对这段 SQL 语句代码进行详细的讲解。

- 共查询了 3 张表，分别为 orderitem、orders 和 products。
- 查询条件为订单时间在 7 天内，并且订单的支付状态为 1。
- 以单个商品的销售总个数（本周内）作为 totalsalnum 临时字段，并按 totalsalnum 的降序排列取前两本书为本周热卖。

14.4 本章小结

本章主要针对传智书城项目前台程序设计的主要模块，包括用户注册和登录模块、购物车模块和图书信息查询模块进行详细的讲解。这些模块是一个成熟电子商务网站前台系统的核心功能，运用非常普遍，读者应该多思考这些功能模块的业务逻辑，多敲代码，以达到熟练掌握的程度。

【测一测】

学习完前面的内容，下面来动手测一测吧，请思考以下问题。

1. 请简要描述注册功能的设计思路。
2. 请简要描述购物车模块的设计思路。

15 Chapter

第 15 章 传智书城后台程序设计

Java Web

学习目标

- 了解后台的主要功能
- 掌握商品管理模块功能的实现
- 掌握销售榜单模块功能的实现
- 掌握订单管理模块功能的实现

通过上一章的讲解，相信读者对传智书城的项目需求、数据库设计以及前台功能页面有了一定的了解。然而在实际的项目中，只有前台页面是不够的，还需要后台程序对前台页面进行维护。前台页面主要用于和用户进行交互，满足注册用户的购物体验，而后台管理程序则为前台页面中的内容进行管理和维护。接下来，本章将针对传智书城后台管理系统进行详细的讲解。

15.1 后台管理系统概述

在讲解后台管理系统之前，有必要先让读者对传智书城后台管理系统有一个整体的印象，比如了解后台系统的页面框架、后台系统具有哪些功能模块以及后台系统代码的结构等，接下来就针对这些方面进行简单的介绍。

后台管理系统的页面框架是通过<frameset>标签来组织的，为了让读者能更直观地了解传智书城后台管理系统的页面框架，下面通过一张图来描述其页面构成，如图 15-1 所示。

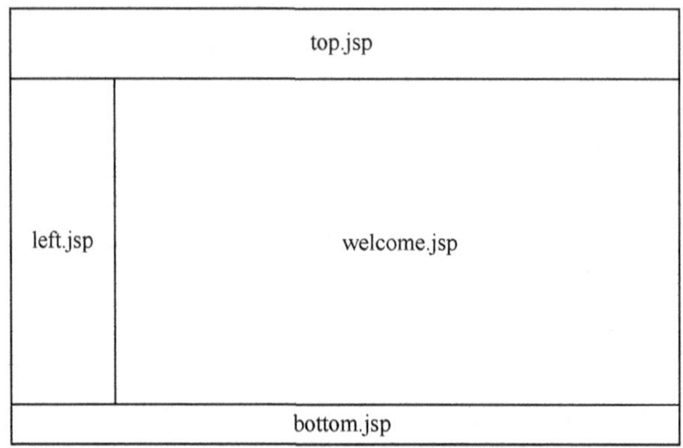

图15-1　传智书城后台页面框架

图 15-1 中描述的就是传智书城后台系统的页面框架，top.jsp 是网站的顶部页面，其中包括后台管理系统的 logo 图、日期及星期信息和退出系统功能；bottom.jsp 是网站的底部页面，它可以用于显示后台系统的版权等信息；left.jsp 是网站的左边页面，其中包括各模块的菜单；welcome.jsp 是网站的欢迎页面，属于后台系统的主体部分；单击 left.jsp 中各模块的菜单，相应的内容会在主体部分中进行动态显示。

通过超级用户（admin）登录成功后，进入后台系统，传智书城后台管理系统的页面预览如图 15-2 所示。

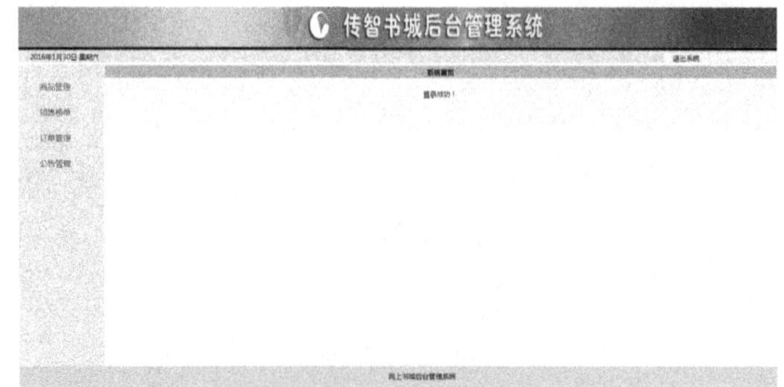

图15-2　传智书城后台管理系统

通过页面预览图，可以直观地看出传智书城后台系统的页面框架中各部分页面的功能，其中在左边页面的菜单栏中，可以看出传智书城后台系统具有的主要功能模块，包括商品管理、销售榜单、订单管理以及公告管理，如图 15-3 所示。

图15-3　左边页面菜单栏

本书为传智书城前台网站和后台管理系统提供了完整的源码，其中，后台管理系统源码的目录结构如图 15-4 所示。

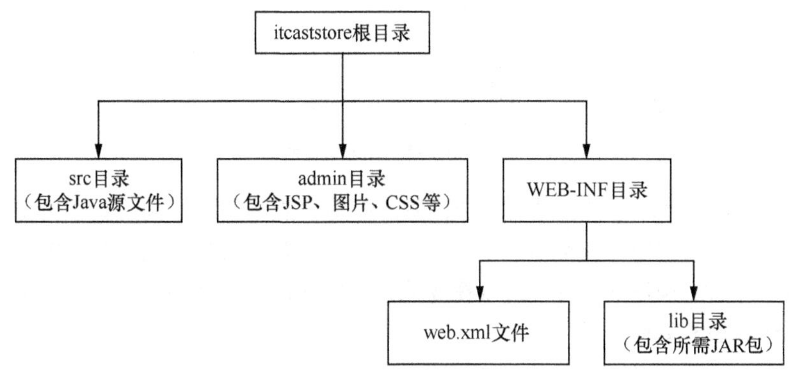

图15-4　后台管理系统源码的目录结构

针对传智书城后台管理系统的注册和登录，有两点需要注意，具体如下。

（1）关于注册：后台管理系统中并没有提供专门针对后台用户进行注册的功能，这是因为在实际企业项目中，后台管理用户通常都是由超级用户创建和授予权限的，而超级用户是在开发系统时在数据库中已创建好的。

（2）关于登录：后台管理系统中并没有提供专用于后台系统的登录功能，而是共用了前台网站的用户登录功能。在前台网站“我的账户”中进行登录时，系统会判断用户角色是普通用户还是超级用户。如果是超级用户，则可以成功登录后台系统。

15.2 商品管理模块

传智书城中的商品管理是指对图书信息的管理，比如图书名、图书价格、图书分类等，通过后台系统中的商品管理模块可以实现图书信息在前台网站上的动态展示。传智书城后台管理系统中的商品管理模块主要实现的是查询商品信息、添加商品信息、编辑商品信息和删除商品信息这 4 个功能。后台商品管理模块的功能结构如图 15-5 所示。

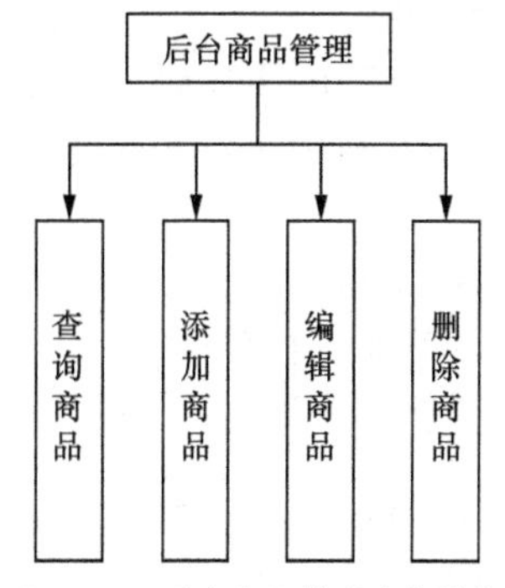

图15-5　后台商品管理功能结构

需要注意的是，其中查询商品功能可以分为查询所有商品和用户根据条件自定义查询这两种情况。

超级用户在成功登录后台系统后，单击左边页面的【商品管理】菜单，即可进入商品管理模块的列表页面，商品管理模块列表页面如图 15-6 所示。

查询条件

商品编号　　类别：--选择商品类别--

商品名称：　　价格区间(元)：　-

查询　重置

商品列表

添加

商品编号	商品名称	商品价格	商品数量	商品类别	编辑	删除
26ddd0c6-d7f2-4a83-b01b-286bb8c38420	.net设计规范	50.0	16	计算机		
3a0196b2-71c1-4d4d-a4e8-d1f875096f00	网管员必备宝典	20.0	18	计算机		
3cdd01d2-95d4-4077-b512-ff4c3b340d6b	学会宽容	25.0	5	文学		
4dbac6bb-ac2a-4ea0-a62f-ea5a2fc2b3c2	杜拉拉升职记	54.0	198	原版		
67a44950-935a-4dac-953d-515fd92d8174	时空穿行	42.0	200	科技		
72e52302-cd1e-4a22-8ac8-dc300a915be5	培育男孩	59.0	94	社科		
79bbe618-d2f8-4081-b35a-62ebbe935b64	Java基础入门	44.5	10	计算机		
84c842da-16b6-4e87-953e-859a1ca62bab	赢在影响力	89.0	47	励志		
8740bee0-bfb8-4ba1-8f6e-b69310617db9	大勇和小花的欧洲日记	26.0	100	生活百科		
880fdb00-6798-4302-962b-f337f3393802	Java Web程序开发入门	44.5	100	计算机		
8c19d2e2-1020-425d-aeeb-56d3c1bc0a81	谁动了我的奶酪	26.0	200	少儿		
968df3a0-be4d-473e-85a8-d3466b4ca7c2	别做正常的傻瓜	18.0	2	励志		
9a7af97e-deea-417e-ad66-23ea755d2a51	培育男孩	25.0	8	生活		
adc06981-0dc9-4006-b763-e6413ee93ac1	travelbook	20.0	20	外语		
bdb32537-8f2c-4ba2-a752-94fdc0e9a250	经济案例解析	35.0	98	经管		
bf66a00c-4a78-458b-93c8-08896ee14976	美国纽约摄影学院摄影教材	45.0	100	艺术		
c85d68d3-5758-494e-8dcf-f4f84d852949	系统分析师教程	54.0	300	考试		
cb2238d6-0b77-454c-976f-d6417ad72613	中国国家地理	20.0	20	学术		

图15-6　商品管理首页面

从图 15-6 可以看出，商品管理列表页面中主要包含查询条件和商品列表两部分。其中，查询条件用于用户根据条件自定义查询，商品列表用于显示查询出的所有商品。由于编辑商品和删除商品是针对单件商品操作的功能，所以在商品列表中的每个商品后面，还带有用于针对该商品进行编辑和删除的功能图标。

【任务 15-1】实现查询商品列表功能

【任务目标】

根据商品管理模块简介，实现查询所有商品和用户根据条件自定义查询商品的功能。

【实现步骤】

1. 查询所有商品信息

（1）创建 Servlet

该功能将查询出的所有商品信息展示在商品管理首页的商品列表中。单击系统左侧页面菜单栏中的【商品管理】菜单，页面将会发送一个以“/listProduct”结尾的请求，该请求在 web.xml 文件中映射的是 ListProductServlet 类，该类就是后台管理系统中用于查询所有商品信息的 Servlet。

在 src 下创建一个名称为 cn.itcast.itcaststore.web.servlet.manager 的包，在该包中创建一个 ListProductServlet 类，该类的具体实现代码如文件 15-1 所示。

文件 15-1　ListProductServlet.java

```
/**
 * 后台系统
 * 查询所有商品信息的 servlet
 */
public class ListProductServlet extends HttpServlet {
    public void doGet(HttpServletRequest request,HttpServletResponse
            response)throws ServletException, IOException {
```

```
        doPost(request, response);
    }
    public void doPost(HttpServletRequest request, HttpServletResponse
            response)throws ServletException, IOException {
        // 1.创建 service 层的对象
        ProductService service = new ProductService();
        try {
            // 2.调用 service 层用于查询所有商品的 listAll()方法
            List<Product> ps = service.listAll();
            // 3.将查询出的所有商品放进 request 域中
            request.setAttribute("ps", ps);
            // 4.将请求转发到 list.jsp
            request.getRequestDispatcher("/admin/products/list.jsp")
                .forward(request, response);
            return;
        } catch (ListProductException e) {
            e.printStackTrace();
            response.getWriter().write(e.getMessage());
            return;
        }
    }
}
```

在文件 15-1 中，首先创建了 Service 层的对象，然后调用了 Service 层 ProductService 类的 listAll()方法来查询所有的商品，接下来将查询出的所有商品的 List 集合（ps）存放在 request 域中，最后将请求转发到 list.jsp 页面，该文件对应的页面就是图 15-6 所示的商品管理首页面。

（2）编写 Service 层方法

在 cn.itcast.itcaststore.service 包中创建类 ProductService，并在该类中编写 listAll()方法，其代码具体如下。

```
public class ProductService {
    private ProductDao dao = new ProductDao();
    // 查找所有商品信息
    public List<Product> listAll() throws ListProductException {
        try {
            return dao.listAll();
        } catch (SQLException e) {
            e.printStackTrace();
            throw new ListProductException("查询商品失败");
        }
    }
}
```

从上述代码可以看出，Service 层方法并没有其他的业务逻辑处理，而是调用了 DAO 层 ProductDao 类的 listAll()方法。

（3）编写 DAO 层方法

在 cn.itcast.itcaststore.dao 包中创建类 ProductDao，在该类中编写 listAll()方法，该方法代码具体如下。

```
// 查找所有商品
public List<Product> listAll() throws SQLException {
    String sql = "select * from products";
    QueryRunner runner = new QueryRunner(DataSourceUtils.getDataSource());
    return runner.query(sql,
            new BeanListHandler<Product>(Product.class));
}
```

（4）实现页面展示

修改 WebContent/admin/products 目录下的 list.jsp 文件，在该文件中与商品列表相关的代码如文件 15-2 所示。

文件 15-2　list.jsp

```
...
<table cellspacing="0" cellpadding="1" rules="all"
   bordercolor="gray" border="1" id="DataGrid1"
   style="BORDER-RIGHT: gray 1px solid; BORDER-TOP:
   gray 1px solid; BORDER-LEFT: gray 1px solid; WIDTH: 100%;
   WORD-BREAK: break-all; BORDER-BOTTOM: gray 1px solid;
   BORDER-COLLAPSE: collapse; BACKGROUND-COLOR: #f5fafe;
   WORD-WRAP: break-word">
    <tr style="FONT-WEIGHT: bold; FONT-SIZE: 12pt; HEIGHT: 25px;
        BACKGROUND-COLOR: #afd1f3">
        <td align="center" width="24%">商品编号</td>
        <td align="center" width="18%">商品名称</td>
        <td align="center" width="9%">商品价格</td>
        <td align="center" width="9%">商品数量</td>
        <td width="8%" align="center">商品类别</td>
        <td width="8%" align="center">编辑</td>
        <td width="8%" align="center">删除</td>
    </tr>
    <c:forEach items="${ps}" var="p">
    <tr onmouseover="this.style.backgroundColor = 'white'"
        onmouseout="this.style.backgroundColor = '#F5FAFE';">
        <td style="CURSOR: hand; HEIGHT: 22px" align="center"
            width="200">${p.id }</td>
        <td style="CURSOR: hand; HEIGHT: 22px" align="center"
            width="18%">${p.name }</td>
        <td style="CURSOR: hand; HEIGHT: 22px" align="center"
            width="8%">${p.price }</td>
        <td style="CURSOR: hand; HEIGHT: 22px" align="center"
            width="8%">${p.pnum }</td>
        <td style="CURSOR: hand; HEIGHT: 22px" align="center">
            ${p.category}</td>
        <td align="center" style="HEIGHT: 22px" width="7%">
  <a href="${pageContext.request.contextPath}/findProductById?
          id=${p.id}&type=admin">
  <img src="${pageContext.request.contextPath}/admin/images/i_edit.gif"
          border="0" style="CURSOR: hand">
            </a>
```

```
38         </td>
39         <td align="center" style="HEIGHT: 22px" width="7%">
40    <a href="${pageContext.request.contextPath}/deleteProduct?id=${p.id}">
41    <img src="${pageContext.request.contextPath}/admin/images/i_del.gif"
42           width="16" height="16" border="0" style="CURSOR: hand">
43             </a>
44         </td>
45      </tr>
46 </c:forEach>
47 </table>
48 ...
```

在文件 15-2 中，第 19~46 行代码使用了“<c:forEach>”标签和 EL 表达式相结合的方式输出信息，首先获取 request 域中保存的商品列表，然后对商品列表进行遍历，最后获取每个商品的详细信息。

2. 按条件查询

（1）创建 Servlet

在图 15-6 所示的页面中输入商品编号、商品类别、商品名称或价格区间等查询条件，单击【查询】按钮，系统将按照给定的条件筛选商品，并最终将这些符合条件的商品显示在商品管理首页面的商品列表中。当单击【查询】按钮时，表单会将页面中的请求信息提交到“/findProductByManyCondition”中，它在 web.xml 文件中映射的是 FindProductByManyConditionServlet 类，该类是后台管理系统中用于根据条件查询指定商品信息的 Servlet。

在 cn.itcast.itcaststore.web.servlet.manager 包中，创建 FindProductByManyConditionServlet 类，编辑该类代码如文件 15-3 所示。

文件 15-3　FindProductByManyConditionServlet.java

```
public class FindProductByManyConditionServlet extends HttpServlet {
    public void doGet(HttpServletRequest request,
    HttpServletResponse response)throws ServletException, IOException {
        doPost(request, response);
    }
    public void doPost(HttpServletRequest request,
    HttpServletResponse response)throws ServletException, IOException {
         // 1.获取表单数据
        String id = request.getParameter("id"); // 商品 id
        String name = request.getParameter("name"); // 商品名称
        String category = request.getParameter("category"); // 商品类别
        String minprice = request.getParameter("minprice"); // 最小价格
        String maxprice = request.getParameter("maxprice"); // 最大价格
         // 2.创建 ProductService 对象
        ProductService service = new ProductService();
         // 3.调用 service 层用于条件查询的方法
        List<Product> ps = service.findProductByManyCondition(id, name,
                category, minprice, maxprice);
         // 4.将条件查询的结果放进 request 域中
        request.setAttribute("ps", ps);
         // 5.请求重定向到商品管理首页 list.jsp 页面
```

```
        request.getRequestDispatcher("/admin/products/list.jsp")
                .forward(request, response);
    }
}
```

在文件 15-3 中，首先获取了表单提交的各种查询条件，然后创建了 ProductService 对象，接下来调用 ProductService 对象中的 findProductByManyCondition()方法根据不同的查询条件进行商品过滤，并将条件查询的结果放进 request 域中，最后将请求转发到商品管理首页 list.jsp 页面，在商品列表中显示条件查询的结果。

（2）编写 Service 层方法

在 ProductService 类中创建 findProductByManyCondition()方法，该方法代码具体如下所示。

```
// 多条件查询
public List<Product> findProductByManyCondition(String id, String name,
        String category, String minprice, String maxprice) {
    List<Product> ps = null;
    try {
        ps = dao.findProductByManyCondition(id, name, category,
                minprice, maxprice);
    } catch (SQLException e) {
        e.printStackTrace();
    }
    return ps;
}
```

从上述代码可以看出，findProductByManyCondition()方法中并没有其他的逻辑代码，只是调用了 DAO 层 ProductDao 类中的 findProductByManyCondition()方法。

（3）编写 DAO 层方法

在 ProductDao 类中编写 findProductByManyCondition()方法，该方法中编写了用于条件查询的语句，具体如下。

```
// 多条件查询
public List<Product> findProductByManyCondition(String id, String name,
        String category, String minprice, String maxprice)
         throws SQLException {
    List<Object> list = new ArrayList<Object>();
    String sql = "select * from products where 1=1 ";
    QueryRunner runner = new QueryRunner(DataSourceUtils.getDataSource());
    // 商品编号
    if (id != null && id.trim().length() > 0) {
        sql += " and id=?";
        list.add(id);
    }
    // 商品名称
    if (name != null && name.trim().length() > 0) {
        sql += " and name=?";
        list.add(name);
    }
    // 商品类别
```

```
19      if (category != null && category.trim().length() > 0) {
20          sql += " and category=?";
21          list.add(category);
22      }
23      // 价格区间
24      if (minprice != null && maxprice != null
25      && minprice.trim().length() > 0 && maxprice.trim().length() > 0) {
26          sql += " and price between ? and ?";
27          list.add(minprice);
28          list.add(maxprice);
29      }
30      // 将集合转为对象数组类型
31      Object[] params = list.toArray();
32      return runner.query(sql,
33              new BeanListHandler<Product>(Product.class), params);
34  }
```

在上述代码中，第 6 行代码定义了要执行的 sql 语句，其中“where 1=1”是在拼接 sql 语句时常用的方式，用于兼顾有查询条件和无查询条件时的情况；第 9~29 行代码用于根据输入的查询条件拼接 sql 语句，将 sql 语句放入到集合中，最后将集合转为对象的数组类型，并返回 QueryRunner 对象 query()方法的执行结果。

至此，查询商品列表功能已经实现。

【任务 15-2】实现添加商品信息功能

【任务目标】

当公司采购的一批新商品入库时，后台管理人员需要录入这些新商品的信息，并保存到数据库中，以便这些新商品可以在前台网站进行展示和出售，这时就需要进行添加商品的信息操作。在图 15-6 所示的商品管理页面上，单击【添加】按钮，打开商品添加页面，如图 15-7 所示。

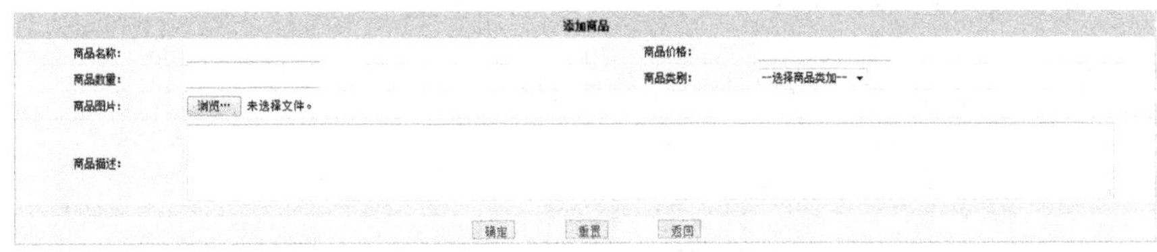

图15-7　商品添加页面

填写图 15-7 所示的各种商品信息，单击【确定】按钮后，新添加的商品信息即可在列表页面中显示出来。本节的主要任务是实现商品信息的添加功能。

【实现步骤】

1. 创建 Servlet

填写好图 15-7 所示的商品信息，单击【确定】按钮后，会在页面发送一个以“/addProduct”结尾的请求，在 web.xml 文件中，该请求地址映射到的是 AddProductServlet 类，该类是后台用于添加商品的 Servlet。需要注意的是，由于添加商品中涉及到上传商品图片的功能，因此，在其对应的JSP页面form表单中，需要将method属性值设置为“post”，enctype属性值设置为“multipart/form-data”。

在用于后台管理的cn.itcast.itcaststore.web.servlet.manager包中创建AddProduct Servlet类，在该类中编写保存商品信息的代码，具体如文件15-4所示。

文件 15-4　AddProductServlet.java

```
/**
 * 后台系统
 * 用于添加商品的servlet
 */
public class AddProductServlet extends HttpServlet {
    public void doGet(HttpServletRequest request,HttpServletResponse
            response)throws ServletException, IOException {
        doPost(request, response);
    }
    public void doPost(HttpServletRequest request,
    HttpServletResponse response)throws ServletException, IOException {
        // 创建Product对象,用于封装提交的数据.
        Product p = new Product();
        Map<String, String> map = new HashMap<String, String>();
        // 通过IdUtils工具类生成UUID,封装成商品id
        map.put("id", IdUtils.getUUID());
        DiskFileItemFactory dfif = new DiskFileItemFactory();
        // 设置临时文件存储位置
         dfif.setRepository(new File(this.getServletContext()
                .getRealPath("/temp")));
        // 设置上传文件缓存大小为10m
        dfif.setSizeThreshold(1024 * 1024 * 10);
        // 创建上传组件
        ServletFileUpload upload = new ServletFileUpload(dfif);
        // 处理上传文件中文乱码
        upload.setHeaderEncoding("utf-8");
        try {
            // 解析request得到所有的FileItem
            List<FileItem> items = upload.parseRequest(request);
            // 遍历所有FileItem
            for (FileItem item : items) {
                // 判断当前是否是上传组件
                if (item.isFormField()) {
                    // 不是上传组件
                    String fieldName = item.getFieldName(); // 获取组件名称
                    String value = item.getString("utf-8"); // 解决乱码问题
                    map.put(fieldName, value);
                } else {
                    // 是上传组件
                    // 得到上传文件真实名称
                    String fileName = item.getName();
                    fileName = FileUploadUtils.subFileName(fileName);
                    // 得到随机名称
```

```
                    String randomName = FileUploadUtils
                            .generateRandonFileName(fileName);
                    // 得到随机目录
                    String randomDir = FileUploadUtils
                            .generateRandomDir(randomName);
                    // 图片存储父目录
                    String imgurl_parent = "/productImg" + randomDir;

                    File parentDir = new File(this.getServletContext()
                            .getRealPath(imgurl_parent));
                    // 验证目录是否存在，如果不存在，创建出来
                    if (!parentDir.exists()) {
                        parentDir.mkdirs();
                    }
                    // 拼接图片存放的地址
                    String imgurl = imgurl_parent + "/" + randomName;
                    map.put("imgurl", imgurl);
                    IOUtils.copy(item.getInputStream(),
                        new FileOutputStream(
                        new File(parentDir, randomName)));
                    item.delete();
                }
            }
        } catch (FileUploadException e) {
            e.printStackTrace();
        }
        try {
            // 通过 BeanUtils 工具的 populate()方法，将数据封装到 javaBean 中
            BeanUtils.populate(p, map);
        } catch (IllegalAccessException e) {
            e.printStackTrace();
        } catch (InvocationTargetException e) {
            e.printStackTrace();
        }
        // 创建 ProductService 类的对象
        ProductService service = new ProductService();
        try {
            // 调用 service 层方法完成添加商品操作
            service.addProduct(p);
            // 将请求转发到“/listProduct”路径，查询所有商品并显示商品管理首页面
            response.sendRedirect(request.getContextPath()
                    + "/listProduct");
            return;
        } catch (AddProductException e) {
            e.printStackTrace();
            response.getWriter().write("添加商品失败");
            return;
        }
    }
}
```

商品添加页面表单提交的数据分为两种，一种是普通表单域，包括商品名称、商品价格、商品数量、商品类别和商品描述；另一种是商品图片文件域，在文件 15-4 中，需要根据是否为文件域，对两种数据分别进行处理。第 29 行代码用于解析请求数据得到 FileItem 对象集合。第 31 行代码用于遍历 FileItem 集合。第 33~65 行代码用于对每个 FileItem 进行判断，如果不是文件上传组件，就获取组件名称并存入 Map 集合；如果是文件上传组件，那么拼接图片新名称，并将图片放到指定的文件目录下。第 82 行代码调用了 Service 层 ProductService 类的 addProduct ()方法来完成添加商品操作。

2. 编写 Service 层方法

在 ProductService 类中创建 addProduct ()方法，其代码如下所示。

```
// 添加商品
public void addProduct(Product p) throws AddProductException {
    try {
        dao.addProduct(p);
    } catch (SQLException e) {
        e.printStackTrace();
        throw new AddProductException("添加商品失败");
    }
}
```

从上述代码可以看出，Service 层并没有其他的业务逻辑处理，它只是调用了 DAO 层 ProductDao 类的 addProduct()方法。

3. 编写 DAO 层方法

在类 ProductDao 中创建一个名称为 addProduct 的方法，该方法代码具体如下。

```
// 添加商品
public void addProduct(Product p) throws SQLException {
    String sql = "insert into products values(?,?,?,?,?,?,?)";
    QueryRunner runner = new QueryRunner(DataSourceUtils.getDataSource());
    runner.update(sql, p.getId(), p.getName(), p.getPrice(),
    p.getCategory(), p.getPnum(), p.getImgurl(), p.getDescription());
}
```

从上述代码中可以看出，在 addProduct()方法内通过编写的 sql 向数据库中插入数据。至此，添加商品信息功能编写完成。

【任务 15-3】实现编辑商品信息功能

【任务目标】

在图 15-6 所示的商品管理首页面上，单击商品列表中一个商品后面的编辑图标【】后，页面会跳转到该商品的编辑页面，本页面中会显示出商品的具体信息，修改其中的信息后，单击【保存】按钮，商品管理首页将显示修改后的商品信息。本小节将实现编辑商品信息功能。

【实现步骤】

1. 创建 Servlet

单击编辑图标【】后，将发送一个以“/findProductById ?id=${p.id}&type=admin”结尾

的 URL 请求，该请求在 web.xml 文件中映射到 FindProductByIdServlet 类。

在 cn.itcast.itcaststore.web.servlet.client 包中创建 FindProductByIdServlet 类。该类是前台网站和后台管理系统公共的 Servlet，用于根据商品 id 查询指定的商品信息。在 URL 请求后带有两个参数，分别是商品 id 和用户类型标识 type，其中，type 参数的作用是区分请求来自前台网站还是后台系统。FindProductByIdServlet 类的代码具体如文件 15-5 所示。

文件 15-5　FindProductByIdServlet.java

```
1  /**
2   * 根据商品 id 查找指定商品信息的 servlet
3   */
4  public class FindProductByIdServlet extends HttpServlet {
5      public void doGet(HttpServletRequest request, HttpServletResponse
6       response) throws ServletException, IOException {
7          doPost(request, response);
8      }
9      public void doPost(HttpServletRequest request, HttpServletResponse
10     response) throws ServletException, IOException {
11         // 获取商品的 id
12         String id = request.getParameter("id");
13         // 获取 type 参数值，此处的 type 用于区分请求来自前台网站还是后台系统
14         String type = request.getParameter("type");
15         // 创建 service 层对象
16         ProductService service = new ProductService();
17         try {
18             // 调用 service 层方法，通过 id 查找商品
19             Product p = service.findProductById(id);
20             request.setAttribute("p", p);
21             // 前台网站不传递 type 值，会跳转到前台网站的商品详细信息 info.jsp 页面
22             if (type == null) {
23                 request.getRequestDispatcher("/client/info.jsp").
24                                              forward(request,response);
25                 return;
26             }
27             // 如果请求来自后台系统，跳转到后台系统的商品编辑 edit.jsp 页面
28             request.getRequestDispatcher("/admin/products/edit.jsp").
29                                          forward(request, response);
30             return;
31         } catch (FindProductByIdException e) {
32             e.printStackTrace();
33         }
34     }
35 }
```

在文件 15-5 中，第 12 和 14 行代码分别用于获取请求 URL 中两个参数 id 和 type 的值；第 19 行代码用于调用 Service 层 ProductService 类的 findProductById()方法，查询指定商品的信息；第 20 行代码将查询出的商品信息放入 request 域中；第 22~30 行代码用于判断请求来自前台网站还是后台系统，如果来自后台系统，则将请求转发到后台系统的商品编辑 edit.jsp 页面，如图 15-8 所示。

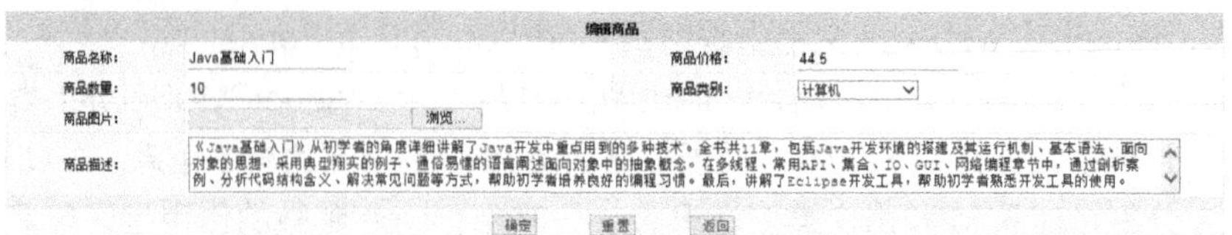

图15-8 商品编辑页面

从图 15-8 中可以看出，商品编辑页面和商品添加页面非常地相似，其中所不同的一点是进入商品编辑页面时，商品的名称、价格、数量等原有信息会自动回显到页面上，而不是所有的信息都手动进行填写。

在商品编辑页面中修改相应商品的信息，单击【确定】按钮后会发送一个以“/editProduct”结尾的请求，在 web.xml 文件中，该请求地址映射到 EditProductServlet 类，该类是后台系统用于编辑商品的 Servlet。需要注意的是，由于编辑商品和添加商品一样，都涉及到上传商品图片的功能，因此，在其对应的 JSP 页面 form 表单中，也需要将 method 属性值设置为“post”，enctype 属性值设置为“multipart/form-data”。

在 cn.itcast.itcaststore.web.servlet.manager 包中创建类 EditProductServlet，其关键代码如文件 15-6 所示。

文件 15-6 EditProductServlet.java

```
/**
 * 后台系统
 * 用于编辑商品信息的 servlet
 */
public class EditProductServlet extends HttpServlet {
    public void doGet(HttpServletRequest request,
    HttpServletResponse response)throws ServletException, IOException {
        doPost(request, response);
    }
    public void doPost(HttpServletRequest request,
    HttpServletResponse response)throws ServletException, IOException {
        // 创建 javaBean,将上传数据封装.
        Product p = new Product();
        Map<String, String> map = new HashMap<String, String>();
        DiskFileItemFactory dfif = new DiskFileItemFactory();
        // 设置临时文件存储位置
        dfif.setRepository(new File(this.getServletContext()
                    .getRealPath("/temp")));
        // 设置上传文件缓存大小为 10m
        dfif.setSizeThreshold(1024 * 1024 * 10);
        // 创建上传组件
        ServletFileUpload upload = new ServletFileUpload(dfif);
        // 处理上传文件中文乱码
        upload.setHeaderEncoding("utf-8");
        try {
            // 解析 request 得到所有的 FileItem
            List<FileItem> items = upload.parseRequest(request);
            // 遍历所有 FileItem
            for (FileItem item : items) {
```

```
                // 判断当前是否是上传组件
                if (item.isFormField()) {
                    // 不是上传组件
                    String fieldName = item.getFieldName();
                    String value = item.getString("utf-8");
                    map.put(fieldName, value);
                } else {
                // 是上传组件
                // 得到上传文件真实名称
                String fileName = item.getName();
                if (fileName != null && fileName.trim().length() > 0) {
                    fileName = FileUploadUtils.subFileName(fileName);
                    // 得到随机名称
                    String randomName = FileUploadUtils
                            .generateRandonFileName(fileName);
                    // 得到随机目录
                    String randomDir = FileUploadUtils
                            .generateRandomDir(randomName);
                    // 图片存储父目录
                    String imgurl_parent = "/productImg" + randomDir;
                    File parentDir = new File(this.getServletContext()
                            .getRealPath(imgurl_parent));
                    // 验证目录是否存在，如果不存在，创建出来
                    if (!parentDir.exists()) {
                        parentDir.mkdirs();
                    }
                    String imgurl = imgurl_parent + "/" + randomName;
                    map.put("imgurl", imgurl);
                    IOUtils.copy(item.getInputStream(),
                new FileOutputStream(new File(parentDir,randomName)));
                item.delete();
                }
            }
        }
    } catch (FileUploadException e) {
            e.printStackTrace();
    }
        try {
            // 将数据封装到 javaBean 中
            BeanUtils.populate(p, map);
        } catch (IllegalAccessException e) {
            e.printStackTrace();
        } catch (InvocationTargetException e) {
            e.printStackTrace();
        }
        ProductService service = new ProductService();
        // 调用 service 完成修改商品操作
        service.editProduct(p);
        response.sendRedirect(request.getContextPath() + "/listProduct");
        return;
```

```
80     }
81 }
```

从文件 15-6 中可以看出，用于编辑商品的 EditProductServlet 和添加商品的 AddProduct Servlet 的代码逻辑非常相似，他们主要有两点不同，一是编辑时商品 id 不能修改，因此在 EditProductServlet 不需再封装商品 id；二是编辑商品时，EditProductServlet 调用的是 Service 层修改商品的方法，第 77 行代码就是用于调用 Service 层 ProductService 类的 editProduct()方法完成修改商品操作。

2. 编写 Service 层方法

在 ProductService 类中编写 editProduct()方法，该方法代码具体如下。

```
// 修改商品信息
public void editProduct(Product p) {
    try {
        dao.editProduct(p);
    } catch (SQLException e) {
        e.printStackTrace();
    }
}
```

从上述代码可以看出，Service 层并没有其他的业务逻辑处理，它只是调用了 DAO 层 ProductDao 类的 editProduct()方法。

3. 编写 DAO 层方法

在 ProductDao 中创建一个名称为 editProduct 的方法，该方法的代码具体如下所示。

```
// 修改商品信息
    public void editProduct(Product p) throws SQLException {
        //1.创建集合并将商品信息添加到集合中
        List<Object> obj = new ArrayList<Object>();
        obj.add(p.getName());
        obj.add(p.getPrice());
        obj.add(p.getCategory());
        obj.add(p.getPnum());
        obj.add(p.getDescription());
        //2.创建 sql 语句，并拼接 sql
        String sql  = "update products "+
                "set  name=?,price=? ,category=?,pnum=?,description=?";
        //判断是否有图片
        if (p.getImgurl() != null && p.getImgurl().trim().length() > 0) {
            sql += " ,imgurl=?";
            obj.add(p.getImgurl());
        }
        sql += " where id=?";
        obj.add(p.getId());
        //3.创建 QueryRunner 对象
    QueryRunner runner = new QueryRunner(DataSourceUtils.getDataSource());
        //4.使用 QueryRunner 对象的 update()方法更新数据
        runner.update(sql, obj.toArray());
    }
```

在上述代码中，首先创建了一个 List 集合，并将商品信息添加到集合中，然后创建了一个更改商品表数据的 sql 语句，并将 sql 语句拼接完整，接下来创建了 QueryRunner 对象，最后调用 QueryRunner 对象的 update()方法更新数据。

至此，编辑商品信息功能的代码已经完成。

【任务 15-4】实现删除商品信息功能

【任务目标】

通过单击列表页面中商品后面的删除图标【 】，实现对应商品的删除功能。

【实现步骤】

1. 创建 Servlet

当单击页面中的删除图标【 】后，将发送一个以“/deleteProduct?id=${p.id}”结尾的 URL 请求，该请求后面带了一个参数 id，用于指定要删除的商品。在 web.xml 文件中“/deleteProduct”请求映射到的是 DeleteProductServlet 类。

在 cn.itcast.itcaststore.web.servlet.manager 包中创建 DeleteProductServlet 类，该类的具体实现代码如文件 15-7 所示。

文件 15-7　DeleteProductServlet.java

```
/**
 * 后台系统，删除商品信息的 servlet
 */
public class DeleteProductServlet extends HttpServlet {
    public void doGet(HttpServletRequest request,
    HttpServletResponse response)throws ServletException, IOException {
        doPost(request, response);
    }
    public void doPost(HttpServletRequest request,
    HttpServletResponse response)throws ServletException, IOException {
        // 1.获取请求参数中的商品 id
        String id = request.getParameter("id");
        // 2.创建 ProductService 对象
        ProductService service = new ProductService();
        // 3.调用 ProductService 对象的 deleteProduct()方法完成删除商品操作
        service.deleteProduct(id);
        // 4.重定向回商品列表页面
        response.sendRedirect(request.getContextPath() + "/listProduct");
        return;
    }
}
```

在文件 15-7 中，首先获取了请求参数中的 id 的值，然后创建了 ProductService 对象，接下来调用 ProductService 对象的 deleteProduct()方法删除商品，最后重定向到“/listProduct”请求中，通过该请求回到商品的列表页面。事实上，不只是删除商品信息操作结束后将请求重定向到“/listProduct”中，添加和编辑商品信息结束后同样如此。

2. 编写 Service 层方法

在 ProductService 类中创建 editProduct()方法，该方法的具体实现代码如下所示。

```
//后台系统，根据 id 删除商品信息
public void deleteProduct(String id) {
    try {
        dao.deleteProduct(id);
    } catch (SQLException e) {
        throw new RuntimeException("后台系统根据 id 删除商品信息失败！");
    }
}
```

从上述代码可以看出，Service 层并没有其他的业务逻辑处理，它调用的是 DAO 层 ProductDao 类的 deleteProduct ()方法。

3. 编写 DAO 层方法

在 ProductDao 类中创建 deleteProduct ()方法，该方法代码如下所示。

```
//后台系统，根据 id 删除商品信息
public void deleteProduct(String id) throws SQLException {
    String sql = "DELETE FROM products WHERE id = ?";
    QueryRunner runner = new QueryRunner(DataSourceUtils.getDataSource());
    runner.update(sql, id);
}
```

至此，删除商品信息的功能已经完成。需要注意的是，在实际开发中删除操作常常是进行逻辑删除，也就是说并不是在数据库中真正删除这条记录，而是修改这条记录的状态标识，同时删除商品操作还会牵涉到很多关联表的数据，如订单表。在传智书城后台系统的删除商品信息功能中，由于篇幅和时间的限制，并没有考虑上述两点，如果读者有兴趣，可以在本书提供的源码基础上进行更改和优化。

15.3 销售榜单模块

【任务 15-5】实现销售榜单下载功能

【任务目标】

为了便于管理人员查看和保留销售历史数据，传智书城后台管理系统中提供了销售榜单模块，该模块主要实现的功能是下载历史销售数据，将已销售商品的信息按照商品销量从高到低排序后，导出到扩展名为“.csv”的文件中（csv 文件即逗号分隔值文件格式，通常是纯文本文件。如果读者的机器上装了 Microsoft Excel，.csv 文件默认是被 Excel 打开的）。销售榜单模块的功能结构如图 15-9 所示。

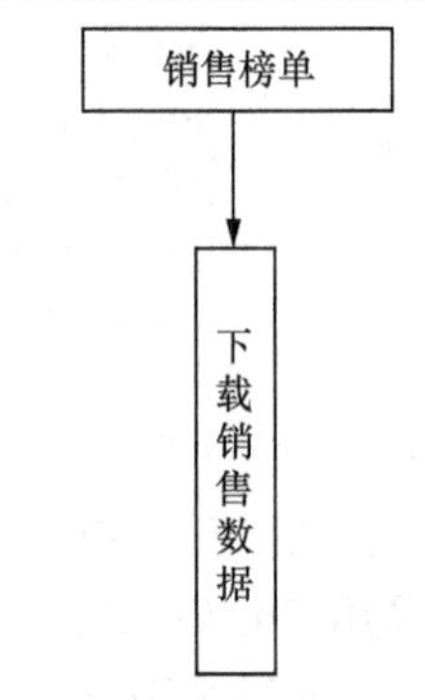

图15-9　后台销售榜单功能结构

从图 15-9 中可以看出，销售榜单模块中只包含下载销售数据这一功能。单击左边页面菜单栏中的【销售榜单】菜单，将进入销售榜单功能首页面，如图 15-10

所示。

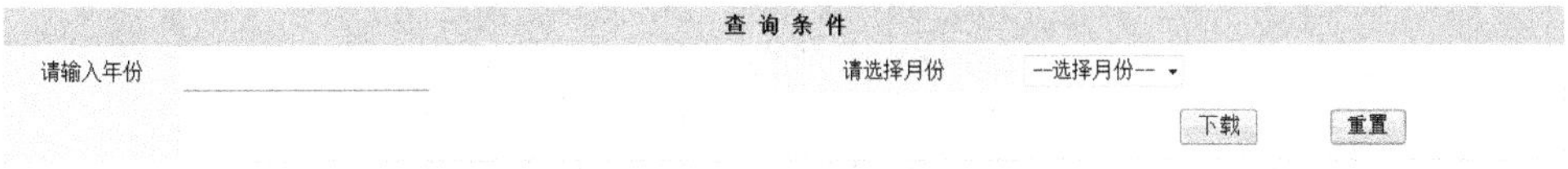

查 询 条 件
请输入年份 请选择月份 --选择月份--
下载 重置

图15-10 销售榜单首页面

从图 15-10 中可以看出，下载销售数据时可以填写年份和月份这两个查询条件，在年份输入框和月份下拉框中分别填写相应信息，然后单击【下载】按钮，会弹出文件下载提示框，在提示框中选择文件的下载目录，单击【确定】后就可以将指定年份和月份的销售历史数据下载到文件中。本节将完成下载销售榜单数据的功能。

【实现步骤】

1. 创建下载页面

图 15-10 所示的销售榜单首页面对应的页面是 download.jsp 文件，其关键代码如文件 15-8 所示。

文件 15-8 download.jsp

```
...
<form id="Form1" name="Form1"
action="${pageContext.request.contextPath}/download" method="post">
 <table cellSpacing="1" cellPadding="0" width="100%" align="center"
    bgColor="#f5fafe" border="0">
        <tbody>
            <tr>
                <td class="ta_01" align="center" bgColor="#afd1f3">
                    <strong>查 询 条 件</strong>
                </td>
            </tr>
            <tr>
                <td>
     <table cellpadding="0" cellspacing="0" border="0" width="100%">
              <tr>
                 <td height="22" align="center"
                    bgColor="#f5fafe" class="ta_01">
                            请输入年份
                    </td>
                   <td class="ta_01" bgColor="#ffffff">
                     <input type="text" name="year" size="15" value=""
                     id="Form1_userName" class="bg" />
                   </td>
                   <td height="22" align="center" bgColor="#f5fafe"
                         class="ta_01">
                            请选择月份
                   </td>
                   <td class="ta_01" bgColor="#ffffff">
                        <select name="month" id="month">
```

```
30                          <option value="0">--选择月份--</option>
31                          <option value="1">一月</option>
32                          <option value="2">二月</option>
33                          <option value="3">三月</option>
34                          <option value="4">四月</option>
35                          <option value="5">五月</option>
36                          <option value="6">六月</option>
37                          <option value="7">七月</option>
38                          <option value="8">八月</option>
39                          <option value="9">九月</option>
40                          <option value="10">十月</option>
41                          <option value="11">十一月</option>
42                          <option value="12">十二月</option>
43                      </select>
44                  </td>
45                </tr>
46                <tr>
47                  <td width="100" height="22" align="center"
48                          bgColor="#f5fafe" class="ta_01">
49                  </td>
50                  <td class="ta_01" bgColor="#ffffff">
51                   <font face="宋体" color="red">  </font>
52                  </td>
53                  <td align="right" bgColor="#ffffff" class="ta_01">
54                        <br /><br />
55                  </td>
56                  <td align="center" bgColor="#ffffff" class="ta_01">
57                      <input type="submit" id="search" name="search"
58                              value="下载" class="button_view">
59                                   
60                      <input type="reset" name="reset" value="重置"
61                              class="button_view" />
62                          </td>
63                      </tr>
64                   </table>
65              </td>
66          </tr>
67      </tbody>
68  </table>
69 </form>
70 ...
```

在文件 15-8 中，第 2~69 行代码表示的是一个 form 表单，其中，第 21~22 行代码表示年份输入框，第 29~43 行代码表示月份下拉框，第 57~58 行代码表示下载按钮，单击后会将 form 表单提交到以“/download”结尾的请求中，该请求在 web.xml 文件中映射的是 DownloadServlet 类，该类是后台系统中用于下载销售数据的 Servlet。

2. 创建 Servlet

在 cn.itcast.itcaststore.web.servlet.manager 包中创建 DownloadServlet 类，该类的具体实现代码如文件 15-9 所示。

文件 15-9 DownloadServlet.java

```
1  public class DownloadServlet extends HttpServlet {
2      public void doGet(HttpServletRequest request,
3      HttpServletResponse response)throws ServletException, IOException {
4          doPost(request, response);
5      }
6      public void doPost(HttpServletRequest request,
7       HttpServletResponse response)throws ServletException, IOException {
8          String year = request.getParameter("year");//年份
9          String month = request.getParameter("month");//月份
10         // 创建 service 层的对象
11         ProductService service = new ProductService();
12         // 调用 service 层用于查询销售数据的方法 download();
13         List<Object[]> ps = service.download(year,month);
14         // 拼接文件名
15         String fileName=year+"年"+month+"月销售榜单.csv";
16         // 使客户端浏览器区分不同种类的数据。
17         response.setContentType(this.getServletContext()
18                              .getMimeType(fileName));
19         // 设置文件名
20         response.setHeader("Content-Disposition", "attachment;filename="
21         +new String(fileName.getBytes("GBK"),"iso8859-1"));
22         response.setCharacterEncoding("gbk");
23         // 向文件中写入数据
24         PrintWriter out = response.getWriter();
25         out.println("商品名称,销售数量");
26         for (int i = 0; i < ps.size(); i++) {
27             Object[] arr=ps.get(i);
28             out.println(arr[0]+","+arr[1]);
29         }
30         out.flush();
31         out.close();
32     }
33 }
```

在文件 15-9 中，第 8~9 行代码用于接收表单传递的年份和月份参数；第 13 行代码用于把这两个参数传递给 ProductService 类中的 download()方法，返回一个销售数据的列表；第 15 行代码用于将年份、月份两个参数拼接出要保存的文件名；第 20 行代码用于设置“Content-Disposition”头字段，当浏览器接收到头字段时，会激活文件下载对话框，对话框中的文件名默认填充了头字段中指定的文件名。第 24~31 行代码用于向 csv 文件中写入数据，“商品名称”“销售数量”为标题，然后运用循环遍历，将销售数据逐行写入文件。

3. 编写 Service 层代码

在 ProductService 类中创建 download()方法，该方法的具体实现代码如下所示。

```
// 下载销售榜单
public List<Object[]> download(String year, String month) {
    List<Object[]> salesList = null;
    try {
```

```
        salesList = dao.salesList(year, month);
    } catch (SQLException e) {
        e.printStackTrace();
    }
    return salesList;
}
```

从上述代码可以看出，Service 层并没有其他的业务逻辑处理，它只是调用了 DAO 层 ProductDao 类中的 salesList()方法。

4. 编写 DAO 层的代码

在 ProductDao 类中创建 salesList ()方法，该方法代码如下所示。

```
// 销售榜单
public List<Object[]> salesList(String year, String month)
throws SQLException {
    String sql = "SELECT products.name,SUM(orderitem.buynum) " +
            "  totalsalnum   " +
            "FROM orders,products,orderItem " +
            "WHERE orders.id=orderItem.order_id " +
            "AND products.id=orderItem.product_id " +
            "AND orders.paystate=1 and year(ordertime)=? " +
            "AND month(ordertime)=? " +
            "GROUP BY products.name ORDER BY totalsalnum DESC";
    QueryRunner runner = new QueryRunner(DataSourceUtils.getDataSource());
    return runner.query(sql, new ArrayListHandler(), year, month);
}
```

在上述代码中，salesList()方法接收了两个参数年份和月份，并把参数传递给 sql 语句，然后调用 QueryRunner 类的 query()方法返回销售数据列表。salesList()方法的重点在于 sql 语句，在这段 sql 中使用了 orders、products 和 orderItem 3 张表的关联查询。

5. 运行项目，查看结果

项目启动后，进入后台管理页面，单击左侧菜单的【销售榜单】，主体页面会展示出销售榜单下载页面。填写好年份和月份信息后，单击页面中的【下载】按钮，浏览器会弹出文件下载对话框，如图 15-11 所示。

图15-11　文件下载对话框

在图 15-11 中，后台系统的管理人员可以选择直接打开文件，也可以选择将文件另存在指定的目录下。在此选择将文件保存在桌面，然后单击【确定】按钮，名称为“2015 年 4 月销售榜单.csv”的 csv 文件便被成功导出。

在桌面找到“2015 年 4 月销售榜单.csv”文件并打开，文件内容具体如图 15-12 所示。

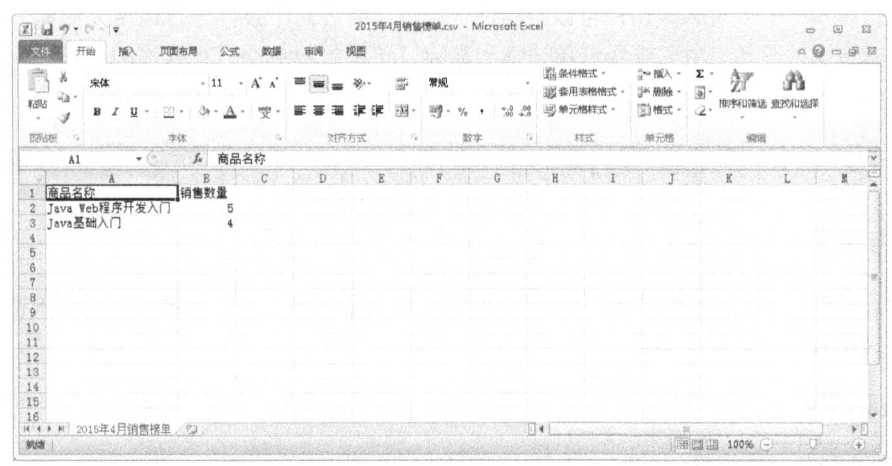

图15-12　销售榜单cvs文件

从图 15-12 中可以看出，通过销售榜单模块下载 2015 年 4 月份销售数据成功。至此，下载销售榜单的功能已经完成。

15.4 订单管理模块

传智书城中的订单管理是对订单信息，比如订单编号、订单收件人、订单总价和订单所属用户等内容的管理，这些订单信息是由传智书城网站前台用户提交订单时生成的。传智书城后台管理系统中的订单管理模块主要实现 3 个功能，分别是查询订单列表、查看订单详情和删除订单信息。后台订单管理模块的功能结构如图 15-13 所示。

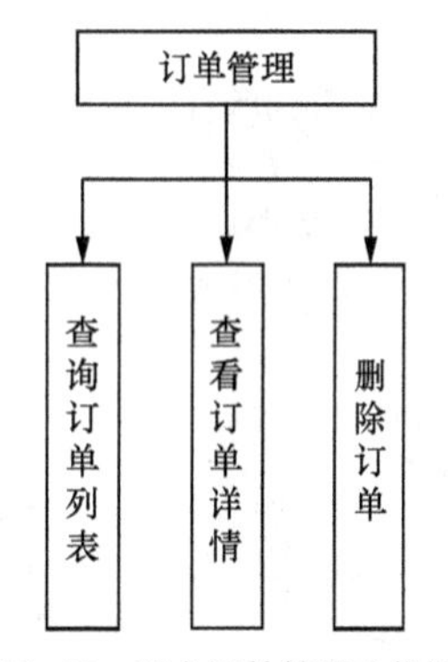

图15-13　后台订单管理功能结构

超级用户在成功登录后台系统后，单击左边页面的【订单管理】菜单，即可进入订单管理模块的列表页面，订单管理列表页面如图 15-14 所示。

查询条件

订单编号 ______　　收件人：______

查询　重置

订单列表

订单编号	收件人	地址	联系电话	总价	所属用户	订单状态	查看	删除
6f591522-7a2a-4a31-899d-ef1181c72f5f	madan	北京市昌平区金燕龙办公楼一层传智播客	13269219270	25.0	madan	未支付		×
7ae96e6d-4600-41a5-bc5d-143b34ba61db	madan	北京市昌平区建材城西路	13269219270	35.0	madan	未支付		×
305a7870-3820-4079-b6f9-5d2b63cbcd2a	huangyun	北京市昌平区建材城西路金燕龙办公楼	13041019968	59.0	huangyun	未支付		×
611f80fa-4273-4674-be09-9530b6276e15	huangyun	北京市海淀区清河永泰园5号楼501	13041019968	89.0	huangyun	已支付		×
a5bfb13d-9085-4374-94d9-4864b4d618ab	hanyongmeng	海淀区圆明园西路	13455260812	25.0	hanyongmeng	已支付		×
d88d75cd-15e3-4622-801d-4cad902aeaa1	hanyongmeng	北京市昌平区建材城西路金燕龙办公楼	13848399998	25.0	hanyongmeng	已支付		×

图15-14　订单管理首页面

从图 15-14 可以看出，订单管理列表页面中主要包括查询条件、订单列表两部分，其中查询条件为订单编号和收件人，用户可以根据任一条件，或者两个条件进行自定义查询，订单列表用于显示查询出的订单。由于查看订单详情和删除订单是针对单个订单操作的功能，所以在订单列表中，每一条数据的最后两列都有用于针对该订单进行查看和删除的图标链接。

【任务 15-6】实现查询订单列表功能

【任务目标】

查询订单列表功能可以分为查询所有订单和用户根据条件自定义查询订单这两种情况。本小节将完成这两种查询功能的实现。

【实现步骤】

1. 查询所有订单信息

（1）创建 Servlet

单击系统左侧页面菜单中的【订单管理】菜单，会发送一个以“/findOrders”结尾的请求，它在 web.xml 文件中映射的是 FindOrdersServlet 类，该类就是后台管理系统中，用于查询所有订单信息的 Servlet。

在 cn.itcast.itcaststore.web.servlet.manager 包中创建 FindOrdersServlet 类，其代码如文件 15-10 所示。

文件 15-10 FindOrdersServlet.java

```
// 查询所有订单
public class FindOrdersServlet extends HttpServlet {
    public void doGet(HttpServletRequest request,
     HttpServletResponse response)throws ServletException, IOException {
        doPost(request, response);
    }
    public void doPost(HttpServletRequest request,
    HttpServletResponse response)throws ServletException, IOException {
        // 创建 Service 层对象
        OrderService service = new OrderService();
        // 调用 Service 层对象的 findAllOrder()方法查询订单列表
        List<Order> orders = service.findAllOrder();
        //将查询到的订单信息添加到 request 作用域
        request.setAttribute("orders", orders);
        // 将请求转发到 list.jsp 页面
        request.getRequestDispatcher("/admin/orders/list.jsp")
                    .forward(request,response);
    }
}
```

在文件 15-10 中，首先创建了 Service 层对象，然后调用了 Service 层 OrderService 类的 findAllOrder()方法，返回查询出的所有订单的集合，接下来将查询到的订单信息添加到 request 作用域中，最后请求转发到 list.jsp 页面，页面中会将订单集合展示在订单列表中。值得一提的是，list.jsp 对应的就是图 15-14 所示的订单管理列表页面。

（2）编写 Service 层方法

在 cn.itcast.itcaststore.service 包中创建类 OrderService，并在该类中创建 findAllOrder()方法，该类的部分实现代码如下所示。

```
public class OrderService {
    private OrderDao odao = new OrderDao();
    // 查找所有订单
    public List<Order> findAllOrder() {
        List<Order> orders = null;
        try {
            // 查出订单信息
            orders = odao.findAllOrder();
        } catch (SQLException e) {
            e.printStackTrace();
        }
        return orders;
    }
```

从上述代码可以看出，Service 层并没有其他的业务逻辑处理，它只是调用了 DAO 层中 OrderDao 类的 findAllOrder()方法。

（3）编写 DAO 层方法

在 cn.itcast.itcaststore.dao 包中创建类 OrderDao，并在该类中创建 findAllOrder()方法，该方法的实现代码如下所示。

```
// 查找所有订单
public List<Order> findAllOrder() throws SQLException {
   //创建查询 sql
    String sql = "select orders.*,user.* from orders,user"
          +" where user.id=orders.user_id  order by orders.user_id";
   //2.创建 QueryRunner 对象
    QueryRunner runner = new QueryRunner(DataSourceUtils.getDataSource());
    //3.返回 QueryRunner 对象 query()方法的查询结果
    return runner.query(sql, new ResultSetHandler<List<Order>>() {
     public List<Order> handle(ResultSet rs) throws SQLException {
       //创建订单集合
       List<Order> orders = new ArrayList<Order>();
        //循环遍历订单和用户信息
       while (rs.next()) {
        // 设置订单信息
       Order order = new Order();
       order.setId(rs.getString("orders.id"));
       order.setMoney(rs.getDouble("orders.money"));
       order.setOrdertime(rs.getDate("orders.ordertime"));
       order.setPaystate(rs.getInt("orders.paystate"));
       order.setReceiverAddress(rs.getString("orders.receiverAddress"));
       order.setReceiverName(rs.getString("orders.receiverName"));
       order.setReceiverPhone(rs.getString("orders.receiverPhone"));
       orders.add(order);
       User user = new User();
       user.setId(rs.getInt("user.id"));
```

```
            user.setEmail(rs.getString("user.email"));
            user.setGender(rs.getString("user.gender"));
            user.setActiveCode(rs.getString("user.activecode"));
            user.setIntroduce(rs.getString("user.introduce"));
            user.setPassword(rs.getString("user.password"));
            user.setRegistTime(rs.getDate("user.registtime"));
            user.setRole(rs.getString("user.role"));
            user.setState(rs.getInt("user.state"));
            user.setTelephone(rs.getString("user.telephone"));
            user.setUsername(rs.getString("user.username"));
            order.setUser(user);
        }
            return orders;
              }
        });
    }
```

在上述代码中，由于订单列表中需要显示所属用户这一项，所以需要查询 orders 订单表和 user 用户表。

（4）实现查询订单列表页的数据展示

所有的订单查询之后会转发到 list.jsp 页面，为了方便读者更好地理解如何将查询出的所有订单信息显示在页面上，接下来将 list.jsp 文件订单列表的相关代码进行展示，具体如文件 15-11 所示。

文件 15-11　list.jsp

```
...
<table cellspacing="0" cellpadding="1" rules="all" bordercolor="gray"
 border="1" id="DataGrid1" style="BORDER-RIGHT: gray 1px solid;
BORDER-TOP: gray 1px solid; BORDER-LEFT: gray 1px solid; WIDTH: 100%;
WORD-BREAK: break-all; BORDER-BOTTOM: gray 1px solid; BORDER-COLLAPSE:
collapse;BACKGROUND-COLOR:#f5fafe;WORD-WRAP: break-word">
<tr style="FONT-WEIGHT: bold; FONT-SIZE: 12pt;
   HEIGHT: 25px; BACKGROUND-COLOR: #afd1f3">
     <td align="center" width="20%">订单编号</td>
     <td align="center" width="10%">收件人</td>
     <td align="center" width="15%">地址</td>
     <td align="center" width="10%">联系电话</td>
     <td width="11%" align="center">总价</td>
     <td width="8%" align="center">所属用户</td>
     <td width="10%" align="center">订单状态</td>
     <td width="7%" align="center">查看</td>
     <td width="7%" align="center">删除</td>
</tr>
<c:forEach items="${orders}" var="order">
<tr onmouseover="this.style.backgroundColor = 'white'"
     onmouseout="this.style.backgroundColor = '#F5FAFE';">
     <td style="CURSOR: hand; HEIGHT: 22px" align="center" width="20%">
          ${order.id}
      </td>
    <td style="CURSOR: hand; HEIGHT: 22px"align="center" width="10%">
```

```
26            ${order.receiverName}
27        </td>
28        <td style="CURSOR: hand; HEIGHT: 22px"  align="center" width="15%">
29            ${order.receiverAddress }
30        </td>
31        <td style="CURSOR: hand; HEIGHT: 22px"  align="center" width="10%">
32            ${order.receiverPhone }
33        </td>
34        <td style="CURSOR: hand; HEIGHT: 22px" align="center">
35           ${order.money}
36        </td>
37        <td width="8%" align="center">
38           ${order.user.username}
39        </td>
40        <td width="10%" align="center">
41            ${order.paystate==0?"未支付":"已支付"}
42        </td>
43        <td align="center" style="HEIGHT: 22px">
44          <a href="${pageContext.request.contextPath}
45                  /findOrderById?id=${order.id}&type=admin">
46           <img src="${pageContext.request.contextPath}
47            /admin/images/button_view.gif" border="0" style="CURSOR: hand">
48          </a>
49        </td>
50        <td align="center" style="HEIGHT: 22px">
51           <c:if test="${order.paystate!=0 }">
52             <a href="${pageContext.request.contextPath}
53               /delOrderById?id=${order.id}&type=admin"
54                onclick="javascript:return o_del()">
55                 <img src="${pageContext.request.contextPath}
56                 /admin/images/i_del.gif"
57                 width="16" height="16" border="0" style="CURSOR: hand">
58               </a>
59            </c:if>
60            <c:if test="${order.paystate==0 }">
61               <a href="javascript:alert('不能删除未支付订单')">
62                   <img src="${pageContext.request.contextPath}
63                   /admin/images/i_del.gif"
64                 width="16" height="16" border="0" style="CURSOR: hand">
65              </a>
66        </c:if>
67    </td>
68    </tr>
69    </c:forEach>
70    </table>
71    ...
```

文件 15-11 所示的是订单管理列表页面中订单列表对应的代码，其中，第 19~69 行代码使用了<c:forEach>标签和 EL 表达式来循环输出获取的 request 域中 orders 的属性信息；第 51~66 行代码使用了<c:if>标签来判断订单列表中的每个订单是否已支付，如果是未支付的订单，则不能进行删除操作。

2. 按条件查询

（1）创建 Servlet

在查询条件中输入订单编号或者收件人，单击【查询】按钮，系统将按照给定的条件筛选订单，并最终将这些符合条件的订单显示在订单管理列表页面的订单列表中。

当单击【查询】按钮时，页面中会发送一个以“/findOrderByManyCondition”结尾的请求，该请求在 web.xml 文件中映射的是 FindOrderByManyConditionServlet 类，该类是后台管理系统中用于根据条件查询指定订单信息的 servlet。

在 cn.itcast.itcaststore.web.servlet.manager 包中创建 FindOrderByManyConditionServlet 类，该类的具体实现代码如文件 15-12 所示。

文件 15-12　FindOrderByManyConditionServlet.java

```
public class FindOrderByManyConditionServlet extends HttpServlet {
    public void doGet(HttpServletRequest request,
    HttpServletResponse response)throws ServletException, IOException {
        doPost(request, response);
    }
    public void doPost(HttpServletRequest request,
    HttpServletResponse response)throws ServletException, IOException {
         //1.获取订单编号和收件人名称
         String id = request.getParameter("id");
         String receiverName = request.getParameter("receiverName");
         //2.创建 Service 层对象
         OrderService service = new OrderService();
         //3.调用 service 层查询订单列表的方法
         List<Order> orders =
        service.findOrderByManyCondition(id, receiverName);
        //4.将查询结果添加到 request 作用域中
         request.setAttribute("orders", orders);
        //5.请求转发到 list.jsp 页面，并将 request 请求和 response 响应
        //也转发到该页面中
        request.getRequestDispatcher("/admin/orders/list.jsp")
                                        .forward(request,response);
    }
}
```

在文件 15-12 中，首先获取了两个查询条件参数，然后创建 Service 层对象，并调用 Service 层 OrderService 类中的 findOrderByManyCondition()方法查询订单信息，接下来将查询结果添加到 request 作用域中，最后转发到 list.jsp 页面中显示结果。

（2）编写 Service 层方法

在 OrderService 类中创建 findOrderByManyCondition()方法，该方法的实现代码如下所示。

```
// 多条件查询订单信息
public List<Order> findOrderByManyCondition(String id,
                                            String receiverName) {
    List<Order> orders = null;
    try {
```

```
        orders = odao.findOrderByManyCondition(id, receiverName);
    } catch (SQLException e) {
        e.printStackTrace();
    }
    return orders;
}
```

从上述代码可以看出，Service 层并没有其他的业务逻辑处理，它只是调用了 DAO 层 OrderDao 类的 findOrderByManyCondition()方法。

（3）编写 DAO 层中的方法

在 OrderDao 类中创建 findOrderByManyCondition()方法，该方法代码如下所示。

```
// 多条件查询
public List<Order> findOrderByManyCondition(String id,
String receiverName)throws SQLException {
    //1.创建集合对象
    List<Object> objs = new ArrayList<Object>();
    //2.定义查询 sql
    String sql = "select orders.*,user.* from orders,user "
           +"where user.id=orders.user_id ";
    //3.根据参数拼接 sql 语句
    if (id != null && id.trim().length() > 0) {
        sql += " and orders.id=?";
        objs.add(id);
    }
    if (receiverName != null && receiverName.trim().length() > 0) {
        sql += " and receiverName=?";
        objs.add(receiverName);
    }
    sql += " order by orders.user_id";
    //4.创建 QueryRunner 对象
    QueryRunner runner = new QueryRunner(DataSourceUtils.getDataSource());
    //5.返回 QueryRunner 对象 query 方法的执行结果
    return runner.query(sql, new ResultSetHandler<List<Order>>() {
     public List<Order> handle(ResultSet rs) throws SQLException {
        List<Order> orders = new ArrayList<Order>();
        //循环遍历出订单和用户信息
        while (rs.next()) {
         Order order = new Order();
        order.setId(rs.getString("orders.id"));
        order.setMoney(rs.getDouble("orders.money"));
        order.setOrdertime(rs.getDate("orders.ordertime"));
        order.setPaystate(rs.getInt("orders.paystate"));
        order.setReceiverAddress(rs
        .getString("orders.receiverAddress"));
        order.setReceiverName(rs.getString("orders.receiverName"));
        order.setReceiverPhone(rs.getString("orders.receiverPhone"));
        orders.add(order);
        User user = new User();
        user.setId(rs.getInt("user.id"));
```

```
            user.setEmail(rs.getString("user.email"));
            user.setGender(rs.getString("user.gender"));
            user.setActiveCode(rs.getString("user.activecode"));
            user.setIntroduce(rs.getString("user.introduce"));
            user.setPassword(rs.getString("user.password"));
            user.setRegistTime(rs.getDate("user.registtime"));
            user.setRole(rs.getString("user.role"));
            user.setState(rs.getInt("user.state"));
            user.setTelephone(rs.getString("user.telephone"));
            user.setUsername(rs.getString("user.username"));
            order.setUser(user);
                }
                return orders;
            }
        }, objs.toArray());
    }
```

在上述代码中，首先创建了一个 List 集合对象，然后定义了用于查询的 sql 语句，接下来根据传递的参数进行sql 语句的拼接，并创建 QueryRunner 对象，最后返回 QueryRunner 对象 query 方法的执行结果。至此，实现查询订单的功能已经完成。

【任务 15-7】实现查看订单详情功能

【任务目标】

在任务 15-6 中已经实现了查询订单列表功能，列表中只能显示每个订单的部分信息，而管理订单时可能需要查看订单更详细的信息，例如某个订单中有哪些商品等。

进入订单管理后，在订单列表任意一行中单击【 】图标链接，进入订单详情页面，如图 15-15 所示。

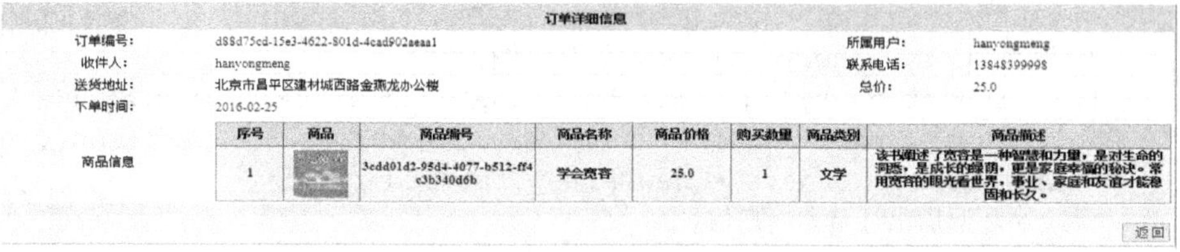

订单详细信息

订单编号：	d88d75cd-15e3-4622-801d-4cad902aeaa1	所属用户：	hanyongmeng
收件人：	hanyongmeng	联系电话：	13848399998
送货地址：	北京市昌平区建材城西路金燕龙办公楼	总价：	25.0
下单时间：	2016-02-25		

商品信息

序号	商品	商品编号	商品名称	商品价格	购买数量	商品类别	商品描述
1		3cdd01d2-95d4-4077-b512-ff4c3b340d6b	学会宽容	25.0	1	文学	该书阐述了宽容是一种智慧和力量，是对生命的洞悉，是成长的绿荫，更是家庭幸福的秘诀。常用宽容的眼光看世界，事业、家庭和友谊才能稳固和长久。

返回

图15-15　订单详情页

从图 15-15 中可以看到，该页面中显示了订单中商品的详细信息。本节将完成查看订单详情功能的实现。

【实现步骤】

1. 创建 Servlet

在订单列表任意一行信息中单击【 】图标后，页面中将会发送一个以“/findOrderById?id=${order.id}&type=admin”结尾的请求，其中 id 表示订单 id，type 参数的作用是区分请求来自前台网站还是后台系统，该请求在 web.xml 文件中映射的是 FindOrderByIdServlet 类。

在 cn.itcast.itcaststore.web.servlet.client 包中创建 FindOrderByIdServlet 类，该类的代码如文件 15-13 所示。

文件 15-13 FindOrderByIdServlet.java

```
public class FindOrderByIdServlet extends HttpServlet {
    public void doGet(HttpServletRequest request,
     HttpServletResponse response)throws ServletException, IOException {
        doPost(request, response);
    }
    public void doPost(HttpServletRequest request,
     HttpServletResponse response)throws ServletException, IOException {
        //1.获取用户类型
        String type=request.getParameter("type");
        //2.得到要查询的订单的 id
        String id = request.getParameter("id");
        //3.创建 Service 层对象，并根据 id 查找订单
        OrderService service = new OrderService();
        Order order = service.findOrderById(id);
        //4.将查询出的订单信息添加到 request 作用域中
        request.setAttribute("order", order);
        //5.如果用户类型不为 null，则请求转发到 view.jsp 页面
        //否则转发到 orderInfo.jsp 页面
        if(type!=null){
            request.getRequestDispatcher("/admin/orders/view.jsp")
                .forward(request, response);
            return;
        }
        request.getRequestDispatcher("/client/orderInfo.jsp")
            .forward(request, response);
    }
}
```

在文件 15-13 中，首先获取了参数 type 和 id 的值，然后创建了 Service 层对象，并调用 Service 层对象的 findOrderById()方法根据 id 查找订单，接下来将查询出的结果添加到 request 作用域中，最后通过判断用户类型来区分转发到哪个页面。

2. 编写 Service 层方法

在 OrderService 类中创建 findOrderById()方法，该方法的实现代码如下所示。

```
// 根据 id 查找订单
public Order findOrderById(String id) {
    Order order = null;
    try {
        order = odao.findOrderById(id);
        List<OrderItem> items = oidao.findOrderItemByOrder(order);
        order.setOrderItems(items);
    } catch (SQLException e) {
        e.printStackTrace();
    }
    return order;
}
```

在上述代码中，首先调用了 DAO 层 OrderDao 类中的 findOrderById()方法，这个方法是根据 id 获取订单信息，然后又调用了 OrderItemDao 类中的 findOrderItemByOrder()方法，用于根据订单编号查询订单项信息。

3. 编写 DAO 层方法

在 OrderDao 类中创建 findOrderById()方法，该方法的具体实现代码如下所示。

```
public Order findOrderById(String id) throws SQLException {
    String sql = "select * from orders,user "
    +"where orders.user_id=user.id and orders.id=?";
    QueryRunner runner = new QueryRunner(DataSourceUtils.getDataSource());
    return runner.query(sql, new ResultSetHandler<Order>() {
      public Order handle(ResultSet rs) throws SQLException {
        Order order = new Order();
        while (rs.next()) {
          order.setId(rs.getString("orders.id"));
          order.setMoney(rs.getDouble("orders.money"));
          order.setOrdertime(rs.getDate("orders.ordertime"));
          order.setPaystate(rs.getInt("orders.paystate"));
          order.setReceiverAddress(rs
                .getString("orders.receiverAddress"));
          order.setReceiverName(rs.getString("orders.receiverName"));
          order.setReceiverPhone(rs.getString("orders.receiverPhone"));
          User user = new User();
          user.setId(rs.getInt("user.id"));
          user.setEmail(rs.getString("user.email"));
          user.setGender(rs.getString("user.gender"));
          user.setActiveCode(rs.getString("user.activecode"));
          user.setIntroduce(rs.getString("user.introduce"));
          user.setPassword(rs.getString("user.password"));
          user.setRegistTime(rs.getDate("user.registtime"));
          user.setRole(rs.getString("user.role"));
          user.setState(rs.getInt("user.state"));
          user.setTelephone(rs.getString("user.telephone"));
          user.setUsername(rs.getString("user.username"));
          order.setUser(user);
        }
        return order;
      }
    }, id);
}
```

由于订单详情中需要显示订单项，也就是商品的信息，所以还需要调用 OrderItemDao 类中的 findOrderItemByOrder()方法，用来根据订单编号查询订单项。

在 cn.itcast.itcaststore.dao 包中创建类 OrderItemDao，并在该类中创建 findOrderItemByOrder()方法，该方法的具体实现代码如下所示。

```
// 根据订单查找订单项，并将订单项中商品查找到
public List<OrderItem> findOrderItemByOrder(final Order order)
throws SQLException {
```

```
        String sql = "select * from orderItem,Products "
            +" where products.id=orderItem.product_id and order_id=?";
        QueryRunner runner = new QueryRunner(DataSourceUtils.getDataSource());
        return runner.query(sql, new ResultSetHandler<List<OrderItem>>() {
            public List<OrderItem> handle(ResultSet rs) throws SQLException {
                List<OrderItem> items = new ArrayList<OrderItem>();
                while (rs.next()) {
                    OrderItem item = new OrderItem();
                    item.setOrder(order);
                    item.setBuynum(rs.getInt("buynum"));
                    Product p = new Product();
                    p.setCategory(rs.getString("category"));
                    p.setId(rs.getString("id"));
                    p.setDescription(rs.getString("description"));
                    p.setImgurl(rs.getString("imgurl"));
                    p.setName(rs.getString("name"));
                    p.setPnum(rs.getInt("pnum"));
                    p.setPrice(rs.getDouble("price"));
                    item.setP(p);
                    items.add(item);
                }
                return items;
            }
        }, order.getId());
    }
```

4. 创建显示页面

FindOrderByIdServlet 执行后的结果会转发到 view.jsp 页面中，该页面的关键代码如文件 15-14 所示。

文件 15-14　view. jsp

```
...
<table cellSpacing="1" cellPadding="5" width="100%" align="center"
bgColor="#eeeeee" style="border: 1px solid #8ba7e3" border="0">
  <tr>
      <td class="ta_01" align="center"
           bgColor="#afd1f3" colSpan="4"height="26">
         <strong><STRONG>订单详细信息</STRONG> </strong></td>
  </tr>
  <tr>
       <td width="18%" align="center" bgColor="#f5fafe" class="ta_01">
      订单编号：</td>
      <td class="ta_01" bgColor="#ffffff">${order.id}</td>
      <td align="center" bgColor="#f5fafe" class="ta_01">所属用户：</td>
      <td class="ta_01" bgColor="#ffffff">${order.user.username }</td>
  </tr>
  <tr>
      <td align="center" bgColor="#f5fafe" class="ta_01">收件人：</td>
      <td class="ta_01" bgColor="#ffffff">${order.receiverName }</td>
      <td align="center" bgColor="#f5fafe" class="ta_01">联系电话：</td>
```

```
        <td class="ta_01" bgColor="#ffffff">${order.receiverPhone }</td>
    </tr>
  <tr>
        <td align="center" bgColor="#f5fafe" class="ta_01">送货地址：</td>
        <td class="ta_01" bgColor="#ffffff">${order.receiverAddress}</td>
        <td align="center" bgColor="#f5fafe" class="ta_01">总价：</td>
        <td class="ta_01" bgColor="#ffffff">${order.money }</td>
  </tr>
  <tr>
      <td align="center" bgColor="#f5fafe" class="ta_01">下单时间：</td>
      <td class="ta_01" bgColor="#ffffff" colSpan="3">
      ${order.ordertime}</td>
  </tr>
  <TR>
       <TD class="ta_01" align="center" bgColor="#f5fafe">商品信息</TD>
       <TD class="ta_01" bgColor="#ffffff" colSpan="3">
<table cellspacing="0" cellpadding="1" rules="all" bordercolor="gray"
border="1" id="DataGrid1" style="BORDER-RIGHT: gray 1px solid; BORDER-TOP:
gray 1px solid; BORDER-LEFT: gray 1px solid; WIDTH: 100%;  WORD-BREAK:
break-all; BORDER-BOTTOM: gray 1px solid; BORDER-COLLAPSE: collapse;
BACKGROUND-COLOR: #f5fafe;  WORD-WRAP: break-word">
<tr style="FONT-WEIGHT: bold; FONT-SIZE: 12pt;
           HEIGHT: 25px; BACKGROUND-COLOR: #afd1f3">
                    <td align="center" width="7%">序号</td>
                    <td width="8%" align="center">商品</td>
                    <td align="center" width="18%">商品编号</td>
                    <td align="center" width="10%">商品名称</td>
                    <td align="center" width="10%">商品价格</td>
                    <td width="7%" align="center">购买数量</td>
                    <td width="7%" align="center">商品类别</td>
                    <td width="31%" align="center">商品描述</td>
   </tr>
      <c:forEach items="${order.orderItems}" var="item" varStatus="vs">
      <tr style="FONT-WEIGHT: bold; FONT-SIZE: 12pt; HEIGHT: 25px;
              BACKGROUND-COLOR: #eeeeee">
              <td align="center" width="7%">${vs.count }</td>
              <td width="8%" align="center">
             <img src="${pageContext.request.contextPath}${item.p.imgurl}"
                 width="50" height="50"></td>
              <td align="center" width="18%">${item.p.id }</td>
              <td align="center" width="10%">${item.p.name }</td>
              <td align="center" width="10%">${item.p.price }</td>
              <td width="7%" align="center">${item.buynum }</td>
              <td width="7%" align="center">${item.p.category }</td>
              <td width="31%" align="center">${item.p.description}</td>
         </tr>
       </c:forEach>
</table>
...
```

在上述代码中，使用<c:forEach>标签循环输出了订单相关的信息。编写完页面代码后，查看订单详情的功能就已经完成。

【任务 15-8】实现删除订单功能

【任务目标】

系统后台管理员可以通过订单管理模块对已经支付的订单进行删除操作。在订单管理首页面上，订单列表中每条数据最后一栏中都有删除图标【 ☒ 】，如图 15-16 所示。

订单编号	收件人	地址	联系电话	总价	所属用户	订单状态	查看	删除
6f591522-7a2a-4a31-899d-ef1181c72f5f	madan	北京市昌平区金燕龙办公楼一层传智播客	13269219270	25.0	madan	未支付		×
7ae96e6d-4600-41a5-bc5d-143b34ba61db	madan	北京市昌平区建材城西路	13269219270	35.0	madan	未支付		×
305a7870-3820-4079-b6f9-5d2b63cbcd2a	huangyun	北京市昌平区建材城西路金燕龙办公楼	13041019968	59.0	huangyun	未支付		×
611f80fa-4273-4674-be09-9530b6276e15	huangyun	北京市海淀区清河永泰园5号楼501	13041019968	89.0	huangyun	已支付		×
a5bfb13d-9085-4374-94d9-4864b4d618ab	hanyongmeng	海淀区圆明园西路	13455260812	25.0	hanyongmeng	已支付		×
d88d75cd-15e3-4622-801d-4cad902aeaa1	hanyongmeng	北京市昌平区建材城西路金燕龙办公楼	13848399998	25.0	hanyongmeng	已支付		×

图15-16　订单列表

本节将完成订单管理模块中删除订单的功能。

【实现步骤】

1. 编辑页面代码

在订单列表页面 list.jsp 中，与删除功能相关的关键代码如下所示。

```
...
<!--  已支付，弹出提示框由操作人确认 -->
<c:if test="${order.paystate!=0 }">
<a href="${pageContext.request.contextPath}
    /delOrderById?id=${order.id}&type=admin"
     onclick="javascript:return o_del()">
   <img src="${pageContext.request.contextPath}/admin/images/i_del.gif"
     width="16" height="16" border="0" style="CURSOR: hand">
</a>
</c:if>
<!--  未支付 ，不能删除-->
<c:if test="${order.paystate==0 }">
<a href="javascript:alert('不能删除未支付订单')">
   <img src="${pageContext.request.contextPath}/admin/images/i_del.gif"
     width="16" height="16" border="0" style="CURSOR: hand">
 </a>
</c:if>
...
```

上述代码中，通过<c:if>标签对订单状态进行了判断，只有已支付的订单才能被删除，并且在单击删除图标链接时会弹出确认框；未支付的订单不能删除，单击后会有弹出框进行提示。

2. 创建 Servlet

对于已经支付的订单，单击订单列表中一个商品后面的删除图标【 ☒ 】，将发送一个以“/delOrderById?id=${order.id}&type=admin”结尾的 URL 请求，该请求在 web.xml 文件中将映射到 DelOrderByIdServlet 类。URL 请求后面还带了两个参数 id 和 type，id 为订单编号，用于指定要删除的订单，“type=admin”代表是后台管理员的操作。

在 cn.itcast.itcaststore.web.servlet.client 包中创建类 DelOrderByIdServlet，其代码如文件 15-15 所示。

文件 15-15　DelOrderByIdServlet.java

```
1  public class DelOrderByIdServlet extends HttpServlet {
2      public void doGet(HttpServletRequest request,
3       HttpServletResponse response)throws ServletException, IOException {
4          doPost(request, response);
5      }
6      public void doPost(HttpServletRequest request,
7       HttpServletResponse response)throws ServletException, IOException {
8          // 获取订单 id
9          String id = request.getParameter("id");
10         // 已支付的订单带有 type 值为 admin 的参数
11         String type = request.getParameter("type");
12         OrderService service = new OrderService();
13         if (type != null && type.trim().length() > 0) {
14             // 后台系统，调用 service 层 delOrderById()方法删除相应订单
15             service.delOrderById(id);
16             if ("admin".equals(type)) {
17                 request.getRequestDispatcher("/findOrders").
18                           forward(request, response);
19                  return;
20             }
21         } else {
22         // 前台系统，调用 service 层 delOrderByIdWithClient()方法删除相应订单
23             service.delOrderByIdWithClient(id);
24         }
25         response.sendRedirect(request.getContextPath() +
26                 "/client/delOrderSuccess.jsp");
27          return;
28     }
29 }
```

在文件 15-15 中，第 13 行代码用于对 type 参数是否有值进行判断，由于后台是由超级用户登录的，传递的 type 参数的值为 admin，所以程序将调用 Service 层 OrderService 类中的 delOrderById()方法，对订单进行删除，删除成功后转发到订单管理首页面。

3. 编写 Service 层方法

在 OrderService 类中创建 delOrderById ()方法，该方法的具体实现代码如下所示。

```
//根据 id 删除订单，管理员删除订单
public void delOrderById(String id) {
    try {
        DataSourceUtils.startTransaction();//开启事务
        oidao.delOrderItems(id);// 删除订单项
        odao.delOrderById(id);//    删除订单
    } catch (SQLException e) {
```

```
            e.printStackTrace();
            try {
                DataSourceUtils.rollback();
            } catch (SQLException e1) {
                e1.printStackTrace();
            }
        }finally{
            try {
                DataSourceUtils.releaseAndCloseConnection();
            } catch (SQLException e) {
                e.printStackTrace();
            }
        }
    }
```

上述代码中删除操作分为两部分：删除订单项和删除订单。这两部分分别调用 DAO 层 OrderDao 类中的 delOrderById()方法和 OrderItemDao 类中的 delOrderItems()方法，根据 id 删除订单信息和订单项信息。由于当某个订单被删除后，订单项作为该订单的关联信息变得没有意义，所以要同时删除。这里做删除操作时开启了事务处理，如果订单项或者订单有一个删除失败了，事务将回滚。

4. 编写 DAO 方法

在 OrderDao 类中创建 delOrderById()方法，该方法的具体实现如下所示。

```
//根据 id 删除订单
public void delOrderById(String id) throws SQLException {
    String sql="delete from orders where id=?";
    QueryRunner runner = new QueryRunner();
    runner.update(DataSourceUtils.getConnection(),sql,id);
}
```

在 OrderItemDao 类中创建 delOrderItems ()方法，该方法的具体实现如下所示。

```
//根据订单 id 删除订单项
public void delOrderItems(String id) throws SQLException {
    String sql="delete from orderItem where order_id=?";
    QueryRunner runner=new QueryRunner();
    runner.update(DataSourceUtils.getConnection(),sql,id);
}
```

上面两个方法的代码都是对数据库相关数据进行的删除操作。编辑完 DAO 层方法后，关于后台中删除订单的功能就已经完成。

15.5 本章小结

本章主要针对传智书城项目的后台管理系统进行了详细的讲解。通过本章的学习，读者可以了解后台系统是如何与前台网站进行联系并管理前台网站的，还可以掌握后台管理系统中商品管理、订单管理等功能模块的实现。

【测一测】

学习完前面的内容，下面来动手测一测吧，请思考以下问题。

1. 请简要描述一下商品管理模块的设计思路和实现流程。
2. 请简要描述一下销量榜单下载功能的设计思路和实现流程。

Appendix

附　录
SSH 轻量级框架介绍

现如今，互联网早已融入到社会的各个领域，如电子商务、金融、保险以及证券等。在这些大型应用系统开发中，业务需求也变得十分复杂，采用传统的 Java Web 技术开发已显得力不从心。经过多年的技术发展，Java 框架逐渐成为当今主流的技术体系，而目前流行的 SSH（Struts2+Spring+Hibernate）框架已被广泛的应用于各种企业系统的开发中。接下来，将针对 SSH 框架进行简单地介绍。

Struts2 框架介绍

Struts2 是一种基于 MVC 模式的轻量级 Web 框架，自问世以来，就受到了广大 Web 开发者的关注，并广泛应用于各种企业系统的开发中。目前掌握 Struts2 框架几乎成为 Web 开发者的必备技能之一。

Struts2 拥有优良的设计和功能，其优势具体如下。

- 项目开源，使用及拓展方便。
- 提供 Exception 处理机制。
- 方便实现重定向和页面的跳转。
- 通过简单、集中的配置来调度业务类，使得配置和修改都非常容易。
- 提供简单、统一的表达式语言来访问所有可供访问的数据。
- 提供良好的 Ajax 支持。
- 拥有智能的默认设置，不需要另外进行繁琐的设置。使用默认设置就可以完成大多数项目程序开发所需要的功能。

Hibernate 框架介绍

Hibernate 框架是当今主流的 Java 持久层框架之一，由于它具有简单易学、灵活性强、扩展性强等特点，能够大大地简化程序的代码量，提高工作效率，因此受到广大开发人员的喜爱。

Hibernate 是一个开放源代码的 ORM（Object Relational Mapping，对象关系映射）框架，它对 JDBC 进行了轻量级的对象封装，使得 Java 开发人员可以使用面向对象的编程思想来操作数据库。与 JDBC 操作数据库的技术相比，Hibernate 具有以下几点优势。

- Hibernate 对 JDBC 访问数据库的代码做了轻量级封装，大大简化了数据访问层繁琐的重复性代码，并且减少了内存消耗，加快了运行效率。
- Hibernate 是一个基于 JDBC 的主流持久化框架，是一个优秀的 ORM 实现，它很大程度的简化了 DAO（Data Access Object，数据访问对象）层的编码工作。
- Hibernate 的性能非常好，它支持很多关系型数据库，从一对一到多对多的各种复杂关系。
- 可扩展性强，由于源代码的开源以及 API 的开放，当其本身功能不够用时，可以自行编码进行扩展。

Spring 框架介绍

Spring 是另一个主流的 Java Web 开发框架，该框架是一个轻量级的开源框架，它是为了解决企业应用开发的复杂性问题而产生的。

在实际开发中，项目通常采用三层体系架构模式进行开发，三层架构分别为表示层(Web)、业务逻辑层(Service)和持久层(Dao)。Spring 对每一层都提供了技术支持，在表示层可以与 Struts 框架进行整合，在业务逻辑层可以管理事务、记录日志等，在持久层可以整合 Hibernate、JdbcTemplate 等技术。从设计上看，Spring 框架给予了 Java 程序员许多的自由度，对业界的常见问题也提供了良好的解决方案，因此，在开源社区受到了广泛的欢迎，并且被大部分公司作为项目开发的首选框架。

Spring 框架具有如下优点。

- 方便解耦、简化开发

Spring 就是一个大工厂，可以将所有对象创建和依赖关系维护的工作，交给 Spring 管理。

- AOP 编程的支持

Spring 提供的面向切面编程，可以方便的实现对程序进行权限拦截、运行监控等功能。

- 声明式事务的支持

只需要通过配置就可以完成对事务的管理，而无需手动编程。

- 方便程序的测试

Spring 对 JUnit4 支持，可以通过注解方便的测试 Spring 程序。

- 方便集成各种优秀框架

Spring 不排斥各种优秀的开源框架，其内部提供了对各种优秀框架（如 Struts2、Hibernate、MyBatis、Quartz 等）的直接支持。

- 降低 JavaEE API 的使用难度

Spring 对 JavaEE 开发中非常难用的一些 API（JDBC、JavaMail、远程调用等），都提供了封装，使这些 API 应用难度大大降低。

上文已经简单介绍了 SSH 框架的基本知识和特点，读者可以了解到 SSH 框架的作用及优势。在实际开发中，已经很少使用传统的 Java Web 技术开发项目，通常都是使用 SSH、SSM 等框架技术，这里只是简单的介绍一下 SSH 框架，有兴趣的读者可以参考系列书中的《SSH 框架整合实战教程》。